Hom-李型代数

陈良云　马　瑶　曹　燕　著

科学出版社

北　京

内 容 简 介

  Hom-李型代数作为一个比较年轻的代数方向, 已经被推广到很多经典的代数结构中, 近年来取得了比较丰富的研究成果. 本书以作者十年来在该方向的研究成果为基础, 介绍 Hom-李型代数理论及研究动向. 全书共六章, 分别介绍了 Hom-李型代数的导子与广义导子理论、表示、上同调与扩张理论、形变理论、分裂理论、乘积结构和复结构理论、构造理论等. 本书力求结构清晰、理论证明与公式推导详尽, 集理论入门与提升于一体.

  本书既适合初学者学习 Hom-李型代数理论, 也会给有一定经验的研究工作者带来新的启发. 可供高等院校数学和物理专业的高年级本科生、研究生和教师使用, 也可供相关科研人员参考.

图书在版编目(CIP)数据

Hom-李型代数/陈良云, 马瑶, 曹燕著. —北京: 科学出版社, 2022.4
ISBN 978-7-03-071465-7

I. ①H⋯ II. ①陈⋯ ②马⋯ ③曹⋯ III. ①李代数–研究 IV. ①O152.5

中国版本图书馆 CIP 数据核字(2022) 第 023925 号

责任编辑: 张中兴 梁 清 孙翠勤 / 责任校对: 杨聪敏
责任印制: 张 伟 / 封面设计: 蓝正设计

科学出版社 出版
北京东黄城根北街 16 号
邮政编码: 100717
http://www.sciencep.com
涿州市般润文化传播有限公司 印刷
科学出版社发行 各地新华书店经销
*
2022 年 4 月第 一 版 开本: 720×1000 1/16
2022 年 7 月第二次印刷 印张: 17
字数: 343 000
定价: 89.00 元
(如有印装质量问题, 我社负责调换)

前　言

Hom-李型代数起源于对李代数量子形变的研究, 其概念最早可追溯到 20 世纪 90 年代 [1-5]. 到 2006 年, Hartwig, Larsson 和 Silvestrov 正式引进了 Hom-李代数的概念 [6], 一方面是作为李代数概念的推广, 另一方面是作为一种工具来刻画 Witt 代数和 Virasoro 代数的形变. 作为一个比较年轻的代数方向, Hom-李代数与数论、Yang-Baxter 方程、辫子群表示和量子群等都有密切联系, 近年来取得了比较丰富的研究成果. 目前, Hom-李型代数已经被推广到很多经典的代数结构中, 如 Hom-结合代数、Hom-李超代数、Hom-李三系、Hom-莱布尼茨代数、Hom-Novikov 代数、Hom-Hopf 代数、Hom-Lie-Rinehart 代数、Hom-pre 李代数、Hom-Lie-Yamaguti 代数、Hom-李共形代数、Hom-Kac-Moody 代数、Hom-李 2 代数、Hom-李双代数、Hom-李代数胚以及 BiHom-李型代数等, 相关的代表性研究成果包括文献 [7-33]. 时至今日, Hom-李型代数已成为代数方向的一个重要分支, 并作为一个新的研究方向进入美国数学会 (AMS) 发布的《2020 年数学学科分类》, 代码为 17B61.

然而, 与此不相称的是国内涉及该领域的读物的匮乏, 于是, 作者就想到要写一本介绍这一学科的研究动向的书. 本书建立在作者十年来在 Hom-李型代数的研究成果之上, 主要选取了在 Hom-李型代数的导子理论、表示理论、上同调理论、扩张理论、形变理论、分裂理论、乘积结构和复结构理论、构造理论等方面的研究工作, 力图对这些内容做一个较为全面的回顾和阐述, 尽量做到自成体系. 读者可以通读本书, 或仅仅关注自己感兴趣的某一章内容, 就可以完全掌握该章所讨论内容的来龙去脉. 这是一本集入门与提升于一体的研究 Hom-李型代数理论的书, 既适合初学者, 也会给有一定经验的研究工作者带来新的启发.

本书共分六章, 第 1 章讨论 Hom-李代数、Hom-李三系、Hom-李共形代数和 Hom-约当超代数的导子与广义导子理论; 第 2 章讨论 Hom-李超代数、BiHom-李超代数、Hom-李三系和限制 Hom-李代数的表示、上同调与扩张理论; 第 3 章讨论 Hom-李三系、Hom-Lie-Yamaguti 代数与 Hom-李共形代数的形变理论; 第 4 章讨论 Hom-莱布尼茨代数、Hom-李 color 代数和 BiHom-李超代数的分裂理论; 第 5 章讨论 3-BiHom-李代数和 Hom-李超代数的乘积结构及复结构理论; 第 6 章讨论几类 Hom-李型代数的构造理论.

在本书完成之际, 作者借此机会感谢国家自然科学基金 (基金号: 11771069,

12071405, 11801066, 11801121) 和国家一流学科建设基金的资助, 感谢科学出版社张中兴、梁清、孙翠勤等编辑的辛勤劳动. 同时感谢: 关宝玲、孙冰、赵俊、李娟、朱俊霞、姚晨蕊、侯莹、吴雪茹、王欣月、刘美君、冯天琪、赵一诺、刘岩、陈明、宋盈颖、王新茗、王聪等老师和同学的打印与校对工作.

　　限于作者的水平, 书中的疏漏与不足之处在所难免, 敬请同行专家和广大读者批评指正, 不胜感谢!

作 者

2021 年 8 月于长春

目　　录

第 1 章　导子与广义导子理论

本章研究 Hom-李三系、Hom-李共形代数和 Hom-约当超代数的导子与广义导子理论, 以及 Hom-李代数的双导子理论 [34-37]. 对于 Hom-李三系和 Hom-李共形代数, 我们考虑其导子、广义导子、拟导子、中心导子及型心、拟型心等概念并证明相关的结构性质. 特别地, 广义导子可分解为拟导子和拟型心之和的形式, 同时零中心 Hom-李代数 (Hom-李三系) 上的拟导子代数可看成 "更大" 的 Hom-李代数 (Hom-李三系) 上导子代数的直和项. 此外, 我们证明单 Hom-李三系的型心同构于基域, 并确定了单 Hom-李三系与多项式环的张量积上的型心.

对于 Hom-约当超代数, 我们定义了 α^k-(a,b,c)-导子, 证明 α^k-(a,b,c)-导子空间的维数是一个不变量, 并且三个原始参数 a,b,c 实际上能减少到一个, 同时给出用 Hom-约当超代数上的结构常数来刻画 α^k-(a,b,c)-导子空间的等式.

对于 Hom-李代数, 我们定义了双导子和交换线性映射, 证明了它们与型心的密切联系, 同时给出确定所有斜对称双导子和交换线性映射的法则.

我们在导子、广义导子与双导子理论方面的其他工作见文献 [37-45].

1.1　Hom-李三系的导子与广义导子理论

1.1.1　Hom-李三系的广义导子代数及其子代数

定义 1.1.1 [27]　设 V 是域 $\mathbb{F}$ 上的线性空间. 设 V 具有双线性二元运算 $[-,-] : V \times V \to V$ 及线性变换 $\alpha : V \to V$, 则 $(V,[-,-],\alpha)$ 称为 **Hom-李代数**, 若对任意的 $x,y,z \in V$, 有

$$[x,y] = -[y,x], \quad (\text{斜对称性})$$

$$[\alpha(x),[y,z]] + [\alpha(y),[z,x]] + [\alpha(z),[x,y]] = 0. \quad (\text{Hom-Jacobi 等式})$$

特别地, 如果 α 是一个代数同态, 即 $\alpha([x,y]) = [\alpha(x),\alpha(y)]$, $\forall x,y \in V$, 则称 $(V,[-,-],\alpha)$ 为 **保积的 Hom-李代数**.

定义 1.1.2 [46]　设 V 是域 $\mathbb{F}$ 上的线性空间. 若 V 具有三线性运算 $[-,-,-] : V \times V \times V \to V$ 及线性变换 $\alpha_i : V \to V$ $(i=1,2)$, 且满足对任意的 $x,y,z,u,v \in V$, 有

$$[x,x,z] = 0,$$

$$[x,y,z] + [y,z,x] + [z,x,y] = 0,$$

$$[\alpha_1(u),\alpha_2(v),[x,y,z]] = [[u,v,x],\alpha_1(y),\alpha_2(z)] + [\alpha_1(x),[u,v,y],\alpha_2(z)]$$
$$+ [\alpha_1(x),\alpha_2(y),[u,v,z]],$$

则称 $(V,[-,-,-],\alpha = (\alpha_1,\alpha_2))$ 为 **Hom-李三系**. 若 $\alpha_1 = \alpha_2 = \alpha$ 并且 $\alpha([x,y,z]) = [\alpha(x),\alpha(y),\alpha(z)]$, 则称 $(V,[-,-,-],\alpha)$ 为**保积的 Hom-李三系**.

设 $(T,\ [-,-,-],\ \alpha)$ 是保积的 Hom-李三系. 定义 $\mho$ 为 T 上与 α 可交换的线性变换的全体构成的集合. 则 $\mho$ 关于运算

$$[D,D'] = DD' - D'D, \quad \forall\, D, D' \in \mho$$

以及 $\sigma: \mho \to \mho,\ \sigma(D) = \alpha D$ 构成一个 Hom-李代数.

定义 1.1.3　设 $(T,\ [-,-,-],\ \alpha)$ 是保积的 Hom-李三系. $D \in \mho,\ k \in \mathbb{N}$.

• 如果 D 满足对任意的 $x, y, z \in T$,

$$[D(x),\alpha^k(y),\alpha^k(z)] + [\alpha^k(x),D(y),\alpha^k(z)] + [\alpha^k(x),\alpha^k(y),D(z)] = D([x,y,z]),$$

则称 D 为 $(T,\ [-,-,-],\ \alpha)$ 的 α^k**-导子**.

• 如果存在 $D', D'', D''' \in \mho$, 满足

$$[D(x),\alpha^k(y),\alpha^k(z)] + [\alpha^k(x),D'(y),\alpha^k(z)] + [\alpha^k(x),\alpha^k(y),D''(z)]$$
$$= D'''([x,y,z]), \quad \forall\, x, y, z \in T, \tag{1.1}$$

则称 D 为 $(T,\ [-,-,-],\ \alpha)$ 的 α^k**-广义导子**.

• 如果存在 $D' \in \mho$, 满足

$$[D(x),\alpha^k(y),\alpha^k(z)] + [\alpha^k(x),D(y),\alpha^k(z)] + [\alpha^k(x),\alpha^k(y),D(z)]$$
$$= D'([x,y,z]), \quad \forall\, x, y, z \in T, \tag{1.2}$$

则称 D 为 $(T,\ [-,-,-],\ \alpha)$ 的 α^k**-拟导子**.

• 如果 D 满足

$$[D(x),\alpha^k(y),\alpha^k(z)] = [\alpha^k(x),D(y),\alpha^k(z)]$$
$$= [\alpha^k(x),\alpha^k(y),D(z)] = D([x,y,z]), \quad \forall\, x, y, z \in T,$$

则称 D 为 $(T,\ [-,-,-],\ \alpha)$ 的 α^k**-型心**.

• 如果它满足

$$[D(x),\alpha^k(y),\alpha^k(z)] = [\alpha^k(x),D(y),\alpha^k(z)]$$

$$= [\alpha^k(x), \alpha^k(y), D(z)], \quad \forall\, x, y, z \in T,$$

则称 D 为 $(T, [-,-,-], \alpha)$ 的 α^k-拟型心.

- 如果它满足

$$[D(x), \alpha^k(y), \alpha^k(z)] = D([x,y,z]) = 0, \quad \forall\, x, y, z \in T,$$

则称 D 为 $(T, [-,-,-], \alpha)$ 的 α^k-中心导子.

分别用 $\mathrm{Der}_{\alpha^k}(T)$, $\mathrm{GDer}_{\alpha^k}(T)$, $\mathrm{QDer}_{\alpha^k}(T)$, $\mathrm{C}_{\alpha^k}(T)$, $\mathrm{QC}_{\alpha^k}(T)$, $\mathrm{ZDer}_{\alpha^k}(T)$ 表示 $(T, [-,-,-], \alpha)$ 的全体的 α^k-导子, α^k-广义导子, α^k-拟导子, α^k-型心, α^k-拟型心, α^k-中心导子构成的集合. 令

$$\mathrm{Der}(T) := \bigoplus_{k \geqslant 0} \mathrm{Der}_{\alpha^k}(T), \quad \mathrm{GDer}(T) := \bigoplus_{k \geqslant 0} \mathrm{GDer}_{\alpha^k}(T),$$

$$\mathrm{QDer}(T) := \bigoplus_{k \geqslant 0} \mathrm{QDer}_{\alpha^k}(T),$$

$$\mathrm{C}(T) := \bigoplus_{k \geqslant 0} \mathrm{C}_{\alpha^k}(T), \quad \mathrm{QC}(T) := \bigoplus_{k \geqslant 0} \mathrm{QC}_{\alpha^k}(T), \quad \mathrm{ZDer}(T) := \bigoplus_{k \geqslant 0} \mathrm{ZDer}_{\alpha^k}(T).$$

容易验证它们之间有如下包含关系:

$$\mathrm{ZDer}(T) \subseteq \mathrm{Der}(T) \subseteq \mathrm{QDer}(T) \subseteq \mathrm{GDer}(T) \subseteq \mathrm{End}(T).$$

首先, 我们给出一个 Hom-李三系的中心导子代数、拟导子代数、广义导子代数的一些基本性质.

命题 1.1.4 若 $(T, [-,-,-], \alpha)$ 是一个保积的 Hom-李三系, 则下述陈述成立:

(1) $\mathrm{GDer}(T), \mathrm{QDer}(T)$ 和 $\mathrm{C}(T)$ 是 $\mho$ 的 Hom-子代数.

(2) $\mathrm{ZDer}(T)$ 是 $\mathrm{Der}(T)$ 的 Hom-理想.

证明 (1) 假设 $D_1 \in \mathrm{GDer}_{\alpha^k}(T)$, $D_2 \in \mathrm{GDer}_{\alpha^s}(T)$. 对任意的 $x, y, z \in T$, 我们有

$$[(\sigma(D_1))(x), \alpha^{k+1}(y), \alpha^{k+1}(z)]$$
$$= [(D_1\alpha)(x), \alpha^{k+1}(y), \alpha^{k+1}(z)] = \alpha[D_1(x), \alpha^k(y), \alpha^k(z)]$$
$$= \alpha(D_1'''([x,y,z]) - [\alpha^k(x), D_1'(y), \alpha^k(z)] - [\alpha^k(x), \alpha^k(y), D_1''(z)])$$
$$= \sigma(D_1''')([x,y,z]) - [\alpha^{k+1}(x), \sigma(D_1')(y), \alpha^{k+1}(z)] - [\alpha^{k+1}(x), \alpha^{k+1}(y), \sigma(D_1'')(z)].$$

因为 $\sigma(D_1''')$, $\sigma(D_1'')$ 和 $\sigma(D_1')$ 全都属于 $\mathrm{End}(T)$, 因此 $\sigma(D_1) \in \mathrm{GDer}_{\alpha^{k+1}}(T)$.

又有

$$[D_1D_2(x), \alpha^{k+s}(y), \alpha^{k+s}(z)]$$
$$= D_1'''[D_2(x), \alpha^s(y), \alpha^s(z)] - [\alpha^k(D_2(x)), D_1'(\alpha^s(y)), \alpha^{k+s}(z)]$$
$$\quad - [\alpha^k(D_2(x)), \alpha^{k+s}(y), D_1''(\alpha^s(z))]$$
$$= D_1'''(D_2'''([x,y,z]) - [\alpha^s(x), D_2'(y), \alpha^s(z)] - [\alpha^s(x), \alpha^s(y), D_2''(z)])$$
$$\quad - [\alpha^k(D_2(x)), D_1'(\alpha^s(y)), \alpha^{k+s}(z)] - [\alpha^k(D_2(x)), \alpha^{k+s}(y), D_1''(\alpha^s(z))]$$
$$= D_1'''D_2'''([x,y,z]) - D_1'''([\alpha^s(x), D_2'(y), \alpha^s(z)]) - D_1'''([\alpha^s(x), \alpha^s(y), D_2''(z)])$$
$$\quad - [\alpha^k(D_2(x)), D_1'(\alpha^s(y)), \alpha^{k+s}(z)] - [\alpha^k(D_2(x)), \alpha^{k+s}(y), D_1''(\alpha^s(z))]$$
$$= D_1'''D_2'''([x,y,z]) - [D_1(\alpha^s(x)), \alpha^k(D_2'(y)), \alpha^{k+s}(z)]$$
$$\quad - [\alpha^{k+s}(x), D_1'D_2'(y), \alpha^{k+s}(z)]$$
$$\quad - [\alpha^{k+s}(x), \alpha^k(D_2'(y)), D_1''(\alpha^s(z))] - [D_1(\alpha^s(x)), \alpha^{k+s}(y), \alpha^k(D_2''(z))]$$
$$\quad - [\alpha^{k+s}(x), D_1'(\alpha^s(y)), \alpha^k(D_2''(z))] - [\alpha^{k+s}(x), \alpha^{k+s}(y), D_1''D_2''(z)]$$
$$\quad - [\alpha^k(D_2(x)), D_1'(\alpha^s(y)), \alpha^{k+s}(z)] - [\alpha^k(D_2(x)), \alpha^{k+s}(y), D_1''(\alpha^s(z))]$$

且

$$[D_2D_1(x), \alpha^{k+s}(y), \alpha^{k+s}(z)]$$
$$= D_2'''[D_1(x), \alpha^k(y), \alpha^k(z)] - [\alpha^s(D_1(x)), D_2'(\alpha^k(y)), \alpha^{k+s}(z)]$$
$$\quad - [\alpha^s(D_1(x)), \alpha^{k+s}(y), D_2''(\alpha^k(z))]$$
$$= D_2'''(D_1'''([x,y,z]) - [\alpha^k(x), D_1'(y), \alpha^k(z)] - [\alpha^k(x), \alpha^k(y), D_1''(z)])$$
$$\quad - [\alpha^s(D_1(x)), D_2'(\alpha^k(y)), \alpha^{k+s}(z)] - [\alpha^s(D_1(x)), \alpha^{k+s}(y), D_2''(\alpha^k(z))]$$
$$= D_2'''D_1'''([x,y,z]) - D_2'''([\alpha^k(x), D_1'(y), \alpha^k(z)]) - D_2'''([\alpha^k(x), \alpha^k(y), D_1''(z)])$$
$$\quad - [\alpha^s(D_1(x)), D_2'(\alpha^k(y)), \alpha^{k+s}(z)] - [\alpha^s(D_1(x)), \alpha^{k+s}(y), D_2''(\alpha^k(z))]$$
$$= D_2'''D_1'''([x,y,z]) - [D_2(\alpha^k(x)), \alpha^s(D_1'(y)), \alpha^{k+s}(z)]$$
$$\quad - [\alpha^{k+s}(x), D_2'D_1'(y), \alpha^{k+s}(z)]$$
$$\quad - [\alpha^{k+s}(x), \alpha^s(D_1'(y)), D_2''(\alpha^k(z))] - [D_2(\alpha^k(x)), \alpha^{k+s}(y), \alpha^s(D_1''(z))]$$
$$\quad - [\alpha^{k+s}(x), D_2'(\alpha^k(y)), \alpha^s(D_1''(z))] - [\alpha^{k+s}(x), \alpha^{k+s}(y), D_2''D_1''(z)]$$
$$\quad - [\alpha^s(D_1(x)), D_2'(\alpha^k(y)), \alpha^{k+s}(z)] - [\alpha^s(D_1(x)), \alpha^{k+s}(y), D_2''(\alpha^k(z))].$$

于是对任意的 $x, y, z \in T$, 有

$$[[D_1, D_2](x), \alpha^{k+s}(y), \alpha^{k+s}(z)]$$

$$= [D_1''', D_2'''] ([x, y, z]) - [\alpha^{k+s}(x), [D_1', D_2'](y), \alpha^{k+s}(z)]$$
$$- [\alpha^{k+s}(x), \alpha^{k+s}(y), [D_1'', D_2''](z)].$$

明显地, $[D_1', D_2']$, $[D_1'', D_2'']$ 和 $[D_1''', D_2''']$ 都属于 $\mathrm{End}(T)$, 所以 $[D_1, D_2] \in$ $\mathrm{GDer}_{\alpha^{k+s}}(T)$. 所以 $\mathrm{GDer}(T)$ 是 $\mho$ 的 Hom-子代数.

类似地, $\mathrm{QDer}(T)$ 是 $\mho$ 的 Hom-子代数.

假设 $D_1 \in \mathrm{C}_{\alpha^k}(T)$, $D_2 \in \mathrm{C}_{\alpha^s}(T)$. 对任意的 $x, y, z \in T$, 则有

$$\sigma(D_1)([x, y, z]) = D_1(\alpha([x, y, z])) = D_1([\alpha(x), \alpha(y), \alpha(z)])$$
$$= [\alpha^{k+1}(x), D_1(\alpha(y)), \alpha^{k+1}(z)] = [\alpha^{k+1}(x), \sigma(D_1)(y), \alpha^{k+1}(z)],$$

因此 $\sigma(D_1) \in \mathrm{C}_{\alpha^{k+1}}(T)$. 注意到

$$[D_1, D_2]([x, y, z]) = D_1 D_2([x, y, z]) - D_2 D_1([x, y, z])$$
$$= D_1([D_2(x), \alpha^s(y), \alpha^s(z)]) - D_2([D_1(x), \alpha^k(y), \alpha^k(z)])$$
$$= [[D_1, D_2](x), \alpha^{k+s}(y), \alpha^{k+s}(z)],$$

类似地,

$$[D_1, D_2]([x, y, z]) = [\alpha^{k+s}(x), [D_1, D_2](y), \alpha^{k+s}(z)],$$

且

$$[D_1, D_2]([x, y, z]) = [\alpha^{k+s}(x), \alpha^{k+s}(y), [D_1, D_2](z)],$$

则 $[D_1, D_2] \in \mathrm{C}_{\alpha^{k+s}}(T)$. 于是 $\mathrm{C}(T)$ 是 $\mho$ 的 Hom-子代数.

(2) 假设 $D_1 \in \mathrm{ZDer}_{\alpha^k}(T)$, $D_2 \in \mathrm{Der}_{\alpha^s}(T)$. 对任意的 $x, y, z \in T$, 则有

$$\sigma(D_1)([x, y, z]) = D_1(\alpha([x, y, z])) = D_1([\alpha(x), \alpha(y), \alpha(z)]) = 0$$
$$= [D_1(\alpha(x)), \alpha^{k+1}(y), \alpha^{k+1}(z)] = [\sigma(D_1)(x), \alpha^{k+1}(y), \alpha^{k+1}(z)],$$

因此 $\sigma(D_1) \in \mathrm{ZDer}_{\alpha^{k+1}}(T)$. 注意到

$$[D_1, D_2]([x, y, z]) = D_1 D_2([x, y, z]) - D_2 D_1([x, y, z])$$
$$= D_1([D_2(x), \alpha^s(y), \alpha^s(z)]) + D_1([\alpha^s(x), D_2(y), \alpha^s(z)])$$
$$+ D_1([\alpha^s(x), \alpha^s(y), D_2(z)]) - D_2([D_1(x), \alpha^k(y), \alpha^k(z)]) = 0,$$

且

$$[[D_1, D_2](x), \alpha^{s+k}(y), \alpha^{s+k}(z)]$$
$$= [D_1 D_2(x), \alpha^{s+k}(y), \alpha^{s+k}(z)] - [D_2 D_1(x), \alpha^{s+k}(y), \alpha^{s+k}(z)]$$
$$= D_1([D_2(x), \alpha^s(y), \alpha^s(z)]) - D_2([D_1(x), \alpha^k(y), \alpha^k(z)])$$
$$+ [\alpha^s(D_1(x)), D_2(\alpha^k(y)), \alpha^{s+k}(z)] + [\alpha^s(D_1(x)), \alpha^{s+k}(y), D_2(\alpha^k(z))] = 0,$$

则 $[D_1, D_2] \in \mathrm{ZDer}_{\alpha^{k+s}}(T)$. 于是 $\mathrm{ZDer}(T)$ 是 $\mathrm{Der}(T)$ 的 Hom-理想. $\qquad\square$

引理 1.1.5 若 $(T, [-,-,-], \alpha)$ 是一个 Hom-李三系, 则

(1) $[\mathrm{Der}(T), \mathrm{C}(T)] \subseteq \mathrm{C}(T)$.

(2) $[\mathrm{QDer}(T), \mathrm{QC}(T)] \subseteq \mathrm{QC}(T)$.

(3) $[\mathrm{QC}(T), \mathrm{QC}(T)] \subseteq \mathrm{QDer}(T)$.

(4) $\mathrm{C}(T) \subseteq \mathrm{QDer}(T)$.

证明 (1) 假设 $D_1 \in \mathrm{Der}_{\alpha^k}(T), D_2 \in \mathrm{C}_{\alpha^s}(T)$. 对任意的 $x, y, z \in T$, 则有

$$[D_1, D_2]([x,y,z])$$
$$= D_1 D_2([x,y,z]) - D_2 D_1([x,y,z])$$
$$= D_1([D_2(x), \alpha^s(y), \alpha^s(z)]) - D_2([D_1(x), \alpha^k(y), \alpha^k(z)])$$
$$\quad - D_2([\alpha^k(x), D_1(y), \alpha^k(z)]) - D_2([\alpha^k(x), \alpha^k(y), D_1(z)])$$
$$= [D_1 D_2(x), \alpha^{k+s}(y), \alpha^{k+s}(z)] + [\alpha^k(D_2(x)), \alpha^s(D_1(y)), \alpha^{k+s}(z)]$$
$$\quad + [\alpha^k(D_2(x)), \alpha^{k+s}(y), \alpha^k(D_1(z))] - [D_1 D_2(x), \alpha^{k+s}(y), \alpha^{k+s}(z)]$$
$$\quad - [\alpha^k(D_2(x)), \alpha^s(D_1(y)), \alpha^{k+s}(z)] - [D_2(\alpha^k(x)), \alpha^{k+s}(y), \alpha^s(D_1(z))]$$
$$= [[D_1, D_2](x), \alpha^{k+s}(y), \alpha^{k+s}(z)].$$

类似地,
$$[D_1, D_2]([x,y,z]) = [\alpha^{k+s}(x), [D_1, D_2](y), \alpha^{k+s}(z)],$$

且
$$[D_1, D_2]([x,y,z]) = [\alpha^{k+s}(x), \alpha^{k+s}(y)[D_1, D_2](z)],$$

则 $[D_1, D_2] \in \mathrm{C}_{\alpha^{k+s}}(T)$, 因此 $[\mathrm{Der}(T), \mathrm{C}(T)] \subseteq \mathrm{C}(T)$.

(2) 类似于 (1) 的证明.

(3) 假设 $D_1 \in \mathrm{QC}_{\alpha^k}(T), D_2 \in \mathrm{QC}_{\alpha^s}(T)$. 对任意的 $x, y, z \in T$, 则有

$$[[D_1, D_2](x), \alpha^{k+s}(y), \alpha^{k+s}(z)] + [\alpha^{k+s}(x), [D_1, D_2](y), \alpha^{k+s}(z)]$$
$$\quad + [\alpha^{k+s}(x), \alpha^{k+s}(y), [D_1, D_2](z)]$$
$$= [D_1 D_2(x), \alpha^{k+s}(y), \alpha^{k+s}(z)] + [\alpha^{k+s}(x), D_1 D_2(y), \alpha^{k+s}(z)]$$
$$\quad + [\alpha^{k+s}(x), \alpha^{k+s}(y), D_1 D_2(z)] - [D_2 D_1(x), \alpha^{k+s}(y), \alpha^{k+s}(z)]$$
$$\quad - [\alpha^{k+s}(x), D_2 D_1(y), \alpha^{k+s}(z)] - [\alpha^{k+s}(x), \alpha^{k+s}(y), D_2 D_1(z)].$$

很容易验证
$$[D_1 D_2(x), \alpha^{k+s}(y), \alpha^{k+s}(z)] = [\alpha^k(D_2(x)), D_1(\alpha^s(y)), \alpha^{k+s}(z)]$$
$$= [\alpha^{k+s}(x), D_2 D_1(y), \alpha^{k+s}(z)],$$

且

$$[\alpha^{k+s}(x), \alpha^{k+s}(y), D_1 D_2(z)] = [\alpha^s(D_1(x)), \alpha^{k+s}(y), D_2(\alpha^k(z))]$$
$$= [D_2 D_1(x), \alpha^{k+s}(y), \alpha^{k+s}(z)].$$

因此

$$[[D_1, D_2](x), \alpha^{k+s}(y), \alpha^{k+s}(z)] + [\alpha^{k+s}(x), [D_1, D_2](y), \alpha^{k+s}(z)]$$
$$+ [\alpha^{k+s}(x), \alpha^{k+s}(y), [D_1, D_2](z)] = 0,$$

且 $[D_1, D_2] \in \mathrm{QDer}_{\alpha^{k+s}}(T)$.

(4) 假设 $D \in \mathrm{C}_{\alpha^k}(T)$. 则对任意的 $x, y, z \in T$, 有

$$D([x, y, z]) = [D(x), \alpha^k(y), \alpha^k(z)] = [\alpha^k(x), D(y), \alpha^k(z)] = [\alpha^k(x), \alpha^k(y), D(z)].$$

因此

$$3D([x, y, z]) = [D(x), \alpha^k(y), \alpha^k(z)] + [\alpha^k(x), D(y), \alpha^k(z)] + [\alpha^k(x), \alpha^k(y), D(z)],$$

这就是说 $D \in \mathrm{QDer}_{\alpha^k}(T)$. $\qquad\square$

定义 1.1.6 令 $(T, [-, -, -], \alpha)$ 是一个保积的 Hom-李三系. 则 $Z(T) = \{x \in T | [x, y, z] = 0, \forall\, y, z \in T\}$, 称为 $(T, [-, -, -], \alpha)$ 的 **中心**.

定理 1.1.7 令 $(T, [-, -, -], \alpha)$ 是一个保积的 Hom-李三系, α 是一个满射 且 $Z(T)$ 是 T 的中心. 则 $[\mathrm{C}(T), \mathrm{QC}(T)] \subseteq \mathrm{End}(T, Z(T))$.

更多地, 若 $Z(T) = \{0\}$, 则 $[\mathrm{C}(T), \mathrm{QC}(T)] = \{0\}$.

证明 假设 $D_1 \in \mathrm{C}_{\alpha^k}(T), D_2 \in \mathrm{QC}_{\alpha^s}(T)$. 对任意的 $x \in T$, 因为 α 是满射, 对任意的 $y, z \in T$, 存在 $y', z' \in T$, 使得 $y = \alpha^{k+s}(y'), z = \alpha^{k+s}(z')$, 则

$$\begin{aligned}
&[[D_1, D_2](x), y, z] \\
&= [[D_1, D_2](x), \alpha^{k+s}(y'), \alpha^{k+s}(z')] \\
&= [D_1 D_2(x), \alpha^{k+s}(y'), \alpha^{k+s}(z')] - [D_2 D_1(x), \alpha^{k+s}(y'), \alpha^{k+s}(z')] \\
&= D_1([D_2(x), \alpha^s(y'), \alpha^s(z')]) - [\alpha^s(D_1(x)), D_2(\alpha^k(y')), \alpha^{s+k}(z')] \\
&= D_1([D_2(x), \alpha^s(y'), \alpha^s(z')]) - D_1([\alpha^s(x), D_2(y'), \alpha^s(z')]) \\
&= D_1([D_2(x), \alpha^s(y'), \alpha^s(z')] - [\alpha^s(x), D_2(y'), \alpha^s(z')]) = 0.
\end{aligned}$$

因此 $[D_1, D_2](x) \in Z(T)$, 且 $[D_1, D_2] \in \mathrm{End}(T, Z(T))$ 即为所求. 更多地, 若 $Z(T) = \{0\}$, 则 $[\mathrm{C}(T), \mathrm{QC}(T)] = \{0\}$ 是明显的. $\qquad\square$

定理 1.1.8　若 $(T, [-, -, -], \alpha)$ 是特征不为 2 的域 $\mathbb{F}$ 上的保积的 Hom-李三系, 则有 $\mathrm{ZDer}(T) = \mathrm{C}(T) \cap \mathrm{Der}(T)$.

证明　假设 $D \in \mathrm{C}_{\alpha^k}(T) \cap \mathrm{Der}_{\alpha^k}(T)$. 对任意的 $x, y, z \in T$, 则有

$$D([x, y, z]) = [D(x), \alpha^k(y), \alpha^k(z)] + [\alpha^k(x), D(y), \alpha^k(z)] + [\alpha^k(x), \alpha^k(y), D(z)],$$

且

$$D([x, y, z]) = [D(x), \alpha^k(y), \alpha^k(z)] = [\alpha^k(x), D(y), \alpha^k(z)] = [\alpha^k(x), \alpha^k(y), D(z)].$$

则 $2D([x, y, z]) = 0$, 因此 $D([x, y, z]) = 0$. 因为 $\mathrm{char}\,\mathbb{F} \neq 2$. 因此 $D \in \mathrm{ZDer}_{\alpha^k}(T)$ 且 $\mathrm{C}(T) \cap \mathrm{Der}(T) \subseteq \mathrm{ZDer}(T)$.

另一方面, 假设 $D \in \mathrm{ZDer}_{\alpha^k}(T)$, 对任意的 $x, y, z \in T$, 则有 $D([x, y, z]) = [D(x), \alpha^k(y), \alpha^k(z)] = 0$. 很容易验证 $D \in \mathrm{C}_{\alpha^k}(T) \cap \mathrm{Der}_{\alpha^k}(T)$ 且 $\mathrm{ZDer}(T) \subseteq \mathrm{C}(T) \cap \mathrm{Der}(T)$.　□

例 1.1.9　令 $\{x_1, x_2, x_3\}$ 是域 $\mathbb{F}$ 上 3 维线性空间 T 的一组基. 则下述括积和 T 上的线性映射 α 定义了域 $\mathbb{F}$ 上 Hom-李三系:

$$[x_1, x_2, x_2] = x_1, \qquad [x_1, x_2, x_3] = x_2, \qquad [x_1, x_3, x_1] = -x_1,$$
$$[x_1, x_3, x_3] = 2x_3, \qquad [x_2, x_3, x_1] = -2x_2, \qquad [x_2, x_3, x_2] = -2x_3,$$
$$\alpha(x_1) = x_1, \qquad\qquad \alpha(x_2) = 2x_2, \qquad\qquad \alpha(x_3) = 2x_3,$$

且 $[x_i, x_j, x_k] = -[x_j, x_i, x_k]$, 对任意的 $i, j, k \in \{1, 2, 3\}$. 剩余的括积为 0.

定义 $D: T \to T$ 通过

$$D(x_1) = x_1, \quad D(x_2) = 2^k x_2, \quad D(x_3) = 2^k x_3. \quad (k \in \mathbb{Z}_+)$$

明显地, $Z(T) = \{0\}$. 对任意的 $y \in T$, 假设 $y = ax_1 + bx_2 + cx_3$. 定义 $D' \in \mathrm{End}(T)$ 通过

$$D'(x_1) = 2^{k+1} x_1, \quad D'(x_2) = 2^{k+1} x_2, \quad D'(x_3) = 2^{k+1} 2^k x_3.$$

明显地, $i, j, l = 1, 2, 3$,

$$D'([x_i, x_j, x_l]) = [D(x_i), \alpha^k(x_j), \alpha^k(x_l)] + [\alpha^k(x_i), D(x_j), \alpha^k(x_l)]$$
$$+ [\alpha^k(x_i), \alpha^k(x_j), D(x_l)],$$

且

$$[D(x_i), \alpha^k(x_j), \alpha^k(x_l)] = [\alpha^k(x_i), D(x_j), \alpha^k(x_l)] = [\alpha^k(x_i), \alpha^k(x_j), D(x_l)].$$

因此对任意的 $k \in \mathbb{Z}_+$,

$$D \in \mathrm{QDer}(T) \cap \mathrm{QC}(T).$$

然而

$$D([x_1, x_2, x_3]) = D(x_2) = 2^k x_2,$$

$$[D(x_1), \alpha^k(x_2), \alpha^k(x_3)] = [x_1, 2^k x_2, 2^k x_3] = 2^{2k} x_2.$$

因此 $D([x_1, x_2, x_3]) \neq [D(x_1), \alpha^k(x_2), \alpha^k(x_3)]$, 即说明了 $D \notin \mathrm{C}(T)$.

命题 1.1.10[47]　设 $(T, [-, -, -], \alpha)$ 是一个保积的 Hom-李三系, 带有运算 $D_1 \bullet D_2 = D_1 D_2 + D_2 D_1$, 对任意的 $D_1, D_2 \in \mho$, 则三元组 $(\mho, \bullet, \alpha)$ 是一个 Hom-约当代数.

推论 1.1.11　令 $(T, [-, -, -], \alpha)$ 是一个保积的 Hom-李三系, 带有运算 $D_1 \bullet D_2 = D_1 D_2 + D_2 D_1$, 对任意的 $D_1, D_2 \in \mathrm{QC}(T)$, 则三元组 $(\mathrm{QC}(T), \bullet, \alpha)$ 是一个 Hom-约当代数.

证明　我们只需证明 $D_1 \bullet D_2 \in \mathrm{QC}(T)$, 对任意的 $D_1 \in \mathrm{QC}_{\alpha^k}(T), D_2 \in \mathrm{QC}_{\alpha^s}(T)$ 和 $x, y, z \in T$, 有

$$[D_1 \bullet D_2(x), \alpha^{s+k}(y), \alpha^{s+k}(z)]$$
$$= [D_1 D_2(x), \alpha^{s+k}(y), \alpha^{s+k}(z)] + [D_2 D_1(x), \alpha^{s+k}(y), \alpha^{s+k}(z)]$$
$$= [\alpha^k(D_2(x)), D_1(\alpha^s(y)), \alpha^{s+k}(z)] + [\alpha^s(D_1(x)), D_2(\alpha^k(y)), \alpha^{s+k}(z)]$$
$$= [D_2(\alpha^k(x)), \alpha^s(D_1(y)), \alpha^{s+k}(z)] + [D_1(\alpha^s(x)), \alpha^k(D_2(y)), \alpha^{s+k}(z)]$$
$$= [\alpha^{s+k}(x), D_2 D_1(y), \alpha^{s+k}(z)] + [\alpha^{s+k}(x), D_1 D_2(y), \alpha^{s+k}(z)]$$
$$= [\alpha^{s+k}(x), D_1 \bullet D_2(y), \alpha^{s+k}(z)].$$

类似地, $[D_1 \bullet D_2(x), \alpha^{s+k}(y), \alpha^{s+k}(z)] = [\alpha^{s+k}(x), \alpha^{s+k}(y), D_1 \bullet D_2(z)]$. 则 $D_1 \bullet D_2 \in \mathrm{QC}_{\alpha^{s+k}}(T)$, 则 $\mathrm{QC}(T)$ 是一个 Hom-约当代数.　□

定理 1.1.12　若 $(T, [-, -, -], \alpha)$ 是 $\mathbb{F}$ 上保积的 Hom-李三系, 则有

(1) 若 char $\mathbb{F} \neq 2$, 则 $\mathrm{QC}(T)$ 伴有 $[D_1, D_2] = D_1 D_2 - D_2 D_1$ 运算是一个 Hom-李代数当且仅当 $\mathrm{QC}(T)$ 在这种运算下是一个 Hom-结合代数.

(2) 若 char $\mathbb{F} \neq 3$, α 是一个满射且 $\mathrm{Z}(T) = \{0\}$, 则 $\mathrm{QC}(T)$ 是一个 Hom-李代数当且仅当 $[\mathrm{QC}(T), \mathrm{QC}(T)] = \{0\}$.

证明　(1) ($\Leftarrow$) 对任意的 $D_1, D_2 \in \mathrm{QC}(T)$, 我们有 $D_1 D_2 \in \mathrm{QC}(T)$ 和 $D_2 D_1 \in \mathrm{QC}(T)$, 因此 $[D_1, D_2] = D_1 D_2 - D_2 D_1 \in \mathrm{QC}(T)$. 因此, $\mathrm{QC}(T)$ 是一个 Hom-李代数.

($\Rightarrow$) 注意到 $D_1 D_2 = D_1 \bullet D_2 + \dfrac{[D_1, D_2]}{2}$, 我们有 $D_1 \bullet D_2 \in \mathrm{QC}(T)$, $[D_1, D_2] \in \mathrm{QC}(T)$. 于是 $D_1 D_2 \in \mathrm{QC}(T)$. 得证.

(2) (⇒) 假设 $D_1 \in \mathrm{QC}_{\alpha^k}(T), D_2 \in \mathrm{QC}_{\alpha^s}(T)$, 因为 α 是一个满射, 对任意的 $x, y, z \in T$, 存在 $y', z' \in T$, 使得 $y = \alpha^{s+k}(y'), z = \alpha^{s+k}(z')$. $\mathrm{QC}(T)$ 是一个 Hom-李代数, 因此 $[D_1, D_2] \in \mathrm{QC}_{\alpha^{k+s}}(T)$, 则

$$
\begin{aligned}
{[[D_1, D_2](x), y, z]} &= [[D_1, D_2](x), \alpha^{s+k}(y'), \alpha^{s+k}(z')] \\
&= [\alpha^{s+k}(x), [D_1, D_2](y'), \alpha^{s+k}(z')] \\
&= [\alpha^{s+k}(x), \alpha^{s+k}(y'), [D_1, D_2](z')].
\end{aligned}
$$

从引理 1.1.5 (3) 的证明知

$$
\begin{aligned}
{[[D_1, D_2](x), y, z]} &= [[D_1, D_2](x), \alpha^{s+k}(y'), \alpha^{s+k}(z')] \\
&= -[\alpha^{s+k}(x), [D_1, D_2](y'), \alpha^{s+k}(z')] \\
&\quad - [\alpha^{s+k}(x), \alpha^{s+k}(y'), [D_1, D_2](z')].
\end{aligned}
$$

因此 $3[[D_1, D_2](x), y, z] = 0$. 因为 $\mathrm{char}\,\mathbb{F} \neq 3$, 则有 $[[D_1, D_2](x), y, z] = 0$, 即 $[D_1, D_2] = 0$.

(⇐) 显然. □

1.1.2　Hom-李三系的拟导子

在这一节中, 我们将证明 T 的拟导子可以作为导子被嵌入到更大的 Hom-李三系中且当 T 的零化子为 0 时可以得到 $\mathrm{Der}(T)$ 的一个直和分解.

命题 1.1.13　令 $(T, [-, -, -], \alpha)$ 是域 $\mathbb{F}$ 上的 Hom-李三系且 t 是一个未定元. 我们定义 $\check{T} := \{\Sigma(x \otimes t + y \otimes t^3) | x, y \in T\}$, $\check{\alpha}(\check{T}) := \{\Sigma(\alpha(x) \otimes t + \alpha(y) \otimes t^3) | x, y \in T\}$. 则 $\check{T}$ 带有运算 $[x \otimes t^i, y \otimes t^j, z \otimes t^k] = [x, y, z] \otimes t^{i+j+k}$, 对任意的 $x, y, z \in T, i, j \in \{1, 3\}$ 是一个 Hom-李三系.

证明　对任意的 $x, y, z, u, v \in T$ 和 $i, j, k, m, n \in \{1, 3\}$, 我们有

$$
\begin{aligned}
{[x \otimes t^i, y \otimes t^j, z \otimes t^k]} &= [x, y, z] \otimes t^{i+j+k} \\
&= -[y, x, z] \otimes t^{i+j+k} \\
&= -[y \otimes t^j, x \otimes t^i, z \otimes t^k],
\end{aligned}
$$

$$
\begin{aligned}
&[x \otimes t^i, y \otimes t^j, z \otimes t^k] + [y \otimes t^j, z \otimes t^k, x \otimes t^i] + [z \otimes t^k, x \otimes t^i, y \otimes t^j] \\
&= [x, y, z] \otimes t^{i+j+k} + [y, z, x] \otimes t^{i+j+k} + [z, x, y] \otimes t^{i+j+k} \\
&= ([x, y, z] + [y, z, x] + [z, x, y]) \otimes t^{i+j+k} = 0
\end{aligned}
$$

和

$$
[\check{\alpha}(x \otimes t^i), \check{\alpha}(y \otimes t^j), [z \otimes t^k, u \otimes t^m, v \otimes t^n]] = [\alpha(x), \alpha(y), [z, u, v]] \otimes t^{i+j+k+m+n}
$$

$$=([[x,y,z],\alpha(u),\alpha(v)]+[\alpha(z),[x,y,u],\alpha(v)]+[\alpha(z),\alpha(u),[x,y,v]])\otimes t^{i+j+k+m+n}$$
$$=[[x\otimes t^i, y\otimes t^j, z\otimes t^k], \breve{\alpha}(u\otimes t^m), \breve{\alpha}(v\otimes t^n)]$$
$$+[\breve{\alpha}(z\otimes t^k),[x\otimes t^i, y\otimes t^j, u\otimes t^m], \breve{\alpha}(v\otimes t^n)]$$
$$+[\breve{\alpha}(z\otimes t^k), \breve{\alpha}(u\otimes t^m),[x\otimes t^i, y\otimes t^j, v\otimes t^n]].$$

因此 $\breve{T}$ 是一个 Hom-李三系. $\qquad\square$

为了书写方便, 我们用 $xt(xt^3)$ 代替 $x\otimes t(x\otimes t^3)$.

若 U 是 T 的子空间使得 $T=U\oplus[T,T,T]$, 则

$$\breve{T}=Tt+Tt^3=Tt+Ut^3+[T,T,T]t^3,$$

现我们定义一个映射 $\varphi: \mathrm{QDer}(T)\to \mathrm{End}(\breve{T})$ 满足

$$\varphi(D)(at+ut^2+bt^2)=D(a)t+D'(b)t^3,$$

这里 $D\in \mathrm{QDer}_{\alpha^k}(T)$, 且 D' 在等式 (1.2) 中, $a\in T, u\in U, b\in[T,T,T]$.

命题 1.1.14 $T,\breve{T},\varphi$ 如上定义. 则

(1) φ 是一个单射且 $\varphi(D)$ 不依赖于 D' 的选取.

(2) $\varphi(\mathrm{QDer}(T))\subseteq \mathrm{Der}(\breve{T})$.

证明 (1) 若 $\varphi(D_1)=\varphi(D_2)$, 则对任意的 $a\in T, b\in[T,T,T]$ 和 $u\in U$, 我们有

$$\varphi(D_1)(at+ut^3+bt^3)=\varphi(D_2)(at+ut^3+bt^3),$$

即

$$D_1(a)t+D'_2(b)t^3=D_2(a)t+D'_2(b)t^3,$$

因此 $D_1(a)=D_2(a)$. 因此 $D_1=D_2$, 且 φ 是单射.

假设存在 D'' 使得

$$\varphi(D)(at+ut^3+bt^3)=D(a)t+D''(b)t^3,$$

且

$$[D(x),\alpha^k(y),\alpha^k(z)]+[\alpha^k(x),D(y),\alpha^k(z)]+[\alpha^k(x),\alpha^k(y),D(z)]=D''([x,y,z]),$$

则我们有

$$D'([x,y,z])=D''([x,y,z]),$$

于是 $D'(b)=D''(b)$. 因此

$$\varphi(D)(at+ut^3+bt^3)=D(a)t+D'(b)t^3=D(a)t+D''(b)t^3,$$

这证明了 $\varphi(D)$ 由 D 决定.

(2) 我们有 $[xt^i, yt^j, zt^k] = [x, y, z]t^{i+j+k} = 0$, 对任意的 $i + j + k \geqslant 4$. 于是, 为了证明 $\varphi(D) \in \mathrm{Der}(\check{T})$, 我们只需检验下述式子的正确性

$$\varphi(D)([xt, yt, zt]) = [\varphi(D)(xt), \check{\alpha}^k(yt), \check{\alpha}^k(zt)] + [\check{\alpha}^k(xt), \varphi(D)(yt), \check{\alpha}^k(zt)]$$
$$+ [\check{\alpha}^k(xt), \check{\alpha}^k(yt), \varphi(D)(zt)].$$

对任意的 $x, y, z \in T$, 我们有

$$\varphi(D)([xt, yt, zt]) = \varphi(D)([x, y, z]t^3) = D'([x, y, z])t^3$$
$$= ([D(x), \alpha^k(y), \alpha^k(z)] + [\alpha^k(x), D(y), \alpha^k(z)] + [\alpha^k(x), \alpha^k(y), D(z)])t^3$$
$$= [D(x)t, \alpha^k(y)t, \alpha^k(z)t] + [\alpha^k(x)t, D(y)t, \alpha^k(z)t] + [\alpha^k(x)t, \alpha^k(y)t, D(z)t]$$
$$= [\varphi(D)(xt), \check{\alpha}(yt), \check{\alpha}(zt)] + [\check{\alpha}(xt), \varphi(D)(yt), \check{\alpha}(zt)] + [\check{\alpha}(xt), \check{\alpha}(yt), \varphi(D)(zt)].$$

因此, 对任意的 $D \in \mathrm{QDer}_{\alpha^k}(T)$, 我们有 $\varphi(D) \in \mathrm{Der}_{\alpha^k}(\check{T})$. $\qquad\square$

命题 1.1.15　令 T 是一个 Hom-李三系. $\mathrm{Z}(T) = \{0\}$ 且 $\check{T}$, φ 定义如上, 则 $\mathrm{Der}(\check{T}) = \varphi(\mathrm{QDer}(T)) \dotplus \mathrm{ZDer}(\check{T})$.

证明　因为 $\mathrm{Z}(T) = \{0\}$, 我们有 $\mathrm{Z}(\check{T}) = Tt^3$. 对任意的 $g \in \mathrm{Der}(\check{T})$, 我们有 $g(\mathrm{Z}(\check{T})) \subseteq \mathrm{Z}(\check{T})$, 因此 $g(Ut^3) \subseteq g(\mathrm{Z}(\check{T})) \subseteq \mathrm{Z}(\check{T}) = Tt^3$. 现定义一个映射 $f : Tt + Ut^3 + [T, T, T]t^3 \to Tt^3$ 通过

$$f(x) = \begin{cases} g(x) \cap Tt^3, & x \in Tt, \\ g(x), & x \in Ut^3, \\ 0, & x \in [T, T, T]t^3. \end{cases}$$

f 是线性的是明显的. 注意到

$$f([\check{T}, \check{T}, \check{T}]) = f([T, T, T]t^3) = 0,$$

$$[f(\check{T}), \check{\alpha}^k(\check{T}), \check{\alpha}^k(\check{T})] \subseteq [Tt^3, \alpha^k(T)t + \alpha^k(T)t^3, \alpha^k(T)t + \alpha^k(T)t^3] = 0,$$

因此 $f \in \mathrm{ZDer}_{\alpha^k}(\check{T})$. 因为

$$(g - f)(Tt) = g(Tt) - g(Tt) \cap Tt^3 = g(Tt) - Tt^3 \subseteq Tt, \quad (g - f)(Ut^3) = 0,$$

且

$$(g - f)([T, T, T]t^3) = g([\check{T}, \check{T}, \check{T}]) \subseteq [\check{T}, \check{T}, \check{T}] = [T, T, T]t^3,$$

存在 D, D' 在等式 (1.2) 中使得对任意的 $a \in T$, $b \in [T, T, T]$,

$$(g - f)(at) = D(a)t, \quad (g - f)(bt^3) = D'(b)t^3.$$

因为 $(g - f) \in \mathrm{Der}(\breve{T})$ 并且由 $\mathrm{Der}(\breve{T})$ 的定义, 我们有

$$[(g - f)(a_1 t), \breve{\alpha}^k(a_2 t), \breve{\alpha}^k(a_3 t)] + [\breve{\alpha}^k(a_1 t), (g - f)(a_2 t), \breve{\alpha}^k(a_3 t)]$$
$$+ [\breve{\alpha}^k(a_1 t), \breve{\alpha}^k(a_2 t), (g - f)(a_3 t)]$$
$$= (g - f)([a_1 t, a_2 t, a_3 t]),$$

对任意的 $a_1, a_2, a_3 \in T$. 因此

$$[D(a_1), \alpha^k(a_2)t, \alpha^k(a_3)t] + [\alpha^k(a_1)t, D(a_2), \alpha^k(a_3)t]$$
$$+ [\alpha^k(a_1)t, \alpha^k(a_2)t, D(a_3)]$$
$$= D'([a_1, a_2, , a_3])t^3.$$

于是 $D \in \mathrm{QDer}_{\alpha^k}(T)$. 因此, $g - f = \varphi(D) \in \varphi(\mathrm{QDer}(T))$, 所以 $\mathrm{Der}(\breve{T}) \subseteq \varphi(\mathrm{QDer}(T)) + \mathrm{ZDer}(\breve{T})$. 由命题 1.1.14 (2), 我们有 $\mathrm{Der}(\breve{T}) = \varphi(\mathrm{QDer}(T)) + \mathrm{ZDer}(\breve{T})$.

对任意的 $f \in \varphi(\mathrm{QDer}(T)) \cap \mathrm{ZDer}(\breve{T})$, 存在一个元素 $D \in \mathrm{QDer}(T)$ 使得 $f = \varphi(D)$. 则

$$f(at + ut^3 + bt^3) = \varphi(D)(at + ut^3 + bt^3) = D(a)t + D'(b)t^3,$$

对任意的 $a \in T, b \in [T, T, T]$.

另一方面, 因为 $f \in \mathrm{ZDer}(\breve{T})$, 则有

$$f(at + bt^3 + ut^3) \in \mathrm{Z}(\breve{T}) = Tt^3.$$

即, $D(a) = 0$, 对任意的 $a \in T$, 因为 $D = 0$, 所以 $f = 0$.

因此 $\mathrm{Der}(\breve{T}) = \varphi(\mathrm{QDer}(T)) \dotplus \mathrm{ZDer}(\breve{T})$ 得证. $\square$

1.1.3 Hom-李三系的型心

命题 1.1.16   令 $(T, [-, -, -], \alpha)$ 是一个保积的 Hom-李三系, 其中 α 是一个满射. 若 T 没有非 0 理想 I, J 使得 $[T, I, J] = \{0\}$, 即 T 素的, 则 $\mathrm{C}(T)$ 是一个整环.

证明   首先 $\mathrm{Id} \in \mathrm{C}(T)$. 若存在 $0 \neq \psi \in \mathrm{C}_{\alpha^k}(T)$, $0 \neq \varphi \in \mathrm{C}_{\alpha^s}(T)$ 使得 $\psi\varphi = 0$, 则存在 $x, y, x', y' \in T$ 使得 $\psi(x) = \psi(\alpha^s(x')) \neq 0$ 和 $\varphi(y) = \varphi(\alpha^k(y')) \neq 0$.

则 $0 = \psi\varphi([T, x', y']) = \psi[\alpha^s(T), \alpha^s(x'), \varphi(y')] = [\alpha^{s+k}(T), \psi(\alpha^s(x')), \varphi(\alpha^k(y'))] = [T, \psi(x), \varphi(y)]$. 令 I_x, I_y 分别是由 x, y 生成的理想, 则 $\psi(I_x)$ 和 $\varphi(I_y)$ 也是 T 的理想. T 是素的暗示着 $\mathrm{Z}(T) = \{0\}$, 因此 $[\psi(x), T, T] \neq \{0\}$ 且 $[\varphi(y), T, T] \neq \{0\}$. 因此 $\psi(I_x)$ 和 $\varphi(I_y)$ 分别是 T 的两个非 0 理想使得 $[T, \psi(I_x), \varphi(I_y)] = 0$, 矛盾. 因此 $\mathrm{C}(T)$ 无零因子, $\mathrm{C}(T)$ 是整环. $\square$

定理 1.1.17　若 $(T, [-,-,-], \alpha)$ 是代数闭域 $\mathbb{F}$ 上单的 Hom-李三系, 即 $T^{(1)} \neq \{0\}$, 并且 T 只有两个理想 T 和 $\{0\}$, 则 $C(T) = \mathbb{F}\mathrm{Id}$ 当且仅当 $\alpha = \pm\mathrm{Id}$.

证明　($\Leftarrow$) $\alpha = \pm\mathrm{Id}$ 说明 T 是一个李三系, 由此可得 $C(T) = \mathbb{F}\mathrm{Id}$ (见 [48, 定理 1]).

($\Rightarrow$) 对任意的 $k \in \mathbb{N}^+$, 任意的 $0 \neq \psi \in C_{\alpha^k}(T)$, 我们有 $\psi = \mu\mathrm{Id}$, $\mu \in \mathbb{F}$, $\mu \neq 0$. 因此 $\forall x, y, z \in T$, 则有 $\mu[x,y,z] = \psi([x,y,z]) = [\psi(x), \alpha^k(y), \alpha^k(z)] = \mu[x, \alpha^k(y), \alpha^k(z)]$. 因此 $[x,y,z] = [x, \alpha^k(y), \alpha^k(z)]$ 对所有的 $k \in \mathbb{N}^+$.

因为 $\mathbb{F}$ 是代数闭域, α 有一个特征值 λ. 我们记相应的特征子空间为 $E_\lambda(\alpha)$. 因此 $E_\lambda(\alpha) \neq \{0\}$. 令 $k = 1$, 对于任意的 $x \in E_\lambda(\alpha), y, z \in T$, 则有 $\alpha([x,y,z]) = [\alpha(x), \alpha(y), \alpha(z)] = \lambda[x, \alpha(y), \alpha(z)] = \lambda[x,y,z]$, 所以 $[x,y,z] \in E_\lambda(\alpha)$. 于是 $E_\lambda(\alpha)$ 是 T 的一个理想. 但是 T 是单的, 因此 $E_\lambda(\alpha) = T$, 即 $\alpha = \lambda\mathrm{Id}$. 则有对所有的 $x, y, z \in T$, $k = 1$, $[x,y,z] = [x, \alpha(y), \alpha(z)] = [x, \lambda y, \lambda z] = \lambda^2[x,y,z]$, 因此 $\lambda^2 = 1$ 且 $\alpha = \pm\mathrm{Id}$. □

当 $C(T) = \mathbb{F}\mathrm{Id}$, 李三系 T 被称为中心的. 更多地, 若 T 是单的, T 被称为中心单的. 由定理 1.1.17, 可以得到一个代数闭域上每一个中心单的 Hom-李三系是一个李三系.

命题 1.1.18　令 $(T, [-,-,-], \alpha)$ 是域 $\mathbb{F}$ 上保积的 Hom-李三系. 则

(1) 若 α 是满射, 则 T 是不可分解的 (不能写成两个非平凡理想的直和) 当且仅当 $C(T)$ 除了 0 和 Id 不包含其他幂等元.

(2) 若 T 是完美的, 则任意的 $\psi \in C_{\alpha^k}(T)(k \geqslant 0)$ 关于 T 上任意不变型是 α^k-对称的.

证明　(1) ($\Rightarrow$) 若存在 $\psi \in C_{\alpha^k}(T)$ 是幂等元且满足 $\psi \neq 0, \mathrm{Id}$, 则 $\psi^2(x) = \psi(x)$, $\forall x \in T$. 于是可知 $\mathrm{Ker}\psi$ 和 $\mathrm{Im}\psi$ 是 T 的理想. 事实上对任意的 $x \in \mathrm{Ker}\psi$ 和 $y, z \in T$, 我们有 $\psi([x,y,z]) = [\psi(x), \alpha^k(y), \alpha^k(z)] = 0$, 这说明了 $[x,y,z] \in \mathrm{Ker}\psi$. 对任意的 $x \in \mathrm{Im}\psi$, 存在 $a \in T$ 使得 $x = \psi(a)$. 对任意的 $y, z \in T$, 有 y', z' 使得 $y = \alpha^k(y')$, $z = \alpha^k(z')$. 则 $[x,y,z] = [\psi(a), \alpha^k(y'), \alpha^k(z')] = \psi([a, y', z']) \in \mathrm{Im}\psi$. 更多地, $\mathrm{Ker}\psi \cap \mathrm{Im}\psi = \{0\}$. 事实上, 若 $x \in \mathrm{Ker}\psi \cap \mathrm{Im}\psi$, 则存在 $y \in T$ 使得 $x = \psi(y)$ 且 $0 = \psi(x) = \psi^2(y) = \psi(y) = x$. 有分解式 $x = \psi(x) + y$, 对任意的 $x \in T$, 其中 $\psi(y) = 0$. 因此有 $T = \mathrm{Ker}\psi \dotplus \mathrm{Im}\psi$, 矛盾.

($\Leftarrow$) 类似于 [49, 性质 1] 的证明.

(2) 令 f 是 T 上不变的 $\mathbb{F}$-双线性型. 则 $f([a,b,c], d) = f(a, [d,c,b])$ 对任意的 $a, b, c, d \in T$. 因为 T 是完美的, 令 $\psi \in C_{\alpha^k}(T)$ $(k \geqslant 0)$, 则有

$$f(\psi([a,b,c]), \alpha^k(d)) = f([\alpha^k(a), \psi(b), \alpha^k(c)], \alpha^k(d))$$

$$= f(\alpha^k(a), [\alpha^k(d), \alpha^k(c), \psi(b)])$$
$$= f([\alpha^k(a), \psi([d, c, b])])$$
$$= f(\alpha^k(a), [\psi(d), \alpha^k(c), \alpha^k(b)])$$
$$= f(\alpha^k([a, b, c]), \psi(d)). \qquad \square$$

命题 1.1.19　令 $(T, [-, -, -], \alpha)$ 是域 $\mathbb{F}$ 上的 Hom-李三系且 I 是 T 的一个 α-不变子空间, α 是满射且 $\alpha|_I$ 也是满射. 则 $Z_T(I)$ 在 $\mathrm{C}(T)$ 下不变, T 的任意完美理想在 $\mathrm{C}(T)$ 下不变.

证明　对任意的 $\psi \in \mathrm{C}_{\alpha^k}(T)$ 和 $x \in Z_T(I)$, 任意的 $y \in I, z \in T$, 存在 y', z' 使得 $y = \alpha^k(y')$, $z = \alpha^k(z')$. 则

$$L(\psi(x), y)(z) = [\psi(x), y, z] = [\psi(x), \alpha^k(y'), \alpha^k(z')] = \psi([x, y', z']) = 0,$$

且

$$R(y, \psi(x))(z) = [z, y, \psi(x)] = [\alpha^k(z'), \alpha^k(y'), \psi(x)] = \phi([z', y', x]) = 0,$$

这说明了 $\psi(x) \in Z_T(I)$. 因此 $Z_T(I)$ 在 $\mathrm{C}(T)$ 下不变.

令 J 是 T 的任意完美理想, 则 $J = [J, J, J]$. 对任意的 $y \in J$, 存在 $a, b, c \in J$ 使得 $y = [a, b, c]$, 则有　$\psi(y) = \psi([a, b, c]) = [\alpha^k(a), \psi(b), \alpha^k(c)] \in [J, T, T] \subseteq J$. 因此 J 在 $\mathrm{C}(T)$ 下不变. $\qquad \square$

定理 1.1.20　令 $(T_1, [-, -, -], \alpha_1)$ 和 $(T_2, [-, -, -], \alpha_2)$ 是域 $\mathbb{F}$ 上两个 Hom-李三系, 其中 α_1 是一个满射. 令 $\pi : T_1 \to T_2$ 是 Hom-李三系之间的满同态. 对任意的 $f \in \mathrm{End}_{\mathbb{F}}(T_1; \mathrm{Ker}\pi) := \{g \in \mathrm{End}_{\mathbb{F}}(T_1) | g(\mathrm{Ker}\pi) \subseteq \mathrm{Ker}\pi\}$ 存在唯一的 $\bar{f} \in \mathrm{End}_{\mathbb{F}}(T_2)$ 满足 $\pi \circ f = \bar{f} \circ \pi$. 更多地, 下面结论成立.

(1) 映射 $\pi_{\mathrm{End}} : \mathrm{End}_{\mathbb{F}}(T_1; \mathrm{Ker}\pi) \to \mathrm{End}_{\mathbb{F}}(T_2)$, $f \mapsto \bar{f}$ 是具有下述性质的 Hom-代数同态:

$$\pi_{\mathrm{End}}(\mathrm{Mult}(T_1)) = \mathrm{Mult}(T_2), \ \pi_{\mathrm{End}}(\mathrm{C}(T_1) \cap \mathrm{End}_{\mathbb{F}}(T_1; \mathrm{Ker}\pi)) \subseteq \mathrm{C}(T_2).$$

通过限制, 存在一个 Hom-代数同态

$$\pi_{\mathrm{C}} : \mathrm{C}(T_1) \cap \mathrm{End}_{\mathbb{F}}(T_1; \mathrm{Ker}\pi) \to \mathrm{C}(T_2), f \mapsto \bar{f}.$$

若 $\mathrm{Ker}\pi = Z(T_1)$, 则每个 $\phi \in \mathrm{C}(T_1)$ 都使得 $\mathrm{Ker}\pi$ 不变, 因此 π_{C} 在所有的 $\mathrm{C}(T_1)$ 上均有定义.

(2) 假设 T_1 是完美的且 $\mathrm{Ker}\pi \subseteq Z(T_1)$. 则 $\pi_{\mathrm{C}} : \mathrm{C}(T_1) \cap \mathrm{End}_{\mathbb{F}}(T_1; \mathrm{Ker}\pi) \to \mathrm{C}(T_2), f \mapsto \bar{f}$ 是单射.

(3) 若 T_1 是完美的, $Z(T_2) = \{0\}$ 且 $\mathrm{Ker}\pi \subseteq Z(T_1)$, 则 $\pi_{\mathrm{C}} : \mathrm{C}(T_1) \to \mathrm{C}(T_2)$ 是一个 Hom-代数同态.

证明 (1) 容易知道 π_{End} 是一个 Hom-代数同态. 事实上, 对任意的 $f, g \in \mathrm{End}_{\mathbb{F}}(T_1; \mathrm{Ker}\pi)$, 则有 $\pi(fg) = (\bar{f}\pi)g = \bar{f}\bar{g}\pi$, 因此 $\pi_{\mathrm{End}}(fg) = \pi_{\mathrm{End}}(f)\pi_{\mathrm{End}}(g)$. 同时, $\pi(\alpha_1 f) = (\alpha_2 \pi)f = (\alpha_2 \bar{f})\pi$ 即 $\pi_{\mathrm{End}}\alpha_1(f) = \alpha_2 \pi_{\mathrm{End}}(f)$, 因此 $\pi_{\mathrm{End}}\alpha_1 = \alpha_2\pi_{\mathrm{End}}$. $\mathrm{Ker}\pi$ 是 T_1 的理想且 T_1 的左乘算子使得 $\mathrm{Ker}\pi$ 不变. 事实上, 对任意的 $x, y \in T$, $z \in \mathrm{Ker}\pi$, $\pi(L(x,y)(z)) = \pi([x,y,z]) = [\pi(x), \pi(y), \pi(z)] = 0$. 类似地, $\pi(R(x,y)(z)) = 0$. 因此 $\mathrm{Mult}(T_1) \subseteq \mathrm{End}_{\mathbb{F}}(T_1; \mathrm{Ker}\pi)$.

更多地, 对于 T_1 上的左乘算子 $L(x,y)$, 我们有 $\pi \cdot L(x,y) = L(\pi(x), \pi(y)) \cdot \pi$, 因此 $\pi_{\mathrm{End}}(L(x,y)) = L(\pi(x), \pi(y))$. 对于右乘算子我们有类似的 $\pi_{\mathrm{End}}(R(x,y)) = R(\pi(x), \pi(y))$. 更多地, π 是一个满同态, 因此 $\pi_{\mathrm{End}}(\mathrm{Mult}(T_1)) = \mathrm{Mult}(T_2)$.

现在证明 $\pi_{\mathrm{End}}(\mathrm{C}(T_1) \cap \mathrm{End}_{\mathbb{F}}(T_1; \mathrm{Ker}\pi)) \subseteq \mathrm{C}(T_2)$.

令 $\phi \in \mathrm{C}_{\alpha_1^k}(T_1) \cap \mathrm{End}_{\mathbb{F}}(T_1; \mathrm{Ker}\pi)$. 对任意的 $x', y', z' \in T_2$, 存在 $x, y, z \in T_1$ 使得 $\pi(x) = x', \pi(y) = y', \pi(z) = z'$. 则 $\bar{\phi}([x', y', z']) = \bar{\phi}(\pi([x,y,z])) = \pi(\phi([x,y,z])) = \pi([\alpha_1^k(x), \alpha_1^k(y), \phi(z)]) = [\alpha_2^k\pi(x), \alpha_2^k\pi(y), \bar{\phi}(\pi(z))] = [\alpha_2^k(x'), \alpha_2^k(y'), \bar{\phi}(z')]$, 这证明了 $\bar{\phi} \in \mathrm{C}_{\alpha_2^k}(T_2)$. 同时, $\bar{\alpha}_i$ 表示 $\mathrm{C}(T_i)$, $i = \{1,2\}$ 上的同态, 即证 $\pi_{\mathrm{C}} \cdot \bar{\alpha}_1 = \bar{\alpha}_2\pi_{\mathrm{C}}$. 事实上, 对任意的 $\phi \in \pi_{\mathrm{End}}(\mathrm{C}(T_1) \cap \mathrm{End}_{\mathbb{F}}(T_1; \mathrm{Ker}\pi))$, 有 $\pi\phi\alpha_1 = \bar{\phi}\pi\alpha_1 = \alpha_2\bar{\phi}\pi = \alpha_2(\pi_{\mathrm{C}}(\phi))\pi$. 即 $\pi(\bar{\alpha}_1\phi) = \bar{\alpha}_2\pi_{\mathrm{C}}(\phi)\pi$. 如果 $\mathrm{Ker}\pi = Z(T_1)$, 明显地, $\phi \in \mathrm{C}(T_1)$ 使得 $\mathrm{Ker}\pi$ 不变.

(2) 若对 $\phi \in \mathrm{C}(T_1) \cap \mathrm{End}_{\mathbb{F}}(T_1; \mathrm{Ker}\pi)$, 有 $\bar{\phi} = 0$, 则 $\pi(\phi(T_1)) = \bar{\phi}(\pi(T_1)) = \{0\}$, 这说明了 $\phi(T_1) \subseteq \mathrm{Ker}\pi \subseteq Z(T_1)$. 因此 $\phi([x,y,z]) = [\phi(x), \alpha^k(y), \alpha^k(z)] = 0$, 任意的 $x, y, z \in T_1$. 更多地, 因为 $T_1 = T_1^{(1)}$, 于是得到 $\phi = 0$.

(3) 由已知得 $\pi(Z(T_1)) \subseteq Z(T_1) = \{0\}$. 事实上, 对任意的 $y, z \in T_2$, 存在 $y', z' \in T_2$ 使得 $y = \pi(y')$, $z = \pi(z')$. 且对任意的 $x \in Z(T_1)$, $[\pi(x), y, z] = [\pi(x), \pi(y'), \pi(z')] = \pi([x, y', z']) = 0$. 因此 $Z(T_1) \subseteq \mathrm{Ker}\pi$. 所以 $\mathrm{Ker}\pi = Z(T_1)$. 由 (1) 知 $\pi_{\mathrm{C}} : \mathrm{C}(T_1) \to \mathrm{C}(T_2)$ 是良定义的 Hom-李代数同态, 由 (2) 知它是单射. □

1.1.4 单 Hom-李三系与多项式环的张量积的型心

文献 [50] 研究了结合代数和李代数的型心. 在这一节中我们讨论李三系和含幺元可交换的结合代数张量积的**型心**. 更多地, 我们完全确定了一个单李代数 T 和一个多项式环 R 的张量积 $T \otimes R$ 的型心.

定义 1.1.21 令 A 是域 $\mathbb{F}$ 上一个结合代数. A 的型心是 A 上的 $\mathbb{F}$-线性变换, 由 $\mathrm{C}(A) = \{\psi \in \mathrm{End}(A) | \psi(ab) = a\psi(b) = \psi(a)b, \forall a, b \in A\}$ 给出.

令 $(T, [-,-,-], \alpha)$ 是域 $\mathbb{F}$ 上的 Hom-李三系且 A 是域 $\mathbb{F}$ 上一个含幺元的

可交换的结合代数. 则在 $T \otimes A$ 存在唯一一个 Hom-李三系结构满足 $[x \otimes a, y \otimes b, z \otimes c] = [x, y, z] \otimes abc$ 和 $\breve{\alpha}(x \otimes a) = \alpha(x) \otimes a$ 对于 $x, y, z \in T, a, b, c \in A$. 可以证明若 T 是完美的, 则 $T \otimes A$ 也是完美的. 而且对于 $D \in \text{End}(T)$ 和 $\psi \in \text{End}(A)$ 存在唯一的映射 $D \tilde{\otimes} \psi \in \text{End}(T \otimes A)$ 使得

$$(D \tilde{\otimes} \psi)(x \otimes a) = D(x) \otimes \psi(a), \quad \forall x \in T, a \in A.$$

这个映射应不依赖于 $\text{End}(T) \otimes \text{End}(A)$ 中元素 $D \otimes \psi$ 的选取. 显然, 我们有标准映射 $\mho : \text{End}(T) \otimes \text{End}(A) \to \text{End}(T \otimes A) : D \otimes \psi \mapsto D \tilde{\otimes} \psi$. 容易知道若 $D \in \text{C}(T)$ 且 $\psi \in \text{C}(A)$, 则 $D \tilde{\otimes} \psi \in \text{C}(T \otimes A)$. 因此 $\text{C}(T) \tilde{\otimes} \text{C}(A) \subseteq \text{C}(T \otimes A)$, 这里 $\text{C}(T) \tilde{\otimes} \text{C}(A)$ 是所有自同态 $D \tilde{\otimes} \psi$ 的 $\mathbb{F}$-生成.

接下来我们将完全确定一个单李代数 T 和一个多项式环 R 的张量积 $T \otimes R$ 的型心.

令 $(T, [-, -, -], \alpha)$ 是代数闭域 $\mathbb{F}$ 上一个中心单的 Hom-李三系且 $R = \mathbb{F}[x_1, \cdots, x_n]$. 定义乘法为 $[x \otimes p, y \otimes q, z \otimes r] = [x, y, z] \otimes pqr$, 可使 $\tilde{T} = T \otimes R$ 成为一个 Hom-李三系.

定理 1.1.22 若 $(T, [-, -, -], \alpha)$ 是代数闭域 $\mathbb{F}$ 上一个中心单的 Hom-李三系, $R = \mathbb{F}[x_1, \cdots, x_n]$ 且 $\tilde{T} = T \otimes R$. 则 $\text{C}(\tilde{T}) = \text{C}(T) \tilde{\otimes} R$.

证明 由定理 1.1.17, 容易验证代数闭域 $\mathbb{F}$ 上一个中心单的 Hom-李三系是一个李三系. 因此一个中心单的 Hom-李三系和一个多项式环的张量积的讨论转化为一个李三系和一个多项式环的张量积的讨论. 由文献 [49], 结论得证. $\square$

1.2 Hom-李共形代数的导子与广义导子理论

1.2.1 保积 Hom-李共形代数的 α^k-导子

定义 1.2.1[51] 设 $\mathcal{R}$ 是复数域 $\mathbb{C}$ 上的线性空间, 同时也是一个 $\mathbb{C}[\partial]$-模. 若 $\mathcal{R}$ 上有线性变换 $\alpha : \mathcal{R} \to \mathcal{R}$ 满足 $\alpha \circ \partial = \partial \circ \alpha$, 以及存在双线性映射 (称为 **λ-括积**): $\mathcal{R} \times \mathcal{R} \to \mathcal{R}[\lambda], a \otimes b \to [a_\lambda b]$, 使得对任意的 $a, b, c \in \mathcal{R}$, 以下等式成立:

$$[(\partial a)_\lambda b] = -\lambda [a_\lambda b], \quad [a_\lambda \partial b] = (\partial + \lambda)[a_\lambda b], \quad (\text{共形半线性性})$$

$$[a_\lambda b] = -[b_{-\partial - \lambda} a], \quad (\text{斜对称性})$$

$$[\alpha(a)_\lambda [b_\mu c]] = [[a_\lambda b]_{\lambda + \mu} \alpha(c)] + [\alpha(b)_\mu [a_\lambda c]], \quad (\text{Hom-Jacobi 等式})$$

则称 $(\mathcal{R}, \alpha)$ 是 **Hom-李共形代数**.

注 1.2.2 如果我们考虑下列展式:

$$[a_\lambda b] = \sum_{n=0}^{\infty} \frac{\lambda^n}{n!} a_{(n)} b,$$

其中 $\dfrac{\lambda^n}{n!}$ 的系数 $a_{(n)}b$ 称为 a 和 b 的 n-阶乘积, 则 Hom-李共形代数的另一种定义可参见文献 [51].

定义 1.2.3[52]　设 M 和 N 是两个 $C[\partial]$-模, $f : M \to N[\lambda]$ 是 $\mathbb{C}$-线性映射. 若 f 满足 $f_\lambda(\partial a) = (\partial + \lambda)f_\lambda(a)$, 则称它是 M 到 N 的**共形线性映射**, 有时也简记为 $f : M \to N$.

进一步地, 设 W 也是 $C[\partial]$-模. $\mathbb{C}$-双线性映射 $f : M \times N \to W[\lambda]$ 被称为是 $M \times N$ 到 W 的**共形双线性映射**, 如果它满足 $f_\lambda(\partial a, b) = -\lambda f_\lambda(a, b)$, $f_\lambda(a, \partial b) = (\partial + \lambda)f_\lambda(a, b)$.

设 $(\mathcal{R}, \alpha)$ 是保积的 Hom-李共形代数. 定义 $\mho$ 为 $\mathcal{R}$ 上与 α 可交换的共形线性变换的全体构成的集合.

定义 1.2.4　设 $(\mathcal{R}, \alpha)$ 是 Hom-李共形代数. $d \in \mho$, $k \in \mathbb{N}$. 称 d 为 $(\mathcal{R}, \alpha)$ 的 α^k-**导子**, 如果 d 满足

$$d_\lambda([a_\mu b]) = [d_\lambda(a)_{\lambda+\mu}\alpha^k(b)] + [\alpha^k(a)_\mu d_\lambda(b)], \quad \forall\ a, b \in \mathcal{R}.$$

用 $\mathrm{CDer}_{\alpha^k}(\mathcal{R})$ 表示保积 Hom-李共形代数 $(\mathcal{R}, \alpha)$ 的所有 α^k-导子构成的集合. 设 $a \in \mathcal{R}$, 满足 $\alpha(a) = a$, 定义 $d_k(a) : \mathcal{R} \to \mathcal{R}$ 为

$$d_k(a)_\lambda(b) = [a_\lambda \alpha^k(b)], \quad \forall\ b \in \mathcal{R},$$

则 $d_k(a)$ 是一个 α^{k+1}-导子, 称为**内** α^{k+1}-**导子**. 事实上,

$$d_k(a)_\lambda(\partial b) = [a_\lambda \alpha^k(\partial b)] = [a_\lambda \partial(\alpha^k(b))] = (\partial + \lambda)d_k(a)_\lambda(b),$$
$$d_k(a)_\lambda(\alpha(b)) = [a_\lambda \alpha^{k+1}(b)] = \alpha([a_\lambda \alpha^k(b)]) = \alpha \circ d_k(a)_\lambda(b),$$
$$d_k(a)_\lambda([b_\mu c]) = [a_\lambda \alpha^k([b_\mu c])] = [\alpha(a)_\lambda[\alpha^k(b)_\mu \alpha^k(c)]]$$
$$= [\alpha^{k+1}(b)_\mu [a_\lambda \alpha^k(c)]] + [[a_\lambda \alpha^k(b)]_{\lambda+\mu} \alpha^{k+1}(c)]$$
$$= [(d_k(a)_\lambda(b))_{\lambda+\mu} \alpha^{k+1}(c)] + [\alpha^{k+1}(b)_\mu (d_k(a)_\lambda(c))].$$

用 $\mathrm{CInn}_{\alpha^k}(\mathcal{R})$ 表示所有内 α^k-导子构成的集合.

任取 $d \in \mathrm{CDer}_{\alpha^k}(\mathcal{R})$, $d' \in \mathrm{CDer}_{\alpha^s}(\mathcal{R})$, 定义它们的结合子 $[d_\lambda d']$ 为

$$[d_\lambda d']_\mu(a) = d_\lambda(d'_{\mu-\lambda}a) - d'_{\mu-\lambda}(d_\lambda a), \quad \forall\ a \in \mathcal{R}. \tag{1.3}$$

引理 1.2.5　对任意的 $d \in \mathrm{CDer}_{\alpha^k}(\mathcal{R})$, $d' \in \mathrm{CDer}_{\alpha^s}(\mathcal{R})$, 有

$$[d_\lambda d'] \in \mathrm{CDer}_{\alpha^{k+s}}(\mathcal{R})[\lambda].$$

证明 对任意的 $a, b \in \mathcal{R}$, 我们有

$$
\begin{aligned}
[d_\lambda d']_\mu(\partial a) &= d_\lambda(d'_{\mu-\lambda}\partial a) - d'_{\mu-\lambda}(d_\lambda \partial a) \\
&= d_\lambda((\partial + \mu - \lambda)d'_{\mu-\lambda}a) + d'_{\mu-\lambda}((\partial + \lambda)d_\lambda a) \\
&= (\partial + \mu)d_\lambda(d'_{\mu-\lambda}a) - (\partial + \mu)d'_{\mu-\lambda}(d_\lambda a) \\
&= (\partial + \mu)[d_\lambda d']_\mu(a),
\end{aligned}
$$

以及

$$
\begin{aligned}
[d_\lambda d']_\mu([a_\gamma b]) =\ & d_\lambda(d'_{\mu-\lambda}[a_\gamma b]) - d'_{\mu-\lambda}(d_\lambda[a_\gamma b]) \\
=\ & d_\lambda([d'_{\mu-\lambda}(a)_{\mu-\lambda+\gamma}\alpha^s(b)] + [\alpha^s(a)_\gamma d'_{\mu-\lambda}(b)]) \\
& - d'_{\mu-\lambda}([d_\lambda(a)_{\lambda+\gamma}\alpha^k(b)] + [\alpha^k(a)_\gamma d_\lambda(b)]) \\
=\ & [d_\lambda(d'_{\mu-\lambda}(a))_{\mu+\gamma}\alpha^{k+s}(b)] + [\alpha^k(d'_{\mu-\lambda}(a))_{\mu-\lambda+\gamma}d_\lambda(\alpha^s(b))] \\
& + [d_\lambda(\alpha^s(a))_{\lambda+\gamma}\alpha^k(d'_{\mu-\lambda}(b))] + [\alpha^{k+s}(a)_\gamma(d_\lambda(d'_{\mu-\lambda}(b)))] \\
& - [(d'_{\mu-\lambda}d_\lambda(a))_{\mu+\gamma}\alpha^{k+s}(b)] - [\alpha^s(d_\lambda(a))_{\lambda+\gamma}(d'_{\mu-\lambda}(\alpha^k(b)))] \\
& - [(d'_{\mu-\lambda}(\alpha^k(a)))_{\mu-\lambda+\gamma}\alpha^s(d_\lambda(b))] - [\alpha^{k+s}(a)_\lambda(d'_{\mu-\lambda}(d_\lambda(b)))] \\
=\ & [([d_\lambda d']_\mu a)_{\mu+\gamma}\alpha^{k+s}(b)] + [\alpha^{k+s}(a)_\gamma([d_\lambda d']_\mu b)].
\end{aligned}
$$

因此, $[d_\lambda d'] \in \mathrm{CDer}_{\alpha^{k+s}}(\mathcal{R})[\lambda]$. $\qquad\square$

定义

$$
\mathrm{CDer}(\mathcal{R}) = \bigoplus_{k \geqslant 0} \mathrm{CDer}_{\alpha^k}(\mathcal{R}).
$$

命题 1.2.6 $(\mathrm{CDer}(\mathcal{R}), \alpha')$ 关于 λ-括积 (1.3) 成为 Hom-李共形代数, 其中 $\alpha'(d) = d \circ \alpha$.

证明 首先 $\mathrm{CDer}(\mathcal{R})$ 在 $(\partial d)_\lambda = -\lambda d_\lambda$ 作用下显然是个 $\mathbb{C}[\partial]$-模. 容易验证 $(\mathrm{CDer}(\mathcal{R}), \alpha')$ 关于 λ-括积 (1.3) 的共形半线性性和反对称性是成立的. 为了验证 Hom-Jacobi 等式, 分别计算下面式子:

$$
\begin{aligned}
[\alpha'(d)_\lambda[d'_\mu d'']]_\theta(a) =\ & (d \circ \alpha)_\lambda([d'_\mu d'']_{\theta-\lambda}a) - [d'_\mu d'']_{\theta-\lambda}((d \circ \alpha)_\lambda a) \\
=\ & d_\lambda([d'_\mu d'']_{\theta-\lambda}\alpha(a)) - [d'_\mu d'']_{\theta-\lambda}(d_\lambda\alpha(a)) \\
=\ & d_\lambda(d'_\mu(d''_{\theta-\lambda-\mu}\alpha(a))) - d_\lambda(d''_{\theta-\lambda-\mu}(d'_\mu\alpha(a))) \\
& - d'_\mu(d''_{\theta-\lambda-\mu}(d_\lambda\alpha(a))) + d''_{\theta-\lambda-\mu}(d'_\mu(d_\lambda\alpha(a))), \\
[\alpha'(d')_\mu[d_\lambda d'']]_\theta(a) =\ & d'_\mu(d_\lambda(d''_{\theta-\lambda-\mu}\alpha(a))) - d'_\mu(d''_{\theta-\lambda-\mu}(d_\lambda\alpha(a))) \\
& - d_\lambda(d''_{\theta-\lambda-\mu}(d'_\mu\alpha(a))) + d''_{\theta-\lambda-\mu}(d_\lambda(d'_\mu\alpha(a))),
\end{aligned}
$$

$$[[d_\lambda d']_{\lambda+\mu}\alpha'(d'')]_\theta(a) = [d_\lambda d']_{\lambda+\mu}(d''_{\theta-\lambda-\mu}\alpha(a)) - d''_{\theta-\lambda-\mu}([d_\lambda d']_{\lambda+\mu}\alpha(a))$$
$$= d_\lambda(d'_\mu(d''_{\theta-\lambda-\mu}\alpha(a))) - d'_\mu(d_\lambda(d''_{\theta-\lambda-\mu}\alpha(a)))$$
$$- d''_{\theta-\lambda-\mu}(d_\lambda(d'_\mu\alpha(a))) + d''_{\theta-\lambda-\mu}(d'_\mu(d_\lambda\alpha(a))).$$

因此

$$[\alpha'(d)_\lambda[d'_\mu d'']]_\theta(a) = [\alpha'(d')_\mu[d_\lambda d'']]_\theta(a) + [[d_\lambda d']_{\lambda+\mu}\alpha'(d'')]_\theta(a).$$

从而 $(\mathrm{CDer}(\mathcal{R}),\alpha')$ 是一个 Hom-李共形代数. $\qquad\square$

下面我们给出保积 Hom-李共形代数 $(\mathcal{R},\alpha)$ 的 α-导子的一个应用. 任取 $d \in \mho$, 在线性空间 $\mathcal{R}\oplus\mathbb{C}d$ 上定义双线性映射 $[\cdot_\lambda\cdot]_d$ 如下:

$$[(a+md)_\lambda(b+nd)]_d = [a_\lambda b] + md_\lambda(b) - nd_{-\lambda-\partial}(a), \quad \forall a,b\in\mathcal{R}, m,n\in\mathbb{C}, \quad (1.4)$$

以及线性映射 $\alpha': \mathcal{R}\oplus\mathbb{C}d \to \mathcal{R}\oplus\mathbb{C}d, \alpha'(a+d) = \alpha(a)+d.$

命题 1.2.7 $(\mathcal{R}\oplus\mathbb{C}d,\alpha')$ 是保积 Hom-李共形代数当且仅当 d 是 $(\mathcal{R},\alpha)$ 的 α-导子.

证明 若 $(\mathcal{R}\oplus\mathbb{C}d,\alpha')$ 是保积 Hom-李共形代数. 首先, 计算等式

$$\alpha'([(a+md)_\lambda(b+nd)]_d) = [\alpha'(a+md)_\lambda\alpha'(b+nd)]_d$$

的两边得到

$$\alpha([a_\lambda b]) + m\alpha\circ d_\lambda(b) - n\alpha\circ d_{-\lambda-\partial}(a) = [\alpha(a)_\lambda\alpha(b)] + md_\lambda\alpha(b) - nd_{-\lambda-\partial}\alpha(a),$$

因此 $\alpha\circ d = d\circ\alpha$. 其次, 由 Hom-Jacobi 等式可得到

$$[\alpha'(d)_\mu[a_\lambda b]_d]_d = [[d_\mu a]_{d\lambda+\mu}\alpha'(b)]_d + [\alpha'(a)_\lambda[d_\mu b]_d]_d,$$

利用等式 (1.4), 上式也就是 $d_\mu([a_\lambda b]) = [(d_\mu a)_{\lambda+\mu}\alpha(b)] + [\alpha(a)_\lambda(d_\mu b)]$. 因此, d 是 $(\mathcal{R},\alpha)$ 的 α-导子.

反之, 设 d 是 $(\mathcal{R},\alpha)$ 的 α-导子. 对任意的 $a,b,c\in\mathcal{R}, m,n\in\mathbb{C}$, 我们有

$$[(b+nd)_{-\partial-\lambda}(a+md)]_d = [b_{-\partial-\lambda}a] + nd_{-\lambda-\partial}(a) - md_\lambda(b)$$
$$= -([a_\lambda b] + md_\lambda(b) - nd_{-\lambda-\partial}(a))$$
$$= -[(a+md)_\lambda(b+nd)]_d,$$

从而证明了反对称性. 此外, 容易验证

$$[\partial d_\lambda a]_d = -\lambda[d_\lambda a]_d,$$
$$[\partial a_\lambda d]_d = -d_{-\partial-\lambda}(\partial a) = -\lambda[a_\lambda d]_d,$$

$$[d_\lambda \partial a]_d = d_\lambda(\partial a) = (\partial + \lambda)d_\lambda(a) = (\partial + \lambda)[d_\lambda a]_d,$$

$$[a_\lambda \partial d]_d = -(\partial d)_{-\lambda-\partial}a = (\partial + \lambda)[a_\lambda d]_d,$$

$$\alpha' \circ \partial = \partial \circ \alpha'.$$

则共形半线性性满足. Hom-Jacobi 等式从必要性的证明可以得到. □

1.2.2 保积 Hom-李共形代数的 α^k-广义导子

设 $(\mathcal{R}, \alpha)$ 是保积 Hom-李共形代数, $\mho$ 是 R 上与 α 可交换的共形线性变换的全体构成的集合, 则 $\mho$ 关于 λ-括积 (1.3) 是 Hom-李共形代数, 且 $\mathrm{CDer}(\mathcal{R})$ 是 $\mho$ 的子代数.

定义 1.2.8 设 $(\mathcal{R}, \alpha)$ 是保积 Hom-李共形代数. $f \in \mho$, $k \in \mathbb{N}$.

- 如果存在 $f', f'' \in \mho$, 满足

$$[(f_\mu(a))_{\lambda+\mu}\alpha^k(b)] + [\alpha^k(a)_\lambda(f'_\mu(b))] = f''_\mu([a_\lambda b]), \quad \forall\ a, b \in \mathcal{R}, \tag{1.5}$$

  则称 f 为 $(\mathcal{R}, \alpha)$ 的 α^k-**广义导子**.

- 如果存在 $f' \in \mho$, 满足

$$[(f_\mu(a))_{\lambda+\mu}\alpha^k(b)] + [\alpha^k(a)_\lambda(f_\mu(b))] = f'_\mu([a_\lambda b]), \quad \forall\ a, b \in \mathcal{R}, \tag{1.6}$$

  则称 f 为 $(\mathcal{R}, \alpha)$ 的 α^k-**拟导子**.

- 如果满足

$$[(f_\mu(a))_{\lambda+\mu}\alpha^k(b)] = [\alpha^k(a)_\lambda(f_\mu(b))] = f_\mu([a_\lambda b]), \quad \forall\ a, b \in \mathcal{R}, \tag{1.7}$$

  则称 f 为 $(\mathcal{R}, \alpha)$ 的 α^k-**型心**.

- 如果满足

$$[(f_\mu(a))_{\lambda+\mu}\alpha^k(b)] = [\alpha^k(a)_\lambda(f_\mu(b))], \quad \forall\ a, b \in \mathcal{R}, \tag{1.8}$$

  则称 f 为 $(\mathcal{R}, \alpha)$ 的 α^k-**拟型心**.

- 如果满足

$$[(f_\mu(a))_{\lambda+\mu}\alpha^k(b)] = f_\mu([a_\lambda b]) = 0, \quad \forall\ a, b \in \mathcal{R}, \tag{1.9}$$

  则称 f 为 $(\mathcal{R}, \alpha)$ 的 α^k-**中心导子**.

分别用 $\mathrm{GDer}_{\alpha^k}(\mathcal{R})$, $\mathrm{QDer}_{\alpha^k}(\mathcal{R})$, $\mathrm{C}_{\alpha^k}(\mathcal{R})$, $\mathrm{QC}_{\alpha^k}(\mathcal{R})$, $\mathrm{ZDer}_{\alpha^k}(\mathcal{R})$ 来表示 $(\mathcal{R}, \alpha)$ 的全体的 α^k-广义导子、α^k-拟导子、α^k-型心、α^k-拟型心、α^k-中心导子的集合. 令

$$\mathrm{GDer}(\mathcal{R}) = \bigoplus_{k \geqslant 0} \mathrm{GDer}_{\alpha^k}(\mathcal{R}), \quad \mathrm{QDer}(\mathcal{R}) = \bigoplus_{k \geqslant 0} \mathrm{QDer}_{\alpha^k}(\mathcal{R}),$$

$$C(\mathcal{R}) = \bigoplus_{k \geq 0} C_{\alpha^k}(\mathcal{R}), \quad QC(\mathcal{R}) = \bigoplus_{k \geq 0} QC_{\alpha^k}(\mathcal{R}), \quad ZDer(\mathcal{R}) = \bigoplus_{k \geq 0} ZDer_{\alpha^k}(\mathcal{R}).$$

容易验证它们之间有如下包含关系:

$$ZDer(\mathcal{R}) \subseteq CDer(\mathcal{R}) \subseteq QDer(\mathcal{R}) \subseteq GDer(\mathcal{R}) \subseteq CEnd(\mathcal{R}),$$

$$C(\mathcal{R}) \subseteq QC(\mathcal{R}) \subseteq GDer(\mathcal{R}).$$

命题 1.2.9　设 $(\mathcal{R}, \alpha)$ 是保积 Hom-李共形代数. 则有

(1) $GDer(\mathcal{R})$, $QDer(\mathcal{R})$ 和 $C(\mathcal{R})$ 都是 $\mho$ 的 Hom-子代数.

(2) $ZDer(\mathcal{R})$ 是 $CDer(\mathcal{R})$ 的 Hom-理想.

证明　(1) 我们只需证明 $GDer(\mathcal{R})$ 是 $\mho$ 的子代数. 其他两种情形的证明类似.

对任意的 $f \in GDer_{\alpha^k}(\mathcal{R}), g \in GDer_{\alpha^s}(\mathcal{R})$, $\forall\ a, b \in \mathcal{R}$, 存在 $f', f'' \in \mho$ $(g', g'' \in \mho)$ 满足等式 (1.5). 由于 $\alpha'(f) = f \circ \alpha$, 我们有

$$\begin{aligned}
[(\alpha'(f_\mu)(a))_{\lambda+\mu} \alpha^{k+1}(b)] &= [(f_\mu(\alpha(a)))_{\lambda+\mu} \alpha^{k+1}(b)] = \alpha([(f_\mu(a))_{\lambda+\mu} \alpha^k(b)]) \\
&= \alpha(f''_\mu([a_\lambda b]) - [\alpha^k(a)_\lambda f'_\mu(b)]) \\
&= \alpha'(f''_\mu)([a_\lambda b]) - [\alpha^{k+1}(a)_\lambda (\alpha'(f'_\mu)(b))].
\end{aligned}$$

从而 $\alpha'(f) \in GDer_{\alpha^{k+1}}(\mathcal{R})$. 进一步地, 我们需要证

$$[f''_\mu g'']_\theta([a_\lambda b]) = [([f_\mu g]_\theta(a))_{\lambda+\theta} \alpha^{k+s}(b)] + [\alpha^{k+s}(a)_\lambda([f'_\mu g']_\theta(b))]. \tag{1.10}$$

利用等式 (1.3), 我们有

$$[([f_\mu g]_\theta(a))_{\lambda+\theta} \alpha^{k+s}(b)] = [(f_\mu(g_{\theta-\mu}(a)))_{\lambda+\theta} \alpha^{k+s}(b)] - [(g_{\theta-\mu}(f_\mu(a)))_{\lambda+\theta} \alpha^{k+s}(b)]. \tag{1.11}$$

由等式 (1.10), 得到

$$\begin{aligned}
&[(f_\mu(g_{\theta-\mu}(a)))_{\lambda+\theta} \alpha^{k+s}(b)] \\
={}& f''_\mu([(g_{\theta-\mu}(a))_{\lambda+\theta-\mu} \alpha^s(b)]) - [\alpha^k(g_{\theta-\mu}(a))_{\lambda+\theta-\mu}(f'_\mu(\alpha^s(b)))] \\
={}& f''_\mu(g''_{\theta-\mu}([a_\lambda b])) - f''_\mu([\alpha^s(a)_\lambda(g'_{\theta-\mu}(b))]) \\
&- g''_{\theta-\mu}([\alpha^k(a)_\lambda(f'_\mu(b))]) + [\alpha^{k+s}(a)_\lambda(g'_{\theta-\mu}(f'_\mu(b)))],
\end{aligned} \tag{1.12}$$

$$\begin{aligned}
&[(g_{\theta-\mu}(f_\mu(a)))_{\lambda+\theta} \alpha^{k+s}(b)] \\
={}& g''_{\theta-\mu}([(f_\mu(a))_{\lambda+\mu} \alpha^k(b)]) - [\alpha^s(f_\mu(a))_{\lambda+\mu}(g'_{\theta-\mu}(\alpha^k(b)))] \\
={}& g''_{\theta-\mu}(f''_\mu([a_\lambda b])) - g''_{\theta-\mu}([\alpha^k(a)_\lambda(f'_\mu(b))])
\end{aligned}$$

$$- f''_\mu([\alpha^s(a)_\lambda(g'_{\theta-\mu}(b))]) + [\alpha^{k+s}(a)_\lambda(f'_\mu(g'_{\theta-\mu}(b)))]. \tag{1.13}$$

把等式 (1.12) 和 (1.13) 代入等式 (1.11) 得到等式 (1.4). 因此

$$[f_\mu g] \in \mathrm{GDer}_{\alpha^{k+s}}(\mathcal{R})[\mu],$$

从而 $\mathrm{GDer}(\mathcal{R})$ 是 $\mho$ 的 Hom-子代数.

(2) 任取 $f \in \mathrm{ZDer}_{\alpha^k}(\mathcal{R}), g \in \mathrm{Der}_{\alpha^s}(\mathcal{R}), a, b \in \mathcal{R}$, 我们有

$$[(\alpha'(f)_\mu(a))_{\lambda+\mu}\alpha^{k+1}(b)] = \alpha([(f_\mu(a))_{\lambda+\mu}\alpha^k(b)]) = \alpha'(f)_\mu([a_\lambda b]) = 0,$$

意味着 $\alpha'(f) \in \mathrm{ZDer}_{\alpha^{k+1}}(\mathcal{R})$. 利用等式 (1.9), 得到

$$[f_\mu g]_\theta([a_\lambda b]) = f_\mu(g_{\theta-\mu}([a_\lambda b])) - g_{\theta-\mu}(f_\mu([a_\lambda b])) = f_\mu(g_{\theta-\mu}([a_\lambda b]))$$
$$= f_\mu([(g_{\theta-\mu}(a))_{\lambda+\theta-\mu}\alpha^s(b)] + [\alpha^s(a)_\lambda g_{\theta-\mu}(b)]) = 0,$$
$$[[f_\mu g]_\theta(a)_{\lambda+\theta}\alpha^{k+s}(b)] = [(f_\mu(g_{\theta-\mu}(a)) - g_{\theta-\mu}(f_\mu(a)))_{\lambda+\theta}\alpha^{k+s}(b)]$$
$$= [-(g_{\theta-\mu}(f_\mu(a)))_{\lambda+\theta}\alpha^{k+s}(b)]$$
$$= -g_{\theta-\mu}([f_\mu(a)_{\lambda+\mu}\alpha^k(b)]) + [\alpha^s(f_\mu(a))_{\lambda+\mu}g_{\theta-\mu}(\alpha^k(b))]$$
$$= 0.$$

这意味着 $[f_\mu g] \in \mathrm{ZDer}_{\alpha^{k+s}}(\mathcal{R})[\mu]$. 因此 $\mathrm{ZDer}(\mathcal{R})$ 是 $\mathrm{Der}(\mathcal{R})$ 的 Hom-理想. □

引理 1.2.10 设 $(\mathcal{R}, \alpha)$ 是保积 Hom-李共形代数. 则

(1) $[\mathrm{CDer}(\mathcal{R})_\lambda \mathrm{C}(\mathcal{R})] \subseteq \mathrm{C}(\mathcal{R})[\lambda]$;

(2) $[\mathrm{QDer}(\mathcal{R})_\lambda \mathrm{QC}(\mathcal{R})] \subseteq \mathrm{QC}(\mathcal{R})[\lambda]$;

(3) $[\mathrm{QC}(\mathcal{R})_\lambda \mathrm{QC}(\mathcal{R})] \subseteq \mathrm{QDer}(\mathcal{R})[\lambda]$.

证明 由定义可直接得到. □

定理 1.2.11 设 $(\mathcal{R}, \alpha)$ 是保积 Hom-李共形代数. 则

$$\mathrm{GDer}(\mathcal{R}) = \mathrm{QDer}(\mathcal{R}) + \mathrm{QC}(\mathcal{R}).$$

证明 任取 $f \in \mathrm{GDer}_{\alpha^k}(\mathcal{R})$, 存在 $f', f'' \in \mho$ 满足

$$[f_\mu(a)_{\lambda+\mu}\alpha^k(b)] + [\alpha^k(a)_\lambda f'_\mu(b)] = f''_\mu([a_\lambda b]), \quad \forall \ a, b \in \mathcal{R}. \tag{1.14}$$

利用反对称性, 上式可化为

$$[\alpha^k(b)_{-\partial-\lambda-\mu}f_\mu(a)] + [f'_\mu(b)_{-\partial-\lambda}\alpha^k(a)] = f''_\mu([b_{-\partial-\lambda}a]).$$

上式中令 $\lambda' = -\partial - \lambda - \mu$, 再利用共形半线性性, 得到

$$[\alpha^k(b)_{\lambda'}f_\mu(a)] + [f'_\mu(b)_{\mu+\lambda'}\alpha^k(a)] = f''_\mu([b_{\lambda'}a]).$$

再在上式中改变 a, b 的位置, 用 λ 替换 λ', 可得到

$$[\alpha^k(a)_\lambda f_\mu(b)] + [f'_\mu(a)_{\lambda+\mu}\alpha^k(b)] = f''_\mu([a_\lambda b]). \tag{1.15}$$

联立 (1.14) 和 (1.15) 可得

$$\left[\frac{f_\mu + f'_\mu}{2}(a)_{\lambda+\mu}\alpha^k(b)\right] + \left[\alpha^k(a)_\lambda \frac{f_\mu + f'_\mu}{2}(b)\right] = f''_\mu([a_\lambda b]),$$

$$\left[\frac{f_\mu - f'_\mu}{2}(a)_{\lambda+\mu}\alpha^k(b)\right] - \left[\alpha^k(a)_\lambda \frac{f_\mu - f'_\mu}{2}(b)\right] = 0.$$

从而 $\frac{f+f'}{2} \in \mathrm{QDer}_{\alpha^k}(\mathcal{R})$, $\frac{f-f'}{2} \in \mathrm{QC}_{\alpha^k}(\mathcal{R})$. 因此

$$f = \frac{f+f'}{2} + \frac{f-f'}{2} \in \mathrm{QDer}(\mathcal{R}) + \mathrm{QC}(\mathcal{R}),$$

证明出了 $\mathrm{GDer}(\mathcal{R}) \subseteq \mathrm{QDer}(\mathcal{R}) + \mathrm{QC}(\mathcal{R})$. 反之, 由等式 (1.2.2) 和引理 1.2.10 可直接得到. □

定理 1.2.12　设 $(\mathcal{R}, \alpha)$ 是保积 Hom-李共形代数, α 是满射, $Z(\mathcal{R})$ 是 $\mathcal{R}$ 的中心. 则有 $[C(\mathcal{R})_\lambda \mathrm{QC}(\mathcal{R})] \subseteq \mathrm{CHom}(\mathcal{R}, Z(\mathcal{R}))[\lambda]$. 进一步地, 如果 $Z(\mathcal{R}) = \{0\}$, 那么 $[C(\mathcal{R})_\lambda \mathrm{QC}(\mathcal{R})] = \{0\}$.

证明　由于 α 是满射, 对任意的 $b' \in \mathcal{R}$, 存在 $b \in \mathcal{R}$ 满足 $b' = \alpha^{k+s}(b)$. 任取 $f \in C_{\alpha^k}(\mathcal{R}), g \in \mathrm{QC}_{\alpha^s}(\mathcal{R}), a \in \mathcal{R}$, 利用等式 (1.7) 和 (1.8), 我们有

$$\begin{aligned}
[([f_\mu g]_\theta(a))_{\lambda+\theta} b'] &= [(([f_\mu g]_\theta(a))_{\lambda+\theta}\alpha^{k+s}(b)] \\
&= [(f_\mu(g_{\theta-\mu}(a)))_{\lambda+\theta}\alpha^{k+s}(b)] - [(g_{\theta-\mu}(f_\mu(a)))_{\lambda+\theta}\alpha^{k+s}(b)] \\
&= f_\mu([g_{\theta-\mu}(a)_{\lambda+\theta-\mu}\alpha^s(b)]) - [\alpha^s(f_\mu(a))_{\lambda+\mu}g_{\theta-\mu}(\alpha^k(b))] \\
&= f_\mu([g_{\theta-\mu}(a)_{\lambda+\theta-\mu}\alpha^s(b)]) - f_\mu([\alpha^s(a)_\lambda g_{\theta-\mu}(b)]) \\
&= f_\mu([g_{\theta-\mu}(a)_{\lambda+\theta-\mu}\alpha^s(b)] - [\alpha^s(a)_\lambda g_{\theta-\mu}(b)]) \\
&= 0.
\end{aligned}$$

因此 $[f_\lambda g](a) \in Z(\mathcal{R})[\lambda]$, 即 $[f_\lambda g] \in \mathrm{CHom}(\mathcal{R}, Z(\mathcal{R}))[\lambda]$. 如果 $Z(\mathcal{R}) = \{0\}$, 那么 $[f_\lambda g](a) = 0, \forall~a \in \mathcal{R}$. 于是 $[C(\mathcal{R})_\lambda \mathrm{QC}(\mathcal{R})] = \{0\}$. □

命题 1.2.13　设 $(\mathcal{R}, \alpha)$ 是保积 Hom-李共形代数, α 是满射. 如果 $Z(\mathcal{R}) = \{0\}$, 那么 $\mathrm{QC}(\mathcal{R})$ 是 Hom-李共形代数当且仅当 $[\mathrm{QC}(\mathcal{R})_\lambda \mathrm{QC}(\mathcal{R})] = \{0\}$.

证明　必要性. 若 $\mathrm{QC}(\mathcal{R})$ 是 Hom-李共形代数. 由于 α 是满射, 任取 $b' \in \mathcal{R}$, 存在 $b \in \mathcal{R}$ 满足 $b' = \alpha^{k+s}(b)$. 任取 $f \in \mathrm{QC}_{\alpha^k}(\mathcal{R}), g \in \mathrm{QC}_{\alpha^s}(\mathcal{R}), [f_\mu g] \in$

$\mathrm{QC}_{\alpha^{k+s}}(\mathcal{R})[\mu]$. 对任意的 $a \in \mathcal{R}$, 利用等式 (1.8), 我们有

$$[([f_\mu g]_\theta(a))_{\lambda+\theta} b'] = [([f_\mu g]_\theta(a))_{\lambda+\theta} \alpha^{k+s}(b)] = [\alpha^{k+s}(a)_\lambda([f_\mu g]_\theta(b))]. \qquad (1.16)$$

利用等式 (1.3) 和 (1.8), 得到

$$
\begin{aligned}
&[([f_\mu g]_\theta(a))_{\lambda+\theta} \alpha^{k+s}(b)] \\
=&[(f_\mu(g_{\theta-\mu}(a)))_{\lambda+\theta} \alpha^{k+s}(b)] - [(g_{\theta-\mu}(f_\mu(a)))_{\lambda+\theta} \alpha^{k+s}(b)] \\
=&[\alpha^k(g_{\theta-\mu}(a))_{\lambda+\theta-\mu}(f_\mu(\alpha^s(b)))] - [\alpha^s(f_\mu(a))_{\lambda+\mu}(g_{\theta-\mu}(\alpha^k(b)))] \\
=&[\alpha^{k+s}(a)_\lambda(g_{\theta-\mu}(f_\mu(b)))] - [\alpha^{k+s}(a)_\lambda(f_\mu(g_{\theta-\mu}(b)))] \\
=& - [\alpha^{k+s}(a)_\lambda([f_\mu g]_\theta(b))].
\end{aligned}
\qquad (1.17)
$$

联立等式 (1.16) 和 (1.17) 得到

$$[([f_\mu g]_\theta(a))_{\lambda+\theta} b'] = [([f_\mu g]_\theta(a))_{\lambda+\theta} \alpha^{k+s}(b)] = 0,$$

又由于 $Z(\mathcal{R}) = \{0\}$, 因此 $[f_\mu g]_\theta(a) = 0$, 对任意的 $a \in \mathcal{R}$. 于是, $[f_\mu g] = 0$.

充分性是显然的. □

1.3 Hom-约当超代数的导子与广义导子理论

1.3.1 Hom-约当超代数的导子

定义 1.3.1[53,54] 设 $V = V_{\bar{0}} \oplus V_{\bar{1}}$ 是域 $\mathbb{F}$ 上的 $\mathbb{Z}_2$-分次线性空间.

- 设 V 具有偶双线性运算 $\cdot : V \times V \to V$ 及偶线性变换 $\alpha : V \to V$, 定义 V 的 Hom-结合子为

$$ass_\alpha(u,v,w) = (u \cdot v) \cdot \alpha(w) - \alpha(u) \cdot (v \cdot w), \quad \forall\, u,v,w \in V.$$

则 $(V, \cdot, \alpha)$ 称为 **Hom-结合超代数**, 如果

$$ass_\alpha(u,v,w) = 0, \quad \forall\, u,v,w \in V.$$

- 记 V 上的偶双线性运算为 $\mu : V \times V \to V$. 若 V 具有偶线性变换 $\alpha : V \to V$, 使得对 V 中任意的齐次元 x, y, z, 都有

$$\mu(x,y) = (-1)^{|x||y|}\mu(y,x),$$

$$(-1)^{|x||z|}\mu(\alpha(\mu(x,y)), \mu(\alpha(z),t)) + (-1)^{|x||y|}\mu(\alpha(\mu(y,z)), \mu(\alpha(x),t))$$
$$+ (-1)^{|y||z|}\mu(\alpha(\mu(z,x)), \mu(\alpha(y),t))$$
$$=(-1)^{|x||z|}\mu(\alpha^2(x), \mu(\mu(y,z),t)) + (-1)^{|x||y|}\mu(\alpha^2(y), \mu(\mu(z,x),t))$$
$$+ (-1)^{|y||z|}\mu(\alpha^2(z), \mu(\mu(x,y),t)),$$

则称 (V, μ, α) 为 **Hom-约当超代数**.

- 记 V 上的偶双线性运算为扩积的形式 $[-,-] : V \times V \to V$. 若 V 具有偶线性变换 $\alpha : V \to V$, 使得对 V 中任意的齐次元 x, y, z, 都满足下面的超斜对称性和超 Hom-Jacobi 等式

$$[x, y] = -(-1)^{|x||y|}[y, x],$$

$$(-1)^{|x||z|}[\alpha(x), [y, z]] + (-1)^{|y||x|}[\alpha(y), [z, x]] + (-1)^{|z||y|}[\alpha(z), [x, y]] = 0,$$

则称 $(V, [-,-], \alpha)$ 为 **Hom-李超代数**.

定义 1.3.2　对于任意的非负整数 k, 我们称 $D \in \mathrm{End}(J)$ 为 Hom-约当超代数 (J, μ, α) 的 α^k-导子, 如果对于任意的 $x, y \in h(J)$ (J 的所有齐次元素的集合) 满足

(1) $D \circ \alpha = \alpha \circ D$;

(2) $D(\mu(x, y)) = \mu(D(x), \alpha^k(y)) + (-1)^{|x||D|}\mu(\alpha^k(x), D(y))$.

对于正则的 Hom-约当超代数, α^{-k}-导子可用相同的方式去定义.

我们用 $\mathrm{Der}_{\alpha^k}(J) = (\mathrm{Der}_{\alpha^k}(J))_{\overline{0}} \oplus (\mathrm{Der}_{\alpha^k}(J))_{\overline{1}}$ 来表示 Hom-约当超代数 (J, μ, α) 所有 α^k-导子所构成的集合.

定义 1.3.3　设 (J, μ, α) 是一个 Hom-约当超代数. 我们称线性变换 $D \in \mathrm{End}(J)$ 是 α^k-(a, b, c)-导子, 如果存在 $a, b, c \in \mathbb{F}$, 对于任意的 $x, y \in h(J)$ 满足下列等式:

(1) $D \circ \alpha = \alpha \circ D$;

(2) $aD(\mu(x, y)) = b\mu(D(x), \alpha^k(y)) + (-1)^{|D||x|}c\mu(\alpha^k(x), D(y))$.

对于正则的 Hom-约当超代数, α^{-k}-(a, b, c)-导子可用相同的方式去定义.

对于给定的 $a, b, c \in \mathbb{F}$, 我们用 $(\mathrm{D}_J^{\alpha^k}(a, b, c))_i$ 来表示所有次数为 i 的 α^k-(a, b, c)-导子所构成的集合, 即 $(\mathrm{D}_J^{\alpha^k}(a, b, c))_i$ 等价于集合

$$\{D \in \mathrm{End}(J) | aD(\mu(x, y)) = b\mu(D(x), \alpha^k(y)) + (-1)^{|D||x|}c\mu(\alpha^k(x), D(y)),$$

$$D \circ \alpha = \alpha \circ D, \; \forall \; x \in h(J), y \in J\}.$$

我们用 $\mathrm{D}_J^{\alpha^k}(a, b, c) = (\mathrm{D}_J^{\alpha^k}(a, b, c))_{\overline{0}} \oplus (\mathrm{D}_J^{\alpha^k}(a, b, c))_{\overline{1}}$ 来表示 Hom-约当超代数 (J, μ, α) 所有的 α^k-(a, b, c)-导子所构成的集合.

引理 1.3.4　$\forall D \in \mathrm{Der}_{\alpha^k}(J)$ 和 $D' \in \mathrm{Der}_{\alpha^s}(J)$, 定义它们的交换子: $\nu(D, D') = D \circ D' - (-1)^{|D||D'|}D' \circ D$. 则

$$\nu(D, D') \in (\mathrm{Der}_{\alpha^{k+s}}(J))_{|D|+|D'|}.$$

证明　$\forall \; x, y \in J$, 我们有

$$\nu(D, D')(\mu(x, y))$$

$$=D \circ D'(\mu(x,y)) - (-1)^{|D||D'|}D' \circ D(\mu(x,y))$$

$$=D(\mu(D'(x),\alpha^s(y)) + (-1)^{|x||D'|}\mu(\alpha^s(x),D'(y)))$$

$$\quad - (-1)^{|D||D'|}D'(\mu(D(x),\alpha^k(y)) + (-1)^{|x||D|}\mu(\alpha^k(x),D(y)))$$

$$=D(\mu(D'(x),\alpha^s(y))) + (-1)^{|x||D'|}D(\mu(\alpha^s(x),D'(y)))$$

$$\quad - (-1)^{|D||D'|}D'(\mu(D(x),\alpha^k(y))) - (-1)^{|D||D'|+|x||D|}D'(\mu(\alpha^k(x),D(y)))$$

$$=\mu(D \circ D'(x),\alpha^{k+s}(y)) + (-1)^{|D||D'(x)|}\mu(\alpha^k \circ D'(x),D \circ \alpha^s(y))$$

$$\quad + (-1)^{|x||D'|}(\mu(D \circ \alpha^s(x),\alpha^k \circ D'(y)) + (-1)^{|x||D|}\mu(\alpha^{k+s}(x),D \circ D'(y)))$$

$$\quad - (-1)^{|D||D'|}(\mu(D' \circ D(x),\alpha^{k+s}(y)) + (-1)^{|D'||D(x)|}\mu(\alpha^s \circ D(x),D' \circ \alpha^k(y)))$$

$$\quad - (-1)^{|D||D'|+|x||D|}(\mu(D' \circ \alpha^k(x),\alpha^s \circ D(y))$$

$$\quad + (-1)^{|x||D'|}\mu(\alpha^{k+s}(x),D' \circ D(y))).$$

由于 D 和 D' 满足

$$D \circ \alpha = \alpha \circ D, \quad D' \circ \alpha = \alpha \circ D',$$

所以有

$$D \circ \alpha^s = \alpha^s \circ D, \quad D' \circ \alpha^k = \alpha^k \circ D'.$$

因此, 我们可以得到

$$\nu(D,D')(\mu(x,y))$$

$$=\mu(D \circ D'(x) - (-1)^{|D||D'|}D' \circ D(x),\alpha^{k+s}(y))$$

$$\quad + (-1)^{|x|(|D'|+|D|)}\mu(\alpha^{k+s}(x),D \circ D'(y) - (-1)^{|D||D'|}D' \circ D(y))$$

$$=\mu(\nu(D,D')(x),\alpha^{k+s}(y)) + (-1)^{|\nu(D,D')||x|}\mu(\alpha^{k+s}(x),\nu(D,D')(y)).$$

此外, 可以看到

$$\nu(D,D') \circ \alpha$$

$$=(D \circ D' - (-1)^{|D||D'|}D' \circ D) \circ \alpha$$

$$=D \circ D' \circ \alpha - (-1)^{|D||D'|}D' \circ D \circ \alpha$$

$$=\alpha \circ (D \circ D') - \alpha \circ ((-1)^{|D||D'|}D' \circ D)$$

$$=\alpha \circ \nu(D,D').$$

所以, $\nu(D,D') \in (\mathrm{Der}_{\alpha^{k+s}}(J))_{|D|+|D'|}$. $\qquad\square$

由引理 1.3.4, 我们可以得到

命题 1.3.5　设

$$\mathrm{Der}(J) = \bigoplus_{k \geqslant 0} \mathrm{Der}_{\alpha^k}(J),$$

则 $\mathrm{Der}(J)$ 是域 $\mathbb{F}$ 上的一个李超代数.

证明　首先, $\mathrm{Der}(J)$ 在乘法 ν 下是封闭的.

通过计算, $\forall\, D_1, D_2, D_3 \in \mathrm{Der}(J)$, 我们可以得到

$$
\begin{aligned}
\nu(D_1, D_2) &= D_1 \circ D_2 - (-1)^{|D_1||D_2|} D_2 \circ D_1 \\
&= -(-1)^{|D_1||D_2|}(D_2 \circ D_1 - (-1)^{|D_1||D_2|} D_1 \circ D_2) \\
&= -(-1)^{|D_1||D_2|}\nu(D_2, D_1),
\end{aligned}
$$

且

$$
\begin{aligned}
&(-1)^{|D_1||D_3|}\nu(D_1, \nu(D_2, D_3)) + (-1)^{|D_1||D_2|}\nu(D_2, \nu(D_3, D_1)) \\
&\quad + (-1)^{|D_2||D_3|}\nu(D_3, \nu(D_1, D_2)) \\
={}&(-1)^{|D_1||D_3|}(D_1 \circ \nu(D_2, D_3) - (-1)^{|D_1|(|D_2|+|D_3|)}\nu(D_2, D_3) \circ D_1) \\
&\quad + (-1)^{|D_1||D_2|}(D_2 \circ \nu(D_3, D_1) - (-1)^{|D_2|(|D_1|+|D_3|)}\nu(D_3, D_1) \circ D_2) \\
&\quad + (-1)^{|D_2||D_3|}(D_3 \circ \nu(D_1, D_2) - (-1)^{|D_3|(|D_1|+|D_2|)}\nu(D_1, D_2) \circ D_3) \\
={}&(-1)^{|D_1||D_3|} D_1 \circ (D_2 \circ D_3 - (-1)^{|D_2||D_3|} D_3 \circ D_2) \\
&\quad - (-1)^{|D_1||D_2|}(D_2 \circ D_3 - (-1)^{|D_2||D_3|} D_3 \circ D_2) \circ D_1 \\
&\quad + (-1)^{|D_1||D_2|} D_2 \circ (D_3 \circ D_1 - (-1)^{|D_1||D_3|} D_1 \circ D_3) \\
&\quad - (-1)^{|D_2||D_3|}(D_3 \circ D_1 - (-1)^{|D_1||D_3|} D_1 \circ D_3) \circ D_2 \\
&\quad + (-1)^{|D_2||D_3|} D_3 \circ (D_1 \circ D_2 - (-1)^{|D_1||D_2|} D_2 \circ D_1) \\
&\quad - (-1)^{|D_1||D_3|}(D_1 \circ D_2 - (-1)^{|D_1||D_2|} D_2 \circ D_1) \circ D_3 \\
={}&0.
\end{aligned}
$$

因此, $\mathrm{Der}(J)$ 是一个李超代数.　　　　　　　　　　　　　　　　　□

注 1.3.6　同样地, 对于正则的 Hom-约当超代数, 我们可以得到李超代数

$$\mathrm{Der}(J) = \bigoplus_{k} \mathrm{Der}_{\alpha^k}(J),$$

其中 k 是任意整数.

1.3.2　Hom-约当超代数的 α^k-(a,b,c)-导子

接下来, 我们把李超代数的 (α,β,γ)-导子的一些结果 [55, 第 2 节] 推广到 Hom-约当超代数中.

引理 1.3.7　$\forall\, t \in \mathbb{F} \setminus \{0\}$, 我们有下面等式成立:

$$\mathrm{D}_J^{\alpha^k}(a,b,c) = \mathrm{D}_J^{\alpha^k}(ta,tb,tc) = \mathrm{D}_J^{\alpha^k}(a,c,b).$$

证明　事实上, 我们只要验证 $\mathrm{D}_J^{\alpha^k}(a,b,c)$ 的 $\mathbb{Z}_2$-齐次元即可. $\forall\, x,y \in h(J)$, 我们有

$$D \in \mathrm{D}_J^{\alpha^k}(a,b,c)$$
$$\Leftrightarrow aD(\mu(x,y)) = b\mu(D(x),\alpha^k(y)) + (-1)^{|D||x|}c\mu(\alpha^k(x),D(y))$$
$$\Leftrightarrow taD(\mu(x,y)) = tb\mu(D(x),\alpha^k(y)) + (-1)^{|D||x|}tc\mu(\alpha^k(x),D(y))$$
$$\Leftrightarrow D \in \mathrm{D}_J^{\alpha^k}(ta,tb,tc),$$
$$D \in \mathrm{D}_J^{\alpha^k}(a,b,c)$$
$$\Leftrightarrow aD(\mu(x,y)) = b\mu(D(x),\alpha^k(y)) + (-1)^{|D||x|}c\mu(\alpha^k(x),D(y))$$
$$\Leftrightarrow (-1)^{|x||y|}aD(\mu(y,x)) = (-1)^{(|D|+|x|)|y|}b\mu(\alpha^k(y),D(x))$$
$$+ (-1)^{|x||y|}c\mu(D(y),\alpha^k(x))$$
$$\Leftrightarrow aD(\mu(y,x)) = c\mu(D(y),\alpha^k(x)) + (-1)^{|D||y|}b\mu(\alpha^k(y),D(x))$$
$$\Leftrightarrow D \in \mathrm{D}_J^{\alpha^k}(a,c,b).$$

因此, $\mathrm{D}_J^{\alpha^k}(a,b,c) = \mathrm{D}_J^{\alpha^k}(ta,tb,tc) = \mathrm{D}_J^{\alpha^k}(a,c,b)$. □

此外, 我们还有以下结论.

引理 1.3.8　$\forall\, a,b,c \in \mathbb{F}$, 我们有

$$\mathrm{D}_J^{\alpha^k}(a,b,c) = \mathrm{D}_J^{\alpha^k}(0,b-c,c-b) \cap \mathrm{D}_J^{\alpha^k}(2a,b+c,b+c).$$

证明　对于给定的 $a,b,c \in \mathbb{F}$, 假设 $D \in \mathrm{D}_J^{\alpha^k}(a,b,c)$, $\forall\, x,y \in h(J)$, 则有

$$aD(\mu(x,y)) = b\mu(D(x),\alpha^k(y)) + (-1)^{|D||x|}c\mu(\alpha^k(x),D(y)),$$

$$aD(\mu(y,x)) = b\mu(D(y),\alpha^k(x)) + (-1)^{|D||y|}c\mu(\alpha^k(y),D(x)).$$

把上面两式相加, 可以得到

$$2aD(\mu(x,y)) = (b+c)(\mu(D(x),\alpha^k(y)) + (-1)^{|D||x|}\mu(\alpha^k(x),D(y))).$$

前两式相减, 又可以得到

$$0 = (b-c)(\mu(D(x),\alpha^k(y)) - (-1)^{|D||x|}\mu(\alpha^k(x),D(y))).$$

因此, $\mathrm{D}_{\mathcal{J}}^{\alpha^k}(a,b,c) \subseteq \mathrm{D}_{\mathcal{J}}^{\alpha^k}(0,b-c,c-b) \cap \mathrm{D}_{\mathcal{J}}^{\alpha^k}(2a,b+c,b+c)$.

同样地, 前面两个式子也可以由后面两个式子得到, 因此剩下的内容也被证明了. □

进一步地, 我们要推导出揭示超空间 $\mathrm{D}_{\mathcal{J}}^{\alpha^k}(a,b,c)$ 结构的定理; 三个原始参数实际上能减少到一个.

定理 1.3.9　$\forall\, a,b,c \in \mathbb{F}$, 存在 $\delta \in \mathbb{F}$, 使得超空间 $\mathrm{D}_{\mathcal{J}}^{\alpha^k}(a,b,c)$ 等价于下面空间中的一个: (1) $\mathrm{D}_{\mathcal{J}}^{\alpha^k}(\delta,0,0)$; (2) $\mathrm{D}_{\mathcal{J}}^{\alpha^k}(\delta,1,-1)$; (3) $\mathrm{D}_{\mathcal{J}}^{\alpha^k}(\delta,1,0)$; (4) $\mathrm{D}_{\mathcal{J}}^{\alpha^k}(\delta,1,1)$.

证明　(1) 假设 $b+c = 0$, 则 $b = c = 0$ 或者 $b = -c \neq 0$.

(a) 对于 $b = c = 0$ 的情况, 我们可以得到

$$\mathrm{D}_{\mathcal{J}}^{\alpha^k}(a,b,c) = \mathrm{D}_{\mathcal{J}}^{\alpha^k}(a,0,0).$$

(b) 对于 $b = -c \neq 0$ 的情况, 根据引理 1.3.7 和引理 1.3.8, 能推出

$$\begin{aligned}\mathrm{D}_{\mathcal{J}}^{\alpha^k}(a,b,c) &= \mathrm{D}_{\mathcal{J}}^{\alpha^k}(0,b-c,c-b) \cap \mathrm{D}_{\mathcal{J}}^{\alpha^k}(2a,0,0)\\ &= \mathrm{D}_{\mathcal{J}}^{\alpha^k}(0,1,-1) \cap \mathrm{D}_{\mathcal{J}}^{\alpha^k}(a,0,0).\end{aligned}$$

另一方面, 这说明

$$\mathrm{D}_{\mathcal{J}}^{\alpha^k}(a,1,-1) = \mathrm{D}_{\mathcal{J}}^{\alpha^k}(0,2,-2) \cap \mathrm{D}_{\mathcal{J}}^{\alpha^k}(2a,0,0) = \mathrm{D}_{\mathcal{J}}^{\alpha^k}(0,1,-1) \cap \mathrm{D}_{\mathcal{J}}^{\alpha^k}(a,0,0).$$

因此, 我们可以得到

$$\mathrm{D}_{\mathcal{J}}^{\alpha^k}(a,b,c) = \mathrm{D}_{\mathcal{J}}^{\alpha^k}(a,1,-1).$$

(2) 假设 $b+c \neq 0$, 则 $b-c \neq 0$ 或者 $b = c \neq 0$.

(a) 对于 $\forall\, b-c \neq 0$ 的情况, 我们可以得到

$$\begin{aligned}\mathrm{D}_{\mathcal{J}}^{\alpha^k}(a,b,c) &= \mathrm{D}_{\mathcal{J}}^{\alpha^k}(0,b-c,c-b) \cap \mathrm{D}_{\mathcal{J}}^{\alpha^k}(2a,b+c,b+c)\\ &= \mathrm{D}_{\mathcal{J}}^{\alpha^k}(0,1,-1) \cap \mathrm{D}_{\mathcal{J}}^{\alpha^k}\left(\frac{2a}{b+c},1,1\right).\end{aligned}$$

根据引理 1.3.8 能推出

$$\mathrm{D}_{\mathcal{J}}^{\alpha^k}\left(\frac{a}{b+c},1,0\right) = \mathrm{D}_{\mathcal{J}}^{\alpha^k}(0,1,-1) \cap \mathrm{D}_{\mathcal{J}}^{\alpha^k}\left(\frac{2a}{b+c},1,1\right).$$

我们可以得到

$$\mathrm{D}_J^{\alpha^k}(a,b,c) = \mathrm{D}_J^{\alpha^k}\left(\frac{a}{b+c},1,0\right).$$

(b) 对于 $\forall\, b = c \neq 0$, 容易得到

$$\mathrm{D}_J^{\alpha^k}(a,b,c) = \mathrm{D}_J^{\alpha^k}\left(\frac{a}{b},1,1\right).$$

综上, 证明完成. □

命题 1.3.10 设 $h: J_1 \to J_2$ 是 Hom-约当超代数 (J_1,μ_1,α_1) 和 (J_2,μ_2,α_2) 间的一个偶的同构, 则偶的映射 $f: \mathrm{End}(J_1) \to \mathrm{End}(J_2)$ 如下定义:

$$f(A) = hAh^{-1}, \quad \forall\, A \in \mathrm{End}(J_1),$$

是一个偶的同构且保持 α^k-(a,b,c)-导子, 即

$$f(\mathrm{D}_{J_1}^{\alpha_1^k}(a,b,c)) = \mathrm{D}_{J_2}^{\alpha_2^k}(a,b,c).$$

证明 首先, 我们可以容易地证明出 f 是一个偶的同构. 接下来我们将证明

$$f(\mathrm{D}_{J_1}^{\alpha_1^k}(a,b,c)) = \mathrm{D}_{J_2}^{\alpha_2^k}(a,b,c).$$

$\forall\, D \in \mathrm{D}_{J_1}^{\alpha_1^k}(a,b,c)$, 因为 $\mathrm{D}_{J_1}^{\alpha_1^k}(a,b,c)$ 是 $\mathrm{End}(J_1)$ 的一个子空间, 所以我们有 $f(D) \in \mathrm{End}(J_2)$. 因为 h 是 Hom-约当超代数间的一个偶的同构, 所以 $\forall\, x', y' \in h(J_2)$, 我们有

$$
\begin{aligned}
&af(D)(\mu_2(x',y')) \\
={}& ahDh^{-1}(\mu_2(x',y')) \\
={}& haD[h^{-1}(\mu_2(x',y'))] \\
={}& haD\mu_1(h^{-1}(x'),h^{-1}(y')) \\
={}& h(b\mu_1(Dh^{-1}(x'),\alpha_1^k h^{-1}(y'))) + h((-1)^{|D||x'|}c\mu_1(\alpha_1^k h^{-1}(x'),Dh^{-1}(y'))) \\
={}& b\mu_2(hDh^{-1}(x'),h\alpha_1^k h^{-1}(y')) + (-1)^{|D||x'|}c\mu_2(h\alpha_1^k h^{-1}(x'),hDh^{-1}(y')) \\
={}& b\mu_2(f(D)(x'),\alpha_2^k(y')) + (-1)^{|f(D)||x'|}c\mu_2(\alpha_2^k(x'),f(D)(y')).
\end{aligned}
$$

此外, 我们可以得到

$$f(D) \circ \alpha_2 = hDh^{-1}\alpha_2 = hD\alpha_1 h^{-1} = h\alpha_1 Dh^{-1} = \alpha_2 hDh^{-1} = \alpha_2 \circ f(D).$$

因此我们有 $f(D) \in \mathrm{D}_{J_2}^{\alpha_2^k}(a,b,c)$, 即 $f(\mathrm{D}_{J_1}^{\alpha_1^k}(a,b,c)) \subseteq \mathrm{D}_{J_2}^{\alpha_2^k}(a,b,c)$.

$$\forall \, \widetilde{D} \in \mathrm{D}_{J_2}^{\alpha_2^k}(a,b,c), \ \diamond$$

$$D = h^{-1}\widetilde{D}h.$$

以类似的方式, 我们可以证明 $D \in \mathrm{D}_{J_1}^{\alpha_1^k}(a,b,c)$ 和

$$f(D) = \widetilde{D},$$

所以我们有 $\mathrm{D}_{J_2}^{\alpha_2^k}(a,b,c) \subseteq f(\mathrm{D}_{J_1}^{\alpha_1^k}(a,b,c))$. 因此, $f(\mathrm{D}_{J_1}^{\alpha_1^k}(a,b,c)) = \mathrm{D}_{J_2}^{\alpha_2^k}(a,b,c)$. $\square$

推论 1.3.11 $\mathrm{D}_J^{\alpha^k}(a,b,c)$ 的维数是代数 J 的一个不变量.

证明 根据性质 1.3.10 和 $\mathrm{D}_J^{\alpha^k}(a,b,c)$ 的定义, 我们可以得到结论. $\square$

定理 1.3.12 设 $(e_1, e_2, \cdots, e_n)$ 是 Hom-约当超代数 (J, μ, α) 的一组基底, 其中 $e_j(j = 1, 2, \cdots, n)$ 是 J 中的齐次元, 而且我们有

$$\mu(e_i, e_j) = \sum_{t=1}^{n} c_{i,j}^t e_t, \quad 1 \leqslant i, j \leqslant n,$$

其中 $\{c_{i,j}^t | 1 \leqslant i, j, t \leqslant n\}$ 被称为 (J, μ, α) 的结构常数. $\forall \, D \in \mathrm{End}(J)$, 作用在 J 上为

$$D(e_i) = \sum_{m=1}^{n} D_{m,i} e_m,$$

且

$$\alpha^k(e_i) = \sum_{l=1}^{n} a_{l,i}^k e_l, \quad k \in \mathbb{N}.$$

则 $D \in \mathrm{D}_J^{\alpha^k}(a,b,c)$ 当且仅当 $\forall \, i, j, t = 1, 2, \cdots, n$, 下面两式成立:

(1) $\displaystyle\sum_{m=1}^{n} \left(a c_{i,j}^m D_{t,m} - \sum_{l=1}^{n} b c_{m,l}^t D_{m,i} a_{l,j}^k - (-1)^{|e_i||D|} \sum_{l=1}^{n} c c_{l,m}^t D_{m,j} a_{l,i}^k \right) = 0;$

(2) $\displaystyle\sum_{m=1}^{n} a_{m,i}^1 D_{t,m} = \sum_{m=1}^{n} a_{t,m}^1 D_{m,i}.$

证明 当 $D \in \mathrm{D}_J^{\alpha^k}(a,b,c)$, 我们有

$$aD(\mu(x,y)) = b\mu(D(x), \alpha^k(y)) + (-1)^{|D||x|}c\mu(\alpha^k(x), D(y)), \quad \forall \, x \in h(J), \, y \in h(J),$$

$$D \circ \alpha = \alpha \circ D,$$

即 $\forall \, i, j$, 我们有

$$aD(\mu(e_i, e_j)) = b\mu(D(e_i), \alpha^k(e_j)) + (-1)^{|e_i||D|}c\mu(\alpha^k(e_i), D(e_j)),$$

$$D \circ \alpha(e_i) = \alpha \circ D(e_i).$$

通过计算, 我们可以得到

$$
\begin{aligned}
aD(\mu(e_i, e_j)) =& aD\left(\sum_{t=1}^n c_{i,j}^t e_t\right) \\
=& a\sum_{t=1}^n c_{i,j}^t D(e_t) \\
=& a\sum_{t=1}^n \sum_{m=1}^n c_{i,j}^t D_{m,t} e_m \\
=& a\sum_{m=1}^n \sum_{t=1}^n c_{i,j}^m D_{t,m} e_t,
\end{aligned}
$$

$$
\begin{aligned}
b\mu(D(e_i), \alpha^k(e_j)) =& b\mu\left(\sum_{m=1}^n D_{m,i} e_m, \sum_{l=1}^n a_{l,j}^k e_l\right) \\
=& b\sum_{m=1}^n \sum_{l=1}^n D_{m,i} a_{l,j}^k \mu(e_m, e_l) \\
=& b\sum_{m=1}^n \sum_{l=1}^n \sum_{t=1}^n c_{m,l}^t D_{m,i} a_{l,j}^k e_t,
\end{aligned}
$$

$$
\begin{aligned}
(-1)^{|e_i||D|} c\mu(\alpha^k(e_i), D(e_j)) =& (-1)^{|e_i||D|} c\mu\left(\sum_{l=1}^n a_{l,i}^k e_l, \sum_{m=1}^n D_{m,j} e_m\right) \\
=& (-1)^{|e_i||D|} c\sum_{l=1}^n \sum_{m=1}^n a_{l,i}^k D_{m,j} \mu(e_l, e_m) \\
=& (-1)^{|e_i||D|} c\sum_{m=1}^n \sum_{l=1}^n \sum_{t=1}^n c_{l,m}^t D_{m,j} a_{l,i}^k e_t.
\end{aligned}
$$

然后我们将这些式子代入到下面的等式当中,

$$aD(\mu(e_i, e_j)) = b\mu(D(e_i), \alpha^k(e_j)) + (-1)^{|e_i||D|} c\mu(\alpha^k(e_i), D(e_j)),$$

可以得到

$$\sum_{t=1}^n \left(\sum_{m=1}^n ac_{i,j}^m D_{t,m} - \sum_{m=1}^n \sum_{l=1}^n bc_{m,l}^t D_{m,i} a_{l,j}^k - (-1)^{|e_i||D|}\right.$$

$$\sum_{m=1}^{n}\sum_{l=1}^{n}cc_{l,m}^{t}D_{m,j}a_{l,i}^{k}\right)e_{t}=0.$$

因为 $\{e_t\}(t=1,2,\cdots,n)$ 是线性无关的, 所以我们能得出

$$\sum_{m=1}^{n}\left(ac_{i,j}^{m}D_{t,m}-\sum_{l=1}^{n}bc_{m,l}^{t}D_{m,i}a_{l,j}^{k}-(-1)^{|e_i||D|}\sum_{l=1}^{n}cc_{l,m}^{t}D_{m,j}a_{l,i}^{k}\right)=0.$$

同样地, 从下面的式子中:

$$D\circ\alpha(e_i)=\alpha\circ D(e_i),$$

我们可以得到

$$\begin{aligned}
D\circ\alpha(e_i)=&D\left(\sum_{l=1}^{n}a_{l,i}^{1}e_l\right)\\
=&\sum_{l=1}^{n}a_{l,i}^{1}D(e_l)\\
=&\sum_{l=1}^{n}\sum_{m=1}^{n}a_{l,i}^{1}D_{m,l}e_m\\
=&\sum_{m=1}^{n}\sum_{l=1}^{n}a_{m,i}^{1}D_{l,m}e_l,
\end{aligned}$$

$$\begin{aligned}
\alpha\circ D(e_i)=&\alpha\left(\sum_{m=1}^{n}D_{m,i}e_m\right)\\
=&\sum_{m=1}^{n}D_{m,i}\alpha(e_m)\\
=&\sum_{m=1}^{n}\sum_{l=1}^{n}D_{m,i}a_{l,m}^{1}e_l,
\end{aligned}$$

因此, 我们可以得到

$$\sum_{m=1}^{n}a_{m,i}^{1}D_{l,m}=\sum_{m=1}^{n}a_{l,m}^{1}D_{m,i}.$$

为了方便, 我们可以把上式中的 l 替换成 t, 从而得到

$$\sum_{m=1}^{n}a_{m,i}^{1}D_{t,m}=\sum_{m=1}^{n}a_{t,m}^{1}D_{m,i}.$$

因此, $D\in \mathrm{D}_{J}^{\alpha^k}(a,b,c)$ 当且仅当 (1) 式和 (2) 式成立.　　　　　　□

1.4 Hom-李代数的双导子理论

1.4.1 Hom-李代数上伴随模的 Schur 引理

为了研究 Hom-李代数 (L, α) 的结构, 我们需要 α 的保积条件所提供的稳定性质, 因此, 本节所提到的 Hom-李代数均指保积的 Hom-李代数.

此外, Hom-李代数 (L, α) 的子空间 I 称为 **理想**, 如果 I 满足 $[I, L] \subseteq I$ 以及 $\alpha(I) \subseteq I$. (L, α) 称为 **单的**, 如果它没有真理想且是非交换的. (L, α) 称为 **完美的**, 如果 $L' := [L, L] = L$. 集合 $\{z \in L \mid [z, L] = 0\}$ 称为 Hom-李代数 (L, α) 的**中心**, 记为 $Z(L)$. 更多具体的定义可见参考文献.

定义 1.4.1 设 (L, α) 是 Hom-李代数, 如果由向量空间 V, 线性映射 $\rho : L \to \mathrm{End}(V)$ 以及 $\beta \in \mathrm{End}(V)$ 组成的三元组 (V, ρ, β) 对于任意的 $x, y \in L$, 都有

$$\beta \circ \rho(x) = \rho(\alpha(x)) \circ \beta, \tag{1.18}$$

$$\rho([x, y]) \circ \beta = \rho(\alpha(x)) \circ \rho(y) - \rho(\alpha(y)) \circ \rho(x). \tag{1.19}$$

则称 (V, ρ, β) 为 (L, α) 的**表示**或 (L, α)-**模**.

为了符号的简洁, 和李代数的情形一样, 我们通常令 $xv = \rho(x)(v)$, $\forall x \in L, v \in V$. V 的子空间 W 称为 (V, ρ, β) 的**子模**, 如果 W 既是 β-不变的又是 L-不变的, 即 $\beta(W) \subset W$ 且对任意的 $x \in L$, $xW \subset W$.

例 1.4.2 (1) 对任意的整数 k, $(L, \mathrm{ad}_k, \alpha)$ 带有运算 $\mathrm{ad}_k(x)(y) := [\alpha^k(x), y]$ 是 (L, α)-模, 称为 α^k-伴随 $(L, [-, -], \alpha)$-模. 注意到当 k 为负数时, 要求 α 是可逆的. (2) 如果 (V, ρ, β) 是 (L, α)-模, 则由下列等式可知 $(V, \rho_k := \rho\alpha^k, \beta)$ 也是 (L, α)-模,

$$\beta\rho_k(x)(v) = \beta\rho(\alpha^k(x))(v) \overset{(1.18)}{=} \rho(\alpha^{k+1}(x))\beta(v) = \rho_k(\alpha(x))\beta(v),$$

$$\rho_k([x, y])\beta(v) = \rho\alpha^k([x, y])\beta(v) = \rho([\alpha^k(x), \alpha^k(y)])\beta(v)$$

$$(\text{由}(1.19)) = \rho(\alpha^{k+1}(x))\rho(\alpha^k(y))(v) - \rho(\alpha^{k+1}(y))\rho(\alpha^k(x))(v)$$

$$= \rho_k(\alpha(x))\rho_k(y)(v) - \rho_k(\alpha(y))\rho_k(x)(v).$$

注 1.4.3 如果 I 是 $(L, \mathrm{ad}_k, \alpha)$ 的子模且 $\alpha^k(L) = L$, 则 I 是 L 的理想. 事实上,

$$\alpha(I) \subset I, \quad [L, I] = [\alpha^k(L), I] = \mathrm{ad}_k(L)(I) \subset I.$$

接下来, 我们给出 Hom-李代数 (L, α) 表示之间的同态的概念, 并证明有限维伴随 (L, α)-模的 Schur 引理成立.

定义 1.4.4 设 (V_1, ρ_1, β_1), (V_2, ρ_2, β_2) 是两个 (L, α)-模, 线性映射 $f : V_1 \to V_2$ 称为 (L, α)-模同态, 如果 $\beta_2 \circ f = f \circ \beta_1$ 且 $f \circ \rho_1(x) = \rho_2(\alpha(x)) \circ f, \forall x \in L$, 或用下面两个交换图来表示,

$$
\begin{array}{ccc}
V_1 & \xrightarrow{\beta_1} & V_1 \\
{\scriptstyle f}\downarrow & & \downarrow{\scriptstyle f} \\
V_2 & \xrightarrow{\beta_2} & V_2,
\end{array}
\qquad
\begin{array}{ccc}
V_1 & \xrightarrow{\rho_1(x)} & V_1 \\
{\scriptstyle f}\downarrow & & \downarrow{\scriptstyle f} \\
V_2 & \xrightarrow{\rho_2\alpha(x)} & V_2.
\end{array}
$$

注意到, 一般来说, 恒等映射不再是 Hom-李代数模上的自然同态, 实际上, 它在某种程度上被 α 扭曲.

例 1.4.5 对于任意整数 k, s, 由于 $\alpha \circ \alpha^{s+1} = \alpha^{s+1} \circ \alpha$, 且

$$\alpha^{s+1}\mathrm{ad}_k(x)(y) = \alpha^{s+1}[\alpha^k(x), y] = [\alpha^{k+s+1}(x), \alpha^{s+1}(y)] = \mathrm{ad}_{k+s}(\alpha(x))\alpha^{s+1}(y),$$

因此, $\alpha^{s+1} : (L, \mathrm{ad}_k, \alpha) \to (L, \mathrm{ad}_{k+s}, \alpha)$ 是 (L, α)-模同态. 特别地, 当 α 可逆时, $\alpha^0 = \mathrm{Id}_L$ 是从 $(L, \mathrm{ad}_0, \alpha)$ 到 $(L, \mathrm{ad}_{-1}, \alpha)$ 的同态.

通过直接计算, 我们得到以下命题.

命题 1.4.6 设 (V_1, ρ_1, β_1) 和 (V_2, ρ_2, β_2) 是两个 (L, α)-模且 $f : V_1 \to V_2$ 是模同态, 则 $\mathrm{Ker} f$ 是 (V_1, ρ_1, β_1) 的子模.

定理 1.4.7(Schur 引理) 设 (L, α) 是 α 可逆的 Hom-李代数, 并且基域 $\mathbb{F}$ 是代数封闭的. 如果 (L, α) 是单的, 有限维的, 且 $f : (L, \mathrm{ad}_k, \alpha) \to (L, \mathrm{ad}_{k+s}, \alpha)$ 是 (L, α)-模同态, 则

$$f = \lambda \alpha^{s+1}, \quad \text{对某个 } \lambda \in \mathbb{F}.$$

证明 易知 $f\alpha^{-s-1} : L \to L$ 是一个线性映射. 则由条件 (L, α) 是有限维的以及 $\mathbb{F}$ 是代数封闭的, 我们可以找到 $f\alpha^{-s-1}$ 的一个非零特征向量 $0 \neq x_0 \in L$, 对应某个特征值 $\lambda \in \mathbb{F}$, 即 $f\alpha^{-s-1}(x_0) = \lambda x_0$. 因为 $f \circ \alpha = \alpha \circ f$, 所以 $f(x_0) = \lambda\alpha^{s+1}(x_0)$.

由例 1.4.5 可知, $\lambda\alpha^{s+1} : (L, \mathrm{ad}_k, \alpha) \to (L, \mathrm{ad}_{k+s}, \alpha)$ 是 (L, α)-模同态, 这就意味着 $f - \lambda\alpha^{s+1}$ 也是 (L, α) 模同态. 则由注 1.4.3 可知, $\mathrm{Ker}(f - \lambda\alpha^{s+1})$ 是 $(L, \mathrm{ad}_k, \alpha)$ 的一个非零子模, 也是 (L, α) 的非零理想. 因此, 由 (L, α) 的单性, 有 $\mathrm{Ker}(f - \lambda\alpha^{s+1}) = L$, 即 $f = \lambda\alpha^{s+1}$. $\qquad \square$

1.4.2 Hom-李代数的双导子

设 (V, ρ, β) 是一个 (L, α)-模. 双线性映射 $\delta : L \times L \to V$ 称为 **双导子**, 若对任意的 $x, y, z \in L, \delta$ 满足

$$\beta\delta(x, y) = \delta(\alpha(x), \alpha(y)), \tag{1.20}$$

$$\delta(\alpha(z), [x,y]) = \alpha(x)\delta(z,y) - \alpha(y)\delta(z,x), \qquad (1.21)$$

$$\delta([x,y], \alpha(z)) = \alpha(x)\delta(y,z) - \alpha(y)\delta(x,z). \qquad (1.22)$$

我们称双导子 δ 是**斜对称的**, 若

$$\delta(x,y) = -\delta(y,x). \qquad (1.23)$$

易知如果 δ 是斜对称的, 等式 (1.21) 和 (1.22) 是一致的. 因此, 只要双线性映射 $\delta: L \times L \to V$ 满足 (1.23), (1.20), 以及 (1.21) 或 (1.22) 中的任何一个, 它就是一个斜对称双导子.

分别用 $\mathrm{Bider}(L,V), \mathrm{Bider}_s(L,V)$ 表示所有双导子、斜双导子构成的集合. 特别地, 我们用 $\mathrm{Bider}_s(L, \mathrm{ad}_k)$ 表示所有伴随模 $(L, \mathrm{ad}_k, \alpha)$ 在 (L, α) 上的斜对称双导子构成的集合.

利用 Hom-Jacobi 等式, 我们很容易看到如果把 Hom-李括积 $[-,-]: L \times L \to L$ 中的最后一个 L 看成是 $(L, \mathrm{ad}_0, \alpha)$, 则斜双导子 $\delta: L \times L \to V$ 是它的推广.

现在我们来解释一下 "双导子" 这个术语. 文献 [27] 引入了 Hom-李代数 (L, α) 上导子的概念, 如果线性映射 $D: L \to L$ 满足 $D \circ \alpha = \alpha \circ D$ 且

$$D[x,y] = [\alpha^k(x), D(y)] - [\alpha^k(y), D(x)], \quad \forall x,y \in L,$$

则称 D 为 (L, α) 的 $\boldsymbol{\alpha^k}$**-导子**. 在上述定义下, 对任意的非负整数 k 和任意的 $z \in L$ 满足 $\alpha(z) = z$, 定义线性映射 $D_k(z): L \to L$ 为

$$D_k(z)(x) = [z, \alpha^k(x)], \quad \forall x \in L,$$

则 $D_k(z)$ 是一个 α^k-导子, 这意味着 $[z, -]$ 和 $[-, z]$ 都是 α-导子, 那么, 将 $[-,-]$ 称为双导子是合理的. 所以, 我们把它的泛化 δ 也用同样的名字来表示.

我们已经得到 $[-,-] \in \mathrm{Bider}_s(L, \mathrm{ad}_0)$. 为了给出双导子更多的例子, 我们定义 (V, ρ, β) 的**型心**为

$$\mathrm{Cent}(L,V) = \{\gamma: L \to V \mid \gamma([x,y]) = \alpha(x)\gamma(y), \beta \circ \gamma = \gamma \circ \alpha\}.$$

显然, $\mathrm{Cent}(L,V)$ 是由 $(L, \mathrm{ad}_0, \alpha)$ 到 (V, ρ, β) 的 (L, α)-模同态构成的空间. 特别地, 我们用 $\mathrm{Cent}(L, \mathrm{ad}_k)$ 表示伴随模 $(L, \mathrm{ad}_k, \alpha)$ 的型心.

例 1.4.8 设 (V, ρ, β) 是 Hom-李代数 (L, α) 的表示, 其中 β 是可逆的. 若 $\gamma \in \mathrm{Cent}(L,V)$, 则

$$\delta(x,y) = \beta^{-1}\gamma([x,y]), \quad \forall x,y \in L$$

是一个斜对称双导子.

事实上, 显然 δ 是斜对称的; 因为

$$\delta(\alpha(x), \alpha(y)) = \beta^{-1}\gamma([\alpha(x), \alpha(y)]) = \beta^{-1}\gamma\alpha([x, y])$$
$$= \gamma([x, y]) = \beta\delta(x, y), \quad \forall x, y \in L,$$

所以 (1.20) 成立; 又因为

$$\delta([x, y], \alpha(z)) = \beta^{-1}\gamma([[x, y], \alpha(z)])$$
$$(\text{由 Hom-Jacobi 等式}) = \beta^{-1}\gamma([\alpha(x), [y, z]]) - \beta^{-1}\gamma([\alpha(y), [x, z]])$$
$$= \beta^{-1}\alpha^2(x)\gamma([y, z]) - \beta^{-1}\alpha^2(y)\gamma([x, z])$$
$$(\text{由 (1.18)}) = \alpha(x)\beta^{-1}\gamma([y, z]) - \alpha(y)\beta^{-1}\gamma([x, z])$$
$$= \alpha(x)\delta(y, z) - \alpha(y)\delta(x, z),$$

所以 (1.22) 成立.

从上面的例子我们可以看到, 对于一个 (L, α)-模 (V, ρ, β), 满足 β 可逆, 则每个 $\gamma \in \text{Cent}(L, V)$ 都诱导出一个斜对称双导子 $\delta(x, y) = \beta^{-1}\gamma([x, y])$. 后面我们将证明, 在适当的假设条件下, 所有的双导子都是这种形式的, 即定理 1.4.13, 为了证明这一定理, 我们需要以下引理.

在引理 1.4.9—引理 1.4.12 中, (V, ρ, β) 是 Hom-李代数 (L, α) 的表示且 $\delta \in \text{Bider}_s(L, V)$. 此外, 我们用

$$Z_V(S) = \{v \in V \mid sv = 0, \ \forall s \in S\}$$

表示 V 中所有把 L 的任一子集 S 作用为零的元素构成的子空间. 对于 α 为满射的伴随模 (L, ad_k, α) 来说, $Z_L(L)$ 是 (L, α) 的理想且与 (L, α) 的中心重合.

引理 1.4.9　对任意的 $x, y, z, w \in L$, $\beta([x, y]\delta(z, w) + [z, w]\delta(x, y)) = 0$.

证明　考虑以下四元线性映射:

$$\varphi : L \times L \times L \times L \to V,$$
$$(x, y, z, w) \mapsto [x, y]\delta(z, w) + [z, w]\delta(x, y).$$

则只需要证明 $\beta\varphi(x, y, z, w) = 0, \forall x, y, z, w \in L$. 显然, 由定义可知 φ 满足 $\varphi(x, y, z, w) = \varphi(z, w, x, y)$ 以及

$$\varphi(x, y, z, w) = -\varphi(y, x, z, w). \tag{1.24}$$

下面我们将通过用两种方法计算 $\delta([x,y],[z,w])$ 来证明 $\beta\varphi(x,y,z,w) = \beta\varphi(z,y,x,w)$. 对任意的 $x,y,z,w \in L$, 我们有

$$
\begin{aligned}
& \delta(\alpha([x,y]),\alpha([z,w])) \\
=& \delta([\alpha(x),\alpha(y)],\alpha([z,w])) \\
=& \alpha^2(x)\delta(\alpha(y),[z,w]) - \alpha^2(y)\delta(\alpha(x),[z,w]) \\
=& \alpha^2(x)(\alpha(z)\delta(y,w) - \alpha(w)\delta(y,z)) - \alpha^2(y)(\alpha(z)\delta(x,w) - \alpha(w)\delta(x,z)) \\
=& \alpha^2(x)\alpha(z)\delta(y,w) - \alpha^2(x)\alpha(w)\delta(y,z) - \alpha^2(y)\alpha(z)\delta(x,w) + \alpha^2(y)\alpha(w)\delta(x,z).
\end{aligned}
$$

另一方面,

$$
\begin{aligned}
& \delta(\alpha([x,y]),\alpha([z,w])) \\
=& \delta(\alpha([x,y]),[\alpha(z),\alpha(w)]) \\
=& \alpha^2(z)\delta([x,y],\alpha(w)) - \alpha^2(w)\delta([x,y],\alpha(z)) \\
=& \alpha^2(z)(\alpha(x)\delta(y,w) - \alpha(y)\delta(x,w)) - \alpha^2(w)(\alpha(x)\delta(y,z) - \alpha(y)\delta(x,z)) \\
=& \alpha^2(z)\alpha(x)\delta(y,w) - \alpha^2(z)\alpha(y)\delta(x,w) - \alpha^2(w)\alpha(x)\delta(y,z) + \alpha^2(w)\alpha(y)\delta(x,z).
\end{aligned}
$$

通过比较以上两个式子, 再由 (1.19), 我们有

$$
\begin{aligned}
& [\alpha(x),\alpha(z)]\beta\delta(y,w) + [\alpha(y),\alpha(w)]\beta\delta(x,z) \\
=& [\alpha(y),\alpha(z)]\beta\delta(x,w) + [\alpha(x),\alpha(w)]\beta\delta(y,z).
\end{aligned}
$$

由 (1.18) 得 $\beta\varphi(x,z,y,w) = \beta\varphi(y,z,x,w)$, 这就意味着

$$
\beta\varphi(x,y,z,w) = \beta\varphi(z,y,x,w), \quad \forall x,y,z,w \in L. \tag{1.25}
$$

则

$$
\beta\varphi(x,y,z,w) \stackrel{(1.25)}{=\!=\!=} \beta\varphi(z,y,x,w) \stackrel{(1.24)}{=\!=\!=} -\beta\varphi(y,z,x,w) \stackrel{(1.25)}{=\!=\!=} -\beta\varphi(x,z,y,w). \tag{1.26}
$$

因此,

$$
\begin{aligned}
\beta\varphi(x,y,z,w) & \stackrel{(1.24)}{=\!=\!=} -\beta\varphi(y,x,z,w) \stackrel{(1.26)}{=\!=\!=} \beta\varphi(y,z,x,w) \\
& \stackrel{(1.24)}{=\!=\!=} -\beta\varphi(z,y,x,w) \stackrel{(1.25)}{=\!=\!=} -\beta\varphi(x,y,z,w). \qquad \Box
\end{aligned}
$$

引理 1.4.10 对任意的 $x,y,z \in L$, $\circlearrowleft_{x,y,z} \delta([x,y],\alpha(z)) = 2(\alpha(z)\delta(x,y) - \delta(\alpha(z),[x,y]))$, 其中 $\circlearrowleft_{x,y,z}$ 表示 x,y,z 的循环排列再求和.

证明　注意到

$$\circlearrowleft_{x,y,z} \delta([x,y],\alpha(z))$$
$$=\delta([x,y],\alpha(z)) + \delta([y,z],\alpha(x)) + \delta([z,x],\alpha(y))$$
$$=\alpha(x)\delta(y,z) - \alpha(y)\delta(x,z) + \alpha(y)\delta(z,x) - \alpha(z)\delta(y,x) + \alpha(z)\delta(x,y) - \alpha(x)\delta(z,y)$$
$$=2\big(\alpha(x)\delta(y,z) - \alpha(y)\delta(x,z) + \alpha(z)\delta(x,y)\big)$$
$$=2\big(\alpha(z)\delta(x,y) - \delta(\alpha(z),[x,y])\big).$$

因此引理成立.　　　　　　　　　　　　　　　　　　　　　　　　　　　　□

引理 1.4.11　*如果 β 是可逆的, 则*

$$\delta(\alpha(u),[x,y]) - \alpha(u)\delta(x,y) \in Z_V(L'), \quad \forall x,y,u \in L.$$

证明　由引理 1.4.9 和 (1.18), 我们有

$$[\alpha(x),\alpha(y)]\beta\delta(z,w) + [\alpha(z),\alpha(w)]\beta\delta(x,y) = 0.$$

则

$$0 = \circlearrowleft_{x,u,y} \big([[\alpha(x),\alpha(u)],\alpha^2(y)]\beta\delta(z,w) + [\alpha(z),\alpha(w)]\beta\delta([x,u],\alpha(y))\big)$$
$$= \circlearrowleft_{x,u,y} [[\alpha(x),\alpha(u)],\alpha^2(y)]\beta\delta(z,w) + \circlearrowleft_{x,u,y} [\alpha(z),\alpha(w)]\beta\delta([x,u],\alpha(y))$$
$$= -[\alpha(z),\alpha(w)]\beta\big(\circlearrowleft_{x,y,u} \delta([x,y],\alpha(u))\big)$$
$$=2\beta[z,w]\big(\delta(\alpha(u),[x,y]) - \alpha(u)\delta(x,y)\big),$$

其中最后这个等式是由引理 1.4.10 和 (1.18) 得到的. 又知道 β 是可逆的, 并且 char $\mathbb{F} \neq 2$, 因此引理成立.　　　　　　　　　　　　　　　　　　　□

引理 1.4.12　*如果 β 是可逆的且 (L,α) 是 α 为满射的完美 Hom-李代数, 则对任意的 $x,y,z \in L$, $\delta(z,[x,y]) = z\delta(x,y)$.*

证明　由于 (L,α) 是 α 为满射的完美 Hom-李代数, 于是对任意的 $x,y,z \in L$, 存在 $u_i,v_i(1 \leqslant i \leqslant m), s,t \in L$ 使得 $z = \sum_{i=1}^{m}[\alpha(u_i),\alpha(v_i)]$ 以及 $[x,y] = [\alpha(s),\alpha(t)]$. 则

$$\delta(z,[x,y]) - z\delta(x,y)$$
$$= \sum_{i=1}^{m} \big(\delta([\alpha(u_i),\alpha(v_i)],[\alpha(s),\alpha(t)]) - [\alpha(u_i),\alpha(v_i)]\delta(\alpha(s),\alpha(t))\big)$$
$$= \sum_{i=1}^{m} \big(\delta([\alpha(u_i),\alpha(v_i)],\alpha([s,t])) - [\alpha(u_i),\alpha(v_i)]\beta\delta(s,t)\big)$$

$$= \sum_{i=1}^{m} \left(\alpha^2(u_i)\delta(\alpha(v_i), [s,t]) - \alpha^2(v_i)\delta(\alpha(u_i), [s,t]) \right.$$
$$\left. - \alpha^2(u_i)\alpha(v_i)\delta(s,t) + \alpha^2(v_i)\alpha(u_i)\delta(s,t) \right)$$
$$= \sum_{i=1}^{m} \left(\alpha^2(u_i)(\delta(\alpha(v_i), [s,t]) - \alpha(v_i)\delta(s,t)) \right.$$
$$\left. - \alpha^2(v_i)(\delta(\alpha(u_i), [s,t]) - \alpha(u_i)\delta(s,t)) \right).$$

由引理 1.4.11可知, 上面最后一个等式等于 0. 证毕. $\qquad\square$

定理 1.4.13 设 (L,α) 是 α 为满射的完美 Hom-李代数, (V,ρ,β) 是一个 β 可逆的 (L,α)-模使得 $Z_V(L) = \{0\}$. 则对所有的 $\delta \in \mathrm{Bider}_s(L,V)$, 存在 $\gamma \in \mathrm{Cent}(L,V)$ 使得对任意的 $x,y \in L$, $\delta(x,y) = \beta^{-1}\gamma([x,y])$.

证明 由于 $L = L'$, 于是对任意的 $z \in L$, 我们有 $z = \sum_{i=1}^{m}[z_i', z_i'']$, 其中 $z_i', z_i'' \in L$. 定义 $\gamma: L \to V$ 为

$$\gamma\left(\sum_{i=1}^{m}[z_i', z_i''] \right) = \sum_{i=1}^{m} \beta\delta(z_i', z_i'').$$

则只需要证明 γ 的定义是合理的以及对任意的 $x,y \in L$, $\gamma([x,y]) = \alpha(x)\gamma(y)$. 事实上, 如果 $\sum_{i=1}^{m}[z_i', z_i''] = 0$, 则对任一 $u \in L$, 我们有

$$0 = \delta\left(u, \sum_{i=1}^{m}[z_i', z_i''] \right) = \sum_{i=1}^{m} \delta(u, [z_i', z_i'']) = u\sum_{i=1}^{m}\delta(z_i', z_i''),$$

因此, 由 $Z_V(L) = \{0\}$ 得 $\sum_{i=1}^{m}\delta(z_i', z_i'') = 0$. 从而 $\sum_{i=1}^{m}\beta\delta(z_i', z_i'') = 0$, 这就意味着 γ 的定义是合理的. 此外, 假设 $y_i', y_i'' \in L$ 使得 $y = \sum_{i=1}^{k}[y_i', y_i'']$, 则

$$\gamma([x,y]) = \beta\delta(x,y) = \delta(\alpha(x), \alpha(y)) = \delta\left(\alpha(x), \sum_{i=1}^{k}[\alpha(y_i'), \alpha(y_i'')] \right)$$
$$= \sum_{i=1}^{k} \alpha(x)\delta(\alpha(y_i'), \alpha(y_i''))$$
$$= \sum_{i=1}^{k} \alpha(x)\beta\delta(y_i', y_i'') = \sum_{i=1}^{k} \alpha(x)\gamma([y_i', y_i'']) = \alpha(x)\gamma(y).$$

因此, $\gamma \in \mathrm{Cent}(L,V)$. $\qquad\square$

现在我们考虑 $\mathrm{Bider}_s(L, \mathrm{ad}_k)$, 在 (L,α) 是无中心的和完美的情况下, 或者特别地, 当 (L,α) 是单的时, 我们很容易得到.

定理 1.4.14   如果 (L, α) 是一个无中心的且 α 可逆的完美 Hom-李代数, 则每个斜对称双导子 $\delta : L \times L \to (L, \mathrm{ad}_k, \alpha)$ 都具有如下形式:

$$\delta(x, y) = \alpha^{-1} \gamma([x, y]),$$

其中 $\gamma \in \mathrm{Cent}(L, \mathrm{ad}_k)$. 此外, 如果 (L, α) 是有限维单的, 则

$$\delta(x, y) = \lambda \alpha^k([x, y]), \quad \text{对某个 } \lambda \in \mathbb{F}.$$

证明   当 (L, α) 是无中心的完美 Hom-李代数时, 第一个断言是定理 1.4.13 的一个直接推论. 现在设 (L, α) 是有限维单的.

如果 $\delta = 0$, 则取 $\lambda = 0$, 即证定理成立.

假设 $\delta \neq 0$. 由定理 1.4.13 可知, 存在 $\gamma \in \mathrm{Cent}(L, \mathrm{ad}_k)$ 使得 $\delta(x, y) = \alpha^{-1} \gamma([x, y])$. 注意到 $\gamma : (L, \mathrm{ad}_0, \alpha) \to (L, \mathrm{ad}_k, \alpha)$ 是 α 可逆的有限维单 Hom-李代数 (L, α) 的模同态. 则由定理 1.4.7 得, $\gamma = \lambda \alpha^{k+1}$ 并且 $\delta(x, y) = \lambda \alpha^k([x, y])$.   □

一般来说, 在一个 α 可逆的 Hom-李代数 (L, α) 上, 我们想要给出一个算法, 利用它可以找到所有属于 $\mathrm{Bider}_s(L, \mathrm{ad}_k)$ 的斜对称双导子. 为此, 我们需要引入中心和特殊双导子的概念.

定义 1.4.15   设 (L, α) 是 Hom-李代数并且 $\delta \in \mathrm{Bider}_s(L, \mathrm{ad}_k)$. 若

$$\delta(L, L) \subset Z(L) = Z_L(L),$$

则称 δ 为**中心的斜对称双导子**; 若

$$\delta(L, L) \subset Z_L(L') \ \text{ 并且 } \ \delta(L', L') = \{0\},$$

则称 δ 为**特殊的斜对称双导子**.

分别用 $\mathrm{CBider}_s(L, \mathrm{ad}_k)$ 和 $\mathrm{SBider}_s(L, \mathrm{ad}_k)$ 表示所有属于 $\mathrm{Bider}_s(L, \mathrm{ad}_k)$ 的中心的和特殊的斜对称双导子构成的集合.

注 1.4.16   显然, 每个 $\delta \in \mathrm{CBider}_s(L, \mathrm{ad}_k)$ 都满足 $\delta(L, L') = \{0\}$. 则有 $\mathrm{CBider}_s(L, \mathrm{ad}_k) \subseteq \mathrm{SBider}_s(L, \mathrm{ad}_k)$, 并且任一满足

$$\beta \delta(x, y) = \delta(\alpha(x), \alpha(y)), \quad \forall x, y \in L,$$
$$\delta(L, L') = \{0\},$$
$$\delta(L, L) \subseteq Z(L)$$

的斜对称双线性映射 δ 都属于 $\mathrm{CBider}_s(L, \mathrm{ad}_k)$.

例 1.4.17 每个具有非平凡中心并且使得在 L 里 L' 的余维数不低于 2 的 Hom-李代数 (L, α) 都有非零的特殊双导子. 事实上, 由对余维数的假设可得, 存在一个非零的斜对称双线性型 $\omega : L \times L \to \mathbb{F}$ 使得 $\omega(L, L') = \{0\}$, 并且任取非零元 $z_0 \in Z(L)$, 我们有 $\delta(x, y) := \omega(x, y)z_0$ 是一个非零的中心双导子, 也是一个非零的特殊双导子.

假定 (L, α) 是一个使得 α 为满射的 Hom-李代数并且 $\delta \in \mathrm{Bider_s}(L, \mathrm{ad}_k)$. 则由以下发现可以得到我们想要给出的算法.

注意到, 对任意的 $x, y \in L, z \in Z(L)$, 我们有

$$0 = \delta([z, x], \alpha(y)) = [\alpha^{k+1}(z), \delta(x, y)] - [\alpha^{k+1}(x), \delta(z, y)] = -[\alpha^{k+1}(x), \delta(z, y)],$$

这意味着 $\delta(Z(L), L) \subset Z(L)$. 因为 $Z(L)$ 是 (L, α) 的理想, 所以我们可以考虑商 Hom-李代数 $(\bar{L}, \bar{\alpha})$ 和它的商伴随模 $(\bar{L}, \overline{\mathrm{ad}_k}, \bar{\alpha})$, 其中 $\bar{L} := L/Z(L), \bar{\alpha}(\bar{x}) := \overline{\alpha(x)}$, 并且对所有的 $x, y \in L, \overline{\mathrm{ad}}_k(\bar{x})(\bar{y}) := \overline{[\alpha^k(x), y]}$. 则我们可以定义一个斜对称双导子 $\bar{\delta} \in \mathrm{Bider_s}(\bar{L}, \overline{\mathrm{ad}_k})$ 为

$$\bar{\delta}(\bar{x}, \bar{y}) = \overline{\delta(x, y)}, \quad \forall \bar{x}, \bar{y} \in \bar{L}.$$

若 δ_1 和 δ_2 满足 $\bar{\delta}_1 = \bar{\delta}_2$, 则 $\hat{\delta} := \delta_1 - \delta_2$ 是一个斜对称双导子且满足 $\hat{\delta}(L, L) \subset Z(L)$, 因此, $\hat{\delta}$ 是 (L, α) 上的中心双导子. 于是我们得出下列引理.

引理 1.4.18 如果 (L, α) 是一个使得 α 为满射的 Hom-李代数. 在集合 $\mathrm{CBider_s}(L, \mathrm{ad}_k)$ 下, 映射 $\delta \to \bar{\delta}$ 是从 $\mathrm{Bider_s}(L, \mathrm{ad}_k)$ 到 $\mathrm{Bider_s}(\bar{L}, \overline{\mathrm{ad}_k})$ 的 1-1 映射.

因此, $\mathrm{Bider_s}(L, \mathrm{ad}_k)$ 可由 $\mathrm{CBider_s}(L, \mathrm{ad}_k)$ 和 $\mathrm{Bider_s}(\bar{L}, \overline{\mathrm{ad}_k})$ 决定. 我们定义一个商 Hom-李代数序列

$$(L^{(0)}, \alpha^{(0)}) = (L, \alpha), \cdots, (L^{(r+1)}, \alpha^{(r+1)}) = (L^{(r)}/Z(L^{(r)}), \overline{\alpha^{(r)}}), \tag{1.27}$$

并且用 $(L^{(r)}, \mathrm{ad}_k^{(r)}, \alpha^{(r)})$ 表示 $(L^{(r)}, \alpha^{(r)})$ 的商伴随模. 若存在 $r \in \mathbb{N}$ 使得 $Z(L^{(r)}) = \{0\}$, 则 $\mathrm{Bider_s}(L, \mathrm{ad}_k)$ 可用 $\mathrm{CBider_s}(L^{(i)}, \mathrm{ad}_k^{(i)}) (0 \leqslant i \leqslant r-1)$ 和 $\mathrm{Bider_s}(L^{(r)}, \mathrm{ad}_k^{(r)})$ 刻画, 其中 $\mathrm{Bider_s}(L^{(r)}, \mathrm{ad}_k^{(r)})$ 是由定理 1.4.14 可得.

然而, 如果 $(L^{(r)}, \alpha^{(r)})$ 不是完美的, 我们仍然不知道如何确定 $\mathrm{Bider_s}(L^{(r)}, \mathrm{ad}_k^{(r)})$, 这就启发我们需要考虑导出 Hom-李代数的斜对称双导子.

现在设 (L, α) 是任一使得 α 可逆的无中心 Hom-李代数且 $\delta \in \mathrm{Bider_s}(L, \mathrm{ad}_k)$. 则 δ 满足

$$\delta(\alpha(u), [x, y]) = [\alpha^{k+1}(x), \delta(u, y)] - [\alpha^{k+1}(y), \delta(u, x)] \in L', \quad \forall x, y, u \in L. \tag{1.28}$$

因此, 我们可以限制 δ 到 $L' \times L'$, 这样就得到一个斜对称双导子 $\delta' \in \mathrm{Bider}_s(L', \mathrm{ad}_k)$, 因为 L' 是 α-不变的, 所以 δ' 是有意义的. 若 δ_1, $\delta_2 \in \mathrm{Bider}_s(L, \mathrm{ad}_k)$ 使得 $\delta_1|_{L' \times L'} = \delta_2|_{L' \times L'}$, 则 $\tilde{\delta} := \delta_1 - \delta_2 \in \mathrm{SBider}_s(L, \mathrm{ad}_k)$.

事实上, 显然有 $\tilde{\delta}(L', L') = \{0\}$, 因而只需要证明 $\tilde{\delta}(L, L) \subset Z_L(L')$. 注意到在 (1.28) 中, 取 $u, y \in L'$, 则有 $\tilde{\delta}(L, L') \subset Z_L(L')$. 于是对任意的 $x, y, z, u, v \in L$, 我们有

$$
\begin{aligned}
[[[x,y], \tilde{\delta}(u,v)], \alpha(z)] &= [[[x,y], z], \alpha\tilde{\delta}(u,v)] + [\alpha([x,y]), [\tilde{\delta}(u,v), z]] \\
&= [[[x,y], z], \tilde{\delta}(\alpha(u), \alpha(v))] \\
&\quad - [[\alpha(x), \alpha(y)], [z, \tilde{\delta}(u,v)]] \\
(\alpha \text{ 为同构}) &= [\alpha^k([[\tilde{x}, \tilde{y}], \tilde{z}]), \tilde{\delta}(\alpha(u), \alpha(v))] \\
&\quad - [[\alpha^{k+1}(\tilde{x}), \alpha^{k+1}(\tilde{y})], [\alpha^k(\tilde{z}), \tilde{\delta}(u,v)]] \\
(\text{由引理 } 1.4.9 \text{ 和引理 } 1.4.11) &= -[[\alpha^{k+1}(u), \alpha^{k+1}(v)], \tilde{\delta}([\tilde{x}, \tilde{y}], \tilde{z})] \\
&\quad - [[\alpha^{k+1}(\tilde{x}), \alpha^{k+1}(\tilde{y})], \tilde{\delta}(\tilde{z}, [u,v])] \\
(\text{由 } \tilde{\delta}(L, L') \subset Z_L(L')) &= 0.
\end{aligned}
$$

又因为 (L, α) 是无中心的, 所以 $\tilde{\delta}(L, L) \subset Z_L(L')$. 因此, $\tilde{\delta} \in \mathrm{SBider}_s(L, \mathrm{ad}_k)$, 并且我们得到以下引理.

引理 1.4.19　假定 (L, α) 是一个使得 α 可逆的无中心 Hom-李代数. 则在 $\mathrm{SBider}_s(L, \mathrm{ad}_k)$ 下, 存在唯一的 $\delta' \in \mathrm{Bider}_s(L', \mathrm{ad}_k)$ 使得 $\delta \in \mathrm{Bider}_s(L, \mathrm{ad}_k)$ 是它的一个扩张.

因此, 对于无中心但不完美的 Hom-李代数 $(L^{(r)}, \alpha^{(r)})$ 来说, $\mathrm{Bider}_s(L^{(r)}, \mathrm{ad}_k^{(r)})$ 可由 $\mathrm{SBider}_s(L^{(r)}, \mathrm{ad}_k^{(r)})$ 和 $\mathrm{Bider}_s(L^{(r)'}, \mathrm{ad}_k^{(r)})$ 决定. 先令 $(L, \alpha) = (L^{(r)'}, \alpha^{(r)})$ 并根据 (1.27) 重复上述参数, 然后再按上述同样的算法继续计算.

接下来, 把我们的方法应用到几个具体的例子中.

例 1.4.20　设 (L, α) 为文献 [56, 推论 2.3] 中一类保积的 Heisenberg Hom-李代数. 特别地, 作为向量空间, $L = \mathbb{F}e_1 \oplus \mathbb{F}e_2 \oplus \mathbb{F}e_3$, 满足 $[e_1, e_2] = e_3$, $[e_2, e_3] = [e_1, e_3] = 0$, 并且对某个非零 $\lambda \in \mathbb{F}$, $\alpha = \begin{pmatrix} \lambda & 0 & 0 \\ 1 & \lambda & 0 \\ 0 & 0 & \lambda^2 \end{pmatrix}$. 注意到 $Z(L) = \mathbb{F}e_3$. 和 (1.27) 一样, 我们有

$$
(L^{(0)}, \alpha^{(0)}) = (L, \alpha), \quad (L^{(1)}, \alpha^{(1)}) = (L/Z(L), \bar{\alpha}) = \left(\mathbb{F}\bar{e}_1 \oplus \mathbb{F}\bar{e}_2, \begin{pmatrix} \lambda & 0 \\ 1 & \lambda \end{pmatrix} \right).
$$

由 $(L^{(1)}, \alpha^{(1)})$ 是交换的得 $(L^{(2)}, \alpha^{(2)}) = (\{0\}, 0)$. 则 $\mathrm{Bider}_s(L^{(2)}, \mathrm{ad}_k^{(2)}) = \{0\}$, 并

且我们需要 $\mathrm{CBiders}(L^{(0)}, \mathrm{ad}_k^{(0)})$ 和 $\mathrm{CBiders}(L^{(1)}, \mathrm{ad}_k^{(1)})$ 来确定 $\mathrm{Biders}(L, \mathrm{ad}_k)$.

设 $\delta^{(1)} \in \mathrm{CBiders}(L^{(1)}, \mathrm{ad}_k^{(1)})$. 假定 $\delta^{(1)}(\bar{e}_1, \bar{e}_2) = k_1\bar{e}_1 + k_2\bar{e}_2$. 注意到 $\delta^{(1)}$ 满足

$$\alpha^{(1)}\delta^{(1)}(\bar{e}_1, \bar{e}_2) = \delta^{(1)}(\alpha^{(1)}(\bar{e}_1), \alpha^{(1)}(\bar{e}_2)),$$

这意味着

$$k_1\lambda\bar{e}_1 + (k_1 + k_2\lambda)\bar{e}_2 = \lambda^2(k_1\bar{e}_1 + k_2\bar{e}_2).$$

于是

$$\delta^{(1)}(\bar{e}_1, \bar{e}_2) = \begin{cases} k_2\bar{e}_2, & \lambda = 1, \\ 0, & \lambda \neq 1. \end{cases} \tag{1.29}$$

由于 $(L^{(1)}, \alpha^{(1)})$ 是交换的 Hom-李代数, 显然可知上述 $\delta^{(1)}$ 满足 (1.21) 或 (1.22). 注意到 $\mathrm{Biders}(L^{(2)}, \mathrm{ad}_k^{(2)}) = \{0\}$. 则任意的 $\delta \in \mathrm{Biders}(L^{(1)}, \mathrm{ad}_k^{(1)})$ 一定是 (1.29) 的某个 $\delta^{(1)}$.

设 $\delta^{(0)} \in \mathrm{CBiders}(L^{(0)}, \mathrm{ad}_k^{(0)})$. 由定义 1.4.15、注 1.4.16 以及 $L' = Z(L) = \mathbb{F}e_3$, 并令

$$\delta^{(0)}(e_1, e_2) = k_3e_3, \quad \delta^{(0)}(e_1, e_3) = \delta^{(0)}(e_2, e_3) = 0, \tag{1.30}$$

我们很容易验证 $\delta^{(0)}$ 满足 (1.20)—(1.22).

现在设 $\hat{\delta} \in \mathrm{Biders}(L, \mathrm{ad}_k)$. 于是, $\hat{\delta}$ 可以诱导出一个属于 $\mathrm{Biders}(L^{(1)}, \mathrm{ad}_k^{(1)})$ 的斜对称双导子, 其形式如 (1.29). 令

$$\hat{\delta}(e_1, e_2) = \begin{cases} k_2e_2, & \lambda = 1, \\ 0, & \lambda \neq 1, \end{cases} \quad \hat{\delta}(e_1, e_3) = \hat{\delta}(e_2, e_3) = 0 \quad (\forall\, \lambda \in \mathbb{F}^*). \tag{1.31}$$

易证 $\hat{\delta}$ 满足 (1.20)—(1.22).

因此, 每个 $\delta \in \mathrm{Biders}(L, \mathrm{ad}_k)$ 具有如下形式:

$$\delta = \delta^{(0)} + \hat{\delta},$$

其中, $\delta^{(0)}$ 如 (1.30) 中定义, $\hat{\delta}$ 如 (1.31) 中定义. 特别地,

$$\delta(e_1, e_2) = \begin{cases} k_2e_2 + k_3e_3, & \lambda = 1, \\ k_3e_3, & \lambda \neq 1, \end{cases} \quad \delta(e_1, e_3) = \delta(e_2, e_3) = 0 \quad (\forall\, \lambda \in \mathbb{F}^*).$$

例 1.4.21　假定 (L, α) 是属于文献 [57, 定理 4.7] 中第二类保积的 Hom-李代数. 为了计算简便, 我们令 $L = \mathbb{F}x \oplus \mathbb{F}y \oplus \mathbb{F}z$, 且 $[x, y] = y$, $[x, z] = [y, z] = 0$,

对任意的 $a, b \in \mathbb{F}$ 以及 $\lambda, \mu \in \mathbb{F}^*$, 令 $\alpha = \begin{pmatrix} 1 & 0 & 0 \\ a & \lambda & 0 \\ b & 0 & \mu \end{pmatrix}$. 注意到 $Z(L) = \mathbb{F}z$. 和

(1.27) 中一样, 我们有

$$(L^{(0)}, \alpha^{(0)}) = (L, \alpha), \quad (L^{(1)}, \alpha^{(1)}) = \left(\mathbb{F}\bar{x} \oplus \mathbb{F}\bar{y}, \begin{pmatrix} 1 & 0 \\ a & \lambda \end{pmatrix} \right).$$

于是, 由 $L^{(1)'} = \mathbb{F}\bar{y}$ 可知, $(L^{(1)}, \alpha^{(1)})$ 是无中心但不完美的. 因此, $\mathrm{Bider}_s(L^{(1)}, \mathrm{ad}_k^{(1)})$ 可由 $\mathrm{SBider}_s(L^{(1)}, \mathrm{ad}_k^{(1)})$ 和 $\mathrm{Bider}_s(L^{(1)'}, \mathrm{ad}_k^{(1)})$ 决定, 又 $\dim L^{(1)'} = 1$, 则 $\mathrm{Bider}_s(L^{(1)'}, \mathrm{ad}_k^{(1)}) = \{0\}$. 因此, 我们只需要求出 $\mathrm{CBider}_s(L^{(0)}, \mathrm{ad}_k^{(0)})$ 和 $\mathrm{SBider}_s(L^{(1)}, \mathrm{ad}_k^{(1)})$ 即可确定 $\mathrm{Bider}_s(L, \mathrm{ad}_k)$.

设 $\tilde{\delta} \in \mathrm{SBider}_s(L^{(1)}, \mathrm{ad}_k^{(1)})$. 注意到 $Z_{L^{(1)}}(L^{(1)'}) = L^{(1)'} = \mathbb{F}\bar{y}$. 我们令

$$\tilde{\delta}(\bar{x}, \bar{y}) = k\bar{y}, \tag{1.32}$$

易证它是一个斜对称双导子. 由于 $\mathrm{Bider}_s(L^{(1)'}, \mathrm{ad}_k^{(1)})$ 没有非零元, 则 $\mathrm{Bider}_s(L^{(1)}, \mathrm{ad}_k^{(1)})$ 中的所有斜对称双导子均为 (1.32) 所示形式.

设 $\delta^{(0)} \in \mathrm{CBider}_s(L^{(0)}, \mathrm{ad}_k^{(0)})$. 由于 $L' = \mathbb{F}y$ 并且 $Z(L) = \mathbb{F}z$, 我们令

$$\delta^{(0)}(x, z) = lz, \quad \delta^{(0)}(x, y) = \delta^{(0)}(y, z) = 0.$$

易见上述 $\delta^{(0)}$ 是一个斜对称双导子, 则这样的 $\delta^{(0)}$ 恰好是 $\mathrm{CBider}_s(L^{(0)}, \mathrm{ad}_k^{(0)})$ 中的所有元素.

令

$$\delta(x, y) = ky, \quad \delta(x, z) = \delta(y, z) = 0. \tag{1.33}$$

则 $\delta \in \mathrm{Bider}_s(L, \mathrm{ad}_k)$ 并且 δ 诱导出一个属于 $\mathrm{Bider}_s(L^{(1)}, \mathrm{ad}_k^{(1)})$ 的斜对称双导子, 其形式如 (1.32) 所示.

因此, 每个 $\delta \in \mathrm{Bider}_s(L, \mathrm{ad}_k)$ 都具有如下形式:

$$\delta(x, y) = ky, \quad \delta(x, z) = lz, \quad \delta(y, z) = 0.$$

例 1.4.22　考虑循环代数 $L = \mathfrak{sl}_2 \otimes \mathbb{F}[t, t^{-1}]$, 满足 $[x \otimes t^m, y \otimes t^n] = [x, y] \otimes t^{m+n}$ 并且 $\alpha = \check{\alpha} \otimes \mathrm{Id}$, 其中, $\check{\alpha}$ 是 $\mathfrak{sl}_2$ 的一个对合使得

$$\check{\alpha}(e) = -e, \quad \check{\alpha}(f) = -f, \quad \check{\alpha}(h) = h.$$

于是, (L, α) 是一个无限维 Hom-李代数. 此外, (L, α) 是完美的并且无中心的, 因此对某个 $\gamma \in \mathrm{Cent}(L, \mathrm{ad}_k)$, 每个 $\delta \in \mathrm{Bider}_s(L, \mathrm{ad}_k)$ 的形式为

$$\delta(x, y) = \alpha^{-1}\gamma([x, y]), \quad \forall x, y \in L.$$

设 $\gamma \in \text{Cent}(L, \text{ad}_k)$. 则 $\gamma\alpha = \alpha\gamma$ 并且对所有的 $a, b \in \mathfrak{sl}_2$ 以及 $m, n \in \mathbb{Z}$,

$$\gamma([a \otimes t^m, b \otimes t^n]) = [\alpha^{k+1}(a \otimes t^m), \gamma(b \otimes t^n)].$$

令 $a \otimes t^m = h \otimes 1$. 我们有 $\gamma([h, b] \otimes t^n) = [h \otimes 1, \gamma(b \otimes t^n)]$. 特别地,

$$-2\gamma(f \otimes t^n) = [h \otimes 1, \gamma(f \otimes t^n)], \quad 0 = [h \otimes 1, \gamma(h \otimes t^n)], \quad 2\gamma(e \otimes t^n) = [h \otimes 1, \gamma(e \otimes t^n)],$$

这意味着 $\gamma(f \otimes t^n)$, $\gamma(h \otimes t^n)$ 和 $\gamma(e \otimes t^n)$ 都是算子 $[h \otimes 1, -]$ 的特征向量, 分别对应特征值 $-2, 0$ 和 2. 于是, 存在 $\Phi_f^n(t), \Phi_h^n(t), \Phi_e^n(t) \in \mathbb{F}[t, t^{-1}]$ 使得

$$\gamma(f \otimes t^n) = f \otimes \Phi_f^n(t), \quad \gamma(h \otimes t^n) = h \otimes \Phi_h^n(t), \quad \gamma(e \otimes t^n) = e \otimes \Phi_e^n(t).$$

注意到

$$\begin{aligned}
-2f \otimes \Phi_f^n(t) = -2\gamma(f \otimes t^n) &= \gamma([h \otimes t^n, f \otimes 1]) \\
&= [h \otimes t^n, \gamma(f \otimes 1)] = [h \otimes t^n, f \otimes \Phi_f^0(t)] = -2f \otimes t^n \Phi_f^0(t).
\end{aligned}$$

则对任意的 $n \in \mathbb{Z}$, $\Phi_f^n(t) = t^n \Phi_f^0(t)$. 类似地, $\Phi_e^n(t) = t^n \Phi_e^0(t)$. 又注意到,

$$\begin{aligned}
2f \otimes \Phi_f^n(t) = 2\gamma(f \otimes t^n) &= \gamma([f \otimes 1, h \otimes t^n]) \\
&= [(-1)^{k+1}f \otimes 1, \gamma(h \otimes t^n)] = [(-1)^{k+1}f \otimes 1, h \otimes \Phi_h^n(t)] \\
&= 2f \otimes (-1)^{k+1}\Phi_h^n(t).
\end{aligned}$$

于是, 我们有 $\Phi_h^n(t) = t^n \Phi_h^0(t)$ 并且 $\Phi_f^0(t) = (-1)^{k+1}\Phi_h^0(t)$. 用 e 代替上式中的 f 有 $\Phi_e^0(t) = (-1)^{k+1}\Phi_h^0(t)$. 因此,

$$(-1)^{k+1}\Phi_f^0(t) = (-1)^{k+1}\Phi_e^0(t) = \Phi_h^0(t).$$

令 $\Phi(t) = \Phi_h^0(t)$ 并定义 $\phi \in \text{End}(\mathbb{F}[t, t^{-1}])$ 为 $\phi(g(t)) = \Phi(t)g(t)$. 由此可知, $\gamma = \check{\alpha}^{k+1} \otimes \phi$.

反之, 对任意的 $\Phi(t) \in \mathbb{F}[t, t^{-1}]$, γ 如上定义且属于 $\text{Cent}(L, \text{ad}_k)$. 因此,

$$\text{Cent}(L, \text{ad}_k) = \{\check{\alpha}^{k+1} \otimes \phi \mid \Phi(t) \in \mathbb{F}[t, t^{-1}]\},$$

并且每个 $\delta \in \text{Bider}_s(L, \text{ad}_k)$ 都具有如下形式:

$$\begin{aligned}
\delta(x, y) = \alpha^{-1}(\check{\alpha}^{k+1} \otimes \phi)([x, y]) \\
= (\check{\alpha}^{-1} \otimes \text{Id})(\check{\alpha}^{k+1} \otimes \phi)([x, y]) = (\check{\alpha}^k \otimes \phi)([x, y]), \quad \forall x, y \in L.
\end{aligned}$$

1.4.3   Hom-李代数上的交换线性映射

在这一节中, 我们考虑从 Hom-李代数 (L, α) 到 (L, α)-模 (V, ρ, β) 的线性映射, 这些线性映射也与 $\mathrm{Cent}(L, V)$ 密切相关.

定义 1.4.23   设 (L, α) 是 Hom-李代数并且 (V, ρ, β) 是一个 (L, α)-模. 若线性映射 $f : L \to V$ 满足

$$\alpha(x)f(x) = 0, \quad \beta \circ f = f \circ \alpha, \quad \forall x \in L.$$

则称 f 为**交换线性映射**.

用 $\mathrm{Com}(L, V)$ 表示所有交换线性映射 $f : L \to V$ 构成的集合. 特别地, 我们用 $\mathrm{Com}(L, \mathrm{ad}_k)$ 表示伴随模 $(L, \mathrm{ad}_k, \alpha)$ 在 (L, α) 上的所有交换线性映射构成的集合.

显然, $\mathrm{Cent}(L, V) \subseteq \mathrm{Com}(L, V)$. 在 β 可逆且 $Z_V(L') = \{0\}$ 的假设下, 我们将证明 $\mathrm{Cent}(L, V) = \mathrm{Com}(L, V)$.

引理 1.4.24   设 (L, α) 是 Hom-李代数并且 (V, ρ, β) 是 β 可逆的 (L, α)-模. 若 $f \in \mathrm{Com}(L, V)$, 则

$$[\alpha(v), \alpha(w)]\alpha^2(u)(f([x, y]) - \alpha(x)f(y)) = 0, \quad \forall x, y, z, u, v \in L.$$

证明   由交换线性映射的定义, 我们可以得到

$$\alpha(x)f(y) = -\alpha(y)f(x), \quad \forall x, y \in L, \tag{1.34}$$

这就引出了一个斜对称双线性映射 $\delta : L \times L \to V$

$$\delta(x, y) = \beta^{-1}(\alpha(x)f(y)), \quad \forall x, y \in L. \tag{1.35}$$

此外, 因为

$$\beta\delta(x, y) = \alpha(x)f(y) = \alpha(x)\beta^{-1}\beta f(y)$$

$$(由定义 1.4.23) = \alpha(x)\beta^{-1}f(\alpha(y))$$

$$(由 (1.18)) = \beta^{-1}\alpha^2(x)f(\alpha(y))$$

$$= \delta(\alpha(x), \alpha(y))$$

以及

$$\delta(\alpha(x), [y, z]) = \beta^{-1}\big(\alpha^2(x)f([y, z])\big)$$

$$(由 (1.34)) = -\beta^{-1}\big(\alpha([y, z])f(\alpha(x))\big) = -\beta^{-1}\big([\alpha(y), \alpha(z)]\beta f(x)\big)$$

$$(\text{由 } (1.19)) = -\beta^{-1}\big(\alpha^2(y)\alpha(z)f(x) - \alpha^2(z)\alpha(y)f(x)\big)$$

$$(\text{由 } (1.18)) = -\alpha(y)\beta^{-1}\big(\alpha(z)f(x)\big) + \alpha(z)\beta^{-1}\big(\alpha(y)f(x)\big)$$

$$= -\alpha(y)\delta(z,x) + \alpha(z)\delta(y,x)$$

$$= \alpha(y)\delta(x,z) - \alpha(z)\delta(x,y),$$

所以, δ 是一个斜对称双导子. 注意到, 由引理 1.4.11 可知, 对任意的 $v,w \in L$, $[v,w](\delta(\alpha(u),[x,y]) - \alpha(u)\delta(x,y)) = 0$. 因此, 对所有的 $x,y,u,v,w \in L$, 我们有

$$0 = \beta\big([v,w](\delta(\alpha(u),[x,y]) - \alpha(u)\delta(x,y))\big)$$

$$(\text{由 } (1.18)) = \alpha([v,w])\beta\big(\delta(\alpha(u),[x,y]) - \alpha(u)\delta(x,y)\big)$$

$$(\text{由 } (1.18)) = \alpha([v,w])\big(\beta\delta(\alpha(u),[x,y]) - \alpha^2(u)\beta\delta(x,y)\big)$$

$$(\text{由 } (1.35)) = [\alpha(v),\alpha(w)]\big(\alpha^2(u)f([x,y]) - \alpha^2(u)\alpha(x)f(y)\big)$$

$$= [\alpha(v),\alpha(w)]\alpha^2(u)\big(f([x,y]) - \alpha(x)f(y)\big). \qquad \square$$

定理 1.4.25 设 (L,α) 是使得 α 为满射的 Hom-李代数并且 (V,ρ,β) 是 β 可逆的 (L,α)-模. 若 $Z_V(L') = \{0\}$, 则 $\mathrm{Cent}(L,V) = \mathrm{Com}(L,V)$.

证明 只需证 $\mathrm{Com}(L,V) \subseteq \mathrm{Cent}(L,V)$.

令 $f \in \mathrm{Com}(L,V)$. 注意到 $Z_V(L) \subseteq Z_V(L') = \{0\}$. 则由引理 1.4.24 可知, $f([x,y]) = \alpha(x)f(y)$, 因此 $f \in \mathrm{Cent}(L,V)$. $\qquad \square$

现在我们想要描述 $\mathrm{Com}(L,V)$, 这需要引入以下中心的和特殊的交换线性映射的概念.

定义 1.4.26 设 (L,α) 是 Hom-李代数并且 (V,ρ,β) 是 (L,α)-模. 交换线性映射 $f \in \mathrm{Com}(L,V)$, 若满足

$$f(L) \subset Z_V(L),$$

则称 f 为**中心的**; 若满足

$$f(L) \subset Z_V(L') \quad \text{且} \quad f(L') = \{0\},$$

则称 f 为**特殊的**.

分别用 $\mathrm{CCom}(L,V)$ 和 $\mathrm{SCom}(L,V)$ 表示由 $\mathrm{Com}(L,V)$ 中所有中心的和特殊的交换线性映射构成的集合.

显然, 每个满足 $\beta \circ f = f \circ \alpha$ 的线性映射 $f: L \to Z_V(L)$ 都自然是一个中心的交换线性映射.

当 S 是 (L, α) 的一个理想且使得 $\alpha(S) = S$ 时, $Z_V(S)$ 是 V 的一个子模. 事实上, 对任一 $s \in S$ 和 $v \in Z_V(S)$, 存在 $t \in S$ 满足 $s = \alpha(t)$. 则由

$$s\beta(v) = \alpha(t)\beta(v) = \beta(tv) = 0$$

可知, $Z_V(S)$ 是 β-不变的; 由

$$sxv = \alpha(t)xv = [t, x]\beta(v) + \alpha(x)tv = 0, \quad \forall x \in L$$

可知, $Z_V(S)$ 是 L-不变的.

现考虑使得 α 为满射的 Hom-李代数 (L, α). 因为 L' 是 (L, α) 的一个理想, 所以 $Z_V(L')$ 为 (V, ρ, β) 的一个子模, 这就诱导出一个商模 $(V/Z_V(L'), \bar{\rho}, \bar{\beta})$. 于是对任一 $f \in \mathrm{Com}(L, V)$, 由 $\bar{f}(x) = f(x) + Z_V(L')$, 我们可以定义 $\bar{f} \in \mathrm{Com}(L, V/Z_V(L'))$.

若 $f_1, f_2 \in \mathrm{Com}(L, V)$ 使得 $\bar{f}_1 = \bar{f}_2$, 则 $f := f_1 - f_2$ 满足 $f(L) \subset Z_V(L')$. 注意到

$$0 = \alpha([x, y])f(z) = -\alpha(z)f([x, y]), \quad \forall x, y, z \in L,$$

这意味着 $f(L') \subset Z_V(L)$. 设 $\hat{f} : L \to Z_V(L) \in \mathrm{CCom}(L, V)$ 使得 $\hat{f}|_{L'} = f|_{L'}$. 则 $\tilde{f} := f - \hat{f}$ 满足

$$\tilde{f}(L') = \{0\} \ \text{且} \ \tilde{f}(L) \subset Z_V(L'),$$

即 $\tilde{f} \in \mathrm{SCom}(L, V)$. 因此, $f = f_1 - f_2 = \hat{f} + \tilde{f} \in \mathrm{CCom}(L, V) + \mathrm{SCom}(L, V)$. 于是, 我们有以下性质.

命题 1.4.27 设 (L, α) 是使得 α 为满射的 Hom-李代数并且 (V, ρ, β) 是 (L, α)-模. 在 $\mathrm{CCom}(L, V) + \mathrm{SCom}(L, V)$ 下, 映射 $f \to \bar{f}$ 是从 $\mathrm{Com}(L, V)$ 到 $\mathrm{Com}(L, V/Z_V(L'))$ 的 1-1 映射.

因此, 当 (V, ρ, β) 是 α 为满射的 (L, α)-模时, $\mathrm{Com}(L, V)$ 可由 $\mathrm{CCom}(L, V)$, $\mathrm{SCom}(L, V)$ 和 $\mathrm{Com}(L, V/Z_V(L'))$ 决定. 因此我们可以给出一个描述 $\mathrm{Com}(L, V)$ 的算法, 如下所示. 定义一个商模序列

$$(V^{[0]}, \rho^{[0]}, \beta^{[0]}) = (V, \rho, \beta), \cdots, (V^{[r+1]}, \rho^{[r+1]}, \beta^{[r+1]}) = (V^{[r]}/Z_{V^{[r]}}(L'), \overline{\rho^{[r]}}, \overline{\beta^{[r]}}).$$

若存在 $r \in \mathbb{N}$ 使得 $Z_{V^{[r]}}(L') = \{0\}$, 则 $\mathrm{Com}(L, V)$ 由 $\mathrm{CCom}(L, V^{(i)})$, $\mathrm{SCom}(L, V^{(i)})$ $(0 \leqslant i \leqslant r - 1)$ 和 $\mathrm{Com}(L, V^{[r]})$ 决定, 其中当 β 可逆时, $\mathrm{Com}(L, V^{[r]})$ 恰好是 $\mathrm{Cent}(L, V^{[r]})$.

下面我们把上述算法应用到一个具体的例子中.

例 1.4.28 设 (L,α) 是例 1.4.21 中保积的 Hom-李代数满足 $\alpha = \begin{pmatrix} 1 & 0 & 0 \\ 0 & \lambda & 0 \\ 0 & 0 & \mu \end{pmatrix}$

并且 $(V,\rho,\beta) = (L, \mathrm{ad}_k, \alpha)$. 下面我们来确定 $\mathrm{Com}(L, \mathrm{ad}_k)$.

注意到 $L' = \mathbb{F}y$ 并且 $Z_L(L') = \mathbb{F}y \oplus \mathbb{F}z$. 则 $(L^{[1]}, \mathrm{ad}_k^{[1]}, \alpha^{[1]}) = (\mathbb{F}\bar{x}, 0, \mathrm{Id})$. 对任一 $f^{[1]} \in \mathrm{Com}(L, L^{[1]})$, 假定

$$f^{[1]}(x) = k_1\bar{x}, \quad f^{[1]}(y) = k_2\bar{x}, \quad f^{[1]}(z) = k_3\bar{x}. \tag{1.36}$$

显然有 $f^{[1]}$ 满足 $\overline{[\alpha^{k+1}(x), f^{[1]}(x)]} = \overline{[\alpha^{k+1}(y), f^{[1]}(y)]} = \overline{[\alpha^{k+1}(z), f^{[1]}(z)]} = \bar{0}$; $f^{[1]}$ 满足 $\mathrm{Id} \circ f^{[1]} = f^{[1]} \circ \alpha$, 当且仅当

$$k_2(\lambda - 1) = k_3(\mu - 1) = 0. \tag{1.37}$$

因此, 每个 $f^{[1]} \in \mathrm{Com}(L, L^{[1]})$ 可由 (1.36) 和 (1.37) 定义.

假定 $f \in \mathrm{Com}(L, \mathrm{ad}_k)$ 使得 $\bar{f} = f^{[1]}$. 令 $f(y) = k_2x + k_2'y + k_2''z$. 则由

$$0 = [\alpha^{k+1}(y), f(y)] = [\lambda^{k+1}y, k_2x + k_2'y + k_2''z] = -k_2\lambda^{k+1}y$$

可得 $k_2 = 0$. 因此, 只要 $f^{[1]} \in \mathrm{Com}(L, L^{[1]})$ 是由 (1.36) 定义的且使得 $k_3(\mu-1) = 0$, 则任一 $f^{[1]} \in \mathrm{Com}(L, L^{[1]})$ 都可由某个 $f \in \mathrm{Com}(L, \mathrm{ad}_k)$ 诱导得到. 定义线性映射 $f: L \to L$ 为

$$f(x) = k_1x, \quad f(y) = 0, \quad f(z) = k_3x \quad (k_1, k_3 \in \mathbb{F}, k_3(\mu - 1) = 0).$$

通过直接验证得 $f \in \mathrm{Com}(L, \mathrm{ad}_k)$.

现在还需要计算 $\mathrm{CCom}(L, \mathrm{ad}_k)$ 和 $\mathrm{SCom}(L, \mathrm{ad}_k)$. 设 $\hat{f} \in \mathrm{CCom}(L, \mathrm{ad}_k)$ 且 $\tilde{f} \in \mathrm{SCom}(L, \mathrm{ad}_k)$. 由于 $Z_L(L) = \mathbb{F}z$, $L' = \mathbb{F}y$ 以及 $Z_L(L') = \mathbb{F}y \oplus \mathbb{F}z$, 令

$$\hat{f}(x) = l_1z, \quad \hat{f}(y) = l_2z, \quad \hat{f}(z) = l_3z;$$

$$\tilde{f}(x) = a_{11}y + a_{21}z, \quad \tilde{f}(y) = 0, \quad \tilde{f}(z) = a_{12}y + a_{22}z.$$

则通过直接计算可得, $\hat{f}$ 是一个交换线性映射当且仅当 $l_1(\mu - 1) = l_2(\lambda - \mu) = 0$; $\tilde{f}$ 满足 $[\alpha^{k+1}(x), \tilde{f}(x)] = [\alpha^{k+1}(y), \tilde{f}(y)] = [\alpha^{k+1}(z), \tilde{f}(z)] = 0$ 当且仅当 $a_{11} = 0$; $\tilde{f}$ 满足 $\alpha \circ \tilde{f} = \tilde{f} \circ \alpha$, 当且仅当

$$a_{11}(\lambda - 1) = a_{21}(\mu - 1) = a_{12}(\lambda - \mu) = 0.$$

因此, $\tilde{f}$ 有如下形式:

$$\tilde{f}(x) = a_{21}z, \quad \tilde{f}(y) = 0, \quad \tilde{f}(z) = a_{12}y + a_{22}z,$$

其中, $a_{21}, a_{12}, a_{22} \in \mathbb{F}$ 使得 $a_{21}(\mu - 1) = a_{12}(\lambda - \mu) = 0$.

因此, 每个 $f \in \mathrm{Com}(L, \mathrm{ad}_k)$ 都具备如下形式:

$$f(x) = c_1 x + c_2 z, \quad f(y) = c_3 z, \quad f(z) = c_4 x + c_5 y + c_6 z,$$

对所有的 $c_1, c_2, c_3, c_4, c_5, c_6 \in \mathbb{F}$ 满足

$$c_2(\mu - 1) = c_3(\lambda - \mu) = c_4(\mu - 1) = c_5(\lambda - \mu) = 0.$$

最后, 我们来描述伴随模 $(L, \mathrm{ad}_k, \alpha)$ 在 Hom-李代数 (L, α) 上的斜对称双导子和交换线性映射之间的关系.

命题 1.4.29　设 (L, α) 是 α 可逆的 Hom-李代数并且 $(L, \mathrm{ad}_k, \alpha)$ 是一个伴随 (L, α)-模使得每个 $\delta \in \mathrm{Bider}_s(L, \mathrm{ad}_k)$ 的形式均为 $\delta(x, y) = \alpha^{-1}\gamma([x, y])$, 其中 $\gamma \in \mathrm{Cent}(L, \mathrm{ad}_k)$. 则对某个 $\gamma \in \mathrm{Cent}(L, \mathrm{ad}_k)$ 和 $\mu \in \mathrm{CCom}(L, \mathrm{ad}_k)$, 每个 $f \in \mathrm{Com}(L, \mathrm{ad}_k)$ 的形式均为 $f = \gamma + \mu$.

证明　定义

$$\delta(x, y) = \alpha^{-1}[\alpha^{k+1}(x), f(y)],$$

当取 (V, ρ, β) 为 $(L, \mathrm{ad}_k, \alpha)$ 时, 由引理 1.4.24 的证明可得 $\delta \in \mathrm{Bider}_s(L, \mathrm{ad}_k)$.

因此, 存在 $\gamma \in \mathrm{Cent}(L, \mathrm{ad}_k)$ 使得 $\gamma([x, y]) = \alpha\delta(x, y) = [\alpha^{k+1}(x), f(y)]$. 注意到 $\gamma([x, y]) = [\alpha^{k+1}(x), \gamma(y)]$, 这就意味着 $[\alpha^{k+1}(x), (f - \gamma)(y)] = 0$, 则 $f - \gamma \in \mathrm{CCom}(L, \mathrm{ad}_k)$. $\qquad\square$

第 2 章　表示、上同调与扩张理论

本章研究 Hom-李超代数、BiHom-李超代数、Hom-李三系和限制 Hom-李代数的表示、上同调与扩张理论 [46,58-61].

我们利用 Hom-Nijienhuis 算子刻画 Hom-李超代数的无穷小形变, 引入了 Hom-李超代数的 T^*-扩张的定义, 并证明在特征不等于 2 的代数闭域上, 偶数维二次 Hom-李超代数必等距同构于某个 Hom-李超代数的 T^*-扩张, 同时给出 Hom-李超代数上 T^*-扩张的等价类.

接下来, 我们将上述关于 Hom-李超代数的结果全部推广到了 BiHom-李超代数上. 为此, 我们建立了 BiHom-李超代数的上同调和表示理论, 其中平凡表示对应的上同调群可刻画 BiHom-李超代数的中心扩张, 伴随表示对应的上同调群可刻画 BiHom-李超代数的 T^*-扩张.

此外, 我们定义了 Hom-李三系和限制 Hom-李代数的表示和上同调群, 证明 Hom-李三系的中心扩张等价类与其 3 阶上同调空间存在一一对应.

我们在表示、上同调与扩张理论方面的其他工作见文献 [39, 45, 46, 58, 60, 62-65].

2.1　Hom-李超代数的表示、上同调与扩张理论

2.1.1　Hom-李超代数的伴随表示及 Hom-Nijienhuis 算子

首先介绍 Hom-李超代数中的图的概念, 用于刻画 Hom-李超代数的同态.

命题 2.1.1　已知两个 Hom-李超代数 $(L, [-, -]_L, \alpha)$ 和 $(\Gamma, [-, -]_\Gamma, \beta)$, 则 $(L \oplus \Gamma, [-, -]_{L \oplus \Gamma}, \alpha + \beta)$ 为 Hom-李超代数, 如果双线性映射 $[-, -]_{L \oplus \Gamma} : \wedge^2(L \oplus \Gamma) \to L \oplus \Gamma$ 定义如下:

$$[u_1 + v_1, u_2 + v_2]_{L \oplus \Gamma} = [u_1, u_2]_L + [v_1, v_2]_\Gamma, \quad \forall\, u_1, u_2 \in L, v_1, v_2 \in \Gamma,$$

并且线性映射 $(\alpha + \beta) : L \oplus \Gamma \to L \oplus \Gamma$ 为

$$(\alpha + \beta)(u + v) = \alpha(u) + \beta(v), \quad \forall\, u \in L, v \in \Gamma.$$

证明　对任意的 $u_i \in L, v_i \in \Gamma (i = 1, 2)$, 我们有

$$[u_1 + v_1, u_2 + v_2]_{L \oplus \Gamma} = [u_1, u_2]_L + [v_1, v_2]_\Gamma,$$

$$-(-1)^{|u_1||u_2|}[u_2+v_2,u_1+v_1]_{L\oplus\Gamma}=-(-1)^{|u_1||u_2|}([u_2,u_1]_L+[v_2,v_1]_\Gamma)$$
$$=[u_1,u_2]_L+[v_1,v_2]_\Gamma.$$

显然这个扩积是超对称的. 直接计算可得

$$(-1)^{|u_1||u_3|}[(\alpha+\beta)(u_1+v_1),[u_2+v_2,u_3+v_3]_{L\oplus\Gamma}]_{L\oplus\Gamma}$$
$$+c.p.((u_1+v_1),(u_2+v_2),(u_3+v_3))$$
$$=(-1)^{|u_1||u_3|}[\alpha(u_1)+\beta(v_1),[u_2,u_3]_L+[v_2,v_3]_\Gamma]_{L\oplus\Gamma}+c.p.$$
$$=(-1)^{|u_1||u_3|}[\alpha(u_1),[u_2,u_3]_L]_L+c.p.(u_1,u_2,u_3)+(-1)^{|v_1||v_3|}[\beta(v_1),[v_2,v_3]_\Gamma]_\Gamma$$
$$+c.p.(v_1,v_2,v_3)$$
$$=0,$$

其中 $c.p.(a,b,c)$ 为 a,b,c 的循环置换和. □

定义 2.1.2　设 $(L,[-,-]_L,\alpha)$ 和 $(\Gamma,[-,-]_\Gamma,\beta)$ 为两个 Hom-李超代数. 一个偶同态 $\phi:L\to\Gamma$ 称为 Hom-李超代数的同态, 如果它满足

$$\phi[u,v]_L=[\phi(u),\phi(v)]_\Gamma,\quad\forall\,u,v\in L,\tag{2.1}$$
$$\phi\circ\alpha=\beta\circ\phi.\tag{2.2}$$

定义 $\mathfrak{G}_\phi=\{(x,\phi(x))|x\in L\}\subseteq L\oplus\Gamma$ 为线性映射 $\phi:L\to\Gamma$ 的图.

命题 2.1.3　一个偶同态 $\phi:(L,[-,-]_L,\alpha)\to(\Gamma,[-,-]_\Gamma,\beta)$ 为 Hom-李超代数同态当且仅当图 $\mathfrak{G}_\phi\subseteq L\oplus\Gamma$ 为 $(L\oplus\Gamma,[-,-]_{L\oplus\Gamma},\alpha+\beta)$ 的 Hom-子代数.

证明　设 $\phi:(L,[-,-]_L,\alpha)\to(\Gamma,[-,-]_\Gamma,\beta)$ 为 Hom-李超代数同态. 我们有

$$[u+\phi(u),v+\phi(v)]_{L\oplus\Gamma}=[u,v]_L+[\phi(u),\phi(v)]_\Gamma=[u,v]_L+\phi[u,v]_L.$$

即图 $\mathfrak{G}_\phi$ 在 $[-,-]_{L\oplus\Gamma}$ 之下是封闭的. 此外由 (2.2) 式, 我们有

$$(\alpha+\beta)(u+\phi(u))=\alpha(u)+\beta\circ\phi(u)=\alpha(u)+\phi\circ\alpha(u),$$

这意味着 $(\alpha+\beta)(\mathfrak{G}_\phi)\subseteq\mathfrak{G}_\phi$, 因此, $\mathfrak{G}_\phi$ 是 $(L\oplus\Gamma,[-,-]_{L\oplus\Gamma},\alpha+\beta)$ 的一个 Hom-子代数.

反之, 如果图 $\mathfrak{G}_\phi\subseteq L\oplus\Gamma$ 为 $(L\oplus\Gamma,[-,-]_{L\oplus\Gamma},\alpha+\beta)$ 的一个 Hom-子代数, 则我们有

$$[u+\phi(u),v+\phi(v)]_{L\oplus\Gamma}=[u,v]_L+[\phi(u),\phi(v)]_\Gamma\in\mathfrak{G}_\phi,$$

这意味着

$$[\phi(u),\phi(v)]_\Gamma=\phi[u,v]_L.$$

此外, 由 $(\alpha + \beta)(\mathfrak{G}_\phi) \subseteq \mathfrak{G}_\phi$ 有

$$(\alpha + \beta)(u + \phi(u)) = \alpha(u) + \beta \circ \phi(u) \in \mathfrak{G}_\phi,$$

等价于 $\beta \circ \phi(u) = \phi \circ \alpha(u)$, 即 $\beta \circ \phi = \phi \circ \alpha$. 因此, ϕ 为 Hom-李超代数的一个同态. □

现在介绍 Hom-李超代数的表示理论 [27,66,67] 和上同调理论 [67].

定义 2.1.4 设 $(L, [-, -]_L, \alpha)$ 为域 $\mathbb{F}$ 上的 Hom-李超代数. 我们称 $\mathbb{Z}_2$-分次向量空间 $V = V_{\bar{0}} \oplus V_{\bar{1}}$ 为 L-模, 如果对任意的 $g, h \in \mathbb{Z}_2$ 满足

$$L_g \cdot V_h \subseteq V_{g+h},$$

并且对于任意的 $v \in V, x, y \in L$, 满足

$$[x, y] \cdot v = x \cdot (y \cdot v) - (-1)^{|x||y|} y \cdot (x \cdot v).$$

例 2.1.5 对任意整数 s, 我们用 ad_s 表示正则 Hom-李超代数 $(L, [-, -]_L, \alpha)$ 的 α^s-伴随表示,

$$\mathrm{ad}_s(u)(v) = [\alpha^s(u), v]_L, \quad \forall\, u, v \in L.$$

特别地, 我们用 ad 表示 ad_0.

引理 2.1.6[66] 在以上的概念下, 我们有

$$\mathrm{ad}_s(\alpha(u)) \circ \alpha = \alpha \circ \mathrm{ad}_s(u);$$
$$\mathrm{ad}_s([u, v]_L) \circ \alpha = \mathrm{ad}_s(\alpha(u)) \circ \mathrm{ad}_s(v) - (-1)^{|u||v|} \mathrm{ad}_s(\alpha(v)) \circ \mathrm{ad}_s(u).$$

因此, α^s-伴随表示的定义是合理的.

设 $V = V_{\bar{0}} \oplus V_{\bar{1}}$ 为一个 L-模. 定义 $C^n(L, V)(n \geqslant 0, C^0(L, V) = V)$ 为由所有 $L \times \cdots \times L \to V$ 的 n 线性齐次映射 f 组成的 $\mathbb{Z}_2$-分次向量空间, 且 f 满足

$$f(x_1, \cdots, x_i, x_{i+1}, \cdots, x_n) = -(-1)^{|x_i||x_{i+1}|} f(x_1, \cdots, x_{i+1}, x_i, \cdots, x_n),$$

其中 $C^n(L, V)_\theta = \{f \in C^n(L, V) \,||\, f(x_1, \cdots, x_n)| = |x_1| + \cdots + |x_n| + \theta\}, \theta \in \mathbb{Z}_2$.

如果 $x \in L$ 且 $f \in C^n(L, V)$, 则 L 在 $C^n(L, V)$ 上的作用定义如下:

$$(x \cdot f)(x_1, \cdots, x_n)$$
$$= x \cdot f(x_1, \cdots, x_n) - \sum_{i=1}^{n} (-1)^{|x|(|f|+|x_1|+\cdots+|x_{i-1}|)} f(x_1, \cdots, [x, x_i], \cdots, x_n).$$

则 $C^n(L, V)$ 为 L-模. 对于给定的 r, 定义映射 $\delta_r^n : C^n(L, V) \to C^{n+1}(L, V)$ 为

$$(\delta_r^n f)(x_0, \cdots, x_n)$$

$$= \sum_{i=0}^{n} (-1)^i (-1)^{(|f|+|x_0|+\cdots+|x_{i-1}|)|x_i|} [\alpha^{n+r-1}(x_i), f(x_0, \cdots, \hat{x_i}, \cdots, x_n)]_V$$

$$+ \sum_{i<j} (-1)^{j+|x_j|(|x_{i+1}|+\cdots+|x_{j-1}|)}$$

$$\cdot f(\alpha(x_0),\cdots,\alpha(x_{i-1}), [x_i,x_j], \alpha(x_{i+1}),\cdots,\widehat{\alpha(x_j)},\cdots,\alpha(x_n)),$$

则 $\delta^2 f = 0$, 对任意的 $f \in C^n(L,V)$. 如果 $\delta f = 0$, 则映射 $f \in C^n(L,V)$ 称为 n-上循环. 定义 $Z^n(L,V)$ 为 n-上循环的集合. 由于对任意的 $f \in C^n(L,V)$ 都有 $\delta^2 f = 0$, $\delta C^{n-1}(L,V)$ 是 $Z^n(L,V)$ 的子空间. 由此可定义一个 L 上的上同调商空间 $H^n(L,V) = Z^n(L,V)/\delta C^{n-1}(L,V)$ $(n \geqslant 0)$.

特别地, 考虑伴随模的情况, 可定义系数属于 L 的 L 上的 k-Hom-上链集合为

$$C_\alpha^k(L,L) = \{f \in C^k(L,L) | \alpha \circ f = f \circ \alpha\}.$$

这里, 0-Hom-上链定义为

$$C_\alpha^0(L,L) = \{u \in L | \alpha(u) = u\}.$$

关于 α^s-伴随表示的上边缘算子 $d_s : C_\alpha^k(L,L) \to C_\alpha^{k+1}(L,L)$ 定义为

$$d_s f(u_0, \cdots, u_k)$$

$$= \sum_{i=0}^{k} (-1)^i (-1)^{(|f|+|u_0|+\cdots+|u_{i-1}|)|u_i|} [\alpha^{k+s}(u_i), f(u_0, \cdots, \hat{u_i} \cdots, u_k)]_L$$

$$+ \sum_{i<j} (-1)^{i+j} (-1)^{(|u_0|+\cdots+|u_{i-1}|)|u_i|} (-1)^{(|u_0|+\cdots+|u_{j-1}|)|u_j|} (-1)^{|u_i||u_j|}$$

$$\cdot f([u_i,u_j], \alpha(u_0), \cdots, \widehat{\alpha(u_i)}, \cdots, \widehat{\alpha(u_j)}, \cdots, \alpha(u_k)).$$

关于 α^s-伴随表示 ad_s, 我们得到 α^s-伴随复型 $(C_\alpha^\bullet(L,L), d_s)$ 和相应的上同调

$$H^k(L, \mathrm{ad}_s) = Z^k(L, \mathrm{ad}_s)/B^k(L, \mathrm{ad}_s).$$

设 $\psi \in C_\alpha^2(L,L)$ 是关于 α 交换的一个双线性算子. 考虑一个 t-参数的双线性映射族

$$[u,v]_t = [u,v]_L + t\psi(u,v). \tag{2.3}$$

由于 ψ 与 α 交换, 则对于每一个 t 来说 α 都是关于扩积 $[-,-]_t$ 的同态, 如果对于所有的扩积 $[-,-]_t$, $(L,[-,-]_t,\alpha)$ 都具备正则 Hom-李超代数结构, 那么我们

说 ψ 产生了一个关于正则 Hom-李超代数 $(L, [-,-]_L, \alpha)$ 的有限维的形变. 通过计算关于 $[-,-]_t$ 的 Hom-Jacobi 等式成立等价于以下条件

$$(-1)^{|u||w|}(\psi(\alpha(u), \psi[v,w])) + c.p.(u,v,w) = 0; \tag{2.4}$$

$$(-1)^{|u||w|}(\psi(\alpha(u), [v,w]_L) + [\alpha(u), \psi(v,w)]_L) + c.p.(u,v,w) = 0. \tag{2.5}$$

显然 (2.4) 式意味着 ψ 自身必须具备 L 上的 Hom-李超代数结构. 此外, (2.5) 式意味着 ψ 关于 α^{-1}-伴随表示是封闭的, 即 $d_{-1}\psi = 0$.

最后, 我们用 Hom-李超代数 $(L, [-,-], \alpha)$ 的 Hom-Nijienhuis 算子来刻画平凡形变.

我们说一个有限维形变是**平凡的**, 如果存在线性映射 $N \in C_\alpha^1(L,L)$ 满足 $T_t = \mathrm{Id} + tN$ 并且

$$T_t[u,v]_t = [T_t(u), T_t(v)]_L. \tag{2.6}$$

另一方面, 线性算子 $N \in C_\alpha^1(L,L)$ 称为 **Hom-Nijienhuis 算子**, 如果

$$[Nu, Nv]_L = N[u,v]_N, \tag{2.7}$$

其中扩积 $[-,-]_N$ 定义为

$$[u,v]_N = [Nu,v]_L + [u,Nv]_L - N[u,v]_L. \tag{2.8}$$

定理 2.1.7 设 $N \in C_\alpha^1(L,L)$ 为 Hom-Nijienhuis 算子. 则正则 Hom-李超代数 $(L, [-,-]_L, \alpha)$ 的有限维形变可以通过

$$\psi(u,v) = d_{-1}N(u,v) = [u,v]_N$$

获得. 此外, 这个有限维形变是平凡的.

证明 因为 $\psi = d_{-1}N$, 所以 $d_{-1}\psi = 0$. 要证明 ψ 产生了一个有限维形变, 我们需要验证关于 ψ 的 Hom-Jacobi 等式. 应用关于 ψ 的显式, 我们有

$$(-1)^{|u||w|}\psi(\alpha(u), \psi(v,w)) + c.p.(u,v,w)$$
$$=(-1)^{|u||w|}[\alpha(u), [v,w]_N]_N + c.p.(u,v,w)$$
$$=(-1)^{|u||w|}([\alpha(u), [Nv,w]_L + [v,Nw]_L - N[v,w]_L]_N) + c.p.(u,v,w)$$
$$=(-1)^{|u||w|}([\alpha(u), [Nv,w]_L]_N + [\alpha(u), [v,Nw]_L]_N$$
$$\quad - [\alpha(u), N[v,w]_L]_N) + c.p.(u,v,w)$$
$$=(-1)^{|u||w|}([N\alpha(u), [Nv,w]_L]_L + [\alpha(u), N[Nv,w]_L]_L - N[\alpha(u), [Nv,w]_L]_L$$
$$\quad + [N\alpha(u), [v,Nw]_L]_L + [\alpha(u), N[v,Nw]_L]_L - N[\alpha(u), [v,Nw]_L]_L$$

$$- [N\alpha(u), N[v,w]_L]_L - [\alpha(u), N^2[v,w]_L]_L + N[\alpha(u), N[v,w]_L]_L) + c.p.(u,v,w).$$

因为

$$[\alpha(u), N[Nv,w]_L]_L + [\alpha(u), N[v, Nw]_L]_L - [\alpha(u), N^2[v,w]_L]_L$$
$$= [\alpha(u), N([Nv,w]_L + [v, Nw]_L - N[v,w]_L)]_L$$
$$= [\alpha(u), N[v,w]_N]_L,$$

有

$$(-1)^{|u||w|}\psi(\alpha(u), \psi(v,w)) + c.p.(u,v,w)$$
$$= (-1)^{|u||w|}([N\alpha(u), [Nv,w]_L]_L - N[\alpha(u), [Nv,w]_L]_L + [N\alpha(u), [v, Nw]_L]_L$$
$$\quad - N[\alpha(u), [v, Nw]_L]_L - [N\alpha(u), N[v,w]_L]_L + N[\alpha(u), N[v,w]_L]_L$$
$$\quad + [\alpha(u), N[v,w]_N]_L)$$
$$\quad + (-1)^{|u||v|}([N\alpha(v), [Nw,u]_L]_L - N[\alpha(v), [Nw,u]_L]_L + [N\alpha(v), [w, Nu]_L]_L$$
$$\quad - N[\alpha(v), [w, Nu]_L]_L - [N\alpha(v), N[w,u]_L]_L + N[\alpha(v), N[w,u]_L]_L$$
$$\quad + [\alpha(v), N[w,u]_N]_L)$$
$$\quad + (-1)^{|v||w|}([N\alpha(w), [Nu,v]_L]_L - N[\alpha(w), [Nu,v]_L]_L + [N\alpha(w), [u, Nv]_L]_L$$
$$\quad - N[\alpha(w), [u, Nv]_L]_L - [N\alpha(w), N[u,v]_L]_L$$
$$\quad + N[\alpha(w), N[u,v]_L]_L + [\alpha(w), N[u,v]_N]_L)$$
$$= (-1)^{|u||w|}[N\alpha(u), [Nv,w]_L]_L + (-1)^{|u||v|}[N\alpha(v), [w, Nu]_L]_L$$
$$\quad + (-1)^{|v||w|}[\alpha(w), N([u,v]_N)]_L + c.p.(u,v,w)$$
$$\quad + (-1)^{|u||v|}(N[\alpha(v), N[w,u]_L]_L - N[\alpha(v), [w,u]_L]_L) + c.p.(u,v,w)$$
$$\quad - N((-1)^{|u||w|}[\alpha(u), [Nv,w]_L]_L + (-1)^{|v||w|}[\alpha(w), [u, Nv]_L]_L) + c.p.(u,v,w).$$

因为 N 与 α 是交换的, 由关于 L 的 Hom-Jacobi 等式, 我们有

$$(-1)^{|u||w|}[N\alpha(u), [Nv,w]_L]_L + (-1)^{|u||v|}[\alpha(Nv), [w, Nu]_L]_L$$
$$\quad + (-1)^{|v||w|}[\alpha(w), [Nu, Nv]_L]_L = 0.$$

由于 N 是一个 Hom-Nijienhuis 算子, 可得

$$(-1)^{|u||w|}[N\alpha(u), [Nv,w]_L]_L + (-1)^{|u||v|}[\alpha(Nv), [w, Nu]_L]_L$$
$$\quad + (-1)^{|v||w|}[\alpha(w), [u,v]_N]_L + c.p.(u,v,w) = 0.$$

并且

$$(-1)^{|u||v|}(N[\alpha(v), N[w,u]_L]_L - N[\alpha(v), [w,u]_L]_L) + c.p.(u,v,w)$$
$$=(-1)^{|u||v|}(-N[N\alpha(v), [w,u]_L]_L + N^2[\alpha(v), [w,u]_L]_L) + c.p.(u,v,w)$$
$$= -(-1)^{|u||v|}N[N\alpha(v), [w,u]_L]_L + (-1)^{|u||v|}N^2[\alpha(v), [w,u]_L]_L) + c.p.(u,v,w).$$

因此, 通过关于 L 的 Hom-Jacobi 等式, 可得

$$(-1)^{|u||v|}(N[\alpha(v), N[w,u]_L]_L - N[\alpha(v), [Nw,u]_L]_L) + c.p.(u,v,w)$$
$$= -(-1)^{|u||v|}N[N\alpha(v), [w,u]_L]_L + c.p.(u,v,w).$$

因此,

$$(-1)^{|u||w|}\psi(\alpha(u), \psi(v,w)) + c.p.(u,v,w)$$
$$= -(-1)^{|u||v|}N[N\alpha(v), [w,u]_L]_L - N((-1)^{|u||w|}[\alpha(u), [Nv,w]_L]_L$$
$$\quad + (-1)^{|v||w|}[\alpha(w), [u,Nv]_L]_L) + c.p.(u,v,w)$$
$$= -N((-1)^{|u||v|}[\alpha(Nv), [w,u]_L]_L + (-1)^{|u||w|}[\alpha(u), [Nv,w]_L]_L$$
$$\quad + (-1)^{|v||w|}[\alpha(w), [u,Nv]_L]_L) + c.p.(u,v,w)$$
$$=0.$$

所以, ψ 产生了关于 Hom-李超代数 $(L, [-,-]_L, \alpha)$ 的有限维形变. 设 $T_t = \mathrm{Id} + tN$,
则

$$T_t[u,v]_t =(\mathrm{Id} + tN)([u,v]_L + t\psi(u,v))$$
$$=(\mathrm{Id} + tN)([u,v]_L + t[u,v]_N)$$
$$=[u,v]_L + t([u,v]_N + N[u,v]_L) + t^2 N[u,v]_N.$$

另一方面,

$$[T_t(u), T_t(v)]_L =[u+tNu, v+tNv]_L$$
$$=[u,v]_L + t([Nu,v]_N + [u,Nv]_L) + t^2[Nu,Nv]_L.$$

通过 (2.7) 和 (2.8), 我们有

$$T_t[u,v]_t = [T_t(u), T_t(v)]_L,$$

这说明有限维形变是平凡的. □

2.1.2　Hom-李超代数的 T^*-扩张

利用 2.1.1 节中 Hom-李超代数的表示和上同调理论, 我们来研究 Hom-李超代数的 T^*-扩张.

定义 2.1.8　设 $(L, [-, -]_L, \alpha)$ 是 Hom-李超代数, 我们说一个 L 上的双线性型 f 是**非退化的**, 如果 f 满足

$$L^\perp = \{x \in L | f(x, y) = 0, \forall\, y \in L\} = 0;$$

称 f 为**不变的**, 如果 f 满足

$$f([x, y], z) = f(x, [y, z]), \quad \forall\, x, y, z \in L;$$

称 f 为**超对称的**, 如果 f 满足

$$f(x, y) = -(-1)^{|x||y|} f(y, x).$$

一个 L 的子空间 I 称为**迷向的**, 如果 $I \subseteq I^\perp$.

定义 2.1.9　Hom-李超代数 $(L, [-, -]_L, \alpha)$ 上的一个双线性型 f 称为**超结合的**, 如果它满足

$$f(x, y) = 0, \quad \forall\, x, y \in L, \quad |x| + |y| \neq 0.$$

在本节中, 我们只考虑超结合双线性型.

定义 2.1.10　设 $(L, [-, -]_L, \alpha)$ 为域 $\mathbb{F}$ 上的 Hom-李超代数, 如果 L 具备一个非退化的不变超对称双线性型 f, 则我们称 (L, f, α) 为 **二次 Hom-李超代数**. 特别地, 一个二次向量空间 V 是 $\mathbb{Z}_2$-分次的向量空间且具备一个非退化超对称双线性型. 设 $(L', [-, -]'_L, \beta)$ 为另一个二次 Hom-李超代数, 两个二次 Hom-李超代数 (L, f, α) 和 (L', f', β) 是**等距同构的**, 如果存在一个 Hom-李超代数同态 $\phi: L \to L'$ 使得对任意的 $x, y \in L$, $f(x, y) = f'(\phi(x), \phi(y))$.

设 L 的对偶空间为 L^*, 则 L^* 为 $\mathbb{Z}_2$-分次空间, 其中 $L^*_\theta = \{\beta \in L^* | \beta(x) = 0, \forall\, \theta \neq |x|\}$. 此外, L^* 是 L-模.

基域 $\mathbb{F}$ 本身可看作一个 $\mathbb{Z}_2$-分次的空间, 如果令 $\mathbb{F}_0 = \mathbb{F}$, $\mathbb{F}_{\bar{1}} = \{0\}$. 那么作为一个平凡的 L-模, $C^n(L, \mathbb{F})(n \geqslant 0, C^0(L, \mathbb{F}) = \mathbb{F})$ 是由所有 n-线性齐次映射 $f: L \times \cdots \times L \longrightarrow \mathbb{F}$ 组成的 $\mathbb{Z}_2$-分次向量空间, 且 f 满足

$$f(x_1, \cdots, x_i, x_{i+1}, \cdots, x_n) = -(-1)^{|x_i||x_{i+1}|} f(x_1, \cdots, x_{i+1}, x_i, \cdots, x_n),$$

其中 $C^n(L, \mathbb{F})_\theta = \{f \in C^n(L, \mathbb{F}) | f(x_1, \cdots, x_n) = 0, \text{如果} |x_1| + \cdots + |x_n| + \theta \neq 0\}$.

设 $(L, [-, -]_L, \alpha)$ 为域 $\mathbb{F}$ 上的 Hom-李超代数, $L^* = L^*_{\bar{0}} \oplus L^*_{\bar{1}}$ 为其对偶空间. 因为 $L = L_{\bar{0}} \oplus L_{\bar{1}}$ 和 $L^* = L^*_{\bar{0}} \oplus L^*_{\bar{1}}$ 都是 $\mathbb{Z}_2$-分次空间, 直和 $L \oplus L^* = (L_{\bar{0}} \oplus L_{\bar{1}}) \oplus (L^*_{\bar{0}} \oplus L^*_{\bar{1}}) = (L_{\bar{0}} \oplus L^*_{\bar{0}}) \oplus (L_{\bar{1}} \oplus L^*_{\bar{1}})$ 为 $\mathbb{Z}_2$-分次的.

引理 2.1.11[66] 设 ad 为 Hom-李超代数 $(L, [-,-]_L, \alpha)$ 的伴随表示, 定义偶线性映射 $\pi: L \to \text{End}(L^*)$ 为对任意的 $x, y \in L$, $\pi(x)(f)(y) = -(-1)^{|x||f|} f \circ$ $\text{ad}(x)(y)$. 则 π 为 $(L^*, \tilde{\alpha})$ 上 L 的表示当且仅当

$$\text{ad}(x) \circ \text{ad}(\alpha(y)) - (-1)^{|x||y|} \text{ad}(y) \circ \text{ad}(\alpha(x)) = \alpha \circ \text{ad}([x,y]_L). \quad (2.9)$$

我们称表示 π 为 L 的余伴随表示.

引理 2.1.12[66] 在以上概念下, 设 $(L, [-,-]_L, \alpha)$ 为 Hom-李超代数, 且 $\omega:$ $L \times L \to L^*$ 为一个偶的双线性映射. 假设这样的余伴随表示存在, 则 $\mathbb{Z}_2$-分次空间 $L \oplus L^*$ 在如下定义的括积和线性映射下:

$$[x+f, y+g]_{L \oplus L^*} = [x,y]_L + \omega(x,y) + \pi(x)g - (-1)^{|x||y|}\pi(y)f, \quad (2.10)$$

$$\alpha'(x+f) = \alpha(x) + f \circ \alpha, \quad (2.11)$$

$(L \oplus L^*, [-,-]_{L \oplus L^*}, \alpha')$ 要成为 Hom-李超代当且仅当 $\omega: L \times L \to L^*$ 为 2-上循环, 即 $\omega \in Z^2(L, L^*)_{\bar{0}}$.

显然, L^* 为 $(L \oplus L^*, [-,-]_{\alpha'}, \alpha')$ 的交换 Hom-理想且 L 同构于商 Hom-李超代数 $(L \oplus L^*)/L^*$. 此外, 对于 $L \oplus L^*$ 上的超对称双线性型 q_L, 对任意的 $x+f, y+g \in L \oplus L^*$ 满足

$$q_L(x+f, y+g) = f(y) + (-1)^{|x||y|}g(x).$$

则我们有以下引理:

引理 2.1.13 设 L, L^*, ω 和 q_L 如上所述, 则三元组 $(L \oplus L^*, q_L, \alpha')$ 为二次 Hom-李超代数当且仅当 ω 是以下情形中的超上圈:

$$\omega(x,y)(z) = (-1)^{|x|(|y|+|z|)}\omega(y,z)(x), \quad \forall\, x,y,z \in L.$$

证明 如果 $x+f$ 正交于 $L \oplus L^*$ 中的所有元素, 则 $f(y) = 0$, 且 $(-1)^{|x||y|}g(x) = 0$, 这说明 $x = 0$ 且 $f = 0$. 所以超对称双线性型 q_L 是非退化的.

假设 $x+f, y+g, z+h \in L \oplus L^*$, 则

$$q_L([x+f, y+g]_{L \oplus L^*}, z+h)$$
$$= \omega(x,y)(z) - (-1)^{|x||y|}g([x,z]_L) + f([y,z]_L) + (-1)^{|z|(|x|+|y|)}h([x,y]_L).$$

另一方面

$$q_L(x+f, [y+g, z+h]_{L \oplus L^*})$$
$$= f([y,z]_L) + (-1)^{|x|(|y|+|z|)}\omega(y,z)(x) + (-1)^{|z|(|x|+|y|)}h([x,y]_L)$$

$$- (-1)^{|x||y|} g([x, z]_L).$$

因此引理得证.　　　　　　　　　　　　　　　　　　　　　　　　　　　　　□

现在, 对一个超循环的 2-上圈 ω 我们称二次 Hom-李超代数 $(L \oplus L^*, q_L, \alpha')$ 为 L(通过 ω) 的 T^*-扩张, 并用 $T^*_\omega L$ 表示 Hom-李超代数 $(L \oplus L^*, [-,-]_{L \oplus L^*}, \alpha')$.

定义 2.1.14　设 L 是域 $\mathbb{F}$ 上的 Hom-李超代数, 我们归纳性地定义序列

$$(L^{(n)})_{n \geqslant 0} : L^{(0)} = L, \ L^{(n+1)} = [L^{(n)}, L^{(n)}],$$

一个升中心序列

$$(L^n)_{n \geqslant 0} : L^0 = L, \ L^{n+1} = [L^n, L]$$

和一个降中心序列

$$(C_n(L))_{n \geqslant 0} : C_0(L) = 0, C_{n+1}(L) = C(C_n(L)),$$

其中 $C(I) = \{a \in L | [a, L] \subseteq I\}$, I 为 L 的一个子空间.

L 称为**可解的**或**幂零的** (长度为 k) 当且仅当存在 (最小的) 整数 k 使得 $L^{(k)} = 0$ 或 $L^k = 0$.

在以下的定理中我们讨论关于 $T^*_\omega L$ 的性质.

定理 2.1.15　设 $(L, [-,-]_L, \alpha)$ 为域 $\mathbb{F}$ 上的 Hom-李超代数,

(1) 如果 L 是可解的 (幂零的) 且长度为 k, 那 T^*-扩张 $T^*_\omega L$ 也是可解的 (幂零的) 且长度也为 r, 其中 $k \leqslant r \leqslant k+1$ $(k \leqslant r \leqslant 2k-1)$.

(2) 如果 L 是幂零的且长度为 k, 则平凡的 T^*-扩张 $T^*_0 L$ 也是幂零的且长度为 k.

(3) 如果 L 能分解为两个 L 的理想的直和, 则平凡的 T^*-扩张 $T^*_0 L$ 也可分解为两个理想的直和.

证明　(1) 首先, 假设 L 是可解的且长度为 k, 因为 $(T^*_\omega L)^{(n)}/L^* \cong L^{(n)}$ 且 $L^{(k)} = 0$, 我们有 $(T^*_\omega L)^{(k)} \subseteq L^*$, 又因为 L^* 是交换的, 得 $(T^*_\omega L)^{(k+1)} = 0$, 由此得出 $T^*_\omega L$ 是可解的, 且长度为 k 或者 $k+1$.

假设 L 是幂零的且长度为 k, 因为 $(T^*_\omega L)^n/L^* \cong L^n$ 且 $L^k = 0$, 我们有 $(T^*_\omega L)^k \subseteq L^*$. 设 $\beta \in (T^*_\omega L)^k \subseteq L^*, b \in L, x_1 + f_1, \cdots, x_{k-1} + f_{k-1} \in T^*_\omega L$, 我们有

$$[[\cdots [\beta, x_1 + f_1]_{L \oplus L^*}, \cdots]_{L \oplus L^*}, x_{k-1} + f_{k-1}]_{L \oplus L^*}(b)$$
$$= \beta \mathrm{ad} x_1 \cdots \mathrm{ad} x_{k-1}(b) = \beta([x_1, [\cdots, [x_{k-1}, b]_L \cdots]_L]_L) \in \beta(L^k) = 0.$$

这证明 $(T^*_\omega L)^{2k-1} = 0$. 因此 $T^*_w L$ 是幂零的且长度最小为 k, 最大为 $2k-1$.

(2) 假设 L 是幂零的且长度为 k. 沿用证明第一部分的概念, 对 $x_k + f_k \in T_0^* L$, 有

$$[x_1 + f_1, [\cdots, [x_{k-1} + f_{k-1}, x_k + f_k]_{L \oplus L^*} \cdots]_{L \oplus L^*}]_{L \oplus L^*}$$

$$= [x_1, [\cdots, [x_{k-1}, x_k]_L \cdots]_L]_L + \sum_{i=1}^{k} [x_1, [\cdots, [x_{i-1}, [f_i, [x_{i+1}, [\cdots, [x_{k-1}, x_k] \cdots]]]] \cdots]]$$

$$= \mathrm{ad} x_1 \cdots \mathrm{ad} x_{k-1}(x_k) + f_1 [\mathrm{ad} x_2, [\cdots, [\mathrm{ad} x_{k-1}, \mathrm{ad} x_k] \cdots]]$$

$$+ (-1)^{k-1} \prod_{i=1}^{k-1} (-1)^{|x_i|(|x_{i+1}| + \cdots + |x_k|)} f_k \mathrm{ad} x_{k-1} \cdots \mathrm{ad} x_1$$

$$+ (-1)^{k-2} \prod_{i=1}^{k-2} (-1)^{|x_i|(|x_{i+1}| + \cdots + |x_k|)} f_{k-1} \mathrm{ad} x_k \mathrm{ad} x_{k-2} \cdots \mathrm{ad} x_1$$

$$+ \sum_{i=2}^{k-2} \prod_{j=1}^{i-1} (-1)^{i-1} (-1)^{|x_j|(|x_{j+1}| + \cdots + |x_k|)} f_i [\mathrm{ad} x_{i+1}, [\cdots, [\mathrm{ad} x_{k-1}, \mathrm{ad} x_k] \cdots]] \mathrm{ad} x_{i-1} \cdots \mathrm{ad} x_1,$$

由于 $\mathrm{ad}[x, y] = [\mathrm{ad} x, \mathrm{ad} y]$, $\forall x, y \in L$. 又由于 $\mathrm{ad} x_1 \cdots \mathrm{ad} x_{k-1}(x_k) \in L^k = 0$,

$$f_1 [\mathrm{ad} x_2, [\cdots, [\mathrm{ad} x_{k-1}, \mathrm{ad} x_k] \cdots]](L) \subseteq f_1(L^k) = 0,$$

$$f_k \mathrm{ad} x_{k-1} \cdots \mathrm{ad} x_1(L) \subseteq f_k(L^k) = 0,$$

$$f_{k-1} \mathrm{ad} x_k \mathrm{ad} x_{k-2} \cdots \mathrm{ad} x_1(L) \subseteq f_{k-1}(L^k) = 0,$$

$$\cdots\cdots$$

$$f_i [\mathrm{ad} x_{i+1}, [\cdots, [\mathrm{ad} x_{k-1}, \mathrm{ad} x_k] \cdots]] \mathrm{ad} x_{i-1} \cdots \mathrm{ad} x_1(L) \subseteq f_i(L^k) = 0.$$

因为等式右侧等于零, 所以 $(T_0^* L)^k = 0$.

(3) 假设 $0 \neq L = I \oplus J$, 其中 I 和 J 是 $(L, [-, -]_L, \alpha)$ 的两 Hom-理想. 设 $I^*(J^*)$ 为 L^* 的所有线性型的子空间且 $I^*(J^*)=0$ ($J^*(I^*)=0$). 易见, $I^*(J^*)$ 为正规定义的 $I(J)$ 的对偶空间且 $L^* \cong I^* \oplus J^*$.

因此 $[I^*, L]_{L \oplus L^*}(J) = I^*([L, J]_L) \subseteq I^*(J) = 0$ 且 $[I, L^*]_{L \oplus L^*}(J) = L^*([I, J]_L) \subseteq L^*(I \cap J) = 0$, 我们有 $[I^*, L]_{L \oplus L^*} \subseteq I^*$ 和 $[I, L^*]_{L \oplus L^*} \subseteq I^*$. 则

$$[T_0^* I, T_0^* L]_{L \oplus L^*} = [I \oplus I^*, L \oplus L^*]_{L \oplus L^*}$$

$$= [I, L]_L + [I, L^*]_{L \oplus L^*} + [I^*, L]_{L \oplus L^*} + [I^*, L^*]_{L \oplus L^*} \subseteq I \oplus I^* = T_0^* I.$$

显然 $T_0^* I$ 是一个 $\mathbb{Z}_2$-分次空间, 则 $T_0^* I$ 是 L 的 Hom-理想, 同理可证 $T_0^* J$ 也是 L 的 Hom-理想. 因此 $T_0^* L$ 可分解为两个 $T_0^* L$ 的 Hom-理想 $T_0^* I \oplus T_0^* J$ 的直和. $\quad\square$

在证明 Hom-李超代数的 T^*-扩张过程中, 我们需要如下结论.

引理 2.1.16　设 (L, q_L, α) 是域 $\mathbb{F}$ 上的维数为偶数 n 的二次 Hom-李超代数, I 是 L 的迷向 $n/2$ 维子空间, 则 I 是 $(L, [-, -]_L, \alpha)$ 的理想当且仅当 I 是交换的.

证明　因为 $\dim I + \dim I^{\perp} = n/2 + \dim I^{\perp} = n$ 且 $I \subseteq I^{\perp}$, 我们有 $I = I^{\perp}$. 如果 I 是 $(L, [-, -]_L, \alpha)$ 的一个 Hom-理想, 则 $q_L(L, [I, I^{\perp}]) = q_L([L, I], I^{\perp}) \subseteq q_L(I, I^{\perp}) = 0$, 即 $[I, I] = [I, I^{\perp}] \subseteq L^{\perp} = 0$.

反之, 如果 $[I, I] = 0$, 则 $f(I, [I, L]) = f([I, I], L) = 0$. 因此 $[I, L] \subseteq I^{\perp} = I$. 即 I 是 $(L, [-, -]_L, \alpha)$ 的理想. 　　　　　　　　　　　　　　　　　　$\square$

定理 2.1.17　设 (L, q_L, α) 是域 $\mathbb{F}$ 上的维数为偶数 n 的二次 Hom-李超代数, 且 $\mathbb{F}$ 的特征不等于 2. 则 (L, q_L, α) 是等距同构于 T^*-扩张 $(T_\omega^* B, q_B, \beta')$ 的当且仅当 n 是偶数并且 $(L, [-, -]_L, \alpha)$ 包含一个 $n/2$ 维的迷向 Hom-理想 I. 特别地, $B \cong L/I$.

证明　$(\Rightarrow)$ 因为 $\dim B = \dim B^*$ 并且 $\dim T_\omega^* B$ 是偶数, 容易看出来 B^* 是 Hom-理想, 并且其维数是 $T_\omega^* B$ 维数的一半. 且由 q_B 的定义可得 $q_B(B^*, B^*) = 0$, 即 $B^* \subseteq (B^*)^{\perp}$ 和 B^* 都是迷向的.

$(\Leftarrow)$ 设 I 是一个 $n/2$ 维 L 的迷向 Hom-理想. 根据引理 2.1.16可得 I 是交换的. 设 $B = L/I$ 且 $p: L \to B$ 为标准投射. 显然, 对任意的 $x \in L$, $|p(x)| = |x|$. 因为 $\mathrm{char}\mathbb{F} \neq 2$, 我们取 L 中 I 的迷向补子空间 B_0, 即 $L = B_0 \dotplus I$ 且 $B_0 \subseteq B_0^{\perp}$. 又由于 $\dim B_0 = n/2$, 则 $B_0^{\perp} = B_0$.

定义 p_0 (或 p_1) 为 $L \to B_0$ (或 $L \to I$) 的投射, 且令 $q_L^*: I \to B^*: i \mapsto q_L^*(i)$ 为齐次线性映射, 其中对任意的 $x \in L$, $q_L^*(i)(p(x)) := q_L(i, x)$. 我们说 q_L^* 是一个线性自同态. 实际上, 如果 $p(x) = p(y)$, 则 $x - y \in I$, 因此 $q_L(i, x - y) \in q_L(I, I) = 0$, 所以 $q_L(i, x) = q_L(i, y)$, 即 q_L^* 的定义是合理的. 不难发现 q_L^* 是线性的. 如果 $q_L^*(i) = q_L^*(j)$, 则对任意的 $x \in L$, $q_L^*(i)(p(x)) = q_L^*(j)(p(x))$, 即 $q_L(i, x) = q_L(j, x)$, 即 $i - j \in L^{\perp} = 0$, 因此 q_L^* 是单射. 又由于 $\dim I = \dim B^*$, q_L^* 是双射. 此外 q_L^* 具有以下性质:

$$
\begin{aligned}
q_L^*([x, i])(p(y)) &= q_L([x, i]_L, y) = -(-1)^{|x||i|} q_L([i, x]_L, y) \\
&= -(-1)^{|x||i|} q_L(i, [x, y]_L) = -(-1)^{|x||i|} q_L^*(i) p([x, y]_L) \\
&= -(-1)^{|x||i|} q_L^*(i)[p(x), p(y)]_L = -(-1)^{|x||i|} q_L^*(i)(\mathrm{ad}p(x)(p(y))) \\
&= (\pi(p(x))q_L^*(i))(p(y)) = [p(x), q_L^*(i)]_{L \oplus L^*}(p(y)),
\end{aligned}
$$

其中 $x, y \in L, i \in I$. 同理可得

$$
q_L^*([x, i]) = [p(x), q_L^*(i)]_{L \oplus L^*}, \quad q_L^*([i, x]) = [q_L^*(i), p(x)]_{L \oplus L^*}.
$$

定义一个齐次双线性映射

$$\omega : B \times B \longrightarrow B^*$$
$$(p(b_0), p(b_0')) \longmapsto q_L^*(p_1([b_0, b_0'])),$$

其中 $b_0, b_0' \in B_0$. 由于投射 p 是在 B_0 上的一个限制线性同构, ω 和 $|\omega| = 0$ 的定义是合理的.

现在, 定义 $B \oplus B^*$ 上的扩积如 (2.10) 式, 我们有 $B \oplus B^*$ 是一个 $\mathbb{Z}_2$-分次代数. 设 $\varphi : L \to B \oplus B^*$ 为线性同态, 且对任意的 $b_0 + i \in B_0 \dotplus I = L$, $\varphi(b_0 + i) = p(b_0) + q_L^*(i)$. 由于 p 在 B_0 和 q_L^* 上的限制都是线性同构, 所以 φ 也是一个线性同构. 注意

$$\varphi([b_0 + i, b_0' + i']_L) = \varphi([b_0, b_0']_L + [b_0, i']_L + [i, b_0']_L)$$
$$= \varphi(p_0([b_0, b_0']_L) + p_1([b_0, b_0']_L) + [b_0, i']_L + [i, b_0']_L)$$
$$= p(p_0([b_0, b_0']_L)) + q_L^*(p_1([b_0, b_0']_L) + [b_0, i']_L + [i, b_0']_L)$$
$$= [p(b_0), p(b_0')]_L + \omega(p(b_0), p(b_0')) + [p(b_0), q_L^*(i')]_L + [q_L^*(i), p(b_0')]_L$$
$$= [p(b_0), p(b_0')]_L + \omega(p(b_0), p(b_0')) + \pi(p(b_0)(q_L^*(i'))) - (-1)^{|b_0||b_0'|}\pi(p(b_0')(q_L^*(i)))$$
$$= [p(b_0) + q_L^*(i), p(b_0') + q_L^*(i')]_{B \oplus B^*}$$
$$= [\varphi(b_0 + i), \varphi(b_0' + i')]_{B \oplus B^*}.$$

则 φ 是 $\mathbb{Z}_2$-分次代数的一个同构, 所以 $(B \oplus B^*, [-, -]_{B \oplus B^*}, \beta)$ 是一个 Hom-李超代数. 此外, 我们还有

$$q_B(\varphi(b_0 + i), \varphi(b_0' + i')) = q_B(p(b_0) + q_L^*(i), p(b_0') + q_L^*(i'))$$
$$= q_L^*(i)(p(b_0')) + (-1)^{|b_0||b_0'|}q_L^*(i')(p(b_0))$$
$$= q_L(i, b_0') + (-1)^{|b_0||b_0'|}q_L(i', b_0)$$
$$= q_L(b_0 + i, b_0' + i'),$$

则 φ 是等距的.

$$q_B([\varphi(x), \varphi(y)], \varphi(z)) = q_B(\varphi([x, y]), \varphi(z))$$
$$= q_L([x, y], z) = q_L(x, [y, z]) = q_B(\varphi(x), [\varphi(y), \varphi(z)]),$$

以上关系表明 q_B 是一个非退化不变超对称双线性型, 所以 $(B \oplus B^*, q_B, \beta')$ 也是一个二次 Hom-李超代数. 同理, 我们得到了关于 B 的 T^*-扩张 $T_\omega^* B$, 并且得证 (L, q_L, α) 和 $(T_\omega^* B, q_B, \beta')$ 是等距的. $\qquad\square$

定理 2.1.17 的证明表示齐次双线性映射 ω 依赖于 Hom-理想 I 在 L 中的迷向子空间 B_0 的选取. 由此可见, 其实很多不同的 T^*-扩张在描述 "同一种" 二次 Hom-李超代数.

设 $(L, [-,-]_L, \alpha)$ 是域 $\mathbb{F}$ 上的一个 Hom-李超代数, 且令 $\omega_1 : L \times L \to L^*$ 和 $\omega_2 : L \times L \to L^*$ 为两个不同的超循环的 2-上循环, 其中 $|\omega_1| = |\omega_2| = 0$. 则 L 的两个 T^*-扩张 $T^*_{\omega_1} L$ 和 $T^*_{w_2} L$ 是等价的, 如果存在一个 Hom-李超代数的同构 $\phi : T^*_{\omega_1} L \to T^*_{\omega_2} L$, 它在 Hom-理想 L^* 上的作用与在商 Hom-李超代数 $T^*_{\omega_1} L / L^* \cong L \cong T^*_{\omega_2} L / L^*$ 上的作用相同. 这两个 T^*-扩张 $T^*_{\omega_1} L$ 和 $T^*_{\omega_2} L$ 称为等距等价的如果它们等价且 ϕ 是一个等距同构.

命题 2.1.18　设 L 是特征不为 2 的域 $\mathbb{F}$ 上的一个 Hom-李超代数, $\omega_1, \omega_2 : L \times L \to L^*$ 为两个超循环的 2-上循环并满足 $|\omega_i| = 0$. 则我们有

(1) $T^*_{\omega_1} L$ 等价于 $T^*_{\omega_2} L$ 当且仅当存在 $z \in C^1(L, L^*)_{\bar{0}}$ 使得

$$\omega_1(x,y) - \omega_2(x,y) = \pi(x)z(y) - (-1)^{|x||y|}\pi(y)z(x) - z([x,y]_L), \ \forall x, y \in L. \ (2.12)$$

如果存在以上情况, 那么 z 的超对称部分 z_s 定义为 $z_s(x)(y) := \frac{1}{2}(z(x)(y) + (-1)^{|x||y|}z(y)(x))$, 其中 $x, y \in L$, 那么 z_s 引导了一个 L 上的超对称不变双线性型.

(2) $T^*_{\omega_1} L$ 等距等价于 $T^*_{\omega_2} L$ 当且仅当存在 $z \in C^1(L, L^*)_{\bar{0}}$ 使得对所有的 $x, y \in L$, (2.12) 都成立, 并且 z 的超对称部分 z_s 为零.

证明　(1) $T^*_{\omega_1} L$ 是等价于 $T^*_{\omega_2} L$ 的当且仅当存在一个 Hom-李超代数的同构 $\Phi : T^*_{\omega_1} L \to T^*_{\omega_2} L$, 对任意的 $x \in L$, 满足 $\Phi|_{L^*} = 1_{L^*}$ 和 $x - \Phi(x) \in L^*$.

假设 $\Phi : T^*_{\omega_1} L \to T^*_{\omega_2} L$ 是一个 Hom-李超代数的同构, 并定义一个线性映射 $z : L \to L^*$ 为 $z(x) := \Phi(x) - x$, 则 $z \in C^1(L, L^*)_{\bar{0}}$. 对所有的 $x + f, y + g \in T^*_{\omega_1} L$, 我们有

$$\begin{aligned}
&\Phi([x+f, y+g]_{L \oplus L^*}) \\
&= \Phi([x,y]_L + \omega_1(x,y) + \pi(x)g - (-1)^{|x||y|}\pi(y)f) \\
&= [x,y]_L + z([x,y]_L) + \omega_1(x,y) + \pi(x)g - (-1)^{|x||y|}\pi(y)f.
\end{aligned}$$

另一方面,

$$\begin{aligned}
&[\Phi(x+f), \Phi(y+g)] \\
&= [x + z(x) + f, y + z(y) + g] \\
&= [x,y]_L + \omega_2(x,y) + \pi(x)g + \pi(x)z(y) - (-1)^{|x||y|}\pi(y)z(x) - (-1)^{|x||y|}\pi(y)f.
\end{aligned}$$

因为 Φ 是一个同构, (2.12) 成立.

反之, 如果存在 $z \in C^1(L, L^*)_{\bar{0}}$ 满足 (2.10) 式, 则我们可以定义 $\Phi: T^*_{\omega_1} L \to T^*_{\omega_2} L$ 为 $\Phi(x + f) := x + z(x) + f$. 易证 Φ 是 Hom-李超代数的一个同构, 使得 $\Phi|_{L^*} = \mathrm{Id}_{L^*}$ 并且 $x - \Phi(L) \in L^*$, 其中 $x \in L$. 故 $T^*_{\omega_1} L$ 等价于 $T^*_{\omega_2} L$.

对于由 z_s 引导的超对称双线性型 $q_L: L \times L \to \mathbb{F}, (x, y) \mapsto z_s(x)(y)$. 我们有

$$
\begin{aligned}
&\omega_1(x, y)(m) - \omega_2(x, y)(m) \\
=&\pi(x)z(y)(m) - (-1)^{|x||y|}\pi(y)z(x)(m) - z([x, y]_L)(m) \\
=&(-1)^{|x||y|}z(y)([x, m]_L) + z(x)([y, m]_L) - z([x, y]_L)(m)
\end{aligned}
$$

和

$$
\begin{aligned}
&(-1)^{|x|(|y|+|m|)}(\omega_1(y, m)(x) - \omega_2(y, m)(x)) \\
=&(-1)^{|x|(|y|+|m|)}(\pi(y)z(m)(x) - (-1)^{|y||m|}\pi(m)z(y)(x) - z([y, m]_L)(x)) \\
=&(-1)^{|m|(|x|+|y|)}z(m)([x, y]_L) + (-1)^{|x||y|}z(y)([x, m]_L) \\
&- (-1)^{|x|(|y|+|m|)}z([y, m]_L)(x).
\end{aligned}
$$

由于 ω_1 和 ω_2 都是超循环的, 以上两个等式的右侧都是相等的. 所以

$$
\begin{aligned}
&(-1)^{|x||y|}z(y)([x, m]_L) + z(x)([y, m]_L) - z([x, y]_L)(m) \\
=&(-1)^{|m|(|x|+|y|)}z(m)([x, y]_L) + (-1)^{|x||y|}z(y)([x, m]_L) \\
&- (-1)^{|x|(|y|+|m|)}z([y, m]_L)(x).
\end{aligned}
$$

即

$$
\begin{aligned}
&z(x)([y, m]_L) + (-1)^{|x|(|y|+|m|)}z([y, m]_L)(x) \\
=&z([x, y]_L)(m) + (-1)^{|m|(|x|+|y|)}z(m)([x, y]_L).
\end{aligned}
$$

由于 char $\mathbb{F} \neq 2$, $q_L(x, [y, m]) = q_L([x, y], m)$, 这证明由 z_s 引导的超对称双线性型 q_L 是不变的.

(2) 设同构 Φ 定义如 (1), 则对所有的 $x + f, y + g \in L \oplus L^*$ 有

$$
\begin{aligned}
q_B(\Phi(x + f), \Phi(y + g)) &= q_B(x + z(x) + f, y + z(y) + g) \\
&=z(x)(y) + f(y) + (-1)^{|x||y|}(z(y)(x) + g(x)) \\
&=z(x)(y) + (-1)^{|x||y|}z(y)(x) + f(y) + (-1)^{|x||y|}g(x) \\
&=2z_s(x)(y) + q_B(x + f, y + g).
\end{aligned}
$$

因此, Φ 是等距同构的当且仅当 $z_s = 0$. □

2.2　Hom-李三系的表示、上同调与扩张理论

2.2.1　Hom-李三系的表示和上同调

首先定义保积 Hom-李三系的表示.

定义 2.2.1　设 $(T, [-, -, -], \alpha)$ 是保积 Hom-李三系, V 是 $\mathbb{F}$ 上的向量空间, $A \in \mathrm{End}(V)$. V 称为 **关于 A 的** $(T, [\cdot, \cdot, \cdot], \alpha)$-**模**, 若存在双线性映射 $\theta : T \times T \to \mathrm{End}(V)$, $(a, b) \mapsto \theta(a, b)$ 使得对任意的 $a, b, c, d \in T$, 满足

$$\theta(\alpha(a), \alpha(b)) \circ A = A \circ \theta(a, b), \tag{2.13}$$

$$\theta(\alpha(c), \alpha(d))\theta(a, b) - \theta(\alpha(b), \alpha(d))\theta(a, c) - \theta(\alpha(a), [bcd]) \circ A + D(\alpha(b), \alpha(c))\theta(a, d) = 0, \tag{2.14}$$

$$\theta(\alpha(c), \alpha(d))D(a, b) - D(\alpha(a), \alpha(b))\theta(c, d) + \theta([abc], \alpha(d)) \circ A + \theta(\alpha(c), [abd]) \circ A = 0, \tag{2.15}$$

其中 $D(a, b) = \theta(b, a) - \theta(a, b)$. θ 称为 $(T, [-, -, -], \alpha)$ **关于 A 在 V 上的表示**. 当 $\theta = 0$ 时, V 称为 **关于 A 的平凡** $(T, [\cdot, \cdot, \cdot], \alpha)$-**模**.

利用 (2.15) 不难推出

$$D(\alpha(c), \alpha(d))D(a, b) - D(\alpha(a), \alpha(b))D(c, d) + D([abc], \alpha(d)) \circ A + D(\alpha(c), [abd]) \circ A = 0. \tag{2.16}$$

特别地, 令 $V = T$, $A = \alpha$, $\theta(x, y)(z) = [zxy]$, 则 $D(x, y)(z) = [xyz]$, 并且 (2.13)—(2.15) 均成立. 此时称 T 为伴随 $(T, [\cdot, \cdot, \cdot], \alpha)$-模, 称 θ 为 $(T, [-, -, -], \alpha)$ 关于 α 在自身上的伴随表示.

与其他代数相同, 保积 Hom-李三系与它的模的半直积仍保持原有的代数结构.

命题 2.2.2　设 θ 是保积 Hom-李三系 $(T, [-, -, -], \alpha)$ 关于 A 在 V 上的表示. 则 $T \oplus V$ 也是保积 Hom-李三系.

证明　定义运算 $[\cdot, \cdot, \cdot]_V : (T \oplus V) \times (T \oplus V) \times (T \oplus V) \to T \oplus V$ 为

$$[(x, a), (y, b), (z, c)]_V = ([xyz], \theta(y, z)(a) - \theta(x, z)(b) + D(x, y)(c));$$

定义扭曲映射 $\alpha + A : T \oplus V \to T \oplus V$ 为

$$(\alpha + A)(x, a) = (\alpha(x), A(a)).$$

由于 $[xxy] = 0$, $[xyz] + [yzx] + [zxy] = 0$ 及 $D(x, y) = \theta(y, x) - \theta(x, y)$, 故有

$$[(x, a), (x, a), (y, b)]_V = (0, 0),$$

$$[(x,a),(y,b),(z,c)]_V + [(y,b),(z,c),(x,a)]_V + [(z,c),(x,a),(y,b)]_V = (0,0).$$

再由 (2.14)—(2.16), 可知

$$[[(x,a),(y,b),(u,c)]_V, (\alpha+A)(v,d), (\alpha+A)(w,e)]_V$$
$$+ [(\alpha+A)(u,c), [(x,a),(y,b),(v,d)]_V, (\alpha+A)(w,e)]_V$$
$$+ [(\alpha+A)(u,c), (\alpha+A)(v,d), [(x,a),(y,b),(w,e)]_V]_V$$
$$= ([[xyu]\alpha(v)\alpha(w)], \Omega_1) + ([\alpha(u)[xyv]\alpha(w)], \Omega_2) + ([\alpha(u)\alpha(v)[xyw]], \Omega_3)$$
$$= ([\alpha(x)\alpha(y)[uvw]], \Omega_4)$$
$$= [(\alpha+A)(x,a), (\alpha+A)(y,b), [(u,c),(v,d),(w,e)]_V]_V,$$

其中

$$\Omega_1 = \theta(\alpha(v),\alpha(w))\theta(y,u)(a) - \theta(\alpha(v),\alpha(w))\theta(x,u)(b) + \theta(\alpha(v),\alpha(w))D(x,y)(c)$$
$$- \theta([xyu],\alpha(w))A(d) + D([xyu],\alpha(v))A(e),$$
$$\Omega_2 = -\theta(\alpha(u),\alpha(w))\theta(y,v)(a) + \theta(\alpha(u),\alpha(w))\theta(x,v)(b) + \theta([xyv],\alpha(w))A(c)$$
$$- \theta(\alpha(u),\alpha(w))D(x,y)(d) + D(\alpha(u),[xyv])A(e),$$
$$\Omega_3 = D(\alpha(u),\alpha(v))\theta(y,w)(a) - D(\alpha(u),\alpha(v))\theta(x,w)(b) + \theta(\alpha(v),[xyw])A(c)$$
$$- \theta(\alpha(u),[xyw])A(d) + D(\alpha(u),\alpha(v))D(x,y)(e),$$
$$\Omega_4 = \theta(\alpha(y),[uvw])A(a) - \theta(\alpha(x),[uvw])A(b) + D(\alpha(x),\alpha(y))\theta(v,w)(c)$$
$$- D(\alpha(x),\alpha(y))\theta(u,w)(d) + D(\alpha(x),\alpha(y))D(u,v)(e).$$

注意到 $\alpha + A$ 是线性映射并利用 (2.13), 得

$$(\alpha + A)[(x,a),(y,b),(z,c)]_V$$
$$= (\alpha+A)([xyz], \theta(y,z)(a) - \theta(x,z)(b) + D(x,y)(c))$$
$$= (\alpha([xyz]), A \circ (\theta(y,z)(a) - \theta(x,z)(b) + D(x,y)(c)))$$
$$= ([\alpha(x)\alpha(y)\alpha(z)], \theta(\alpha(y),\alpha(z))A(a) - \theta(\alpha(x),\alpha(z))A(b) + D(\alpha(x),\alpha(y))A(c))$$
$$= [(\alpha(x),A(a)), (\alpha(y),A(b)), (\alpha(z),A(c))]_V$$
$$= [(\alpha+A)(x,a), (\alpha+A)(y,b), (\alpha+A)(z,c)]_V.$$

因此, $(T \oplus V, [\cdot,\cdot,\cdot]_V, \alpha+A)$ 是保积 Hom-李三系. $\qquad\square$

设 θ 是 $(T, [-,-,-], \alpha)$ 关于 A 在 V 上的表示. 若 n-线性映射 $f: T \times \cdots \times T \to V$ 满足

$$A(f(x_1, \cdots, x_n)) = f(\alpha(x_1), \cdots, \alpha(x_n)), \tag{2.17}$$

$$f(x_1, \cdots, x, x, x_n) = 0, \tag{2.18}$$

$$f(x_1, \cdots, x_{n-3}, x, y, z) + f(x_1, \cdots, x_{n-3}, y, z, x) + f(x_1, \cdots, x_{n-3}, z, x, y) = 0, \tag{2.19}$$

则称 f 是 T 上的 n 阶 **Hom-上链**. 用 $C_{\alpha,A}^n(T,V)$ 表示全体 n 阶 Hom-上链构成的集合, 其中 $n \geqslant 1$.

定义 2.2.3　对 $n \geqslant 1$, 定义 **上边缘算子**, $\delta_{hom}^n : C_{\alpha,A}^n(T,V) \to C_{\alpha,A}^{n+2}(T,V)$ 如下.

若 $f \in C_{\alpha,A}^{2n-1}(T,V), n = 1, 2, 3, \cdots$, 则

$$\delta_{hom}^{2n-1} f(x_1, \cdots, x_{2n+1})$$
$$= \theta(\alpha^{n-1}(x_{2n}), \alpha^{n-1}(x_{2n+1})) f(x_1, \cdots, x_{2n-1})$$
$$\quad - \theta(\alpha^{n-1}(x_{2n-1}), \alpha^{n-1}(x_{2n+1})) f(x_1, \cdots, x_{2n-2}, x_{2n})$$
$$\quad + \sum_{k=1}^{n} (-1)^{n+k} D(\alpha^{n-1}(x_{2k-1}), \alpha^{n-1}(x_{2k})) f(x_1, \cdots, \widehat{x_{2k-1}}, \widehat{x_{2k}}, \cdots, x_{2n+1})$$
$$\quad + \sum_{k=1}^{n} \sum_{j=2k+1}^{2n+1} (-1)^{n+k+1} f(\alpha(x_1), \cdots, \widehat{x_{2k-1}}, \widehat{x_{2k}}, \cdots, [x_{2k-1} x_{2k} x_j], \cdots, \alpha(x_{2n+1}));$$

若 $f \in C_{\alpha,A}^{2n}(T,V)$, $n = 1, 2, 3, \cdots$, 则

$$\delta_{hom}^{2n} f(y, x_1, \cdots, x_{2n+1})$$
$$= \theta(\alpha^n(x_{2n}), \alpha^n(x_{2n+1})) f(y, x_1, \cdots, x_{2n-1})$$
$$\quad - \theta(\alpha^n(x_{2n-1}), \alpha^n(x_{2n+1})) f(y, x_1, \cdots, x_{2n-2}, x_{2n})$$
$$\quad + \sum_{k=1}^{n} (-1)^{n+k} D(\alpha^n(x_{2k-1}), \alpha^n(x_{2k})) f(y, x_1, \cdots, \widehat{x_{2k-1}}, \widehat{x_{2k}}, \cdots, x_{2n+1})$$
$$\quad + \sum_{k=1}^{n} \sum_{j=2k+1}^{2n+1} (-1)^{n+k+1} f(\alpha(y), \alpha(x_1), \cdots, \widehat{x_{2k-1}}, \widehat{x_{2k}}, \cdots, [x_{2k-1} x_{2k} x_j], \cdots, \alpha(x_{2n+1})),$$

其中符号 $\widehat{}$ 表示其下的元素被省略.

易证 $\delta_{hom}^n f$ 满足 (2.18) 和 (2.19). 若 $\delta_{hom}^n f$ 满足 (2.17), 则上边缘算子 δ_{hom}^n 的定义是合理的. 事实上, 只需验证

$$A(\delta_{hom}^{2n-1} f(x_1, \cdots, x_{2n+1})) = \delta_{hom}^{2n-1} f(\alpha(x_1), \cdots, \alpha(x_{2n+1})).$$

由 (2.13) 以及 f 是 $(2n-1)$ 阶 Hom-上链, 得

$$\delta_{hom}^{2n-1} f(\alpha(x_1), \cdots, \alpha(x_{2n+1}))$$

$$
\begin{aligned}
=&\theta(\alpha^n(x_{2n}),\alpha^n(x_{2n+1}))f(\alpha(x_1),\cdots,\alpha(x_{2n-1}))\\
&-\theta(\alpha^n(x_{2n-1}),\alpha^n(x_{2n+1}))f(\alpha(x_1),\cdots,\alpha(x_{2n-2}),\alpha(x_{2n}))\\
&+\sum_{k=1}^n(-1)^{n+k}D(\alpha^n(x_{2k-1}),\alpha^n(x_{2k}))f(\alpha(x_1),\cdots,\\
&\widehat{\alpha(x_{2k-1})},\widehat{\alpha(x_{2k})},\cdots,\alpha(x_{2n+1}))\\
&+\sum_{k=1}^n\sum_{j=2k+1}^{2n+1}(-1)^{n+k+1}f(\alpha^2(x_1),\cdots,\widehat{x_{2k-1}},\widehat{x_{2k}},\cdots,\\
&\alpha([x_{2k-1}x_{2k}x_j]),\cdots,\alpha^2(x_{2n+1}))\\
=&\theta(\alpha^n(x_{2n}),\alpha^n(x_{2n+1}))A(f(x_1,\cdots,x_{2n-1}))\\
&-\theta(\alpha^n(x_{2n-1}),\alpha^n(x_{2n+1}))A(f(x_1,\cdots,x_{2n-2},x_{2n}))\\
&+\sum_{k=1}^n(-1)^{n+k}D(\alpha^n(x_{2k-1}),\alpha^n(x_{2k}))A(f(x_1,\cdots,\widehat{x_{2k-1}},\widehat{x_{2k}},\cdots,x_{2n+1}))\\
&+\sum_{k=1}^n\sum_{j=2k+1}^{2n+1}(-1)^{n+k+1}A(f(\alpha(x_1),\cdots,\widehat{x_{2k-1}},\widehat{x_{2k}},\cdots,\\
&[x_{2k-1}x_{2k}x_j],\cdots,\alpha(x_{2n+1})))\\
=&A(\theta(\alpha^{n-1}(x_{2n}),\alpha^{n-1}(x_{2n+1}))f(x_1,\cdots,x_{2n-1}))\\
&-A(\theta(\alpha^{n-1}(x_{2n-1}),\alpha^{n-1}(x_{2n+1}))f(x_1,\cdots,x_{2n-2},x_{2n}))\\
&+A\left(\sum_{k=1}^n(-1)^{n+k}D(\alpha^{n-1}(x_{2k-1}),\alpha^{n-1}(x_{2k}))f(x_1,\cdots,\widehat{x_{2k-1}},\widehat{x_{2k}},\cdots,x_{2n+1})\right)\\
&+A\left(\sum_{k=1}^n\sum_{j=2k+1}^{2n+1}(-1)^{n+k+1}f(\alpha(x_1),\cdots,\widehat{x_{2k-1}},\widehat{x_{2k}},\cdots,\right.\\
&\left.[x_{2k-1}x_{2k}x_j],\cdots,\alpha(x_{2n+1}))\right)\\
=&A(\delta_{hom}^{2n-1}f(x_1,\cdots,x_{2n+1})).
\end{aligned}
$$

定理 2.2.4 如上定义的上边缘算子 δ_{hom}^n 满足 $\delta_{hom}^{n+2}\delta_{hom}^n=0$.

证明 由上边缘算子的定义易知,若 $\delta_{hom}^{2n+1}\delta_{hom}^{2n-1}=0$,则 $\delta_{hom}^{2n+2}\delta_{hom}^{2n}=0$. 因此只需证明 $\delta_{hom}^{2n+1}\delta_{hom}^{2n-1}=0$,对 $n=1,2,\cdots$.

设 $f\in C_{\alpha,A}^{2n-1}(T,V)$,对任意的 $n\geqslant 1$,将 δ_{hom}^{2n-1} 和 $\delta_{hom}^{2n+1}\delta_{hom}^{2n-1}$ 拆分成

$$
\delta_{hom}^{2n-1}=\delta_1^{2n-1}+\delta_2^{2n-1}+\delta_3^{2n-1}\quad\text{和}\quad\delta_{hom}^{2n+1}\delta_{hom}^{2n-1}=\sum_{i,j=1}^3\delta_i^{2n+1}\delta_j^{2n-1},
$$

其中

$$\delta_1^{2n-1}f(x_1,\cdots,x_{2n+1}) = \theta(\alpha^{n-1}(x_{2n}),\alpha^{n-1}(x_{2n+1}))f(x_1,\cdots,x_{2n-1})$$
$$- \theta(\alpha^{n-1}(x_{2n-1}),\alpha^{n-1}(x_{2n+1}))f(x_1,\cdots,x_{2n-2},x_{2n}),$$

$$\delta_2^{2n-1}f(x_1,\cdots,x_{2n+1})$$
$$= \sum_{k=1}^{n}(-1)^{n+k}D(\alpha^{n-1}(x_{2k-1}),\alpha^{n-1}(x_{2k}))f(x_1,\cdots,\widehat{x_{2k-1}},\widehat{x_{2k}},\cdots,x_{2n+1}),$$

$$\delta_3^{2n-1}f(x_1,\cdots,x_{2n+1})$$
$$= \sum_{k=1}^{n}\sum_{j=2k+1}^{2n+1}(-1)^{n+k+1}f(\alpha(x_1),\cdots,\widehat{x_{2k-1}},\widehat{x_{2k}},\cdots,[x_{2k-1}x_{2k}x_j],\cdots,\alpha(x_{2n+1})).$$

首先计算 $\delta_1^{2n+1}\delta_{hom}^{2n-1} + (\delta_2^{2n+1}+\delta_3^{2n+1})\delta_1^{2n-1}$.

$$(\delta_1^{2n+1}\delta_{hom}^{2n-1} + (\delta_2^{2n+1}+\delta_3^{2n+1})\delta_1^{2n-1})f(x_1,\cdots,x_{2n+3})$$
$$= \theta(\alpha^n(x_{2n+2}),\alpha^n(x_{2n+3}))\delta_{hom}^{2n-1}f(x_1,\cdots,x_{2n+1})$$
$$- \theta(\alpha^n(x_{2n+1}),\alpha^n(x_{2n+3}))\delta_{hom}^{2n-1}f(x_1,\cdots,x_{2n},x_{2n+2})$$
$$+ \sum_{k=1}^{n+1}(-1)^{n+k+1}D(\alpha^n(x_{2k-1}),\alpha^n(x_{2k}))\delta_1^{2n-1}f(x_1,\cdots,\widehat{x_{2k-1}},\widehat{x_{2k}},\cdots,x_{2n+3})$$
$$+ \sum_{k=1}^{n+1}\sum_{j=2k+1}^{2n+3}(-1)^{n+k}\delta_1^{2n-1}f(\alpha(x_1),\cdots,\widehat{x_{2k-1}},\widehat{x_{2k}},\cdots,$$
$$[x_{2k-1}x_{2k}x_j],\cdots,\alpha(x_{2n+3}))$$
$$= \theta(\alpha^n(x_{2n+2}),\alpha^n(x_{2n+3}))$$
$$\cdot \Big(\theta(\alpha^{n-1}(x_{2n}),\alpha^{n-1}(x_{2n+1}))f(x_1,\cdots,x_{2n-1}) \tag{a1}$$
$$- \theta(\alpha^{n-1}(x_{2n-1}),\alpha^{n-1}(x_{2n+1}))f(x_1,\cdots,x_{2n-2},x_{2n}) \tag{a2}$$
$$+ \sum_{k=1}^{n}(-1)^{n+k}D(\alpha^{n-1}(x_{2k-1}),\alpha^{n-1}(x_{2k}))f(x_1,\cdots,\widehat{x_{2k-1}},\widehat{x_{2k}},\cdots,x_{2n+1})$$
$$\tag{b1}$$
$$+ \sum_{k=1}^{n}\sum_{j=2k+1}^{2n+1}(-1)^{n+k+1}f(\alpha(x_1),\cdots,\widehat{x_{2k-1}},\widehat{x_{2k}},\cdots,[x_{2k-1}x_{2k}x_j],\cdots,\alpha(x_{2n+1}))\Big)$$
$$\tag{c1}$$
$$- \theta(\alpha^n(x_{2n+1}),\alpha^n(x_{2n+3}))$$
$$\cdot \Big(\theta(\alpha^{n-1}(x_{2n}),\alpha^{n-1}(x_{2n+2}))f(x_1,\cdots,x_{2n-1}) \tag{a3}$$

$$-\theta(\alpha^{n-1}(x_{2n-1}),\alpha^{n-1}(x_{2n+2}))f(x_1,\cdots,x_{2n-2},x_{2n}) \tag{a4}$$

$$+\sum_{k=1}^{n}(-1)^{n+k}D(\alpha^{n-1}(x_{2k-1}),\alpha^{n-1}(x_{2k}))f(x_1,\cdots,\widehat{x_{2k-1}},\widehat{x_{2k}},\cdots,x_{2n},x_{2n+2}) \tag{b2}$$

$$+\sum_{k=1}^{n}\sum_{j=2k+1}^{2n,2n+2}(-1)^{n+k+1}f(\alpha(x_1),\cdots,\widehat{x_{2k-1}},\widehat{x_{2k}},\cdots,[x_{2k-1}x_{2k}x_j],\cdots,\alpha(x_{2n}),$$

$$\alpha(x_{2n+2}))\Big) \tag{d1}$$

$$+\sum_{k=1}^{n}(-1)^{n+k+1}D(\alpha^{n}(x_{2k-1}),\alpha^{n}(x_{2k}))$$

$$\cdot\Big(\theta(\alpha^{n-1}(x_{2n+2}),\alpha^{n-1}(x_{2n+3}))f(x_1,\cdots,\widehat{x_{2k-1}},\widehat{x_{2k}},\cdots,x_{2n+1}) \tag{b3}$$

$$-\theta(\alpha^{n-1}(x_{2n+1}),\alpha^{n-1}(x_{2n+3}))f(x_1,\cdots,\widehat{x_{2k-1}},\widehat{x_{2k}},\cdots,x_{2n},x_{2n+2})\Big) \tag{b4}$$

$$+D(\alpha^{n}(x_{2n+1}),\alpha^{n}(x_{2n+2}))\Big(\theta(\alpha^{n-1}(x_{2n}),\alpha^{n-1}(x_{2n+3}))f(x_1,\cdots,x_{2n-1}) \tag{a5}$$

$$-\theta(\alpha^{n-1}(x_{2n-1}),\alpha^{n-1}(x_{2n+3}))f(x_1,\cdots,x_{2n-2},x_{2n})\Big) \tag{a6}$$

$$+\sum_{k=1}^{n}\sum_{j=2k+1}^{2n+1}(-1)^{n+k}\theta(\alpha^{n}(x_{2n+2}),\alpha^{n}(x_{2n+3}))f(\alpha(x_1),\cdots,\widehat{x_{2k-1}},\widehat{x_{2k}},\cdots,$$

$$[x_{2k-1}x_{2k}x_j],\cdots,\alpha(x_{2n+1})) \tag{c2}$$

$$+\sum_{k=1}^{n}(-1)^{n+k}\theta(\alpha^{n-1}[x_{2k-1}x_{2k}x_{2n+2}],\alpha^{n}(x_{2n+3}))f(\alpha(x_1),\cdots,\widehat{x_{2k-1}},\widehat{x_{2k}},\cdots,$$

$$\alpha(x_{2n+1})) \tag{b5}$$

$$+\sum_{k=1}^{n}(-1)^{n+k}\theta(\alpha^{n}(x_{2n+2}),\alpha^{n-1}[x_{2k-1}x_{2k}x_{2n+3}])f(\alpha(x_1),\cdots,\widehat{x_{2k-1}},\widehat{x_{2k}},\cdots,$$

$$\alpha(x_{2n+1})) \tag{b6}$$

$$-\theta(\alpha^{n}(x_{2n}),\alpha^{n-1}[x_{2n+1}x_{2n+2}x_{2n+3}])f(\alpha(x_1),\cdots,\alpha(x_{2n-1})) \tag{a7}$$

$$-\sum_{k=1}^{n}\sum_{j=2k+1}^{2n,2n+2}(-1)^{n+k}\theta(\alpha^{n}(x_{2n+1}),\alpha^{n}(x_{2n+3}))f(\alpha(x_1),\cdots,\widehat{x_{2k-1}},\widehat{x_{2k}},\cdots,$$

$$[x_{2k-1}x_{2k}x_j],\cdots,\alpha(x_{2n}),\alpha(x_{2n+2})) \tag{d2}$$

$$- \sum_{k=1}^{n} (-1)^{n+k} \theta(\alpha^{n-1}[x_{2k-1}x_{2k}x_{2n+1}], \alpha^n(x_{2n+3})) f(\alpha(x_1), \cdots, \widehat{x_{2k-1}}, \widehat{x_{2k}}, \cdots,$$

$$\alpha(x_{2n}), \alpha(x_{2n+2})) \tag{b7}$$

$$- \sum_{k=1}^{n} (-1)^{n+k} \theta(\alpha^n(x_{2n+1}), \alpha^{n-1}[x_{2k-1}x_{2k}x_{2n+3}]) f(\alpha(x_1), \cdots, \widehat{x_{2k-1}}, \widehat{x_{2k}}, \cdots,$$

$$\alpha(x_{2n}), \alpha(x_{2n+2})) \tag{b8}$$

$$+ \theta(\alpha^n(x_{2n-1}), \alpha^{n-1}[x_{2n+1}x_{2n+2}x_{2n+3}]) f(\alpha(x_1), \cdots, \alpha(x_{2n-2}), \alpha(x_{2n})). \tag{a8}$$

由 (2.14) 和 (2.17) 知 (a1)+$\cdots$+(a8)=0; 再由 (2.15) 和 (2.17) 得 (b1)+$\cdots$ + (b8)=0; 显然有 (c1)+(c2)=(d1)+(d2)=0. 因此,

$$\delta_1^{2n+1} \delta_{hom}^{2n-1} + (\delta_2^{2n+1} + \delta_3^{2n+1}) \delta_1^{2n-1} = 0.$$

同时,

$$(\delta_2^{2n+1} + \delta_3^{2n+1})(\delta_2^{2n-1} + \delta_3^{2n-1}) f(x_1, \cdots, x_{2n+3})$$

$$= \sum_{k=1}^{n+1} (-1)^{n+k+1} D(\alpha^n(x_{2k-1}), \alpha^n(x_{2k}))(\delta_2^{2n-1} + \delta_3^{2n-1}) f(x_1, \cdots, \widehat{x_{2k-1}}, \widehat{x_{2k}}, \cdots, x_{2n+3})$$

$$+ \sum_{k=1}^{n+1} \sum_{j=2k+1}^{2n+3} (-1)^{n+k} (\delta_2^{2n-1} + \delta_3^{2n-1}) f(\alpha(x_1), \cdots, \widehat{x_{2k-1}},$$

$$\widehat{x_{2k}}, \cdots, [x_{2k-1}x_{2k}x_j], \cdots, \alpha(x_{2n+3}))$$

$$= - \sum_{1 \leqslant i < k \leqslant n+1} (-1)^{k+i} D(\alpha^n(x_{2k-1}), \alpha^n(x_{2k})) D(\alpha^{n-1}(x_{2i-1}), \alpha^{n-1}(x_{2i})) f(x_1, \cdots, \widehat{x_{2i-1}},$$

$$\widehat{x_{2i}}, \cdots, \widehat{x_{2k-1}}, \widehat{x_{2k}}, \cdots, x_{2n+3}) \tag{A1}$$

$$+ \sum_{1 \leqslant k < i \leqslant n+1} (-1)^{k+i} D(\alpha^n(x_{2k-1}), \alpha^n(x_{2k})) D(\alpha^{n-1}(x_{2i-1}), \alpha^{n-1}(x_{2i})) f(x_1, \cdots, \widehat{x_{2k-1}},$$

$$\widehat{x_{2k}}, \cdots, \widehat{x_{2i-1}}, \widehat{x_{2i}}, \cdots, x_{2n+3}) \tag{A2}$$

$$+ \sum_{1 \leqslant i < k \leqslant n+1} \sum_{\substack{j=2i+1 \\ j \neq 2k-1, 2k}}^{2n+3} (-1)^{k+i} D(\alpha^n(x_{2k-1}), \alpha^n(x_{2k})) f(\alpha(x_1), \cdots, \widehat{x_{2i-1}}, \widehat{x_{2i}}, \cdots, \widehat{x_{2k-1}},$$

$$\widehat{x_{2k}}, \cdots, [x_{2i-1}x_{2i}x_j], \cdots, \alpha(x_{2n+3})) \tag{B1}$$

$$- \sum_{1 \leqslant k < i \leqslant n+1} \sum_{j=2i+1}^{2n+3} (-1)^{k+i} D(\alpha^n(x_{2k-1}), \alpha^n(x_{2k})) f(\alpha(x_1), \cdots, \widehat{x_{2k-1}}, \widehat{x_{2k}}, \cdots, \widehat{x_{2i-1}}, \widehat{x_{2i}},$$

$$\cdots, [x_{2i-1}x_{2i}x_j], \cdots, \alpha(x_{2n+3})) \tag{B2}$$

$$+ \sum_{1 \leqslant i < k \leqslant n+1} \sum_{j=2k+1}^{2n+3} (-1)^{k+i} D(\alpha^n(x_{2i-1}), \alpha^n(x_{2i})) f(\alpha(x_1), \cdots, \widehat{x_{2i-1}}, \widehat{x_{2i}}, \cdots, \widehat{x_{2k-1}}, \widehat{x_{2k}},$$

$$\cdots, [x_{2k-1} x_{2k} x_j], \cdots, \alpha(x_{2n+3})) \tag{B3}$$

$$- \sum_{1 \leqslant k < i \leqslant n+1} \sum_{\substack{j=2k+1 \\ j \neq 2i-1, 2i}}^{2n+3} (-1)^{k+i} D(\alpha^n(x_{2i-1}), \alpha^n(x_{2i})) f(\alpha(x_1), \cdots, \widehat{x_{2k-1}}, \widehat{x_{2k}}, \cdots, \widehat{x_{2i-1}},$$

$$\widehat{x_{2i}}, \cdots, [x_{2k-1} x_{2k} x_j], \cdots, \alpha(x_{2n+3})) \tag{B4}$$

$$- \sum_{1 \leqslant k < i \leqslant n+1} (-1)^{k+i} D(\alpha^{n-1}[x_{2k-1} x_{2k} x_{2i-1}], \alpha^n(x_{2i})) f(\alpha(x_1), \cdots, \widehat{x_{2k-1}}, \widehat{x_{2k}}, \cdots, \widehat{x_{2i-1}},$$

$$\widehat{x_{2i}}, \cdots, \alpha(x_{2n+3})) \tag{A3}$$

$$- \sum_{1 \leqslant k < i \leqslant n+1} (-1)^{k+i} D(\alpha^n(x_{2i-1}), \alpha^{n-1}[x_{2k-1} x_{2k} x_{2i}]) f(\alpha(x_1), \cdots, \widehat{x_{2k-1}}, \widehat{x_{2k}}, \cdots, \widehat{x_{2i-1}},$$

$$\widehat{x_{2i}}, \cdots, \alpha(x_{2n+3})) \tag{A4}$$

$$+ \sum_{1 \leqslant i < k \leqslant n+1} \sum_{\substack{2i < s < j \leqslant 2n+3 \\ s \neq 2k-1, 2k; 2k < j}} (-1)^{k+i+1} f(\alpha^2(x_1), \cdots, \widehat{x_{2i-1}}, \widehat{x_{2i}}, \cdots, \widehat{x_{2k-1}}, \widehat{x_{2k}}, \cdots,$$

$$\alpha[x_{2i-1} x_{2i} x_s], \cdots, \alpha[x_{2k-1} x_{2k} x_j], \cdots, \alpha^2(x_{2n+3})) \tag{C1}$$

$$+ \sum_{1 \leqslant i < k \leqslant n+1} \sum_{2k < j < s \leqslant 2n+3} (-1)^{k+i+1} f(\alpha^2(x_1), \cdots, \widehat{x_{2i-1}}, \widehat{x_{2i}}, \cdots, \widehat{x_{2k-1}}, \widehat{x_{2k}}, \cdots,$$

$$\alpha[x_{2k-1} x_{2k} x_j], \cdots, \alpha[x_{2i-1} x_{2i} x_s], \cdots, \alpha^2(x_{2n+3})) \tag{C2}$$

$$- \sum_{1 \leqslant k < i \leqslant n+1} \sum_{2i < s < j \leqslant 2n+3} (-1)^{k+i+1} f(\alpha^2(x_1), \cdots, \widehat{x_{2k-1}}, \widehat{x_{2k}}, \cdots, \widehat{x_{2i-1}}, \widehat{x_{2i}}, \cdots,$$

$$\alpha[x_{2i-1} x_{2i} x_s], \cdots, \alpha[x_{2k-1} x_{2k} x_j], \cdots, \alpha^2(x_{2n+3})) \tag{C3}$$

$$- \sum_{1 \leqslant k < i \leqslant n+1} \sum_{\substack{2k < j < s \leqslant 2n+3 \\ j \neq 2i-1, 2i; 2i < s}} (-1)^{k+i+1} f(\alpha^2(x_1), \cdots, \widehat{x_{2k-1}}, \widehat{x_{2k}}, \cdots, \widehat{x_{2i-1}}, \widehat{x_{2i}}, \cdots,$$

$$\alpha[x_{2k-1} x_{2k} x_j], \cdots, \alpha[x_{2i-1} x_{2i} x_s], \cdots, \alpha^2(x_{2n+3})) \tag{C4}$$

$$+ \sum_{1 \leqslant i < k \leqslant n+1} \sum_{j=2k+1}^{2n+3} (-1)^{k+i+1} f(\alpha^2(x_1), \cdots, \widehat{x_{2i-1}}, \widehat{x_{2i}}, \cdots, \widehat{x_{2k-1}}, \widehat{x_{2k}},$$

$$\cdots, [\alpha(x_{2i-1}) \alpha(x_{2i}) [x_{2k-1} x_{2k} x_j]], \cdots, \alpha^2(x_{2n+3})) \tag{D1}$$

$$- \sum_{1 \leqslant k < i \leqslant n+1} \sum_{j=2i+1}^{2n+3} (-1)^{k+i+1} f(\alpha^2(x_1), \cdots, \widehat{x_{2k-1}}, \widehat{x_{2k}}, \cdots, \widehat{x_{2i-1}}, \widehat{x_{2i}},$$

$$\cdots, [\alpha(x_{2i-1})\alpha(x_{2i})[x_{2k-1}x_{2k}x_j]], \cdots, \alpha^2(x_{2n+3})) \tag{D2}$$

$$- \sum_{1 \leqslant k < i \leqslant n+1} \sum_{s=2i+1}^{2n+3} (-1)^{k+i+1} f(\alpha^2(x_1), \cdots, \widehat{x_{2k-1}}, \widehat{x_{2k}}, \cdots, \widehat{x_{2i-1}}, \widehat{x_{2i}},$$

$$\cdots, [[x_{2k-1}x_{2k}x_{2i-1}]\alpha(x_{2i})\alpha(x_s)], \cdots, \alpha^2(x_{2n+3})) \tag{D3}$$

$$- \sum_{1 \leqslant k < i \leqslant n+1} \sum_{s=2i+1}^{2n+3} (-1)^{k+i+1} f(\alpha^2(x_1), \cdots, \widehat{x_{2k-1}}, \widehat{x_{2k}}, \cdots, \widehat{x_{2i-1}}, \widehat{x_{2i}},$$

$$\cdots, [\alpha(x_{2i-1})[x_{2k-1}x_{2k}x_{2i}]\alpha(x_s)], \cdots, \alpha^2(x_{2n+3})) \tag{D4}$$

$$=0,$$

这里可以直接验证编号为相同字母的项相加为零 (如 (A1) + $\cdots$ + (A4)=0). 综上所述, $\delta_{hom}^{2n+1}\delta_{hom}^{2n-1} = 0$. $\qquad\square$

若 $\delta_{hom}^n f = 0$, 则称 $f \in C_{\alpha,A}^n(T,V)$ 为 n 阶 **Hom-上圈**. 用 $Z_{\alpha,A}^n(T,V)$ 表示全体 n 阶 Hom-上圈构成的子空间, 并记 $B_{\alpha,A}^n(T,V) = \delta_{hom}^{n-2} C_{\alpha,A}^{n-2}(T,V)$. 由 $\delta_{hom}^{n+2}\delta_{hom}^n = 0$ 知, $B_{\alpha,A}^n(T,V)$ 是 $Z_{\alpha,A}^n(T,V)$ 的子空间, 故可定义 $(T,[\cdot,\cdot,\cdot],\alpha)$ 的 **上同调空间** $H_{\alpha,A}^n(T,V)$ 为 $Z_{\alpha,A}^n(T,V)/B_{\alpha,A}^n(T,V)$.

注 2.2.5   当 $(T,[-,-,-],\alpha)$ 是李三系, 即 $\alpha = \mathrm{Id}_T$ 时, 上述 Hom-李三系的上同调理论正是 [68] 中关于李三系的上同调理论.

2.2.2 Hom-李三系的中心扩张

利用 2.2.1 节中 Hom-李三系的表示和上同调理论, 我们来研究 Hom-李三系的中心扩张.

设 $(T,[-,-,-],\alpha)$ 是保积 Hom-李三系, V 是关于 α_V 的平凡 $(T,[\cdot,\cdot,\cdot],\alpha)$-模. 显然, $(V,0,\alpha_V)$ 关于平凡的三元运算是保积 Hom-李三系. 保积 Hom-李三系 $(T_C,[\cdot,\cdot,\cdot]_C,\alpha_C)$ 称为 $(T,[-,-,-],\alpha)$ 通过 $(V,0,\alpha_V)$ 的 **中心扩张**, 若有下列 Hom-李三系的正合列交换图表成立:

$$
\begin{array}{ccccccccc}
0 & \longrightarrow & V & \xrightarrow{\iota} & T_C & \underset{s}{\overset{\pi}{\rightleftarrows}} & T & \longrightarrow & 0 \\
& & \downarrow{\alpha_V} & & \downarrow{\alpha_C} & & \downarrow{\alpha} & & \\
0 & \longrightarrow & V & \xrightarrow{\iota} & T_C & \underset{s}{\overset{\pi}{\rightleftarrows}} & T & \longrightarrow & 0
\end{array}
$$

并使得 $\alpha_C\iota = \iota\alpha_V$ 以及 $\alpha\pi = \pi\alpha_C$, 其中 s 是满足 $\pi s = \mathrm{Id}_T$ 和 $\alpha_C s = s\alpha$ 的线性映射, $\iota(V)$ 包含于 T_C 的中心 $Z(T_C) = \{x \in T_C \mid [x,T_C,T_C]_C = 0\}$. 若 $(T_C',[\cdot,\cdot,\cdot]_C',\alpha_C')$ 是 $(T,[-,-,-],\alpha)$ 通过 $(V,0,\alpha_V)$ 的另一中心扩张, 并且存在同

构映射 $\varphi : (T_C, [\cdot,\cdot,\cdot]_C, \alpha_C) \to (T_C', [\cdot,\cdot,\cdot]_C', \alpha_C')$, 使得图表

$$
\begin{array}{ccccccccc}
0 & \longrightarrow & V & \xrightarrow{\iota} & T_C & \xrightarrow{\pi} & T & \longrightarrow & 0 \\
& & \downarrow{\mathrm{Id}_V} & & \downarrow{\varphi} & & \downarrow{\mathrm{Id}_T} & & \\
0 & \longrightarrow & V & \xrightarrow{\iota'} & T_C' & \xrightarrow{\pi'} & T & \longrightarrow & 0
\end{array}
$$

可交换, 则称两个中心扩张 $(T_C, [\cdot,\cdot,\cdot]_C, \alpha_C)$ 和 $(T_C', [\cdot,\cdot,\cdot]_C', \alpha_C')$ 是 **等价的**.

定理 2.2.6 $(T, [-,-,-], \alpha)$ 通过 $(V, 0, \alpha_V)$ 的中心扩张的等价类与 $H^3_{\alpha, \alpha_V}(T, V)$ 之间可以一一对应.

证明 首先建立 $(T, [-,-,-], \alpha)$ 通过 $(V, 0, \alpha_V)$ 的中心扩张与 $Z^3_{\alpha, \alpha_V}(T, V)$ 之间的一一对应关系.

设 $(T_C, [\cdot,\cdot,\cdot]_C, \alpha_C)$ 是 $(T, [-,-,-], \alpha)$ 通过 $(V, 0, \alpha_V)$ 的中心扩张. 则有下列交换图表

$$
\begin{array}{ccccccccc}
0 & \longrightarrow & V & \xrightarrow{\iota} & T_C & \underset{s}{\overset{\pi}{\rightleftarrows}} & T & \longrightarrow & 0 \\
& & \downarrow{\alpha_V} & & \downarrow{\alpha_C} & & \downarrow{\alpha} & & \\
0 & \longrightarrow & V & \xrightarrow{\iota} & T_C & \underset{s}{\overset{\pi}{\rightleftarrows}} & T & \longrightarrow & 0
\end{array}
$$

满足 $\alpha_C \iota = \iota \alpha_V$, $\alpha \pi = \pi \alpha_C$, 以及存在线性映射 s 使得 $\pi s = \mathrm{Id}_T$, $\alpha_C s = s\alpha$. 下面要在 $Z^3_{\alpha, \alpha_V}(T, V)$ 中找出一个元素与之对应.

对 $x, y, z \in T$, 由于

$$
\pi[s(x), s(y), s(z)]_C - \pi s[x, y, z] = [\pi s(x), \pi s(y), \pi s(z)] - [x, y, z] = 0,
$$

因此

$$
[s(x), s(y), s(z)]_C - s[x, y, z] \in \mathrm{Ker}\pi = \iota(V).
$$

定义线性映射 $g : T \times T \times T \to V$ 为

$$
\iota g(x, y, z) = [s(x), s(y), s(z)]_C - s[x, y, z].
$$

因 ι 是单射, 故 g 的定义是合理的. 由 $\iota(V) \subseteq Z(T_C)$ 得

$$
[[s(x), s(y), s(z)]_C, u, v]_C = [s[x, y, z], u, v]_C, \quad \forall\, u, v \in T_C.
$$

又 g 满足 $g(x, x, y) = 0$, $g(x, y, z) + g(y, z, x) + g(z, x, y) = 0$ 以及

$$
\iota g(\alpha(x), \alpha(y), \alpha(z)) = [s\alpha(x), s\alpha(y), s\alpha(z)]_C - s[\alpha(x), \alpha(y), \alpha(z)]
$$

$$=[\alpha_C s(x), \alpha_C s(y), \alpha_C s(z)]_C - \alpha_C s[x,y,z]$$

$$=\alpha_C([s(x), s(y), s(z)]_C - s[x,y,z])$$

$$=\alpha_C \iota g(x,y,z) = \iota \alpha_V g(x,y,z),$$

故 $g \in C^3_{\alpha, \alpha_V}(T, V)$. 此外, 有 $g \in Z^3_{\alpha, \alpha_V}(T, V)$, 这是因为

$$\iota(\delta^3_{hom} g)(x_1, x_2, x_3, x_4, x_5)$$

$$=\iota(g([x_1, x_2, x_3], \alpha(x_4), \alpha(x_5)) + g(\alpha(x_3), [x_1, x_2, x_4], \alpha(x_5))$$

$$+ g(\alpha(x_3), \alpha(x_4), [x_1, x_2, x_5])$$

$$- g(\alpha(x_1), \alpha(x_2), [x_3, x_4, x_5]))$$

$$=[s[x_1, x_2, x_3], s\alpha(x_4), s\alpha(x_5)]_C - s[[x_1, x_2, x_3], \alpha(x_4), \alpha(x_5)]$$

$$+ [s\alpha(x_3), s[x_1, x_2, x_4], s\alpha(x_5)]_C - s[\alpha(x_3), [x_1 x_2 x_4], \alpha(x_5)]$$

$$+ [s\alpha(x_3), s\alpha(x_4), s[x_1, x_2, x_5]]_C - s[\alpha(x_3), \alpha(x_4), [x_1, x_2, x_5]]$$

$$- [s\alpha(x_1), s\alpha(x_2), s[x_3, x_4, x_5]]_C + s[\alpha(x_1), \alpha(x_2), [x_3, x_4, x_5]]$$

$$=[[s(x_1), s(x_2), s(x_3)]_C, \alpha_C s(x_4), \alpha_C s(x_5)]_C$$

$$+ [\alpha_C s(x_3), [s(x_1), s(x_2), s(x_4)]_C, \alpha_C s(x_5)]_C$$

$$+ [\alpha_C s(x_3), \alpha_C s(x_4), [s(x_1), s(x_2), s(x_5)]_C]_C$$

$$- [\alpha_C s(x_1), \alpha_C s(x_2), [s(x_3), s(x_4), s(x_5)]_C]_C$$

$$=0.$$

反之, 设 $g \in Z^3_{\alpha, \alpha_V}(T, V)$, $T_C = T \oplus V$, 并设

$$[(x,a), (y,b), (z,c)]_C = ([x,y,z], g(x,y,z)); \quad \alpha_C(x,a) = (\alpha(x), \alpha_V(a)).$$

则 α_C 是线性映射, 且满足

$$\alpha_C[(x,a), (y,b), (z,c)]_C = \alpha_C([x,y,z], g(x,y,z)) = (\alpha[x,y,z], \alpha_V g(x,y,z))$$

$$=([\alpha(x), \alpha(y), \alpha(z)], g(\alpha(x), \alpha(y), \alpha(z)))$$

$$=[(\alpha(x), \alpha_V(a)), (\alpha(y), \alpha_V(b)), (\alpha(z), \alpha_V(c))]_C$$

$$=[\alpha_C(x,a), \alpha_C(y,b), \alpha_C(z,c)]_C.$$

又

$$[\alpha_C(x,a), \alpha_C(y,b), [(u,c), (v,d), (w,e)]_C]_C$$

$$=[(\alpha(x), \alpha_V(a)), (\alpha(y), \alpha_V(b)), ([u, v, w], g(u, v, w))]_C$$

$$=([\alpha(x), \alpha(y), [u, v, w]], g(\alpha(x), \alpha(y), [u, v, w]))$$

$$=([[x, y, u], \alpha(v), \alpha(w)], g([x, y, u], \alpha(v), \alpha(w)))$$

$$+ ([\alpha(u)[x, y, v], \alpha(w)], g(\alpha(u), [x, y, v], \alpha(w)))$$

$$+ ([\alpha(u), \alpha(v), [x, y, w]], g(\alpha(u), \alpha(v), [x, y, w]))$$

$$=[[(x, a), (y, b), (u, c)]_C, \alpha_C(v, d), \alpha_C(w, e)]_C$$

$$+ [\alpha_C(u, c), [(x, a), (y, b), (v, d)]_C, \alpha_C(w, e)]_C$$

$$+ [\alpha_C(u, c), \alpha_C(v, d), [(x, a), (y, b), (w, e)]_C]_C.$$

故 $(T_C, [\cdot, \cdot, \cdot]_C, \alpha_C)$ 是保积 Hom-李三系.

定义线性映射 $\iota : V \to T_C$ 为 $\iota(a) = (0, a)$; 定义线性映射 $\pi : T_C \to T$ 为 $\pi(x, a) = x$; 定义线性映射 $s : T \to T_C$ 为 $s(x) = (x, 0)$. 于是有

$$\alpha_C \iota(a) = \alpha_C(0, a) = (0, \alpha_V(a)) = \iota \alpha_V(a),$$

$$\pi \alpha_C(x, a) = \pi(\alpha(x), \alpha_V(a)) = \alpha(x) = \alpha \pi(x, a),$$

$$\pi s = \mathrm{Id}_T, \quad \alpha_C s(x) = \alpha_C(x, 0) = (\alpha(x), 0) = s\alpha(x).$$

显然 $\iota(V) \subseteq Z(T_C)$. 因此, $(T_C, [\cdot, \cdot, \cdot]_C, \alpha_C)$ 是 $(T, [-, -, -], \alpha)$ 通过 $(V, 0, \alpha_V)$ 的中心扩张.

设 $(T_C, [\cdot, \cdot, \cdot]_C, \alpha_C)$ 和 $(T'_C, [\cdot, \cdot, \cdot]'_C, \alpha'_C)$ 是 $(T, [-, -, -], \alpha)$ 通过 $(V, 0, \alpha_V)$ 的等价的中心扩张. 则有下列交换图表:

使得 $\varphi \iota = \iota'$, $\pi = \pi' \varphi$, 以及 $\pi s = \pi' s' = \mathrm{Id}_T$, 其中 φ 是同构映射. 设 g, g' 是与之对应的 3 阶 Hom-上圈. 则

$$\iota g(x, y, z) = [s(x), s(y), s(z)]_C - s[x, y, z],$$

$$\iota' g'(x, y, z) = [s'(x), s'(y), s'(z)]'_C - s'[x, y, z],$$

$$\iota' g(x, y, z) = \varphi \iota g(x, y, z) = \varphi[s(x), s(y), s(z)]_C - \varphi s[x, y, z].$$

不难证明 $g - g' \in B^3_{\alpha, \alpha_V}(T, V)$. 事实上, 由

$$\pi' s'(x) - \pi' \varphi s(x) = x - \pi s(x) = 0,$$

可定义线性映射 $f : T \to V$ 为对任意的 $x \in T$, $\iota' f(x) = s'(x) - \varphi s(x)$. 又

$$\iota' f \alpha(x) = s' \alpha(x) - \varphi s \alpha(x) = \alpha'_C s'(x) - \varphi \alpha_C s(x)$$
$$= \alpha'_C s'(x) - \alpha'_C \varphi s(x) = \alpha'_C \iota' f(x) = \iota' \alpha_V f(x),$$

这说明 $f \in C^1_{\alpha, \alpha_V}(T, V)$. 再由 $s'(x) - \varphi s(x) = \iota' f(x) \in Z(T'_C)$, 得

$$[s'(x), s'(y), s'(z)]'_C = [\varphi s(x), \varphi s(y), \varphi s(z)]'_C = \varphi [s(x), s(y), s(z)]_C.$$

因而有

$$\iota'(g' - g)(x, y, z) = -\iota' f([x, y, z]) = \iota'(\delta^1_{hom} f)(x, y, z),$$

所以 $g' - g = \delta^1_{hom} f \in B^3_{\alpha, \alpha_V}(T, V)$.

最后, 设 $g, g' \in Z^3_{\alpha, \alpha_V}(T, V)$ 满足 $g' - g \in B^3_{\alpha, \alpha_V}(T, V)$, 即存在 $f \in C^1_{\alpha, \alpha_V}(T, V)$ 使得 $g' - g = \delta^1_{hom} f$. 则 $(g' - g)(x, y, z) = -f([xyz])$. 又设 $(T_C, [\cdot, \cdot, \cdot]_C, \alpha_C)$ 和 $(T'_C, [\cdot, \cdot, \cdot]'_C, \alpha_C)$ 为 $(T, [-, -, -], \alpha)$ 通过 $(V, 0, \alpha_V)$ 的对应于 g 和 g' 的两个中心扩张. 于是有 $\iota(a) = \iota'(a) = (0, a)$ 以及 $\pi(x, a) = \pi'(x, a) = x$. 考虑线性映射

$$\varphi : (T_C, [\cdot, \cdot, \cdot]_C, \alpha_C) \longrightarrow (T'_C, [\cdot, \cdot, \cdot]'_C, \alpha_C)$$
$$(x, a) \longmapsto (x, a - f(x)).$$

则 $\varphi \iota(a) = \iota'(a)$, $\pi' \varphi(x, a) = \pi'(x, a - f(x)) = x = \pi(x, a)$. 因此得到下列交换图表

$$
\begin{array}{ccccccccc}
0 & \longrightarrow & V & \overset{\iota}{\longrightarrow} & T_C & \overset{\pi}{\longrightarrow} & T & \longrightarrow & 0 \\
& & \downarrow{\scriptstyle \mathrm{Id}_V} & & \downarrow{\scriptstyle \varphi} & & \downarrow{\scriptstyle \mathrm{Id}_T} & & \\
0 & \longrightarrow & V & \overset{\iota'}{\longrightarrow} & T_C & \overset{\pi'}{\longrightarrow} & T & \longrightarrow & 0.
\end{array}
$$

现在只需证明 φ 是同构映射.

若 $\varphi(x, a) = \varphi(\tilde{x}, \tilde{a})$, 则 $(x, a - f(x)) = (\tilde{x}, \tilde{a} - f(\tilde{x}))$, 即, $x = \tilde{x}$ 且 $a - f(x) = \tilde{a} - f(\tilde{x})$, 故 $a = \tilde{a}$, 即 φ 是单射. φ 显然是满射. 又

$$\varphi \alpha_C(x, a) = \varphi(\alpha(x), \alpha_V(a)) = (\alpha(x), \alpha_V(a) - f\alpha(x)) = (\alpha(x), \alpha_V(a) - \alpha_V f(x))$$
$$= \alpha'_C(x, a - f(x)) = \alpha'_C \varphi(x, a),$$

$$\varphi[(x, a), (y, b), (z, c)]_C = \varphi([x, y, z], g(x, y, z)) = ([x, y, z], g(x, y, z) - f([x, y, z]))$$
$$= ([x, y, z], g'(x, y, z)) = [(x, a - f(x)),$$
$$(y, b - f(y)), (z, c - f(z))]'_C$$
$$= [\varphi(x, a), \varphi(y, b), \varphi(z, c)]'_C.$$

因此, $(T_C, [\cdot, \cdot, \cdot]_C, \alpha_C)$ 和 $(T'_C, [\cdot, \cdot, \cdot]'_C, \alpha'_C)$ 是 $(T, [-, -, -], \alpha)$ 通过 $(V, 0, \alpha_V)$ 的等价中心扩张. □

2.3 3-BiHom-李代数的表示、上同调与扩张理论

2.3.1 3-BiHom-李代数的基本性质

定义 2.3.1[69] 设 L 是域 $\mathbb{K}$ 上的线性空间, $[\cdot,\cdot,\cdot]: L \times L \times L \to L$ 是 3-线性映射, $\alpha, \beta: L \to L$ 是线性映射. 如果对任意的 $x, y, z, u, v \in L$, 有

(1) $\alpha \circ \beta = \beta \circ \alpha$,

(2) $\alpha([x,y,z]) = [\alpha(x), \alpha(y), \alpha(z)]$ 和 $\beta([x,y,z]) = [\beta(x), \beta(y), \beta(z)]$,

(3) BiHom-斜对称性: $[\beta(x), \beta(y), \alpha(z)] = -[\beta(y), \beta(x), \alpha(z)] = -[\beta(x), \beta(z), \alpha(y)]$,

(4) 3-BiHom-Jacobi 等式:

$$[\beta^2(u), \beta^2(v), [\beta(x), \beta(y), \alpha(z)]]$$
$$= [\beta^2(y), \beta^2(z), [\beta(u), \beta(v), \alpha(x)]] - [\beta^2(x), \beta^2(z), [\beta(u), \beta(v), \alpha(y)]]$$
$$+ [\beta^2(x), \beta^2(y), [\beta(u), \beta(v), \alpha(z)]].$$

则称 $(L, [\cdot,\cdot,\cdot], \alpha, \beta)$ 是 3-BiHom-李代数.

当 α 和 β 是自同构时, 称之为正则 3-BiHom-李代数.

显然, 3-Hom-李代数 $(L, [\cdot,\cdot,\cdot], \alpha)$ 是一类特殊的 3-BiHom-李代数. 反之, 3-BiHom-李代数 $(L, [\cdot,\cdot,\cdot], \alpha, \alpha)$ 在 α 是同构的情况下是一个 3-Hom-李代数 $(L, [\cdot,\cdot,\cdot], \alpha)$.

定义 2.3.2[69] 子空间 $\eta \subseteq L$ 称为 $(L, [\cdot,\cdot,\cdot], \alpha, \beta)$ 的 BiHom-子代数, 如果对任意的 $x, y, z \in \eta$, 有 $\alpha(\eta) \subseteq \eta$, $\beta(\eta) \subseteq \eta$ 且 $[x,y,z] \in \eta$. BiHom-子代数 η 称为 $(L, [\cdot,\cdot,\cdot], \alpha, \beta)$ 的 BiHom-理想, 如果对任意的 $x \in \eta, y, z \in L$, 有 $\alpha(\eta) \subseteq \eta$, $\beta(\eta) \subseteq \eta$ 且 $[x,y,z] \in \eta$.

命题 2.3.3[69] 设 $(L, [\cdot,\cdot,\cdot])$ 是 3-李代数, $\alpha, \beta: L \to L$ 是代数同态使得 $\alpha \circ \beta = \beta \circ \alpha$ 成立. 则 $(L, [\cdot,\cdot,\cdot]_{\alpha\beta}, \alpha, \beta)$ 是 3-BiHom-李代数, 其中 $[\cdot,\cdot,\cdot]_{\alpha\beta}$ 的定义为 $[x,y,z]_{\alpha\beta} = [\alpha(x), \alpha(y), \beta(z)]$, $\forall x, y, z \in L$.

命题 2.3.4 设 $(L, [\cdot,\cdot,\cdot], \alpha, \beta)$ 是 3-BiHom-李代数, $\alpha', \beta': L \to L$ 是代数同态且 $\alpha, \beta, \alpha', \beta'$ 两两可换. 则 $(L, [\cdot,\cdot,\cdot]_{\alpha',\beta'} := [\cdot,\cdot,\cdot] \circ (\alpha' \otimes \alpha' \otimes \beta'), \alpha \circ \alpha', \beta \circ \beta')$ 是 3-BiHom-李代数.

证明 对任意的 $x, y, z \in L$, 我们有

$$[\beta \circ \beta'(x), \beta \circ \beta'(y), \alpha \circ \alpha'(z)]_{\alpha',\beta'} = [\alpha' \circ \beta \circ \beta'(x), \alpha' \circ \beta \circ \beta'(y), \beta' \circ \alpha \circ \alpha'(z)]$$
$$= \alpha' \circ \beta'([\beta(x), \beta(y), \alpha(z)])$$
$$= -\alpha' \circ \beta'([\beta(y), \beta(x), \alpha(z)])$$

$$= -[\alpha^{'} \circ \beta^{'} \circ \beta(y), \alpha^{'} \circ \beta^{'} \circ \beta(x), \alpha^{'} \circ \beta^{'} \circ \alpha(z)]$$
$$= -[\beta \circ \beta^{'}(y), \beta \circ \beta^{'}(x), \alpha \circ \alpha^{'}(z)]_{\alpha^{'},\beta^{'}}.$$

类似地, 有 $[\beta \circ \beta^{'}(x), \beta \circ \beta^{'}(y), \alpha \circ \alpha^{'}(z)]_{\alpha^{'},\beta^{'}} = -[\beta \circ \beta^{'}(x), \beta \circ \beta^{'}(z), \alpha \circ \alpha^{'}(y)]_{\alpha^{'},\beta^{'}}.$

然后, 对任意的 $x, y, z, u, v \in L$, 能得到

$$[(\beta \circ \beta^{'})^2(u), (\beta \circ \beta^{'})^2(v), [\beta \circ \beta^{'}(x), \beta \circ \beta^{'}(y), \alpha \circ \alpha^{'}(z)]_{\alpha^{'},\beta^{'}}]_{\alpha^{'},\beta^{'}}$$
$$=[(\beta \circ \beta^{'})^2(u), (\beta \circ \beta^{'})^2(v), \alpha^{'} \circ \beta^{'}([\beta(x), \beta(y), \alpha(z)])]_{\alpha^{'},\beta^{'}}$$
$$=[\alpha^{'} \circ (\beta \circ \beta^{'})^2(u), \alpha^{'} \circ (\beta \circ \beta^{'})^2(v), \alpha^{'} \circ (\beta^{'})^2([\beta(x), \beta(y), \alpha(z)])]$$
$$=\alpha^{'} \circ (\beta^{'})^2([\beta^2(u), \beta^2(v), [\beta(x), \beta(y), \alpha(z)]]).$$

因为 $[\cdot, \cdot, \cdot]$ 满足 3-BiHom-Jacobi 等式, 所以 3-BiHom-Jacobi 等式在 $[\cdot, \cdot, \cdot]_{\alpha^{'},\ \beta^{'}}$ 下也成立.

故 $(L, [\cdot, \cdot, \cdot]_{\alpha^{'},\beta^{'}} := [\cdot, \cdot, \cdot] \circ (\alpha^{'} \otimes \alpha^{'} \otimes \beta^{'}), \alpha \circ \alpha^{'}, \beta \circ \beta^{'})$ 是 3-BiHom-李代数.　□

推论 2.3.5　设 $(L, [\cdot, \cdot, \cdot], \alpha, \beta)$ 是 3-BiHom-李代数. 则 $(L, [\cdot, \cdot, \cdot]_k := [\cdot, \cdot, \cdot] \circ (\alpha^k \otimes \alpha^k \otimes \beta^k), \alpha^{k+1}, \beta^{k+1})$ 是 3-BiHom-李代数.

证明　令 $\alpha^{'} = \alpha^k, \beta^{'} = \beta^k$. 应用命题 2.3.4即得.　□

定义 2.3.6[69]　设 A 是向量空间, $\mu: A \times A \times A \to A$ 是 3-线性映射, $\alpha, \beta: A \to A$ 是线性映射, 记 $\mu(a_1, a_2, a_3) = a_1 a_2 a_3$. 如果对任意的 $a_1, a_2, a_3, a_4, a_5 \in A$, 满足

(1) $\alpha \circ \beta = \beta \circ \alpha$,

(2) $\alpha(a_1 a_2 a_3) = \alpha(a_1)\alpha(a_2)\alpha(a_3)$ 和 $\beta(a_1 a_2 a_3) = \beta(a_1)\beta(a_2)\beta(a_3)$,

(3) $(a_1 a_2 a_3)\beta(a_4)\beta(a_5) = \alpha(a_1)(a_2 a_3 a_4)\beta(a_5) = \alpha(a_1)\alpha(a_2)(a_3 a_4 a_5)$,

则称 (A, μ, α, β) 为 3-totally BiHom-结合代数.

命题 2.3.7　设 $(A, \mu, \alpha_1, \beta_1)$ 是 3-totally BiHom-结合代数, $(L, [\cdot, \cdot, \cdot], \alpha_2, \beta_2)$ 是 3-BiHom-李代数. 如果对任意的 $a_1, a_2, a_3 \in A$, 有

$$\beta_1(a_1)\beta_1(a_2)\alpha_1(a_3) = \beta_1(a_2)\beta_1(a_1)\alpha_1(a_3) = \beta_1(a_1)\beta_1(a_3)\alpha_1(a_2). \tag{2.20}$$

则 $(A \otimes L, [\cdot, \cdot, \cdot]_{A \otimes L}, \alpha, \beta)$ 是 3-BiHom-李代数, 其中 $[\cdot, \cdot, \cdot]_{A \otimes L} : \wedge^3(A \otimes L) \to A \otimes L$ 定义为

$$[a_1 \otimes x_1, a_2 \otimes x_2, a_3 \otimes x_3]_{A \otimes L} = a_1 a_2 a_3 \otimes [x_1, x_2, x_3], \quad \forall a_i \in A, x_i \in L, i = 1, 2, 3,$$

且 $\alpha, \beta: A \otimes L \to A \otimes L$ 有 $\alpha(a_1 \otimes x_1) = \alpha_1(a_1) \otimes \alpha_2(x_1)$, $\beta(a_1 \otimes x_1) = \beta_1(a_1) \otimes \beta_2(x_1)$.

证明 因为 $\alpha_1\beta_1 = \beta_1\alpha_1$, $\alpha_2\beta_2 = \beta_2\alpha_2$, 所以 $\alpha\beta = \beta\alpha$. 由 $\alpha_1, \beta_1, \alpha_2, \beta_2$ 是代数同态, 所以 α 和 β 也是代数同态.

通过计算有

$$[\beta(a_1 \otimes x_1), \beta(a_2 \otimes x_2), \alpha(a_3 \otimes x_3)]_{A\otimes L}$$
$$= [\beta_1(a_1) \otimes \beta_2(x_1), \beta_1(a_2) \otimes \beta_2(x_2), \alpha_1(a_3) \otimes \alpha_2(x_3)]_{A\otimes L}$$
$$= \beta_1(a_1)\beta_1(a_2)\alpha_1(a_3) \otimes [\beta_2(x_1), \beta_2(x_2), \alpha_2(x_3)]$$
$$= -\beta_1(a_2)\beta_1(a_1)\alpha_1(a_3) \otimes [\beta_2(x_2), \beta_2(x_1), \alpha_2(x_3)]$$
$$= -[\beta(a_2 \otimes x_2), \beta(a_1 \otimes x_1), \alpha(a_3 \otimes x_3)]_{A\otimes L}.$$

同理能得到

$$[\beta(a_1\otimes x_1), \beta(a_2\otimes x_2), \alpha(a_3\otimes x_3)]_{A\otimes L} = -[\beta(a_1\otimes x_1), \beta(a_3\otimes x_3), \alpha(a_2\otimes x_2)]_{A\otimes L}.$$

最后我们有

$$[\beta^2(a_4 \otimes x_4), \beta^2(a_5 \otimes x_5), [\beta(a_1 \otimes x_1), \beta(a_2 \otimes x_2), \alpha(a_3 \otimes x_3)]_{A\otimes L}]_{A\otimes L}$$
$$- [\beta^2(a_3 \otimes x_3), \beta^2(a_5 \otimes x_5), [\beta(a_1 \otimes x_1), \beta(a_2 \otimes x_2), \alpha(a_4 \otimes x_4)]_{A\otimes L}]_{A\otimes L}$$
$$+ [\beta^2(a_3 \otimes x_3), \beta^2(a_4 \otimes x_4), [\beta(a_1 \otimes x_1), \beta(a_2 \otimes x_2), \alpha(a_5 \otimes x_5)]_{A\otimes L}]_{A\otimes L}$$
$$= \beta_1^2(a_4)\beta_1^2(a_5)\big(\beta_1(a_1)\beta_1(a_2)\alpha_1(a_3)\big) \otimes [\beta_2^2(x_4), \beta_2^2(x_5), [\beta_2(x_1), \beta_2(x_2), \alpha_2(x_3)]]$$
$$- \beta_1^2(a_3)\beta_1^2(a_5)\big(\beta_1(a_1)\beta_1(a_2)\alpha_1(a_4)\big) \otimes [\beta_2^2(x_3), \beta_2^2(x_5), [\beta_2(x_1), \beta_2(x_2), \alpha_2(x_4)]]$$
$$+ \beta_1^2(a_3)\beta_1^2(a_4)\big(\beta_1(a_1)\beta_1(a_2)\alpha_1(a_5)\big) \otimes [\beta_2^2(x_3), \beta_2^2(x_4), [\beta_2(x_1), \beta_2(x_2), \alpha_2(x_5)]]$$
$$= \beta_1^2(a_1)\beta_1^2(a_2)\big(\beta_1(a_3)\beta_1(a_4)\alpha_1(a_5)\big) \otimes \big([\beta_2^2(x_4), \beta_2^2(x_5), [\beta_2(x_1), \beta_2(x_2), \alpha_2(x_3)]]$$
$$- [\beta_2^2(x_3), \beta_2^2(x_5), [\beta_2(x_1), \beta_2(x_2), \alpha_2(x_4)]]$$
$$+ [\beta_2^2(x_3), \beta_2^2(x_4), [\beta_2(x_1), \beta_2(x_2), \alpha_2(x_5)]]\big)$$
$$= \beta_1^2(a_1)\beta_1^2(a_2)\big(\beta_1(a_3)\beta_1(a_4)\alpha_1(a_5)\big) \otimes [\beta_2^2(x_1), \beta_2^2(x_2), [\beta_2(x_3), \beta_2(x_4), \alpha_2(x_5)]]$$
$$= [\beta^2(a_1 \otimes x_1), \beta^2(a_2 \otimes x_2), [\beta(a_3 \otimes x_3), \beta(a_4 \otimes x_4), \alpha(a_5 \otimes x_5)]_{A\otimes L}]_{A\otimes L},$$

其中在第二个等号处用了等式(2.20).

综上有 $(A \otimes L, [\cdot, \cdot, \cdot]_{A\otimes L}, \alpha, \beta)$ 是 3-BiHom-李代数. □

在文献 [69] 中, BiHom-李代数能诱导 3-BiHom-李代数. 现在给出 3-BiHom-李代数诱导出 BiHom-李代数.

命题 2.3.8 设 $(L, [\cdot, \cdot, \cdot], \alpha, \beta)$ 是 3-BiHom-李代数. 假设存在 $a \in L$ 满足 $\alpha(a) = \beta(a) = a$. 则 $(L, [\cdot, \cdot], \alpha, \beta)$ 是 BiHom-李代数, 其中 $[x, y] = [a, x, y]$, $\forall x, y \in L$.

证明　首先有

$$[\beta(x), \alpha(y)] = [a, \beta(x), \alpha(y)] = [\beta(a), \beta(x), \alpha(y)]$$
$$= -[\beta(a), \beta(y), \alpha(x)] = -[\beta(y), \alpha(x)].$$

然后, 我们能得到

$$[\beta^2(x), [\beta(y), \alpha(z)]] + [\beta^2(y), [\beta(z), \alpha(x)]] + [\beta^2(z), [\beta(x), \alpha(y)]]$$
$$= [a, \beta^2(x), [a, \beta(y), \alpha(z)]] + [a, \beta^2(y), [a, \beta(z), \alpha(x)]] + [a, \beta^2(z), [a, \beta(x), \alpha(y)]]$$
$$= [\beta^2(a), \beta^2(x), [\beta(a), \beta(y), \alpha(z)]] + [\beta^2(a), \beta^2(y), [\beta(a), \beta(z), \alpha(x)]]$$
$$\quad + [\beta^2(a), \beta^2(z), [\beta(a), \beta(x), \alpha(y)]]$$
$$= [\beta^2(y), \beta^2(z), [\beta(a), \beta(x), \alpha(a)]] - [\beta^2(a), \beta^2(z), [\beta(a), \beta(x), \alpha(y)]]$$
$$\quad + [\beta^2(a), \beta^2(y), [\beta(a), \beta(x), \alpha(z)]] + [\beta^2(a), \beta^2(y), [\beta(a), \beta(z), \alpha(x)]]$$
$$\quad + [\beta^2(a), \beta^2(z), [\beta(a), \beta(x), \alpha(y)]]$$
$$= 0.$$

因此, $(L, [\cdot, \cdot], \alpha, \beta)$ 是 BiHom-李代数. $\qquad\square$

命题 2.3.9　设 $(L, [\cdot, \cdot, \cdot], \alpha, \beta)$ 和 $(L', [\cdot, \cdot, \cdot]', \alpha', \beta')$ 是两个 3-BiHom-李代数. 则 $(L \oplus L', [\cdot, \cdot, \cdot]_{L \oplus L'}, \alpha + \alpha', \beta + \beta')$ 是 3-BiHom-李代数, 其中 $[\cdot, \cdot, \cdot]_{L \oplus L'}:$ $\wedge^3(L \oplus L') \to L \oplus L'$ 定义为

$$[u_1 + v_1, u_2 + v_2, u_3 + v_3]_{L \oplus L'} = [u_1, u_2, u_3] + [v_1, v_2, v_3]', \ \forall\, u_i \in L, v_i \in L', i = 1, 2, 3,$$

且 $\alpha + \alpha', \beta + \beta' : L \oplus L' \to L \oplus L'$ 定义为

$$(\alpha + \alpha')(u + v) = \alpha(u) + \alpha'(v),$$

$$(\beta + \beta')(u + v) = \beta(u) + \beta'(v), \quad \forall\, u \in L, v \in L'.$$

证明　因为 $\alpha, \beta, \alpha', \beta'$ 是代数同态, 所以 $\alpha + \alpha'$ 和 $\beta + \beta'$ 也是代数同态. 对任意的 $u_i \in L$, $v_i \in L'$, $i = 1, 2, 3, 4, 5$, 我们有

$$(\alpha + \alpha') \circ (\beta + \beta')(u_1 + v_1) = (\alpha + \alpha')(\beta(u_1) + \beta'(v_1))$$
$$= \alpha \circ \beta(u_1) + \alpha' \circ \beta'(v_1)$$
$$= \beta \circ \alpha(u_1) + \beta' \circ \alpha'(v_1)$$
$$= (\beta + \beta') \circ (\alpha + \alpha')(u_1 + v_1),$$

即 $(\alpha + \alpha') \circ (\beta + \beta') = (\beta + \beta') \circ (\alpha + \alpha')$.

然后考虑 BiHom-斜对称性,

$$[(\beta + \beta')(u_1 + v_1), (\beta + \beta')(u_2 + v_2), (\alpha + \alpha')(u_3 + v_3)]_{L \oplus L'}$$
$$= [\beta(u_1) + \beta'(v_1), \beta(u_2) + \beta'(v_2), \alpha(u_3) + \alpha'(v_3)]_{L \oplus L'}$$
$$= [\beta(u_1), \beta(u_2), \alpha(u_3)] + [\beta'(v_1), \beta'(v_2), \alpha'(v_3)]'$$
$$= -[\beta(u_2), \beta(u_1), \alpha(u_3)] - [\beta'(v_2), \beta'(v_1), \alpha'(v_1)]'$$
$$= -[(\beta + \beta')(u_2 + v_2), (\beta + \beta')(u_1 + v_1), (\alpha + \alpha')(u_3 + v_3)]_{L \oplus L'}.$$

同理有

$$[(\beta + \beta')(u_1 + v_1), (\beta + \beta')(u_2 + v_2), (\alpha + \alpha')(u_3 + v_3)]_{L \oplus L'}$$
$$= -[(\beta + \beta')(u_1 + v_1), (\beta + \beta')(u_3 + v_3), (\alpha + \alpha')(u_2 + v_2)]_{L \oplus L'}.$$

最后证明 3-BiHom-Jacobi 等式,

$$[(\beta + \beta')^2(u_1 + v_1), (\beta + \beta')^2(u_2 + v_2), [(\beta + \beta')(u_3 + v_3), (\beta + \beta')(u_4 + v_4),$$
$$(\alpha + \alpha')(u_5 + v_5)]_{L \oplus L'}]_{L \oplus L'}$$
$$= [\beta^2(u_1) + \beta'^2(v_1), \beta^2(u_2) + \beta'^2(v_2), [\beta(u_3), \beta(u_4), \alpha(u_5)] + [\beta'(v_3), \beta'(v_4), \alpha'(v_5)]']_{L \oplus L'}$$
$$= [\beta^2(u_1), \beta^2(u_2), [\beta(u_3), \beta(u_4), \alpha(u_5)]] + [\beta'^2(v_1), \beta'^2(v_2), [\beta'(v_3), \beta'(v_4), \alpha'(v_5)]']'.$$

因为 $[\cdot, \cdot, \cdot]$ 和 $[\cdot, \cdot, \cdot]'$ 满足 3-BiHom-Jacobi 等式, 所以 $[\cdot, \cdot, \cdot]_{L \oplus L'}$ 也满足 3-BiHom-Jacobi 等式.

因此, $(L \oplus L', [\cdot, \cdot, \cdot]_{L \oplus L'}, \alpha + \alpha', \beta + \beta')$ 是 3-BiHom-李代数.　　　□

定义 2.3.10[69] 设 $(L, [\cdot, \cdot, \cdot], \alpha, \beta)$ 和 $(L', [\cdot, \cdot, \cdot]', \alpha', \beta')$ 是两个 3-BiHom-李代数. 映射 $f : L \to L'$ 称为 3-BiHom-李代数之间的同态, 如果满足

$$f([x, y, z]) = [f(x), f(y), f(z)]', \quad \forall x, y, z \in L,$$

$$f \circ \alpha = \alpha' \circ f,$$

$$f \circ \beta = \beta' \circ f.$$

记 $\phi_f = \{x + f(x) \mid x \in L\} \subset L \oplus L'$ 是映射 $f : L \to L'$ 的图.

命题 2.3.11 映射 $f : (L, [\cdot, \cdot, \cdot], \alpha, \beta) \to (L', [\cdot, \cdot, \cdot]', \alpha', \beta')$ 是 3-BiHom-李代数之间的同态当且仅当图 $\phi_f \subset L \oplus L'$ 是 $(L \oplus L', [\cdot, \cdot, \cdot]_{L \oplus L'}, \alpha + \alpha', \beta + \beta')$ 的 BiHom-子代数.

证明　($\Rightarrow$) 设 $f : (L, [\cdot, \cdot, \cdot], \alpha, \beta) \to (L', [\cdot, \cdot, \cdot]', \alpha', \beta')$ 是同态, 则对任意的 $u, v, w \in L$, 我们有

$$[u + f(u), v + f(v), w + f(w)]_{L \oplus L'}$$
$$= [u, v, w] + [f(u), f(v), f(w)]' = [u, v, w] + f([u, v, w]).$$

所以 ϕ_f 在 $[\cdot, \cdot, \cdot]_{L \oplus L'}$ 运算下封闭. 进一步, 我们有 $(\alpha + \alpha')(u + f(v)) = \alpha(u) + \alpha' \circ f(v) = \alpha(u) + f \circ \alpha(v)$, 所以 $(\alpha + \alpha')(\phi_f) \subset \phi_f$. 同理, $(\beta + \beta')(\phi_f) \subset \phi_f$. 因此 ϕ_f 是 $(L \oplus L', [\cdot, \cdot]_{L \oplus L'}, \alpha + \alpha', \beta + \beta')$ 的一个 BiHom-子代数.

($\Leftarrow$) 设图 ϕ_f 是 $(L \oplus L', [\cdot, \cdot]_{L \oplus L'}, \alpha + \alpha', \beta + \beta')$ 的 BiHom-子代数. 我们有 $[u + f(u), v + f(v), w + f(w)]_{L \oplus L'} = [u, v, w] + [f(u), f(v), f(w)]' \in \phi_f$, 所以 $[f(u), f(v), f(v)]' = f([u, v, w])$. 由 $(\alpha + \alpha')(\phi_f) \subset \phi_f$ 有 $(\alpha + \alpha')(u + f(u)) = \alpha(u) + \alpha' \circ f(u) \in \phi_f$, 它等价于 $\alpha' \circ f(u) = f \circ \alpha(u)$, 即 $\alpha' \circ f = f \circ \alpha$. 类似地, $\beta' \circ f = f \circ \beta$. 因此, f 是一个同态.　$\square$

2.3.2　3-BiHom-李代数的表示和上同调

定义 2.3.12　设 $(L, [\cdot, \cdot, \cdot], \alpha, \beta)$ 是 3-BiHom-李代数, M 是向量空间, $\alpha_M, \beta_M \in \mathrm{End}(M)$ 是可换的线性映射. 若斜对称双线性映射 $\rho : L \times L \to \mathrm{End}(M)$ 对任意 $u, v, x, y \in L$ 满足

(1) $\rho(\alpha(u), \alpha(v)) \circ \alpha_M = \alpha_M \circ \rho(u, v)$,

(2) $\rho(\beta(u), \beta(v)) \circ \beta_M = \beta_M \circ \rho(u, v)$,

(3) $\rho(\alpha\beta(u), \alpha\beta(v)) \circ \rho(x, y)$
$= \rho(\beta(x), \beta(y)) \circ \rho(\alpha(u), \alpha(v)) + \rho([\beta(u), \beta(v), x], \beta(y)) \circ \beta_M + \rho(\beta(x), [\beta(u), \beta(v), y]) \circ \beta_M$,

(4) $\rho([\beta(u), \beta(v), x], \beta(y)) \circ \beta_M$
$= \rho(\alpha\beta(v), \beta(x)) \circ \rho(\alpha(u), y) + \rho(\beta(x), \alpha\beta(u)) \circ \rho(\alpha(v), y) + \rho(\alpha\beta(u), \alpha\beta(v)) \circ \rho(x, y)$.

则称 $(M, \rho, \alpha_M, \beta_M)$ 为 $(L, [\cdot, \cdot, \cdot], \alpha, \beta)$ 的表示.

命题 2.3.13　设 $(L, [\cdot, \cdot, \cdot], \alpha, \beta)$ 是正则 3-BiHom-李代数. $\mathrm{ad} : L \times L \to End(L)$ 是使得

$$\mathrm{ad}(u_1, u_2)(x) = [u_1, u_2, x], \quad \forall u_1, u_2, x \in L$$

成立的双线性映射. 则 $(L, \mathrm{ad}, \alpha, \beta)$ 是 $(L, [\cdot, \cdot, \cdot], \alpha, \beta)$ 的表示, 称之为伴随表示.

证明　直接通过表示的定义计算可得到.　$\square$

命题 2.3.14　设 $(L, [\cdot, \cdot, \cdot], \alpha, \beta)$ 是 3-BiHom-李代数, $(M, \rho, \alpha_M, \beta_M)$ 是 L 的表示. 假设 α 和 β_M 是可逆的. 则 $L \ltimes M := (L \oplus M, [\cdot, \cdot, \cdot]_\rho, \alpha + \alpha_M, \beta + \beta_M)$ 是 3-

BiHom-李代数, 其中 $\alpha+\alpha_M, \beta+\beta_M : L\oplus M \to L\oplus M$ 的定义为 $(\alpha+\alpha_M)(u+x) = \alpha(u) + \alpha_M(x)$, $(\beta + \beta_M)(u + x) = \beta(u) + \beta_M(x)$, 且 $[\cdot,\cdot,\cdot]_\rho$ 定义为

$$[u+x,v+y,w+z]_\rho$$
$$= [u,v,z] + \rho(u,v)(z) - \rho(u,\alpha^{-1}\beta(w))(\alpha_M\beta_M^{-1}(y)) + \rho(v,\alpha^{-1}\beta(w))(\alpha_M\beta_M^{-1}(x)),$$

对任意的 $u,v,w \in L, x,y,z \in M$. 称 $L \ltimes M$ 是 $(L,[\cdot,\cdot,\cdot],\alpha,\beta)$ 和 M 的半直积.

证明　由 $\alpha\circ\beta = \beta\circ\alpha, \alpha_M\circ\beta_M = \beta_M\circ\alpha_M$, 我们有 $(\alpha+\alpha_M)\circ(\beta+\beta_M) = (\beta+\beta_M)\circ(\alpha+\alpha_M)$.

因为对任意的 $u,v,w \in L, x,y,z \in M$, 有

$$[(\alpha+\alpha_M)(u+x), (\alpha+\alpha_M)(v+y), (\alpha+\alpha_M)(w+z)]_\rho$$
$$= [\alpha(u)+\alpha_M(x), \alpha(v)+\alpha_M(y), \alpha(w)+\alpha_M(z)]_\rho$$
$$= [\alpha(u),\alpha(v),\alpha(w)] + \rho(\alpha(u),\alpha(v))(\alpha_M(z)) - \rho(\alpha(u),\alpha^{-1}\beta\alpha(w))(\alpha_M\beta_M^{-1}\alpha_M(y))$$
$$+ \rho(\alpha(v),\alpha^{-1}\beta\alpha(w))(\alpha_M\beta_M^{-1}\alpha_M(x))$$
$$= \alpha([u,v,w]) + \alpha_M\rho(u,v)(z) - \alpha_M\rho(u,\alpha^{-1}\beta(w))(\alpha_M\beta_M^{-1}(y))$$
$$+ \alpha_M\rho(v,\alpha^{-1}\beta(w))(\alpha_M\beta_M^{-1}(x))$$
$$= (\alpha+\alpha_M)([u+x,v+y,w+z]_\rho).$$

所以 $\alpha+\alpha_M$ 是代数同态. 同理, $\beta+\beta_M$ 是代数同态.

接下来验证 $[\cdot,\cdot,\cdot]_\rho$ 满足 BiHom-斜对称性,

$$[(\beta+\beta_M)(u+x), (\beta+\beta_M)(v+y), (\alpha+\alpha_M)(w+z)]_\rho$$
$$=[\beta(u)+\beta_M(x), \beta(v)+\beta_M(y), \alpha(w)+\alpha_M(z)]_\rho$$
$$=[\beta(u),\beta(v),\alpha(w)] + \rho(\beta(u),\beta(v))(\alpha_M(z)) - \rho(\beta(u),\alpha^{-1}\beta\alpha(w))(\alpha_M\beta_M^{-1}\beta_M(y))$$
$$+ \rho(\beta(v),\alpha^{-1}\beta\alpha(w))(\alpha_M\beta_M^{-1}\beta_M(x))$$
$$= -[\beta(v),\beta(u),\alpha(w)] - \rho(\beta(v),\beta(u))(\alpha_M(z)) + \rho(\beta(v),\alpha^{-1}\beta\alpha(w))(\alpha_M\beta_M^{-1}\beta_M(x))$$
$$- \rho(\beta(u),\alpha^{-1}\beta\alpha(w))(\alpha_M\beta_M^{-1}\beta_M(y))$$
$$= -[(\beta+\beta_M)(v+y), (\beta+\beta_M)(u+x), (\alpha+\alpha_M)(w+z)]_\rho.$$

类似地有 $[(\beta+\beta_M)(u+x), (\beta+\beta_M)(v+y), (\alpha+\alpha_M)(w+z)]_\rho = -[(\beta+\beta_M)(u+x), (\beta+\beta_M)(w+z), (\alpha+\alpha_M)(v+y)]_\rho$.

最后我们能得到, 对任意 $u_i \in L, x_i \in M, i = 1,2,3,4,5$,

$$[(\beta+\beta_M)^2(u_1+x_1), (\beta+\beta_M)^2(u_2+x_2), [(\beta+\beta_M)(u_3+x_3), (\beta+\beta_M)(u_4+x_4),$$

$$(\alpha + \alpha_M)(u_5 + x_5)]_\rho]_\rho$$
$$= [\beta^2(u_1) + \beta_M^2(x_1), \beta^2(u_2) + \beta_M^2(x_2), [\beta(u_3) + \beta_M(x_3), \beta(u_4) + \beta_M(x_4), \alpha(u_5)$$
$$\quad + \alpha_M(x_5)]_\rho]_\rho$$
$$= [\beta^2(u_1) + \beta_M^2(x_1), \beta^2(u_2) + \beta_M^2(x_2), [\beta(u_3), \beta(u_4), \alpha(u_5)]$$
$$\quad + \rho(\beta(u_3), \beta(u_4))(\alpha_M(x_5))$$
$$\quad - \rho(\beta(u_3), \beta(u_5))(\alpha_M(x_4)) + \rho(\beta(u_4), \beta(u_5))(\alpha_M(x_3))]_\rho$$
$$= [\beta^2(u_1), \beta^2(u_2), [\beta(u_3), \beta(u_4), \alpha(u_5)]] + \rho(\beta^2(u_1), \beta^2(u_2))$$
$$\quad \cdot \big(\rho(\beta(u_3), \beta(u_4))(\alpha_M(x_5))$$
$$\quad - \rho(\beta(u_3), \beta(u_5))(\alpha_M(x_4)) + \rho(\beta(u_4), \beta(u_5))(\alpha_M(x_3))\big)$$
$$\quad - \rho(\beta^2(u_1), \alpha^{-1}\beta([\beta(u_3), \beta(u_4), \alpha(u_5)]))(\alpha_M\beta_M(x_2))$$
$$\quad + \rho(\beta^2(u_2), \alpha^{-1}\beta([\beta(u_3), \beta(u_4), \alpha(u_5)]))(\alpha_M\beta_M(x_1))$$
$$= [\beta^2(u_4), \beta^2(u_5), [\beta(u_1), \beta(u_2), \alpha(u_3)]] - [\beta^2(u_3), \beta^2(u_5), [\beta(u_1), \beta(u_2), \alpha(u_4)]]$$
$$\quad + [\beta^2(u_3), \beta^2(u_4), [\beta(u_1), \beta(u_2), \alpha(u_5)]] + \rho(\beta^2(u_3), \beta^2(u_4))\rho(\beta(u_1), \beta(u_2))(\alpha_M(x_5))$$
$$\quad + \rho(\alpha^{-1}\beta([\beta(u_1), \beta(u_2), \alpha(u_3)]), \beta^2(u_4))(\alpha_M\beta_M(x_5))$$
$$\quad + \rho(\beta^2(u_3), \alpha^{-1}\beta([\beta(u_1), \beta(u_2), \alpha(u_4)]))(\alpha_M\beta_M(x_5))$$
$$\quad - \rho(\beta^2(u_3), \beta^2(u_5))\rho(\beta(u_1), \beta(u_2))(\alpha_M(x_4))$$
$$\quad - \rho(\alpha^{-1}\beta([\beta(u_1), \beta(u_2), \alpha(u_3)]), \beta^2(u_5))(\alpha_M\beta_M(x_4))$$
$$\quad - \rho(\beta^2(u_3), \alpha^{-1}\beta([\beta(u_1), \beta(u_2), \alpha(u_5)]))(\alpha_M\beta_M(x_4))$$
$$\quad + \rho(\beta^2(u_4), \beta^2(u_5))\rho(\beta(u_1), \beta(u_2))(\alpha_M(x_3))$$
$$\quad + \rho(\alpha^{-1}\beta([\beta(u_1), \beta(u_2), \alpha(u_4)]), \beta^2(u_5))(\alpha_M\beta_M(x_3))$$
$$\quad + \rho(\beta^2(u_4), \alpha^{-1}\beta([\beta(u_1), \beta(u_2), \alpha(u_5)]))(\alpha_M\beta_M(x_3))$$
$$\quad + \rho(\beta^2(u_4), \beta^2(u_5))\rho(\beta(u_3), \beta(u_1))(\alpha_M(x_2))$$
$$\quad + \rho(\beta^2(u_5), \beta^2(u_3))\rho(\beta(u_4), \beta(u_1))(\alpha_M(x_2))$$
$$\quad + \rho(\beta^2(u_3), \beta^2(u_4))\rho(\beta(u_5), \beta(u_1))(\alpha_M(x_2))$$
$$\quad - \rho(\beta^2(u_4), \beta^2(u_5))\rho(\beta(u_3), \beta(u_2))(\alpha_M(x_1))$$
$$\quad - \rho(\beta^2(u_5), \beta^2(u_3))\rho(\beta(u_4), \beta(u_2))(\alpha_M(x_1))$$
$$\quad - \rho(\beta^2(u_3), \beta^2(u_4))\rho(\beta(u_5), \beta(u_2))(\alpha_M(x_1))$$
$$= [\beta^2(u_4), \beta^2(u_5), [\beta(u_1), \beta(u_2), \alpha(u_3)]]$$
$$\quad + \rho(\beta^2(u_4), \beta^2(u_5))\big(\rho(\beta(u_1), \beta(u_2))(\alpha_M(x_3))$$

$$- \rho(\beta(u_1), \beta(u_3))(\alpha_M(x_2)) + \rho(\beta(u_2), \beta(u_3))(\alpha_M(x_1)))$$

$$- \rho(\beta^2(u_4), \alpha^{-1}\beta([\beta(u_1), \beta(u_2), \alpha(u_3)]))(\alpha_M\beta_M(x_5))$$

$$+ \rho(\beta^2(u_5), \alpha^{-1}\beta([\beta(u_1), \beta(u_2), \alpha(u_3)]))(\alpha_M\beta_M(x_4))$$

$$- [\beta^2(u_3), \beta^2(u_5), [\beta(u_1), \beta(u_2), \alpha(u_4)]]$$

$$- \rho(\beta^2(u_3), \beta^2(u_5))\big(\rho(\beta(u_1), \beta(u_2))(\alpha_M(x_4))$$

$$- \rho(\beta(u_1), \beta(u_4))(\alpha_M(x_2)) + \rho(\beta(u_2), \beta(u_4))(\alpha_M(x_1)))$$

$$+ \rho(\beta^2(u_3), \alpha^{-1}\beta([\beta(u_1), \beta(u_2), \alpha(u_4)]))(\alpha_M\beta_M(x_5))$$

$$- \rho(\beta^2(u_5), \alpha^{-1}\beta([\beta(u_1), \beta(u_2), \alpha(u_4)]))(\alpha_M\beta_M(x_3))$$

$$+ [\beta^2(u_3), \beta^2(u_4), [\beta(u_1), \beta(u_2), \alpha(u_5)]]$$

$$+ \rho(\beta^2(u_3), \beta^2(u_4))\big(\rho(\beta(u_1), \beta(u_2))(\alpha_M(x_5))$$

$$- \rho(\beta(u_1), \beta(u_5))(\alpha_M(x_2)) + \rho(\beta(u_2), \beta(u_5))(\alpha_M(x_1)))$$

$$- \rho(\beta^2(u_3), \alpha^{-1}\beta([\beta(u_1), \beta(u_2), \alpha(u_4)]))(\alpha_M\beta_M(x_4))$$

$$+ \rho(\beta^2(u_4), \alpha^{-1}\beta([\beta(u_1), \beta(u_2), \alpha(u_5)]))(\alpha_M\beta_M(x_3))$$

$$= [(\beta+\beta_M)^2(u_4+x_4), (\beta+\beta_M)^2(u_5+x_5), [(\beta+\beta_M)(u_1+x_1), (\beta+\beta_M)(u_2+x_2),$$
$$(\alpha+\alpha_M)(u_3+x_3)]_\rho] - [(\beta+\beta_M)^2(u_3+x_3), (\beta+\beta_M)^2(u_5+x_5), [(\beta+\beta_M)(u_1+x_1),$$
$$(\beta+\beta_M)(u_2+x_2), (\alpha+\alpha_M)(u_4+x_4)]_\rho]_\rho + [(\beta+\beta_M)^2(u_3+x_3), (\beta+\beta_M)^2(u_4+x_4),$$
$$[(\beta+\beta_M)(u_1+x_1), (\beta+\beta_M)(u_2+x_2), (\alpha+\alpha_M)(u_5+x_5)]_\rho]_\rho.$$

综上, $L \ltimes M := (L \oplus M, [\cdot,\cdot,\cdot]_\rho, \alpha+\alpha_M, \beta+\beta_M)$ 是 3-BiHom-李代数. □

若 3-BiHom-李代数 $(L, [\cdot,\cdot,\cdot], \alpha, \beta)$ 中 α, β 是可逆映射, 则 3-BiHom-Jacobi 等式等价于

$$[[\beta(u), \beta(v), x], \beta(y), \beta(z)] + [\beta(x), [\beta(u), \beta(v), y], \beta(z)]$$
$$+ [\beta(x), \beta(y), [\alpha(u), \alpha(v), z]]$$
$$= [\alpha\beta(u), \alpha\beta(v)[x, y, z]]. \tag{2.21}$$

任取 $X = x_1 \wedge x_2, Y = y_1 \wedge y_2 \in \wedge^2 L$, 定义一个双线性映射 $[\cdot,\cdot]_\beta : \wedge^2 L \times \wedge^2 L \to \wedge^2 L$ 是

$$[X, Y]_\beta = [x_1, x_2, y_1] \wedge \beta(y_2) + \beta(y_1) \wedge [x_1, x_2, y_2].$$

记 $\alpha(X) \triangleq \alpha(x_1) \wedge \alpha(x_2), \beta(X) \triangleq \beta(x_1) \wedge \beta(x_2)$.

引理 2.3.15 映射 ad 满足对任意 $X, Y \in \wedge^2 L, z \in L$ 有

$$\mathrm{ad}([\beta(X), Y]_\beta)(\beta(z)) = \mathrm{ad}(\alpha\beta(X))(\mathrm{ad}(Y)(z)) - \mathrm{ad}(\beta(Y))(\mathrm{ad}(\alpha(X))(z)). \tag{2.22}$$

证明　由 ad 的定义和等式 (2.21), 可以得到

$$\mathrm{ad}(\alpha\beta(X))(\mathrm{ad}(Y)(z)) - \mathrm{ad}(\beta(Y))(\mathrm{ad}(\alpha(X))(z))$$

$$= [\alpha\beta(x_1), \alpha\beta(x_2), [y_1, y_2, z]] - [\beta(y_1), \beta(y_2), [\alpha(x_1), \alpha(x_2), z]]$$

$$= [[\beta(x_1), \beta(x_2), y_1], \beta(y_2), \beta(z)] + [\beta(y_1), [\beta(x_1), \beta(x_2), y_2], \beta(z)]$$

$$= \mathrm{ad}([\beta(X), Y]_\beta)(\beta(z)).$$

所以等式 (2.22) 成立.　　　　　　　　　　　　　　　　　　　　　　　　　　□

命题 2.3.16　任取 $X = x_1 \wedge x_2, Y = y_1 \wedge y_2, Z = z_1 \wedge z_2 \in \wedge^2 L$, 则

$$[\alpha\beta(X), [Y, Z]_\beta]_\beta = [[\beta(X), Y]_\beta, \beta(Z)]_\beta + [\beta(Y), [\alpha(X), Z]_\beta]_\beta. \tag{2.23}$$

证明　利用等式 (2.21), 可以计算得到

$$[[\beta(X), Y]_\beta, \beta(Z)]_\beta + [\beta(Y), [\alpha(X), Z]_\beta]_\beta$$

$$= [[\beta(x_1), \beta(x_2), y_1] \wedge \beta(y_2) + \beta(y_1) \wedge [\beta(x_1), \beta(x_2), y_2], \beta(Z)]_\beta$$

$$\quad + [\beta(Y), [\alpha(x_1), \alpha(x_2), z_1] \wedge \beta(z_2) + \beta(z_1) \wedge [\alpha(x_1), \alpha(x_2), z_2]]_\beta$$

$$= [[\beta(x_1), \beta(x_2), y_1], \beta(y_2), \beta(z_1)] \wedge \beta^2(z_2)$$

$$\quad + \beta^2(z_1) \wedge [[\beta(x_1), \beta(x_2), y_1], \beta(y_2), \beta(z_2)]$$

$$\quad + [\beta(y_1), [\beta(x_1), \beta(x_2), y_2], \beta(z_1)] \wedge \beta^2(z_2)$$

$$\quad + \beta^2(z_1) \wedge [\beta(y_1), [\beta(x_1), \beta(x_2), y_2], \beta(z_2)]$$

$$\quad + [\beta(y_1), \beta(y_2), [\alpha(x_1), \alpha(x_2), z_1]] \wedge \beta^2(z_2)$$

$$\quad + \beta([\alpha(x_1), \alpha(x_2), z_1]) \wedge [\beta(y_1), \beta(y_2), \beta(z_2)]$$

$$\quad + [\beta(y_1), \beta(y_2), \beta(z_1)] \wedge \beta([\alpha(x_1), \alpha(x_2), z_2])$$

$$\quad + \beta^2(z_1) \wedge [\beta(y_1), \beta(y_2), [\alpha(x_1), \alpha(x_2), z_2]]$$

$$= [[\beta(x_1), \beta(x_2), y_1], \beta(y_2), \beta(z_1)] \wedge \beta^2(z_2)$$

$$\quad + [\beta(y_1), [\beta(x_1), \beta(x_2), y_2], \beta(z_1)] \wedge \beta^2(z_2)$$

$$\quad + [\beta(y_1), \beta(y_2), [\alpha(x_1), \alpha(x_2), z_1]] \wedge \beta^2(z_2)$$

$$\quad + [\beta(y_1), \beta(y_2), \beta(z_1)] \wedge \beta([\alpha(x_1), \alpha(x_2), z_2])$$

$$\quad + \beta([\alpha(x_1), \alpha(x_2), z_1]) \wedge [\beta(y_1), \beta(y_2), \beta(z_2)]$$

$$\quad + \beta^2(z_1) \wedge [[\beta(x_1), \beta(x_2), y_1], \beta(y_2), \beta(z_2)]$$

$$\quad + \beta^2(z_1) \wedge [\beta(y_1), [\beta(x_1), \beta(x_2), y_2], \beta(z_2)]$$

$$\quad + \beta^2(z_1) \wedge [\beta(y_1), \beta(y_2), [\alpha(x_1), \alpha(x_2), z_2]]$$

$$= [\alpha\beta(x_1), \alpha\beta(x_2), [y_1, y_2, z_1]] \wedge \beta^2(z_2)$$
$$+ \beta([y_1, y_2, z_1]) \wedge [\alpha\beta(x_1), \alpha\beta(x_2), \beta(z_2)]$$
$$+ [\alpha\beta(x_1), \alpha\beta(x_2), \beta(z_1)] \wedge \beta([y_1, y_2, z_2])$$
$$+ \beta^2(z_1) \wedge [\alpha\beta(x_1), \alpha\beta(x_2), [y_1, y_2, z_2]]$$
$$= [\alpha\beta(X), [y_1, y_2, z_1] \wedge \beta(z_2) + \beta(z_1) \wedge [y_1, y_2, z_2]]_\beta$$
$$= [\alpha\beta(X), [Y, Z]_\beta]_\beta.$$

因此命题成立. □

接下来我们考虑 3-BiHom-李代数的上同调.

设 $(M, \rho, \alpha_M, \beta_M)$ 是 $(L, [\cdot, \cdot, \cdot], \alpha, \beta)$ 的表示, $\varphi : \wedge^2 L \times \cdots \times \wedge^2 L \times L \to M$ 是斜对称 $(2p-1)$-线性映射. 记

$$C^{p-1}_{\substack{(\alpha, \alpha_M) \\ (\beta, \beta_M)}}(L, M) \triangleq \{\varphi : \wedge^2 L \times \cdots \times \wedge^2 L \times L \to M | \alpha_M \circ \varphi = \varphi \circ \alpha, \beta_M \circ \varphi = \varphi \circ \beta\}.$$

此时称 φ 是一个 p-BiHom-上链.

对任意整数 $p \geqslant 1$, 定义上边缘算子 $\delta^p : C^{p-1}_{\substack{(\alpha, \alpha_M) \\ (\beta, \beta_M)}}(L, M) \to C^p_{\substack{(\alpha, \alpha_M) \\ (\beta, \beta_M)}}(L, M)$,

$$\delta^p \varphi(X_1, \cdots, X_p, z)$$
$$= \sum_{1 \leqslant i < j \leqslant p} (-1)^i \varphi(\beta(X_1), \cdots, \widehat{X_i}, \cdots, [\alpha^{-1}\beta(X_i), X_j]_\beta, \cdots, \beta(X_p), \beta(z))$$
$$+ \sum_{i \leqslant p} (-1)^i \varphi(\beta(X_1), \cdots, \widehat{X_i}, \cdots, \beta(X_p), \mathrm{ad}(\alpha^{-1}\beta(X_i))(z))$$
$$+ \sum_{i \leqslant p} (-1)^{i+1} \rho(\alpha\beta^{p-1}(X_i))\varphi(X_1, \cdots, \widehat{X_i}, \cdots, X_p, z)$$
$$+ (-1)^{p+1} \rho(\alpha\beta^{p-1}(x_p^2), \alpha\beta^{p-1}(z))\varphi(X_1, \cdots, X_p, x_p^1) + (-1)^p \rho(\alpha\beta^{p-1}(x_p^1),$$
$$\alpha\beta^{p-1}(z))\varphi(X_1, \cdots, X_p, x_p^2),$$

$\forall z \in L, X_i = x_i^1 \wedge x_i^2 \in \wedge^2 L, i = 1, \cdots, p.$

由定义可以看出 $\delta^p \varphi$ 是一个 $(2p+1)$-线性映射. 断言: δ^p 定义合理, 即 $\alpha_M \circ \delta^p \varphi = \delta^p \varphi \circ \alpha$ 并且 $\beta_M \circ \delta^p \varphi = \delta^p \varphi \circ \beta$. 事实上, 我们可以计算得出

$$\delta^p \varphi(\alpha(X_1), \cdots, \alpha(X_p), \alpha(z))$$
$$= \sum_{1 \leqslant i < j \leqslant p} (-1)^i \varphi(\alpha\beta(X_1), \cdots, \widehat{X_i}, \cdots, [\alpha\alpha^{-1}\beta(X_i), \alpha(X_j)]_\beta, \cdots, \alpha\beta(X_p), \alpha\beta(z))$$
$$+ \sum_{i \leqslant p} (-1)^i \varphi(\alpha\beta(X_1), \cdots, \widehat{X_i}, \cdots, \alpha\beta(X_p), \mathrm{ad}(\alpha\alpha^{-1}\beta(X_i))(\alpha(z)))$$

$$+ \sum_{i \leqslant p} (-1)^{i+1} \rho(\alpha \beta^{p-1} \alpha(X_i)) \varphi(\alpha(X_1), \cdots, \widehat{X_i}, \cdots, \alpha(X_p), \alpha(z))$$

$$+ (-1)^{p+1} \rho(\alpha \beta^{p-1} \alpha(x_p^2), \alpha \beta^{p-1} \alpha(z)) \varphi(\alpha(X_1), \cdots, \alpha(X_p), \alpha(x_p^1))$$

$$+ (-1)^p \rho(\alpha \beta^{p-1} \alpha(x_p^1), \alpha \beta^{p-1} \alpha(z)) \varphi(\alpha(X_1), \cdots, \alpha(X_p), \alpha(x_p^2))$$

$$= \sum_{1 \leqslant i < j \leqslant p} (-1)^i \alpha_M \varphi(\beta(X_1), \cdots, \widehat{X_i}, \cdots, [\alpha^{-1}\beta(X_i), X_j]_\beta, \cdots, \beta(X_p), \beta(z))$$

$$+ \sum_{i \leqslant p} (-1)^i \alpha_M \varphi(\beta(X_1), \cdots, \widehat{X_i}, \cdots, \beta(X_p), \mathrm{ad}(\alpha^{-1}\beta(X_i))(z))$$

$$+ \sum_{i \leqslant p} (-1)^{i+1} \rho(\alpha \beta^{p-1} \alpha(X_i)) \alpha_M \varphi(X_1, \cdots, \widehat{X_i}, \cdots, X_p, z)$$

$$+ (-1)^{p+1} \rho(\alpha \beta^{p-1} \alpha(x_p^2), \alpha \beta^{p-1} \alpha(z)) \alpha_M \varphi(X_1, \cdots, X_p, x_p^1)$$

$$+ (-1)^p \rho(\alpha \beta^{p-1} \alpha(x_p^1), \alpha \beta^{p-1} \alpha(z)) \alpha_M \varphi(X_1, \cdots, X_p, x_p^2)$$

$$= \alpha_M \bigg(\sum_{1 \leqslant i < j \leqslant p} (-1)^i \varphi(\beta(X_1), \cdots, \widehat{X_i}, \cdots, [\alpha^{-1}\beta(X_i), X_j]_\beta, \cdots, \beta(X_p), \beta(z)) \bigg)$$

$$+ \sum_{i \leqslant p} (-1)^i \varphi(\beta(X_1), \cdots, \widehat{X_i}, \cdots, \beta(X_p), \mathrm{ad}(\alpha^{-1}\beta(X_i))(z))$$

$$+ \sum_{i \leqslant p} (-1)^{i+1} \rho(\alpha \beta^{p-1}(X_i)) \varphi(X_1, \cdots, \widehat{X_i}, \cdots, X_p, z)$$

$$+ (-1)^{p+1} \rho(\alpha \beta^{p-1}(x_p^2), \alpha \beta^{p-1}(z)) \varphi(X_1, \cdots, X_p, x_p^1)$$

$$+ (-1)^p \rho(\alpha \beta^{p-1}(x_p^1), \alpha \beta^{p-1}(z)) \varphi(X_1, \cdots, X_p, x_p^2) \bigg)$$

$$= \alpha_M \delta^p \varphi(X_1, \cdots, X_p, z).$$

同理有 $\beta_M \delta^p \varphi(X_1, \cdots, X_p, z) = \delta^p \varphi(\beta(X_1), \cdots, \beta(X_p), \beta(z))$.

命题 2.3.17　设 $\varphi \in C^{p-1}_{\substack{(\alpha, \alpha_M) \\ (\beta, \beta_M)}}(L, M)$ 是一个 p-BiHom-上链. 则有

$$\delta^{p+1} \delta^p(\varphi) = 0.$$

证明　我们可以把 δ^p 和 $\delta^{p+1}\delta^p$ 写成

$$\delta^p = \delta_1^p + \delta_2^p + \delta_3^p + \delta_4^p \ \text{和} \ \delta^{p+1}\delta^p = \sum_{i,j=1}^4 \delta_i^{p+1}\delta_j^p,$$

其中

$$\delta_1^p \varphi(X_1, \cdots, X_p, z)$$

$$= \sum_{1 \leqslant i < j \leqslant p} (-1)^i \varphi(\beta(X_1), \cdots, \widehat{X_i}, \cdots, [\alpha^{-1}\beta(X_i), X_j]_\beta, \cdots, \beta(X_p), \beta(z)),$$

$$\delta_2^p \varphi(X_1, \cdots, X_p, z) = \sum_{i \leqslant p} (-1)^i \varphi(\beta(X_1), \cdots, \widehat{X_i}, \cdots, \beta(X_p), \mathrm{ad}(\alpha^{-1}\beta(X_i))(z)),$$

$$\delta_3^p \varphi(X_1, \cdots, X_p, z) = \sum_{i \leqslant p} (-1)^{i+1} \rho(\alpha\beta^{p-1}(X_i)) \varphi(X_1, \cdots, \widehat{X_i}, \cdots, X_p, z),$$

$$\delta_4^p \varphi(X_1, \cdots, X_p, z)$$
$$= (-1)^{p+1} \rho(\alpha\beta^{p-1}(x_p^2), \alpha\beta^{p-1}(z)) \varphi(X_1, \cdots, X_p, x_p^1)$$
$$+ (-1)^p \rho(\alpha\beta^{p-1}(x_p^1), \alpha\beta^{p-1}(z)) \varphi(X_1, \cdots, X_p, x_p^2).$$

首先我们计算 $\delta_1^{p+1}\delta_1^p$ 有

$$\delta_1^{p+1}\delta_1^p \varphi(X_1, \cdots, X_p, z)$$
$$= \delta_1^{p+1} \sum_{1 \leqslant i < j \leqslant p} (-1)^i \varphi(\beta(X_1), \cdots, \widehat{X_i}, \cdots, [\alpha^{-1}\beta(X_i), X_j]_\beta, \cdots, \beta(X_p), \beta(z))$$
$$= \sum_{1 \leqslant k < l < i < j \leqslant p} (-1)^{i+k} \varphi(\beta^2(X_1), \cdots, \widehat{X_k}, \cdots, [\alpha^{-1}\beta^2(X_k), \beta(X_l)]_\beta, \cdots, \widehat{X_i}, \cdots,$$
$$\beta[\alpha^{-1}\beta(X_i), X_j]_\beta, \cdots, \beta^2(X_p), \beta^2(z))$$
$$+ \sum_{1 \leqslant k < i < l < j \leqslant p} (-1)^{i+k} \varphi(\beta^2(X_1), \cdots, \widehat{X_k}, \cdots, \widehat{X_i}, \cdots, [\alpha^{-1}\beta^2(X_k), \beta(X_l)]_\beta, \cdots,$$
$$\beta[\alpha^{-1}\beta(X_i), X_j]_\beta, \cdots, \beta^2(X_p), \beta^2(z))$$
$$+ \sum_{1 \leqslant k < i < j < l \leqslant p} (-1)^{i+k} \varphi(\beta^2(X_1), \cdots, \widehat{X_k}, \cdots, \widehat{X_i}, \cdots, \beta[\alpha^{-1}\beta(X_i), X_j]_\beta, \cdots,$$
$$[\alpha^{-1}\beta^2(X_k), \beta(X_l)]_\beta, \cdots, \beta^2(X_p), \beta^2(z))$$
$$+ \sum_{1 \leqslant i < k < l < j \leqslant p} (-1)^{i+k-1} \varphi(\beta^2(X_1), \cdots, \widehat{X_i}, \cdots, \widehat{X_k}, \cdots, [\alpha^{-1}\beta^2(X_k), \beta(X_l)]_\beta,$$
$$\cdots, \beta[\alpha^{-1}\beta(X_i), X_j]_\beta, \cdots, \beta^2(X_p), \beta^2(z))$$
$$+ \sum_{1 \leqslant i < k < j < l \leqslant p} (-1)^{i+k-1} \varphi(\beta^2(X_1), \cdots, \widehat{X_i}, \cdots, \widehat{X_k}, \cdots, \beta[\alpha^{-1}\beta(X_i), X_j]_\beta, \cdots,$$
$$[\alpha^{-1}\beta^2(X_k), \beta(X_l)]_\beta, \cdots, \beta^2(X_p), \beta^2(z))$$
$$+ \sum_{1 \leqslant i < j < k < l \leqslant p} (-1)^{i+k-1} \varphi(\beta^2(X_1), \cdots, \widehat{X_i}, \cdots, \beta[\alpha^{-1}\beta(X_i), X_j]_\beta, \cdots, \widehat{X_k}, \cdots,$$
$$[\alpha^{-1}\beta^2(X_k), \beta(X_l)]_\beta, \cdots, \beta^2(X_p), \beta^2(z))$$
$$+ \sum_{1 \leqslant k < i < j \leqslant p} (-1)^{i+k} \varphi(\beta^2(X_1), \cdots, \widehat{X_k}, \cdots, \widehat{X_i}, \cdots, [\alpha^{-1}\beta^2(X_k), [\alpha^{-1}\beta(X_i),$$

$X_j]_\beta]_\beta, \cdots, \beta^2(X_p), \beta^2(z))$

$$+ \sum_{1 \leqslant i < k < j \leqslant p} (-1)^{i+k-1} \varphi(\beta^2(X_1), \cdots, \widehat{X_i}, \cdots, \widehat{X_k}, \cdots, [\alpha^{-1}\beta^2(X_k), [\alpha^{-1}\beta(X_i),$$

$X_j]_\beta]_\beta, \cdots, \beta^2(X_p), \beta^2(z))$

$$+ \sum_{1 \leqslant i < j < k \leqslant p} (-1)^{i+j-1} \varphi(\beta^2(X_1), \cdots, \widehat{X_i}, \cdots, \widehat{X_j}, \cdots, [\alpha^{-1}\beta[\alpha^{-1}\beta(X_i),$$

$X_j]_\beta, \beta(X_k)]_\beta, \cdots, \beta^2(X_p), \beta^2(z))$

$$= \sum_{1 \leqslant i < k < j \leqslant p} (-1)^{i+k} \varphi(\beta^2(X_1), \cdots, \widehat{X_i}, \cdots, \widehat{X_k}, \cdots, [\alpha^{-1}\beta^2(X_i), [\alpha^{-1}\beta(X_k),$$

$X_j]_\beta]_\beta, \cdots, \beta^2(X_p), \beta^2(z))$

$$+ \sum_{1 \leqslant i < k < j \leqslant p} (-1)^{i+k-1} \varphi(\beta^2(X_1), \cdots, \widehat{X_i}, \cdots, \widehat{X_k}, \cdots, [\alpha^{-1}\beta^2(X_k), [\alpha^{-1}\beta(X_i),$$

$X_j]_\beta]_\beta, \cdots, \beta^2(X_p), \beta^2(z))$

$$+ \sum_{1 \leqslant i < k < j \leqslant p} (-1)^{i+k-1} \varphi(\beta^2(X_1), \cdots, \widehat{X_i}, \cdots, \widehat{X_k}, \cdots, [\alpha^{-1}\beta[\alpha^{-1}\beta(X_i), X_k]_\beta,$$

$\beta(X_j)]_\beta, \cdots, \beta^2(X_p), \beta^2(z)).$

应用命题 2.3.16, 可以得到 $\delta_1^{p+1}\delta_1^p \varphi = 0$.

其次, 由引理 2.3.15 能得到

$(\delta_1^{p+1}\delta_2^p + \delta_2^{p+1}\delta_1^p + \delta_2^{p+1}\delta_2^p)\varphi(X_1, \cdots, X_p, z)$

$$= \sum_{1 \leqslant i < k < j \leqslant p} (-1)^{i+j} \varphi(\beta^2(X_1), \cdots, \widehat{X_i}, \cdots, [\alpha^{-1}\beta^2(X_i), \beta(X_k)]_\beta, \cdots, \widehat{X_j}, \cdots,$$

$\beta^2(X_p), \beta \mathrm{ad}(\alpha^{-1}\beta(X_j))(z))$

$$+ \sum_{1 \leqslant i < k < j \leqslant p} (-1)^{i+k} \varphi(\beta^2(X_1), \cdots, \widehat{X_i}, \cdots, \widehat{X_k}, \cdots [\alpha^{-1}\beta^2(X_i), \beta(X_j)]_\beta, \cdots,$$

$\beta^2(X_p), \beta \mathrm{ad}(\alpha^{-1}\beta(X_k))(z))$

$$+ \sum_{1 \leqslant i < k < j \leqslant p} (-1)^{i+k-1} \varphi(\beta^2(X_1), \cdots, \widehat{X_i}, \cdots, \widehat{X_k}, \cdots [\alpha^{-1}\beta^2(X_k), \beta(X_j)]_\beta, \cdots,$$

$\beta^2(X_p), \beta \mathrm{ad}(\alpha^{-1}\beta(X_i))(z))$

$$+ \sum_{1 \leqslant i < k < j \leqslant p} (-1)^{i+k} \varphi(\beta^2(X_1), \cdots, \widehat{X_i}, \cdots, \widehat{X_k}, \cdots [\alpha^{-1}\beta^2(X_k), \beta(X_j)]_\beta, \cdots,$$

$\beta^2(X_p), \mathrm{ad}(\alpha^{-1}\beta^2(X_i))\beta(z))$

$$+ \sum_{1 \leqslant i < k < j \leqslant p} (-1)^{i+k-1} \varphi(\beta^2(X_1), \cdots, \widehat{X_i}, \cdots, \widehat{X_k}, \cdots [\alpha^{-1}\beta^2(X_i), \beta(X_j)]_\beta, \cdots,$$

$\beta^2(X_p), \mathrm{ad}(\alpha^{-1}\beta^2(X_k))\beta(z))$

$$+ \sum_{1\leqslant i<k<j\leqslant p} (-1)^{i+j-1}\varphi(\beta^2(X_1),\cdots,\widehat{X_i},\cdots,[\alpha^{-1}\beta^2(X_i),\beta(X_k)]_\beta,\cdots,\widehat{X_j},\cdots,$$

$\beta^2(X_p), \mathrm{ad}(\alpha^{-1}\beta^2(X_j))\beta(z))$

$$+ \sum_{1\leqslant i<j\leqslant p} (-1)^{i+j-1}\varphi(\beta^2(X_1),\cdots,\widehat{X_i},\cdots,\widehat{X_j},\cdots,\beta^2(X_p),$$

$\mathrm{ad}(\alpha^{-1}\beta[\alpha^{-1}\beta^2(X_i),\beta(X_j)]_\beta)\beta(z))$

$$+ \sum_{1\leqslant i<j\leqslant p} (-1)^{i+j}\varphi(\beta^2(X_1),\cdots,\widehat{X_i},\cdots,\widehat{X_j},\cdots,\beta^2(X_p),$$

$\mathrm{ad}(\alpha^{-1}\beta^2(X_i)\mathrm{ad}\alpha^{-1}\beta(X_j)\beta(z))$

$$+ \sum_{1\leqslant i<j\leqslant p} (-1)^{i+j-1}\varphi(\beta^2(X_1),\cdots,\widehat{X_i},\cdots,\widehat{X_j},\cdots,\beta^2(X_p),$$

$\mathrm{ad}(\alpha^{-1}\beta^2(X_j)\mathrm{ad}\alpha^{-1}\beta(X_i)\beta(z))$

$= 0.$

通过直接的计算有

$$(\delta_2^{p+1}\delta_3^p + \delta_3^{p+1}\delta_2^p)\varphi(X_1,\cdots,X_p,z)$$

$$= \sum_{1\leqslant i<j\leqslant p} (-1)^{i+j}\rho(\alpha\beta^{p-1}(X_i))\varphi(\beta(X_1),\cdots,\widehat{X_i},\cdots,\widehat{X_j},\cdots,\beta(X_p),$$

$\mathrm{ad}\alpha^{-1}\beta(X_j)\beta(z))$

$$+ \sum_{1\leqslant i<j\leqslant p} (-1)^{i+j+1}\rho(\alpha\beta^{p-1}(X_j))\varphi(\beta(X_1),\cdots,\widehat{X_i},\cdots,\widehat{X_j},\cdots,\beta(X_p),$$

$\mathrm{ad}\alpha^{-1}\beta(X_i)\beta(z))$

$$+ \sum_{1\leqslant i<j\leqslant p} (-1)^{i+j}\rho(\alpha\beta^{p-1}(X_j))\varphi(\beta(X_1),\cdots,\widehat{X_i},\cdots,\widehat{X_j},\cdots,\beta(X_p),$$

$\mathrm{ad}\alpha^{-1}\beta(X_i)\beta(z))$

$$+ \sum_{1\leqslant i<j\leqslant p} (-1)^{i+j+1}\rho(\alpha\beta^{p-1}(X_i))\varphi(\beta(X_1),\cdots,\widehat{X_i},\cdots,\widehat{X_j},\cdots,\beta(X_p),$$

$\mathrm{ad}\alpha^{-1}\beta(X_j)\beta(z))$

$= 0.$

利用定义 2.3.12 中的条件 (3), 可以有

$$(\delta_1^{p+1}\delta_3^p + \delta_3^{p+1}\delta_1^p + \delta_3^{p+1}\delta_3^p)\varphi(X_1,\cdots,X_p,z)$$

$$
\begin{aligned}
=& \sum_{1\leqslant i<k<j\leqslant p}(-1)^{i+j+1}\rho(\alpha\beta^{p-1}(X_j))\varphi(\beta(X_1),\cdots,\widehat{X_i},\cdots,[\alpha^{-1}\beta(X_i),X_k]_\beta,\cdots,\widehat{X_j},\\
&\cdots,\beta(X_p),\beta(z))\\
+& \sum_{1\leqslant i<k<j\leqslant p}(-1)^{i+k+1}\rho(\alpha\beta^{p-1}(X_k))\varphi(\beta(X_1),\cdots,\widehat{X_i},\cdots,\widehat{X_k},\cdots,[\alpha^{-1}\beta(X_i),X_j]_\beta,\\
&\cdots,\beta(X_p),\beta(z))\\
+& \sum_{1\leqslant i<k<j\leqslant p}(-1)^{i+k}\rho(\alpha\beta^{p-1}(X_i))\varphi(\beta(X_1),\cdots,\widehat{X_i},\cdots,\widehat{X_k},\cdots,[\alpha^{-1}\beta(X_k),X_j]_\beta,\\
&\cdots,\beta(X_p),\beta(z))\\
+& \sum_{1\leqslant i<k<j\leqslant p}(-1)^{i+k+1}\rho(\alpha\beta^{p-1}(X_i))\varphi(\beta(X_1),\cdots,\widehat{X_i},\cdots,\widehat{X_k},\cdots,[\alpha^{-1}\beta(X_k),X_j]_\beta,\\
&\cdots,\beta(X_p),\beta(z))\\
+& \sum_{1\leqslant i<k<j\leqslant p}(-1)^{i+k}\rho(\alpha\beta^{p-1}(X_k))\varphi(\beta(X_1),\cdots,\widehat{X_i},\cdots,\widehat{X_k},\cdots,[\alpha^{-1}\beta(X_i),X_j]_\beta,\\
&\cdots,\beta(X_p),\beta(z))\\
+& \sum_{1\leqslant i<k<j\leqslant p}(-1)^{i+j}\rho(\alpha\beta^{p-1}(X_j))\varphi(\beta(X_1),\cdots,\widehat{X_i},\cdots,[\alpha^{-1}\beta(X_i),X_k]_\beta,\cdots,\widehat{X_j},\\
&\cdots,\beta(X_p),\beta(z))\\
+& \sum_{1\leqslant i<j\leqslant p}(-1)^{i+j}\rho(\alpha\beta^{p-2}[\alpha^{-1}\beta(X_i),X_j]_\beta)\varphi(\beta(X_1),\cdots,\widehat{X_i},\cdots,\widehat{X_j},\cdots,\beta(X_p),\beta(z))\\
+& \sum_{1\leqslant i<j\leqslant p}(-1)^{i+j+1}\rho(\alpha\beta^{p-1}(X_i))\rho(\alpha\beta^{p-2}(X_j))\varphi(X_1,\cdots,\widehat{X_i},\cdots,\widehat{X_j},\cdots,X_p,z)\\
+& \sum_{1\leqslant i<j\leqslant p}(-1)^{i+j}\rho(\alpha\beta^{p-1}(X_j))\rho(\alpha\beta^{p-2}(X_i))\varphi(X_1,\cdots,\widehat{X_i},\cdots,\widehat{X_j},\cdots,X_p,z)\\
=& \sum_{1\leqslant i<j\leqslant p}(-1)^{i+j}\rho(\alpha\beta^{p-2}[\alpha^{-1}\beta(X_i),X_j]_\beta)\beta_M\varphi(X_1,\cdots,\widehat{X_i},\cdots,\widehat{X_j},\cdots,X_p,z)\\
+& \sum_{1\leqslant i<j\leqslant p}(-1)^{i+j+1}\rho(\alpha\beta^{p-1}(X_i))\rho(\alpha\beta^{p-2}(X_j))\varphi(X_1,\cdots,\widehat{X_i},\cdots,\widehat{X_j},\cdots,X_p,z)\\
+& \sum_{1\leqslant i<j\leqslant p}(-1)^{i+j}\rho(\alpha\beta^{p-1}(X_j))\rho(\alpha\beta^{p-2}(X_i))\varphi(X_1,\cdots,\widehat{X_i},\cdots,\widehat{X_j},\cdots,X_p,z)\\
=& 0.
\end{aligned}
$$

最后考虑剩下的项

$$
(\delta_1^{p+1}\delta_4^p+\delta_2^{p+1}\delta_4^p+\delta_4^{p+1}\delta_1^p+\delta_4^{p+1}\delta_2^p+\delta_4^{p+1}\delta_3^p+\delta_3^{p+1}\delta_4^p+\delta_4^{p+1}\delta_4^p)\varphi(X_1,\cdots,X_p,z)
$$

$$
= \sum_{1 \leqslant i < j \leqslant p-1} (-1)^{i+p+1} \rho(\alpha\beta^{p-1}(x_p^2), \alpha\beta^{p-1}(z)) \varphi(\beta(X_1), \cdots, \widehat{X_i}, \cdots, [\alpha^{-1}\beta(X_i),
$$

$$
X_j]_\beta, \cdots, \beta(X_{p-1}), \beta(x_p^1)) \tag{a1}
$$

$$
+ \sum_{1 \leqslant i < j \leqslant p-1} (-1)^{i+p} \rho(\alpha\beta^{p-1}(x_p^1), \alpha\beta^{p-1}(z)) \varphi(\beta(X_1), \cdots, \widehat{X_i}, \cdots, [\alpha^{-1}\beta(X_i),
$$

$$
X_j]_\beta, \cdots, \beta(X_{p-1}), \beta(x_p^2)) \tag{a2}
$$

$$
+ \sum_{1 \leqslant i \leqslant p-1} (-1)^{i+p+1} \rho(\alpha\beta^{p-1}(x_p^2), \alpha\beta^{p-1}(z)) \varphi(\beta(X_1), \cdots, \widehat{X_i}, \cdots, \beta(X_{p-1}),
$$

$$
\mathrm{ad}\alpha^{-1}\beta(X_i)(x_p^1)) \tag{a3}
$$

$$
+ \sum_{1 \leqslant i \leqslant p-1} (-1)^{i+p} \rho(\alpha\beta^{p-1}(x_p^1), \alpha\beta^{p-1}(z)) \varphi(\beta(X_1), \cdots, \widehat{X_i}, \cdots, \beta(X_{p-1}),
$$

$$
\mathrm{ad}\alpha^{-1}\beta(X_i)(x_p^2)) \tag{a4}
$$

$$
+ \sum_{1 \leqslant i < j \leqslant p-1} (-1)^{i+p} \rho(\alpha\beta^{p-1}(x_p^2), \alpha\beta^{p-1}(z)) \varphi(\beta(X_1), \cdots, \widehat{X_i}, \cdots, [\alpha^{-1}\beta(X_i),
$$

$$
X_j]_\beta, \quad \cdots, \beta(X_{p-1}), \beta(x_p^1)) \tag{a5}
$$

$$
+ \sum_{1 \leqslant i < j \leqslant p-1} (-1)^{i+p-1} \rho(\alpha\beta^{p-1}(x_p^1), \alpha\beta^{p-1}(z)) \varphi(\beta(X_1), \cdots, \widehat{X_i}, \cdots, [\alpha^{-1}\beta(X_i),
$$

$$
X_j]_\beta, \cdots, \beta(X_{p-1}), \beta(x_p^2)) \tag{a6}
$$

$$
+ \sum_{1 \leqslant i \leqslant p-1} (-1)^{i+p} \rho(\alpha\beta^{p-1}(x_p^2), \alpha\beta^{p-1}(z)) \varphi(\beta(X_1), \cdots, \widehat{X_i}, \cdots, \beta(X_{p-1}),
$$

$$
\mathrm{ad}\alpha^{-1}\beta(X_i)(x_p^1)) \tag{a7}
$$

$$
+ \sum_{1 \leqslant i \leqslant p-1} (-1)^{i+p} \rho(\alpha\beta^{p-2}\mathrm{ad}\alpha^{-1}\beta(X_i)(x_p^2), \alpha\beta^{p-1}(z)) \varphi(\beta(X_1), \cdots, \widehat{X_i}, \cdots,
$$

$$
\beta(X_{p-1}), \beta(x_p^1)) \tag{b1}
$$

$$
+ \sum_{1 \leqslant i \leqslant p-1} (-1)^{i+p-1} \rho(\alpha\beta^{p-2}\mathrm{ad}\alpha^{-1}\beta(X_i)(x_p^1), \alpha\beta^{p-1}(z)) \varphi(\beta(X_1), \cdots, \widehat{X_i}, \cdots,
$$

$$
\beta(X_{p-1}), \beta(x_p^2)) \tag{b2}
$$

$$
+ \sum_{1 \leqslant i \leqslant p-1} (-1)^{i+p-1} \rho(\alpha\beta^{p-1}(x_p^1), \alpha\beta^{p-1}(z)) \varphi(\beta(X_1), \cdots, \widehat{X_i}, \cdots, \beta(X_{p-1}),
$$

$$
\mathrm{ad}\alpha^{-1}\beta(X_i)(x_p^2)) \tag{a8}
$$

$$
+ \sum_{1 \leqslant i \leqslant p-1} (-1)^{i+p} \rho(\alpha\beta^{p-1}(x_p^2), \alpha\beta^{p-2}\mathrm{ad}\alpha^{-1}\beta(X_i)(z)) \varphi(\beta(X_1), \cdots, \widehat{X_i}, \cdots,
$$

$$
\beta(X_{p-1}), \beta(x_p^1)) \tag{b3}
$$

$$+ \sum_{1 \leqslant i \leqslant p-1} (-1)^{i+p-1} \rho(\alpha\beta^{p-1}(x_p^1), \alpha\beta^{p-2}\mathrm{ad}\alpha^{-1}\beta(X_i)(z))\varphi(\beta(X_1), \cdots, \widehat{X_i}, \cdots,$$

$$\beta(X_{p-1}), \beta(x_p^2)) \tag{b4}$$

$$+ (-1)^{2p}\rho(\alpha\beta^{p-1}(x_{p-1}^2), \alpha\beta^{p-2}\mathrm{ad}\alpha^{-1}\beta(X_p)(z))\varphi(\beta(X_1); \cdots, \widehat{X_i}; \cdots, \beta(X_{p-2}), \beta(x_{p-1}^1)) \tag{c1}$$

$$+ (-1)^{2p+1}\rho(\alpha\beta^{p-1}(x_{p-1}^2), \alpha\beta^{p-2}\mathrm{ad}\alpha^{-1}\beta(X_p)(z))\varphi(\beta(X_1); \cdots, \widehat{X_i}; \cdots, \beta(X_{p-2}), \beta(x_{p-1}^1)) \tag{c2}$$

$$+ \sum_{1 \leqslant i \leqslant p-1} (-1)^{i+p}\rho(\alpha\beta^{p-1}(x_p^2), \alpha\beta^{p-1}(z))\rho(\alpha\beta^{p-2}(X_i))\varphi(X_1, \cdots, \widehat{X_i}, \cdots, X_{p-1}, x_p^1) \tag{b5}$$

$$+ \sum_{1 \leqslant i \leqslant p-1} (-1)^{i+p+1}\rho(\alpha\beta^{p-1}(x_p^1), \alpha\beta^{p-1}(z))\rho(\alpha\beta^{p-2}(X_i))\varphi(X_1, \cdots, \widehat{X_i}, \cdots, X_{p-1}, x_p^2) \tag{b6}$$

$$+ \sum_{1 \leqslant i \leqslant p-1} (-1)^{i+p+1}\rho(\alpha\beta^{p-1}(X_i))\rho(\alpha\beta^{p-2}(x_p^2), \alpha\beta^{p-2}(z))\varphi(X_1, \cdots, \widehat{X_i}, \cdots, X_{p-1}, x_p^1) \tag{b7}$$

$$+ \sum_{1 \leqslant i \leqslant p-1} (-1)^{i+p}\rho(\alpha\beta^{p-1}(X_i))\rho(\alpha\beta^{p-2}(x_p^1), \alpha\beta^{p-2}(z))\varphi(X_1, \cdots, \widehat{X_i}, \cdots, X_{p-1}, x_p^2) \tag{b8}$$

$$+ (-1)^{2p+1}\rho(\alpha\beta^{p-1}(X_p))\rho(\alpha\beta^{p-2}(x_{p-1}^2), \alpha\beta^{p-2}(z))\varphi(X_1, \cdots, X_{p-2}, x_{p-1}^1) \tag{c3}$$

$$+ (-1)^{2p}\rho(\alpha\beta^{p-1}(X_p))\rho(\alpha\beta^{p-2}(x_{p-1}^1), \alpha\beta^{p-2}(z))\varphi(X_1, \cdots, X_{p-2}, x_{p-1}^2) \tag{c4}$$

$$+ (-1)^{2p+1}\rho(\alpha\beta^{p-1}(x_p^2), \alpha\beta^{p-1}(z))\rho(\alpha\beta^{p-2}(x_{p-1}^2), \alpha\beta^{p-2}(x_p^1))\varphi(X_1, \cdots, X_{p-2}, x_{p-1}^1) \tag{c5}$$

$$+ (-1)^{2p}\rho(\alpha\beta^{p-1}(x_p^2), \alpha\beta^{p-1}(z))\rho(\alpha\beta^{p-2}(x_{p-1}^1), \alpha\beta^{p-2}(x_p^1))\varphi(X_1, \cdots, X_{p-2}, x_{p-1}^2) \tag{c6}$$

$$+ (-1)^{2p}\rho(\alpha\beta^{p-1}(x_p^1), \alpha\beta^{p-1}(z))\rho(\alpha\beta^{p-2}(x_{p-1}^2), \alpha\beta^{p-2}(x_p^2))\varphi(X_1, \cdots, X_{p-2}, x_{p-1}^1) \tag{c7}$$

$$+ (-1)^{2p-1}\rho(\alpha\beta^{p-1}(x_p^1), \alpha\beta^{p-1}(z))\rho(\alpha\beta^{p-2}(x_{p-1}^1), \alpha\beta^{p-2}(x_p^2))\varphi(X_1, \cdots, X_{p-2}, x_{p-1}^2). \tag{c8}$$

显然有 (a1)$+\cdots+$(a8)$=0$. 利用定义 2.3.12 中的条件 (3) 能得到 (b1)$+\cdots+$(b8) $= 0$. 又因为 ρ 是一个斜对称双线性映射和定义 2.3.12 中的条件 (4), 我们可以发现 (c1)$+\cdots+$(c8)$=0$.

综上所述 $\delta^{p+1}\delta^p(\varphi) = 0$. □

所以对于表示 ρ, 我们能定义一个复形 $(C^{p-1}_{\substack{(\alpha,\alpha_M)\\(\beta,\beta_M)}}(L,M), \delta^p)$. 记 $Z^p_{\alpha,\beta}(L;M) = \{\varphi \in C^{p-1}_{\substack{(\alpha,\alpha_M)\\(\beta,\beta_M)}}(L,M)|\delta^p\varphi = 0\}$ 是 p-BiHom-闭链的集合, $B^p_{\alpha,\beta}(L,M) = \{\delta^{p-1}\varphi|\varphi \in C^{p-2}_{\substack{(\alpha,\alpha_M)\\(\beta,\beta_M)}}(L,M)\}$ 是 p-BiHom-边缘链的集合. 由命题 2.3.17 知 $B^p_{\alpha,\beta}(L,M) \subseteq Z^p_{\alpha,\beta}(L;M)$. 因此可以定义 p-次上同调空间 $H^p_{\alpha,\beta}(L,M)$ 为 $Z^p_{\alpha,\beta}(L;M)/B^p_{\alpha,\beta}(L,M)$.

注 2.3.18 一个 1-BiHom-上链 $\varphi \in C^0_{\substack{(\alpha,\alpha_M)\\(\beta,\beta_M)}}(L,M)$ 是闭的充分必要条件是 $\forall x_1, x_2, z \in L$, 有

$$\varphi([\alpha^{-1}\beta(x_1), \alpha^{-1}\beta(x_2), z])$$
$$= \rho(\alpha(x_1), \alpha(x_2))\varphi(z) + \rho(\alpha(x_2), \alpha(z))\varphi(x_1) - \rho(\alpha(x_1), \alpha(z))\varphi(x_2).$$

注 2.3.19 一个 2-BiHom-上链 $\varphi \in C^1_{\substack{(\alpha,\alpha_M)\\(\beta,\beta_M)}}(L,M)$ 是闭链当且仅当对任意 $x_1, x_2, x_3, x_4, x_5 \in L$, 有

$$\rho(\alpha\beta(x_1), \alpha\beta(x_2))\varphi(x_3, x_4, x_5) + \varphi(\beta(x_1), \beta(x_2), [\alpha^{-1}\beta(x_3), \alpha^{-1}\beta(x_4), x_5])$$
$$= \rho(\alpha\beta(x_4), \alpha\beta(x_5))\varphi(x_1, x_2, x_3) + \varphi([\alpha^{-1}\beta(x_1), \alpha^{-1}\beta(x_2), x_3], \beta(x_4), \beta(x_5))$$
$$- \rho(\alpha\beta(x_3), \alpha\beta(x_5))\varphi(x_1, x_2, x_4) + \varphi(\beta(x_3), [\alpha^{-1}\beta(x_1), \alpha^{-1}\beta(x_2), x_4], \beta(x_5))$$
$$+ \rho(\alpha\beta(x_3), \alpha\beta(x_4))\varphi(x_1, x_2, x_5) + \varphi(\beta(x_3), \beta(x_4), [\alpha^{-1}\beta(x_1), \alpha^{-1}\beta(x_2), x_5]).$$

命题 2.3.20 取 $(L, [\cdot, \cdot, \cdot], \alpha, \beta)$ 的表示为伴随表示 $(L, \mathrm{ad}, \alpha, \beta)$. 则 1-BiHom-上链 φ 是闭的充分必要条件是 φ 是 $(L, [\cdot, \cdot, \cdot], \alpha, \beta)$ 的 $\alpha^2\beta^{-1}$-导子.

证明 由注 2.3.18, 对任意 $x_1, x_2, z \in L$ 有

$$\delta^1\varphi = 0 \Leftrightarrow \varphi([\alpha^{-1}\beta(x_1), \alpha^{-1}\beta(x_2), z])$$
$$= [\alpha(x_1), \alpha(x_2), \varphi(z)] + [\alpha(x_2), \alpha(z), \varphi(x_1)] - [\alpha(x_1), \alpha(z), \varphi(x_2)].$$

用 $\alpha\beta^{-1}(x_i)$ 代替 $x_i, i = 1, 2$, 有

$$\delta^1\varphi = 0 \Leftrightarrow \varphi([x_1, x_2, z])$$
$$= [\alpha^2\beta^{-1}(x_1), \alpha^2\beta^{-1}(x_2), \varphi(z)] + [\alpha^2\beta^{-1}(x_2), \alpha(z), \varphi(\alpha\beta^{-1}(x_1))]$$
$$- [\alpha^2\beta^{-1}(x_1), \alpha(z), \varphi(\alpha\beta^{-1}(x_2))]$$
$$= [\varphi(x_1), \alpha^2\beta^{-1}(x_2), \alpha^2\beta^{-1}(z)] + [\alpha^2\beta^{-1}(x_1), \varphi(x_2), \alpha^2\beta^{-1}(z)]$$
$$+ [\alpha^2\beta^{-1}(x_1), \alpha^2\beta^{-1}(x_2), \varphi(z)].$$

因此 φ 是 1-BiHom-闭链当且仅当 φ 是 $\alpha^2\beta^{-1}$-导子. $\square$

2.3.3　3-BiHom-李代数的 T_θ-扩张

定义 2.3.21　设 $(L, [\cdot,\cdot,\cdot], \alpha, \beta)$ 是 3-BiHom-李代数，$(M, \rho, \alpha_M, \beta_M)$ 是 L 的表示. 如果 3-线性映射 $\theta: L \times L \times L \to M$ 满足对任意的 $x_1, x_2, x_3, x_4, x_5 \in L$ 有

(1) $\alpha_M \theta(x_1, x_2, x_3) = \theta(\alpha(x_1), \alpha(x_2), \alpha(x_3))$,

(2) $\beta_M \theta(x_1, x_2, x_3) = \theta(\beta(x_1), \beta(x_2), \beta(x_3))$,

(3) $\theta(\beta(x_1), \beta(x_2), \alpha(x_3)) = -\theta(\beta(x_2), \beta(x_1), \alpha(x_3))$
$= -\theta(\beta(x_1), \beta(x_3), \alpha(x_2))$,

(4) $\theta(\beta^2(x_1), \beta^2(x_2), [\beta(x_3), \beta(x_4), \alpha(x_5)])$
$\quad + \rho(\beta^2(x_1), \beta^2(x_2))\theta(\beta(x_3), \beta(x_4), \alpha(x_5))$
$= \theta(\beta^2(x_4), \beta^2(x_5), [\beta(x_1), \beta(x_2), \alpha(x_3)])$
$\quad + \rho(\beta^2(x_4), \beta^2(x_5))\theta(\beta(x_1), \beta(x_2), \alpha(x_3))$
$\quad - \theta(\beta^2(x_3), \beta^2(x_5), [\beta(x_1), \beta(x_2), \alpha(x_4)])$
$\quad - \rho(\beta^2(x_3), \beta^2(x_5))\theta(\beta(x_1), \beta(x_2), \alpha(x_4))$
$\quad + \theta(\beta^2(x_3), \beta^2(x_4), [\beta(x_1), \beta(x_2), \alpha(x_5)])$
$\quad + \rho(\beta^2(x_3), \beta^2(x_4))\theta(\beta(x_1), \beta(x_2), \alpha(x_5))$.

则称 θ 是关于 ρ 的 3-线性映射.

命题 2.3.22　设 $(L, [\cdot,\cdot,\cdot], \alpha, \beta)$ 是 3-BiHom-李代数，$(M, \rho, \alpha_M, \beta_M)$ 是 L 的表示. 假设 α 与 β_M 是可逆的. 若 θ 是关于 ρ 的 3-线性映射, 则 $(L \oplus M, [\cdot,\cdot,\cdot]_\theta, \alpha + \alpha_M, \beta + \beta_M)$ 是 3-BiHom-李代数, 其中 $\alpha + \alpha_M, \beta + \beta_M : L \oplus M \to L \oplus M$ 定义为 $(\alpha + \alpha_M)(u + x) = \alpha(u) + \alpha_M(x)$, $(\beta + \beta_M)(u + x) = \beta(u) + \beta_M(x)$, $[\cdot,\cdot,\cdot]_\theta$ 定义为对任意的 $u, v, w \in L, x, y, z \in M$,

$$[u + x, v + y, w + z]_\theta$$
$$= [u, v, z] + \theta(u, v, w) + \rho(u, v)(z) - \rho(u, \alpha^{-1}\beta(w))(\alpha_M \beta_M^{-1}(y))$$
$$\quad + \rho(v, \alpha^{-1}\beta(w))(\alpha_M \beta_M^{-1}(x)).$$

称 $(L \oplus M, [\cdot,\cdot,\cdot]_\theta, \alpha + \alpha_M, \beta + \beta_M)$ 为 $(L, [\cdot,\cdot,\cdot], \alpha, \beta)$ 通过 M 的 T_θ-扩张, 记为 $T_\theta(L)$.

证明　类似于命题 2.3.16的证明.　　　　　　　　　　　　　　　　□

命题 2.3.23　设 $(L, [\cdot,\cdot,\cdot], \alpha, \beta)$ 是 3-BiHom-李代数，$(M, \rho, \alpha_M, \beta_M)$ 是 L 的表示. 假设 α 与 β 是可逆的. 线性映射 $f: L \to M$ 满足 $f \circ \alpha = \alpha_M \circ f$, $f \circ \beta = \beta_M \circ f$. 则 3-线性映射 $\theta_f : L \times L \times L \to M$ 是关于 ρ 的 3-线性映射, 其中对任意的 $x, y, z \in L$,

$$\theta_f(x, y, z) = f([x, y, z]) - \rho(x, y)f(z) + \rho(x, \alpha^{-1}\beta(z))f(\alpha\beta^{-1}(y))$$

$$- \rho(y, \alpha^{-1}\beta(z))f(\alpha\beta^{-1}(x)).$$

证明   对任意的 $x, y, z \in L$, 我们有

$$\theta_f(\alpha(x), \alpha(y), \alpha(z))$$
$$= f([\alpha(x), \alpha(y), \alpha(z)]) - \rho(\alpha(x), \alpha(y))f(\alpha(z)) + \rho(\alpha(x), \alpha\alpha^{-1}\beta(z))f(\alpha\alpha\beta^{-1}(y))$$
$$\quad - \rho(\alpha(y), \alpha\alpha^{-1}\beta(z))f(\alpha\alpha\beta^{-1}(x))$$
$$= \alpha_M f([x, y, z]) - \alpha_M \rho(x, y)f(z) + \alpha_M \rho(x, \alpha^{-1}\beta(z))f(\alpha\beta^{-1}(y))$$
$$\quad - \alpha_M \rho(y, \alpha^{-1}\beta(z))f(\alpha\beta^{-1}(x))$$
$$= \alpha_M \theta_f(x, y, z).$$

类似地, $\theta_f(\beta(x), \beta(y), \beta(z)) = \beta_M \theta_f(x, y, z)$.

通过计算能得到

$$\theta_f(\beta(x), \beta(y), \alpha(z))$$
$$= f([\beta(x), \beta(y), \alpha(z)]) - \rho(\beta(x), \beta(y))f(\alpha(z)) + \rho(\beta(x), \alpha\alpha^{-1}\beta(z))f(\alpha\beta^{-1}\beta(y))$$
$$\quad - \rho(\beta(y), \alpha\alpha^{-1}\beta(z))f(\alpha\beta^{-1}\beta(x))$$
$$= - f([\beta(y), \beta(x), \alpha(z)]) + \rho(\beta(y), \beta(x))f(\alpha(z)) - \rho(\beta(y), \alpha\alpha^{-1}\beta(z))f(\alpha\beta^{-1}\beta(x))$$
$$\quad + \rho(\beta(x), \alpha\alpha^{-1}\beta(z))f(\alpha\beta^{-1}\beta(y))$$
$$= \theta_f(\beta(y), \beta(x), \alpha(z)).$$

同理 $\theta_f(\beta(x), \beta(y), \alpha(z)) = -\theta_f(\beta(x), \beta(z), \alpha(y))$.

最后, 对任意的 $x_1, x_2, x_3, x_4, x_5 \in L$, 有

$$\theta_f(\beta^2(x_1), \beta^2(x_2), [\beta(x_3), \beta(x_4), \alpha(x_5)])$$
$$\quad + \rho(\beta^2(x_1), \beta^2(x_2))\theta_f(\beta(x_3), \beta(x_4), \alpha(x_5))$$
$$= f([\beta^2(x_1), \beta^2(x_2), [\beta(x_3), \beta(x_4), \alpha(x_5)]])$$
$$\quad - \rho(\beta^2(x_1), \beta^2(x_2))f([\beta(x_3), \beta(x_4), \alpha(x_5)])$$
$$\quad + \rho(\beta^2(x_1), \alpha^{-1}\beta([\beta(x_3), \beta(x_4), \alpha(x_5)]))f\alpha\beta(x_2)$$
$$\quad - \rho(\beta^2(x_2), \alpha^{-1}\beta([\beta(x_3), \beta(x_4), \alpha(x_5)]))f\alpha\beta(x_1)$$
$$\quad + \rho(\beta^2(x_1), \beta^2(x_2))\big(f([\beta(x_3), \beta(x_4), \alpha(x_5)]) - \rho(\beta(x_3), \beta(x_4))f\alpha(x_5)$$
$$\quad + \rho(\beta(x_3), \beta(x_5))f\alpha(x_4) - \rho(\beta(x_4), \beta(x_5))f\alpha(x_3)\big)$$
$$= f([\beta^2(x_1), \beta^2(x_2), [\beta(x_3), \beta(x_4), \alpha(x_5)]])$$
$$\quad + \rho(\beta^2(x_1), \alpha^{-1}\beta([\beta(x_3), \beta(x_4), \alpha(x_5)]))f\alpha\beta(x_2)$$

$$- \rho(\beta^2(x_2), \alpha^{-1}\beta([\beta(x_3), \beta(x_4), \alpha(x_5)])))f\alpha\beta(x_1)$$

$$+ \rho(\beta^2(x_1), \beta^2(x_2))\big(-\rho(\beta(x_3), \beta(x_4))f\alpha(x_5) + \rho(\beta(x_3), \beta(x_5))f\alpha(x_4)$$

$$- \rho(\beta(x_4), \beta(x_5))f\alpha(x_3)\big)$$

$$= f([\beta^2(x_4), \beta^2(x_5), [\beta(x_1), \beta(x_2), \alpha(x_3)]]])$$

$$- f([\beta^2(x_3), \beta^2(x_5), [\beta(x_1), \beta(x_2), \alpha(x_4)]]])$$

$$+ f([\beta^2(x_3), \beta^2(x_4), [\beta(x_1), \beta(x_2), \alpha(x_5)]]])$$

$$- \rho(\beta^2(x_4), \beta^2(x_5))\rho(\beta(x_3), \beta(x_1))f\alpha(x_2)$$

$$- \rho(\beta^2(x_5), \beta^2(x_3))\rho(\beta(x_4), \beta(x_1))f\alpha(x_2)$$

$$- \rho(\beta^2(x_3), \beta^2(x_4))\rho(\beta(x_5), \beta(x_1))f\alpha(x_2)$$

$$+ \rho(\beta^2(x_4), \beta^2(x_5))\rho(\beta(x_3), \beta(x_2))f\alpha(x_1)$$

$$+ \rho(\beta^2(x_5), \beta^2(x_3))\rho(\beta(x_4), \beta(x_2))f\alpha(x_1)$$

$$+ \rho(\beta^2(x_3), \beta^2(x_4))\rho(\beta(x_5), \beta(x_2))f\alpha(x_1)$$

$$- \rho(\beta^2(x_3), \beta^2(x_4))\rho(\beta(x_1), \beta(x_2))f\alpha(x_5)$$

$$- \rho(\alpha^{-1}\beta([\beta(x_1), \beta(x_2), \alpha(x_3)]), \beta^2(x_4))f\alpha\beta(x_5)$$

$$- \rho(\beta^2(x_3), \alpha^{-1}\beta([\beta(x_1), \beta(x_2), \alpha(x_4)]))f\alpha\beta(x_5)$$

$$+ \rho(\beta^2(x_3), \beta^2(x_5))\rho(\beta(x_1), \beta(x_2))f\alpha(x_4)$$

$$+ \rho(\alpha^{-1}\beta([\beta(x_1), \beta(x_2), \alpha(x_3)]), \beta^2(x_5))f\alpha\beta(x_4)$$

$$+ \rho(\beta^2(x_3), \alpha^{-1}\beta([\beta(x_1), \beta(x_2), \alpha(x_5)]))f\alpha\beta(x_4)$$

$$- \rho(\beta^2(x_4), \beta^2(x_5))\rho(\beta(x_1), \beta(x_2))f\alpha(x_3)$$

$$- \rho(\alpha^{-1}\beta([\beta(x_1), \beta(x_2), \alpha(x_4)]), \beta^2(x_5))f\alpha\beta(x_3)$$

$$- \rho(\beta^2(x_4), \alpha^{-1}\beta([\beta(x_1), \beta(x_2), \alpha(x_5)]))f\alpha\beta(x_3)$$

$$= f([\beta^2(x_4), \beta^2(x_5), [\beta(x_1), \beta(x_2), \alpha(x_3)]]])$$

$$+ \rho(\beta^2(x_4), \alpha^{-1}\beta([\beta(x_1), \beta(x_2), \alpha(x_3)]))f\alpha\beta(x_5)$$

$$- \rho(\beta^2(x_5), \alpha^{-1}\beta([\beta(x_1), \beta(x_2), \alpha(x_3)]))f\alpha\beta(x_4)$$

$$+ \rho(\beta^2(x_4), \beta^2(x_5))\big(-\rho(\beta(x_1), \beta(x_2))f\alpha(x_3) + \rho(\beta(x_1), \beta(x_3))f\alpha(x_2)$$

$$- \rho(\beta(x_2), \beta(x_3))f\alpha(x_1)\big)$$

$$- f([\beta^2(x_3), \beta^2(x_5), [\beta(x_1), \beta(x_2), \alpha(x_4)]]])$$

$$- \rho(\beta^2(x_3), \alpha^{-1}\beta([\beta(x_1), \beta(x_2), \alpha(x_4)]))f\alpha\beta(x_5)$$

$$+ \rho(\beta^2(x_5), \alpha^{-1}\beta([\beta(x_1), \beta(x_2), \alpha(x_4)]))f\alpha\beta(x_3)$$

$$- \rho(\beta^2(x_3), \beta^2(x_5))\big(- \rho(\beta(x_1), \beta(x_2))f\alpha(x_4) + \rho(\beta(x_1), \beta(x_4))f\alpha(x_2)$$

$$- \rho(\beta(x_2), \beta(x_4))f\alpha(x_1)\big)$$

$$+ f([\beta^2(x_3), \beta^2(x_4), [\beta(x_1), \beta(x_2), \alpha(x_5)]])$$

$$+ \rho(\beta^2(x_3), \alpha^{-1}\beta([\beta(x_1), \beta(x_2), \alpha(x_5)]))f\alpha\beta(x_4)$$

$$- \rho(\beta^2(x_4), \alpha^{-1}\beta([\beta(x_1), \beta(x_2), \alpha(x_5)]))f\alpha\beta(x_3)$$

$$+ \rho(\beta^2(x_3), \beta^2(x_4))\big(- \rho(\beta(x_1), \beta(x_2))f\alpha(x_5) + \rho(\beta(x_1), \beta(x_5))f\alpha(x_2)$$

$$- \rho(\beta(x_2), \beta(x_5))f\alpha(x_1)\big)$$

$$= + \theta_f(\beta^2(x_4), \beta^2(x_5), [\beta(x_1), \beta(x_2), \alpha(x_3)])$$

$$+ \rho(\beta^2(x_4), \beta^2(x_5))\theta_f(\beta(x_1), \beta(x_2), \alpha(x_3))$$

$$- \theta_f(\beta^2(x_3), \beta^2(x_5), [\beta(x_1), \beta(x_2), \alpha(x_4)])$$

$$- \rho(\beta^2(x_3), \beta^2(x_5))\theta_f(\beta(x_1), \beta(x_2), \alpha(x_4))$$

$$+ \theta_f(\beta^2(x_3), \beta^2(x_4), [\beta(x_1), \beta(x_2), \alpha(x_5)])$$

$$+ \rho(\beta^2(x_3), \beta^2(x_4))\theta_f(\beta(x_1), \beta(x_2), \alpha(x_5)).$$

综上, 能得到 θ_f 是关于 ρ 的 3-线性映射. $\qquad\square$

推论 2.3.24 在上述条件下, $\theta + \theta_f$ 是关于 ρ 的 3-线性映射.

命题 2.3.25 在上述条件下, $\sigma : T_\theta(L) \to T_{\theta+\theta_f}(L)$ 是 3-BiHom-李代数之间的同构, 其中对任意的 $v \in L, x \in M$ 有 $\sigma(v + x) = v + f(v) + x$.

证明 显然, σ 是双射. 对任意的 $v_i \in L, x_i \in M, i = 1, 2, 3$, 我们有 $\sigma \circ (\alpha + \alpha_M)(v_1 + x_1) = \sigma(\alpha(v_1) + \alpha_M(x_1)) = \alpha(v_1) + f\alpha(v_1) + \alpha_M(x_1) = \alpha(v_1) + \alpha_M f(v_1) + \alpha_M(x_1) = (\alpha + \alpha_M)(v_1 + f(v_1) + x_1) = (\alpha + \alpha_M) \circ \sigma(v_1 + x_1)$, 即 $\sigma \circ (\alpha + \alpha_M) = (\alpha + \alpha_M) \circ \sigma$. 同理, $\sigma \circ (\beta + \beta_M) = (\beta + \beta_M) \circ \sigma$. 所以能得到

$$[\sigma(v_1 + x_1), \sigma(v_2 + x_2), \sigma(v_3 + x_3)]_{\theta+\theta_f}$$

$$= [v_1 + f(v_1) + x_1, v_2 + f(v_2) + x_2, v_3 + f(v_3) + x_3]_{\theta+\theta_f}$$

$$= [v_1, v_2, v_3] + (\theta + \theta_f)(v_1, v_2, v_3) + \rho(v_1, v_2)(f(v_3) + x_3)$$

$$- \rho(v_1, \alpha^{-1}\beta(v_3))\alpha_M\beta_M^{-1}(f(v_2) + x_2) + \rho(v_2, \alpha^{-1}\beta(v_3))\alpha_M\beta_M^{-1}(f(v_1) + x_1)$$

$$= [v_1, v_2, v_3] + \theta(v_1, v_2, v_3) + f([v_1, v_2, v_3]) - \rho(v_1, v_2)f(v_3)$$

$$+ \rho(v_1, \alpha^{-1}\beta(v_3))f\alpha\beta^{-1}(v_2)$$

$$- \rho(v_2, \alpha^{-1}\beta(v_3))f\alpha\beta^{-1}(v_1) + \rho(v_1, v_2)f(v_3) - \rho(v_1, \alpha^{-1}\beta(v_3))\alpha_M\beta_M^{-1}f(v_2)$$

$$+ \rho(v_2, \alpha^{-1}\beta(v_3))\alpha_M\beta_M^{-1}f(v_1) + \rho(v_1, v_2)(x_3) - \rho(v_1, \alpha^{-1}\beta(v_3))\alpha_M\beta_M^{-1}(x_2)$$

$$+ \rho(v_2, \alpha^{-1}\beta(v_3))\alpha_M\beta_M^{-1}(x_1)$$

$$= [v_1, v_2, v_3] + f([v_1, v_2, v_3]) + \theta(v_1, v_2, v_3) + \rho(v_1, v_2)(x_3)$$
$$- \rho(v_1, \alpha^{-1}\beta(v_3))\alpha_M \beta_M^{-1}(x_2) + \rho(v_2, \alpha^{-1}\beta(v_3))\alpha_M \beta_M^{-1}(x_1)$$
$$= \sigma\big([v_1, v_2, v_3] + \theta(v_1, v_2, v_3) + \rho(v_1, v_2)(x_3) - \rho(v_1, \alpha^{-1}\beta(v_3))\alpha_M \beta_M^{-1}(x_2)$$
$$+ \rho(v_2, \alpha^{-1}\beta(v_3))\alpha_M \beta_M^{-1}(x_1)\big)$$
$$= \sigma([v_1 + x_1, v_2 + x_2, v_3 + x_3]_\theta).$$

因此, σ 是一个同构.　　　　　　　　　　　　　　　　　　□

2.3.4　3-BiHom-李代数的 T^*-扩张

定义 2.3.26　设 $(L, [\cdot, \cdot, \cdot], \alpha, \beta)$ 是 3-BiHom-李代数. L 上的双线性型 f 称为非退化的, 若
$$L^\perp = \{x \in L \mid f(x, y) = 0, \ \forall y \in L\} = 0;$$
称为 $\alpha\beta$-不变的, 若对任意的 $x_1, x_2, x_3, x_4 \in L$,
$$f([\beta(x_1), \beta(x_2), \alpha(x_3)], \alpha(x_4)) = -f(\alpha(x_3), [\beta(x_1), \beta(x_2), \alpha(x_4)]);$$
称为对称的, 若
$$f(x, y) = f(y, x).$$
L 的子空间 I 称为迷向的, 若 $I \subseteq I^\perp$.

定义 2.3.27　设 $(L, [\cdot, \cdot, \cdot], \alpha, \beta)$ 是 3-BiHom-李代数. 如果 L 上的双线性型 f 是非退化的, $\alpha\beta$-不变的, 对称的, 且 α 与 β 是 f-对称的 (即 $f(\alpha(x), y) = f(x, \alpha(y)), f(\beta(x), y) = f(x, \beta(y))$). 则称 (L, f, α, β) 是二次 3-BiHom-李代数.

设 $(L', [\cdot, \cdot, \cdot]', \alpha', \beta')$ 是另一个 3-BiHom-李代数. 称二次 3-BiHom-李代数 (L, f, α, β) 与 $(L', f', \alpha', \beta')$ 是等距的, 如果存在代数同构 $\phi: L \to L'$ 使得对任意的 $x, y \in L$ 有 $f(x, y) = f'(\phi(x), \phi(y))$.

定理 2.3.28　设 $(L, [\cdot, \cdot, \cdot], \alpha, \beta)$ 是 3-BiHom-李代数, $(M, \rho, \alpha_M, \beta_M)$ 是 L 的表示. 考虑 M 的对偶空间 M^*, 定义映射 $\tilde\alpha_M, \tilde\beta_M: M^* \to M^*$ 为 $\tilde\alpha_M(f) = f \circ \alpha_M, \tilde\beta_M(f) = f \circ \beta_M, \forall f \in M^*$. 则斜对称双线性映射 $\tilde\rho: L \times L \to \mathrm{End}(M^*)$ 是 L 在 $(M^*, \tilde\rho, \tilde\alpha_M, \tilde\beta_M)$ 上的表示, 其中 $\tilde\rho(x, y)(f) = -f \circ \rho(x, y), \forall f \in M^*, x, y \in L$, 当且仅当对任意的 $x, y, u, v \in L$, 有

(1) $\alpha_M \circ \rho(\alpha(x), \alpha(y)) = \rho(x, y) \circ \alpha_M,$

(2) $\beta_M \circ \rho(\beta(x), \beta(y)) = \rho(x, y) \circ \beta_M,$

(3) $\rho(x, y)\rho(\alpha\beta(u), \alpha\beta(v))$
$= \rho(\alpha(u), \alpha(v))\rho(\beta(x), \beta(y)) - \beta_M \rho([\beta(u), \beta(v), x], \beta(y))$
$- \beta_M \rho(\beta(x), [\beta(u), \beta(v), y]),$

(4) $\beta_M \rho([\beta(u), \beta(v), x], \beta(y))$

$\quad = -\rho(\alpha(u), y)\rho(\alpha\beta(v), \beta(x)) - \rho(\alpha(v), y)\rho(\beta(x), \alpha\beta(u))$

$\quad - \rho(x, y)\rho(\alpha\beta(u), \alpha\beta(v)).$

证明　任取 $f \in M^*$, $x, y, u, v \in L$. 由定义可知 $(\tilde{\rho}(\alpha(u), \alpha(v)) \circ \tilde{\alpha}_M)(f) = -\tilde{\alpha}_M(f) \circ \rho(\alpha(u), \alpha(v)) = -f \circ \alpha_M \circ \rho(\alpha(u), \alpha(v))$, $\tilde{\alpha}_M \circ \tilde{\rho}(u, v)(f) = -\tilde{\alpha}_M(f \circ \rho(u, v)) = -f \circ \rho(u, v) \circ \alpha_M$. 可以得到

$$\tilde{\rho}(\alpha(u), \alpha(v)) \circ \tilde{\alpha}_M = \tilde{\alpha}_M \circ \tilde{\rho}(u, v) \Leftrightarrow \alpha_M \circ \rho(\alpha(u), \alpha(v)) = \rho(u, v) \circ \alpha_M.$$

同理有 $\tilde{\rho}(\beta(u), \beta(v)) \circ \tilde{\beta}_M = \tilde{\beta}_M \circ \tilde{\rho}(u, v) \Leftrightarrow \beta_M \circ \rho(\beta(u), \beta(v)) = \rho(u, v) \circ \beta_M$.

然后可以得到

$$\tilde{\rho}(\alpha\beta(u), \alpha\beta(v)) \circ \tilde{\rho}(x, y)(f) = -\tilde{\rho}(\alpha\beta(u), \alpha\beta(v))(f\rho(x, y))$$
$$= f\rho(x, y)\rho(\alpha\beta(u), \alpha\beta(v)),$$

$$\big(\tilde{\rho}(\beta(x), \beta(y)) \circ \tilde{\rho}(\alpha(u), \alpha(v)) + \tilde{\rho}([\beta(u), \beta(v), x], \beta(y)) \circ \tilde{\beta}_M$$
$$+ \tilde{\rho}(\beta(x), [\beta(u), \beta(v), y]) \circ \tilde{\beta}_M\big)(f)$$
$$= f\rho(\alpha(u), \alpha(v))\rho(\beta(x), \beta(y)) - f\beta_M\rho([\beta(u), \beta(v), x], \beta(y))$$
$$- f\beta_M\rho(\beta(x), [\beta(u), \beta(v), y]).$$

所以有

$$\tilde{\rho}(\alpha\beta(u), \alpha\beta(v)) \circ \tilde{\rho}(x, y)$$
$$= \tilde{\rho}(\beta(x), \beta(y)) \circ \tilde{\rho}(\alpha(u), \alpha(v)) + \tilde{\rho}([\beta(u), \beta(v), x], \beta(y)) \circ \tilde{\beta}_M$$
$$+ \tilde{\rho}(\beta(x), [\beta(u), \beta(v), y]) \circ \tilde{\beta}_M$$
$$\Leftrightarrow \rho(x, y)\rho(\alpha\beta(u), \alpha\beta(v))$$
$$= \rho(\alpha(u), \alpha(v))\rho(\beta(x), \beta(y)) - \beta_M\rho([\beta(u), \beta(v), x], \beta(y))$$
$$- \beta_M\rho(\beta(x), [\beta(u), \beta(v), y]).$$

类似地能得到

$$\tilde{\rho}([\beta(u), \beta(v), x], \beta(y))\tilde{\beta}_M$$
$$= \tilde{\rho}(\alpha\beta(v), \beta(x)) \circ \tilde{\rho}(\alpha(u), y) + \tilde{\rho}(\beta(x), \alpha\beta(u)) \circ \tilde{\rho}(\alpha(v), y)$$
$$+ \tilde{\rho}(\alpha\beta(u), \alpha\beta(v)) \circ \tilde{\rho}(x, y)$$
$$\Leftrightarrow \beta_M\rho([\beta(u), \beta(v), x], \beta(y))$$

$$= -\rho(\alpha(u), y)\rho(\alpha\beta(v), \beta(x)) - \rho(\alpha(v), y)\rho(\beta(x), \alpha\beta(u))$$
$$- \rho(x, y)\rho(\alpha\beta(u), \alpha\beta(v)).$$

证毕.　　　　　　　　　　　　　　　　　　　　　　　　　　　　　　　　　□

推论 2.3.29　设 ad 是 3-BiHom-李代数 $(L, [\cdot, \cdot, \cdot], \alpha, \beta)$ 的伴随表示. 定义双线性映射 $\mathrm{ad}^* : L \times L \to \mathrm{End}(L^*)$ 为

$$\mathrm{ad}^*(x, y)(f) = -f \circ \mathrm{ad}(x, y), \quad \forall\, x, y \in L.$$

则 ad^* 是 L 在 $(L^*, \mathrm{ad}^*, \tilde{\alpha}, \tilde{\beta})$ 上的表示当且仅当

(1) $\alpha \circ \mathrm{ad}(\alpha(x), \alpha(y)) = \mathrm{ad}(x, y) \circ \alpha$,

(2) $\beta \circ \mathrm{ad}(\beta(x), \beta(y)) = \mathrm{ad}(x, y) \circ \beta$,

(3) $\mathrm{ad}(x, y)\mathrm{ad}(\alpha\beta(u), \alpha\beta(v)) = \mathrm{ad}(\alpha(u), \alpha(v))\mathrm{ad}(\beta(x), \beta(y))$
　　$-\beta\mathrm{ad}([\beta(u), \beta(v), x], \beta(y)) - \beta\mathrm{ad}(\beta(x), [\beta(u), \beta(v), y])$,

(4) $\beta\mathrm{ad}([\beta(u), \beta(v), x], \beta(y)) = -\mathrm{ad}(\alpha(u), y)\mathrm{ad}(\alpha\beta(v), \beta(x))$
　　$-\mathrm{ad}(\alpha(v), y)\mathrm{ad}(\beta(x), \alpha\beta(u)) - \mathrm{ad}(x, y)\mathrm{ad}(\alpha\beta(u), \alpha\beta(v))$,

称 ad^* 为 L 的余伴随表示.

在上述条件下, 假设余伴随表示 ad^* 存在, α, β 是双射. 由命题 2.3.22 知, $(L \oplus L^*, [\cdot, \cdot, \cdot]_\theta, \alpha + \tilde{\alpha}, \beta + \tilde{\beta})$ 是通过关于表示 ad^* 的 3-线性映射 $\theta : L \times L \times L \to L^*$ 得到的 3-BiHom-李代数.

定义 2.3.30　设 $(L, [\cdot, \cdot, \cdot], \alpha, \beta)$ 是 3-BiHom-李代数. 定义导出列

$$(L^{(n)})_{n \geqslant 0} : L^{(0)} = L, \quad L^{(n+1)} = [L^{(n)}, L^{(n)}, L]$$

和降中心列

$$(L^n)_{n \geqslant 0} : L^0 = L, \quad L^{n+1} = [L^n, L, L].$$

L 称为可解的 (或者幂零的) 当且仅当存在整数 k 使得 $L^{(k)} = 0$ (或者 $L^k = 0$).

定理 2.3.31　设 $(L, [\cdot, \cdot, \cdot], \alpha, \beta)$ 是 3-BiHom-李代数.

(1) 如果 L 是可解的, 则 $(L \oplus L^*, [\cdot, \cdot, \cdot]_\theta, \alpha + \tilde{\alpha}, \beta + \tilde{\beta})$ 也是可解的.

(2) 如果 L 是幂零的, 则 $(L \oplus L^*, [\cdot, \cdot, \cdot]_\theta, \alpha + \tilde{\alpha}, \beta + \tilde{\beta})$ 也是幂零的.

证明　(1) 设 L 是可解的, 即存在整数 s 使得 $L^{(s)} = [L^{(s-1)}, L^{(s-1)}, L] = 0$. 断言, $(L \oplus L^*)^{(k)} \subseteq L^{(k)} + L^*$. 对 k 进行归纳. $k = 1$ 时, 由命题 2.3.22, 有

$$(L \oplus L^*)^{(1)} = [L \oplus L^*, L \oplus L^*, L \oplus L^*]_\theta$$
$$= [L, L, L]_\theta + [L, L, L^*]_\theta + [L, L^*, L]_\theta + [L^*, L, L]_\theta$$

$$= [L, L, L] + \theta(L, L, L) + [L, L, L^*]_\theta + [L, L^*, L]_\theta + [L^*, L, L]_\theta$$
$$\subseteq L^{(1)} + L^*.$$

由归纳有 $(L \oplus L^*)^{(k-1)} \subseteq L^{(k-1)} + L^*$. 所以

$$(L \oplus L^*)^{(k)}$$
$$= [(L \oplus L^*)^{(k-1)}, (L \oplus L^*)^{(k-1)}, L \oplus L^*]_\theta$$
$$\subseteq [L^{(k-1)} + L^*, L^{(k-1)} + L^*, L \oplus L^*]_\theta$$
$$= [L^{(k-1)}, L^{(k-1)}, L] + \theta(L^{(k-1)}, L^{(k-1)}, L) + [L^{(k-1)}, L^{(k-1)}, L^*]_\theta + [L^{(k-1)}, L^*, L]_\theta$$
$$+ [L^*, L^{(k-1)}, L]_\theta$$
$$\subseteq L^{(k)} + L^*.$$

因此

$$(L \oplus L^*)^{(s+1)}$$
$$\subseteq [L^{(s)}, L^{(s)}, L] + \theta(L^{(s)}, L^{(s)}, L) + [L^{(s)}, L^{(s)}, L^*]_\theta + [L^{(s)}, L^*, L]_\theta + [L^*, L^{(s)}, L]_\theta$$
$$= 0.$$

即 $(L \oplus L^*, [\cdot, \cdot, \cdot]_\theta, \alpha + \tilde\alpha, \beta + \tilde\beta)$ 是可解的.

(2) 设 L 是幂零的, 即存在整数 s 使得 $L^s = 0$. 因为 $(L \oplus L^*)^s/L^* \cong L^s$, $L^s = 0$, 所以我们有 $(L \oplus L^*)^s \subseteq L^*$. 任取 $h \in (L \oplus L^*)^s \subseteq L^*, b \in L, x_i + f_i, y_i + g_i \in L \oplus L^*, 1 \leqslant i \leqslant s-1$, 可以得到

$$[[\cdots[h, x_1 + f_1, y_1 + g_1]_\theta, \cdots]_\theta, x_{s-1} + f_{s-1}, y_{s-1} + g_{s-1}]_\theta(b)$$
$$= (-1)^{s-1} h \alpha \beta^{-1} \mathrm{ad}(x_1, \alpha^{-1}\beta(y_1)) \alpha\beta^{-1} \mathrm{ad}(x_2, \alpha^{-1}\beta(y_2)) \cdots \alpha\beta^{-1} \mathrm{ad}(x_{s-1}, \alpha^{-1}\beta(y_{s-1}))(b)$$
$$= (-1)^{s-1} h \alpha\beta^{-1}([x_1, \alpha^{-1}\beta(y_1), \alpha^{-1}\beta[x_2, \alpha^{-1}\beta(y_2), \cdots, \alpha\beta^{-1}[x_{s-1}, \alpha^{-1}\beta(y_{s-1}), b] \cdots]])$$
$$\in h(L^s) = 0.$$

因此 $(L \oplus L^*, [\cdot, \cdot, \cdot]_\theta, \alpha + \tilde\alpha, \beta + \tilde\beta)$ 是幂零的. □

现在考虑 $L \oplus L^*$ 上的斜对称双线线型 q_L,

$$q_L(x + f, y + g) = f(y) + g(x), \quad \forall x + f, y + g \in L \oplus L^*.$$

显然, q_L 是非退化的. 事实上, 如果 $x + f$ 与 $L \oplus L^*$ 中所有元素 $y + g$ 正交, 则 $f(y) = 0$ 且 $g(x) = 0$, 能得到 $x = 0$ 和 $f = 0$.

引理 2.3.32 q_L 如上定义. 则 $(L \oplus L^*, q_L, \alpha + \tilde{\alpha}, \beta + \tilde{\beta})$ 是二次 3-BiHom-李代数当且仅当 θ 满足对任意的 $x_1, x_2, x_3, x_4 \in L$,

$$\theta(\beta(x_1), \beta(x_2), \alpha(x_3))(\alpha(x_4)) + \theta(\beta(x_1), \beta(x_2), \alpha(x_4))(\alpha(x_3)) = 0.$$

证明   任取 $x_i + f_i \in L \oplus L^*, i = 1, 2, 3, 4$, 我们有

$$
\begin{aligned}
q_L((\alpha + \tilde{\alpha})(x_1 + f_1), x_2 + f_2) &= q_L(\alpha(x_1) + f_1 \circ \alpha, x_2 + f_2) \\
&= f_2 \circ \alpha(x_1) + f_1(\alpha(x_2)) \\
&= q_L(x_1 + f_1, (\alpha + \tilde{\alpha})(x_2 + f_2)).
\end{aligned}
$$

即 $\alpha + \tilde{\alpha}$ 是 q_L-不变的. 同理, $\beta + \tilde{\beta}$ 是 q_L-不变的.

接下来验证 q_L 是 $(\alpha + \tilde{\alpha})(\beta + \tilde{\beta})$-不变的,

$$
q_L\big([(\beta + \tilde{\beta})(x_1 + f_1), (\beta + \tilde{\beta})(x_2 + f_2), (\alpha + \tilde{\alpha})(x_3 + f_3)]_\theta, (\alpha + \tilde{\alpha})(x_4 + f_4)\big)
$$
$$
\quad + q_L\big((\alpha + \tilde{\alpha})(x_3 + f_3), [(\beta + \tilde{\beta})(x_1 + f_1), (\beta + \tilde{\beta})(x_2 + f_2), (\alpha + \tilde{\alpha})(x_4 + f_4)]_\theta\big)
$$
$$
= q_L\big([\beta(x_1) + f_1 \circ \beta, \beta(x_2) + f_2 \circ \beta, \alpha(x_3) + f_3 \circ \alpha]_\theta, \alpha(x_4) + f_4 \circ \alpha\big)
$$
$$
\quad + q_L\big(\alpha(x_3) + f_3 \circ \alpha, [\beta(x_1) + f_1 \circ \beta, \beta(x_2) + f_2 \circ \beta, \alpha(x_4) + f_4 \circ \alpha]_\theta\big)
$$
$$
= q_L\big([\beta(x_1), \beta(x_2), \alpha(x_3)] + \theta(\beta(x_1), \beta(x_2), \alpha(x_3)) + \mathrm{ad}^*(\beta(x_1), \beta(x_2))(f_3 \circ \alpha)
$$
$$
\quad - \mathrm{ad}^*(\beta(x_1), \alpha^{-1}\beta\alpha(x_3))\tilde{\alpha}\tilde{\beta}^{-1}(f_2 \circ \beta) + \mathrm{ad}^*(\beta(x_2), \alpha^{-1}\beta\alpha(x_3))\tilde{\alpha}\tilde{\beta}^{-1}(f_1 \circ \beta),
$$
$$
\alpha(x_4) + f_4 \circ \alpha\big) + q_L\big(\alpha(x_3) + f_3 \circ \alpha, [\beta(x_1), \beta(x_2), \alpha(x_4)] + \theta(\beta(x_1), \beta(x_2), \alpha(x_4))
$$
$$
\quad + \mathrm{ad}^*(\beta(x_1), \beta(x_2))(f_4 \circ \alpha) - \mathrm{ad}^*(\beta(x_1), \alpha^{-1}\beta\alpha(x_4))\tilde{\alpha}\tilde{\beta}^{-1}(f_2 \circ \beta)
$$
$$
\quad + \mathrm{ad}^*(\beta(x_2), \alpha^{-1}\beta\alpha(x_4))\tilde{\alpha}\tilde{\beta}^{-1}(f_1 \circ \beta)\big)
$$
$$
= \theta(\beta(x_1), \beta(x_2), \alpha(x_3))(\alpha(x_4)) - f_3\alpha([\beta(x_1), \beta(x_2), \alpha(x_4)])
$$
$$
\quad + f_2\alpha([\beta(x_1), \beta(x_3), \alpha(x_4)])
$$
$$
\quad - f_1\alpha([\beta(x_2), \beta(x_3), \alpha(x_4)]) + f_4\alpha([\beta(x_1), \beta(x_2), \alpha(x_3)])
$$
$$
\quad + \theta(\beta(x_1), \beta(x_2), \alpha(x_4))(\alpha(x_3))
$$
$$
\quad - f_4\alpha([\beta(x_1), \beta(x_2), \alpha(x_3)]) + f_2\alpha([\beta(x_1), \beta(x_4), \alpha(x_3)])
$$
$$
\quad - f_1\alpha([\beta(x_2), \beta(x_4), \alpha(x_3)])
$$
$$
\quad + f_3\alpha([\beta(x_1), \beta(x_2), \alpha(x_4)])
$$
$$
= \theta(\beta(x_1), \beta(x_2), \alpha(x_3))(\alpha(x_4)) + \theta(\beta(x_1), \beta(x_2), \alpha(x_4))(\alpha(x_3)),
$$

由此可知

$$q_L\big([(\beta+\tilde{\beta})(x_1+f_1),(\beta+\tilde{\beta})(x_2+f_2),(\alpha+\tilde{\alpha})(x_3+f_3)]_\theta,(\alpha+\tilde{\alpha})(x_4+f_4)\big)$$
$$+\, q_L\big((\alpha+\tilde{\alpha})(x_3+f_3),[(\beta+\tilde{\beta})(x_1+f_1),(\beta+\tilde{\beta})(x_2+f_2),(\alpha+\tilde{\alpha})(x_4+f_4)]_\theta\big)$$
$$=0$$
$$\Leftrightarrow \theta(\beta(x_1),\beta(x_2),\alpha(x_3))(\alpha(x_4))+\theta(\beta(x_1),\beta(x_2),\alpha(x_4))(\alpha(x_3))=0.$$

证毕. □

称二次 3-BiHom-李代数 $(L\oplus L^*,q_L,\alpha+\tilde{\alpha},\beta+\tilde{\beta})$ 是 L 的 T_θ^*-扩张, 记为 $T_\theta^*(L)$.

引理 2.3.33　设 (L,q_L,α,β) 是 $2n$-维二次 3-BiHom-李代数, α 是满射, I 是 L 的 n-维迷向子空间. 若 I 是 BiHom-理想, 则 $[\beta(I),\beta(L),\alpha(I)]=0$.

证明　因为 $\dim I+\dim I^\perp=n+\dim I^\perp=2n$ 且 $I\subseteq I^\perp$, 则有 $I=I^\perp$. 因为 I 是 $(L,[\cdot,\cdot],\alpha,\beta)$ 的 BiHom-理想, 所以

$$q_L([\beta(I),\beta(L),\alpha(I^\perp)],\alpha(L))=-q_L(\alpha(I^\perp),[\beta(I),\beta(L),\alpha(L)])$$
$$\subseteq q_L(\alpha(I^\perp),[I,\beta(L),\alpha(L)])$$
$$\subseteq q_L(I^\perp,I)=0,$$

可以得到 $[\beta(I),\beta(L),\alpha(I)]=[\beta(I),\beta(L),\alpha(I^\perp)]\subseteq\alpha(L)^\perp=L^\perp=0$. □

定理 2.3.34　设 (L,q_L,α,β) 是 $2n$ 维二次正则 3-BiHom-李代数. 则 (L,q_L,α,β) 等距同构于一个 T_θ^*-扩张 $(T_\theta^*(B),q_B,\alpha',\beta')$ 的充分必要条件是 $(L,[\cdot,\cdot,\cdot],\alpha,\beta)$ 包含一个 n 维的迷向 BiHom-理想 I. 特别地, $B\cong L/I$.

证明　($\Rightarrow$) 设 $\phi:B\oplus B^*\to L$ 等距的. 则 $\phi(B^*)$ 是 L 的 n-维迷向 BiHom-理想. 事实上, 因为 ϕ 是等距的, 所以 $\dim B\oplus B^*=\dim L=2n$, 能够得到 $\dim B^*=\dim\phi(B^*)=n$. 由 $0=q_B(B^*,B^*)=q_L(\phi(B^*),\phi(B^*))$, 我们有 $\phi(B^*)\subseteq\phi(B^*)^\perp$. 又因为 $[\phi(B^*),L,L]=[\phi(B^*),\phi(B\oplus B^*),\phi(B\oplus B^*)]=\phi([B^*,B\oplus B^*,B\oplus B^*]_\theta)\subseteq\phi(B^*)$, 所以 $\phi(B^*)$ 是 L 的 BiHom-理想. 进一步有 $B\cong B\oplus B^*/B^*\cong L/\phi(B^*)$.

($\Leftarrow$) 假设 I 是 L 的 n-维迷向 BiHom-理想. 由引理 2.3.33, 有 $[\beta(I),\beta(L),\alpha(I)]=0$. 设 $B=L/I,\ p:L\to B$ 是标准投射. 因为 ch $\mathbb{K}\neq 2$, 所以我们可以在 L 取 I 的迷向补子空间 B_0, 即 $L=B_0\dotplus I,\ B_0\subseteq B_0^\perp$. 所以由 $\dim B_0=n$ 可以得到 $B_0^\perp=B_0$.

首先验证 $B\oplus B^*$ 是一个代数. 设 $p_0:L=B_0\dotplus I\to B_0,\ p_1:L=B_0\dotplus I\to I$ 是投射, $q_L^*:I\to B^*$ 是线性映射, 其中 $q_L^*(i)(\bar{x}):=q_L(i,x),\ \forall\, i\in I,\bar{x}\in B=L/I$.

断言, q_L^* 是向量空间同构. 事实上, 如果 $\bar{x} = \bar{y}$, 即 $x - y \in I$. 则有 $q_L(i, x - y) \in q_L(I, I) = 0$ 所以 $q_L(i, x) = q_L(i, y)$, 说明 q_L^* 定义合理. 显然 q_L^* 是线性的. 若 $q_L^*(i) = q_L^*(j)$, 有 $q_L^*(i)(\bar{x}) = q_L^*(j)(\bar{x})$, $\forall x \in L$, 即 $q_L(i, x) = q_L(j, x)$. 所以 $i - j \in L^\perp = 0$, 因此 q_L^* 是单射. 由 $\dim I = \dim B^* = n$, 所以 q_L^* 是满射. 此外, q_L^* 有如下性质, $\forall x, y, z \in L, i \in I$,

$$
\begin{aligned}
q_L^*([\beta(x), \beta(y), \alpha(i)])(\bar{\alpha}(\bar{z})) &= q_L([\beta(x), \beta(y), \alpha(i)], \alpha(z)) \\
&= -q_L(\alpha(i), [\beta(x), \beta(y), \alpha(z)]) \\
&= -q_L^*(\alpha(i))(\overline{[\beta(x), \beta(y), \alpha(z)]}) \\
&= -q_L^*(\alpha(i))([\overline{\beta(x)}, \overline{\beta(y)}, \overline{\alpha(z)}]) \\
&= -q_L^*(\alpha(i))\mathrm{ad}(\overline{\beta(x)}, \overline{\beta(y)})(\overline{\alpha(z)}) \\
&= \mathrm{ad}^*(\overline{\beta(x)}, \overline{\beta(y)})q_L^*(\alpha(i))(\overline{\alpha(z)}).
\end{aligned}
$$

类似地有

$$
q_L^*([\beta(x), \beta(i), \alpha(y)]) = -\mathrm{ad}^*(\overline{\beta(x)}, \overline{\beta(y)})q_L^*(\alpha(i)),
$$

$$
q_L^*([\beta(i), \beta(x), \alpha(y)]) = \mathrm{ad}^*(\overline{\beta(x)}, \overline{\beta(y)})q_L^*(\alpha(i)).
$$

定义 3-线性映射

$$
\begin{aligned}
\theta: \quad B \times B \times B &\longrightarrow B^* \\
(\bar{b}_1, \bar{b}_2, \bar{b}_3) &\longmapsto q_L^*(p_1([b_1, b_2, b_3])),
\end{aligned}
$$

其中 $b_1, b_2, b_3 \in B_0$. 由 $p|_{B_0}$ 是向量空间同构可以得出 θ 的定义是合理的. $B \oplus B^*$ 上括积 $[\cdot, \cdot, \cdot]_\theta$ 的定义如命题 2.3.22, 所以 $B \oplus B^*$ 是代数.

接下来验证 $B \oplus B^*$ 是 3-BiHom-李代数. 定义线性映射 $\varphi: L \to B \oplus B^*$, $\varphi(x + i) = \bar{x} + q_L^*(i), \forall x + i \in B_0 \dotplus I = L$. 因为 $p|_{B_0}, q_L^*$ 是向量空间同构, 所以 φ 也是向量空间同构. 我们有 $\varphi\alpha(x + i) = \varphi(\alpha(x) + \alpha(i)) = \overline{\alpha(x)} + q_L^*(\alpha(i)) = \overline{\alpha(x)} + q_L^*(i)\bar{\alpha} = (\bar{\alpha} + \tilde{\alpha})(\bar{x} + q_L^*(i)) = (\bar{\alpha} + \tilde{\alpha})\varphi(x + i)$, 即 $\varphi\alpha = (\bar{\alpha} + \tilde{\alpha})\varphi$. 同理, $\varphi\beta = (\bar{\beta} + \tilde{\beta})\varphi$. 进一步, $\forall x, y, z \in L, i, j, k \in I$,

$$
\begin{aligned}
&\varphi([\beta(x + i), \beta(y + j), \alpha(z + k)]) \\
={}& \varphi([\beta(x) + \beta(i), \beta(y) + \beta(j), \alpha(z) + \alpha(k)]) \\
={}& \varphi([\beta(x), \beta(y), \alpha(z)] + [\beta(x), \beta(y), \alpha(k)] + [\beta(x), \beta(j), \alpha(z)] + [\beta(x), \beta(j), \alpha(k)] \\
&\quad + [\beta(i), \beta(y), \alpha(z)] + [\beta(i), \beta(y), \alpha(k)] + [\beta(i), \beta(j), \alpha(z)] + [\beta(i), \beta(j), \alpha(k)]) \\
={}& \varphi([\beta(x), \beta(y), \alpha(z)] + [\beta(x), \beta(y), \alpha(k)] + [\beta(x), \beta(j), \alpha(z)] + [\beta(i), \beta(y), \alpha(z)]
\end{aligned}
$$

$$= \varphi(p_0([\beta(x), \beta(y), \alpha(z)]) + p_1([\beta(x), \beta(y), \alpha(z)]) + [\beta(x), \beta(y), \alpha(k)]$$
$$\quad + [\beta(x), \beta(j), \alpha(z)] + [\beta(i), \beta(y), \alpha(z)])$$
$$= \overline{[\beta(x), \beta(y), \alpha(z)]} + q_L^*(p_1([\beta(x), \beta(y), \alpha(z)]) + [\beta(x), \beta(y), \alpha(k)]$$
$$\quad + [\beta(x), \beta(j), \alpha(z)] + [\beta(i), \beta(y), \alpha(z)])$$
$$= \overline{[\beta(x), \beta(y), \alpha(z)]} + \theta(\overline{\beta(x)}, \overline{\beta(y)}, \overline{\alpha(z)}) + \mathrm{ad}^*(\overline{\beta(x)}, \overline{\beta(y)})q_L^*(\alpha(k))$$
$$\quad - \mathrm{ad}^*(\overline{\beta(x)}, \overline{\beta(z)})q_L^*(\alpha(j)) + \mathrm{ad}^*(\overline{\beta(y)}, \overline{\beta(z)})q_L^*(\alpha(i))$$
$$= [\overline{\beta(x)} + q_L^*(\beta(i)), \overline{\beta(y)} + q_L^*(\beta(j)), \overline{\alpha(z)} + q_L^*(\alpha(k))]_\theta$$
$$= [\varphi(\beta(x) + \beta(i)), \varphi(\beta(y) + \beta(j)), \varphi(\alpha(z) + \alpha(k))]_\theta.$$

所以 φ 是代数之间同构, 即 $(B \oplus B^*, [\cdot, \cdot, \cdot]_\theta, \bar\alpha + \tilde{\tilde\alpha}, \bar\beta + \tilde{\tilde\beta})$ 是 3-BiHom-李代数.

最后我们只需验证 φ 是等距的且 q_B 是 $(\bar\beta + \tilde{\tilde\beta})(\bar\alpha + \tilde{\tilde\alpha})$-不变的.

$$q_B(\varphi(x + i), \varphi(y + j)) = q_B(\bar x + q_L^*(i), \bar y + q_L^*(j))$$
$$= q_L^*(i)(\bar y) + q_L^*(j)(\bar x)$$
$$= q_L(i, y) + q_L(j, x)$$
$$= q_L(x + i, y + j),$$

所以 φ 是等距的. 任取 $x, y, z, w \in L$, 我们有

$$q_B([(\bar\beta + \tilde{\tilde\beta})(\varphi(x)), (\bar\beta + \tilde{\tilde\beta})(\varphi(y)), (\bar\alpha + \tilde{\tilde\alpha})(\varphi(z))]_\theta, (\bar\alpha + \tilde{\tilde\alpha})(\varphi(w)))$$
$$= q_B([\varphi(\beta(x)), \varphi(\beta(y)), \varphi(\alpha(z))]_\theta, \varphi(\alpha(w))) = q_B(\varphi([\beta(x), \beta(y), \alpha(z)]), \varphi(\alpha(w)))$$
$$= q_L([\beta(x), \beta(y), \alpha(z)], \alpha(w)) = -q_L(\alpha(z), [\beta(x), \beta(y), \alpha(w)])$$
$$= -q_B(\varphi(\alpha(z)), [\varphi(\beta(x)), \varphi(\beta(y)), \varphi(\alpha(w))]_\theta)$$
$$= -q_B((\bar\beta + \tilde{\tilde\beta})(\varphi(z)), [(\bar\beta + \tilde{\tilde\beta})(\varphi(x)), (\bar\beta + \tilde{\tilde\beta})(\varphi(y)), (\bar\alpha + \tilde{\tilde\alpha})(\varphi(w))]_\theta),$$

所以 q_B 是 $(\bar\beta + \tilde{\tilde\beta})(\bar\alpha + \tilde{\tilde\alpha})$-不变的. 因此, $(B \oplus B^*, q_B, \bar\beta + \tilde{\tilde\beta}, \bar\alpha + \tilde{\tilde\alpha})$ 是二次 3-BiHom-李代数. 综上, B 的 T_θ^*-扩张 $(B \oplus B^*, q_B, \bar\beta + \tilde{\tilde\beta}, \bar\alpha + \tilde{\tilde\alpha})$ 与 (L, q_L, α, β) 是等距的. □

2.3.5　3-BiHom-李代数的交换扩张

定义 2.3.35　设 $(L, [\cdot, \cdot, \cdot], \alpha, \beta)$, $(V, [\cdot, \cdot, \cdot]_V, \alpha_V, \beta_V)$ 和 $(\hat L, [\cdot, \cdot, \cdot]_{\hat L}, \alpha_{\hat L}, \beta_{\hat L})$ 是 3-BiHom-李代数, 并且 $i : V \to \hat L$ 与 $p : \hat L \to L$ 是两个 3-BiHom-李代数之间的同态. 若 $\mathrm{Im}(i) = \mathrm{Ker}(p)$, $\mathrm{Ker}(i) = 0$ 且 $\mathrm{Im}(p) = L$, 则称序列

$$0 \longrightarrow V \overset{i}{\longrightarrow} \hat L \overset{p}{\longrightarrow} L \longrightarrow 0$$

是一个短正合列. 此时称 $\hat{L}$ 是 L 通过 V 得到的扩张.

若 V 是 $\hat{L}$ 的交换 BiHom-理想, 且 $[x, u, v]_{\hat{L}} = [u, x, v]_{\hat{L}} = 0, \forall u, v \in V, x \in \hat{L}$, 则称 $\hat{L}$ 是 L 的交换扩张.

例 2.3.36　设 $\hat{L}$ 是一个 3-维的 3-李代数, 它的基底为 $\{e_1, e_2, e_3\}$ 而且括积运算是 $[e_1, e_2, e_3] = e_1$. 给出 $\hat{L}$ 上的两个同态

$$\alpha = \begin{pmatrix} -1 & 0 & 0 \\ 0 & 1 & 0 \\ 0 & 0 & 1 \end{pmatrix}, \quad \beta = \begin{pmatrix} -1 & 0 & 0 \\ 0 & -1 & 0 \\ 0 & 0 & 1 \end{pmatrix}.$$

则 $(\hat{L}, [\cdot, \cdot, \cdot]_{\hat{L}} = [\cdot, \cdot, \cdot] \circ (\alpha \otimes \alpha \otimes \beta), \alpha, \beta)$ 是一个 3-BiHom-李代数. 设 V 是 $\hat{L}$ 的一个子空间, 它的基底是 $\{e_1, e_2\}$. 显然, V 是 $\hat{L}$ 的一个交换 BiHom-理想. 可以得到 $0 \to V \hookrightarrow \hat{L} \to \hat{L}/V \to 0$ 是一个扩张. 但是它不是一个交换扩张, 因为 $[e_3, e_1, e_2]_{\hat{L}} = [e_3, -e_1, -e_2] = e_1 \neq 0$.

又设 V 是一个带有基底 $\{e_1\}$ 的 $\hat{L}$ 的子空间. 显然, V 是 $\hat{L}$ 的一个交换 BiHom-理想并且有 $[x, u, v]_{\hat{L}} = [u, x, v]_{\hat{L}} = 0, \forall u, v \in V, x \in \hat{L}$. 因此 $0 \to V \hookrightarrow \hat{L} \to \hat{L}/V \to 0$ 是一个交换扩张.

若线性映射 $\sigma: L \to \hat{L}$ 使得 $\sigma\alpha = \alpha_{\hat{L}}\sigma$, $\sigma\beta = \beta_{\hat{L}}\sigma$, 而且 $p \circ \sigma = \mathrm{id}_L$ 成立, 称之为同态 $p: \hat{L} \to L$ 的截面映射.

定义 2.3.37　设 $0 \longrightarrow V \overset{i}{\longrightarrow} \hat{L} \overset{p}{\longrightarrow} L \longrightarrow 0$ 与 $0 \longrightarrow V \overset{j}{\longrightarrow} \tilde{L} \overset{q}{\longrightarrow} L \longrightarrow 0$ 是两个扩张. 如果存在一个 3-BiHom-李代数之间的同态 $\phi: \hat{L} \to \tilde{L}$ 使得下图是可交换的

$$\begin{array}{ccccccccc} 0 & \longrightarrow & V & \overset{i}{\longrightarrow} & \hat{L} & \overset{p}{\longrightarrow} & L & \longrightarrow & 0 \\ & & \downarrow{\scriptstyle \mathrm{Id}} & & \downarrow{\scriptstyle \phi} & & \downarrow{\scriptstyle \mathrm{Id}} & & \\ 0 & \longrightarrow & V & \overset{j}{\longrightarrow} & \tilde{L} & \overset{q}{\longrightarrow} & L & \longrightarrow & 0, \end{array}$$

则称这两个扩张是等价的.

设 $\hat{L}$ 是 L 通过 V 得到的交换扩张, $\sigma: L \to \hat{L}$ 是一个截面映射. 定义一个斜对称双线性映射 $\theta: L \wedge L \to \mathrm{End}(V)$

$$\theta(x, y)(v) = [\sigma\beta(x), \sigma\beta(y), v]_{\hat{L}}, \quad \forall x, y \in L, v \in V. \tag{2.24}$$

定理 2.3.38　设 $(V, [\cdot, \cdot, \cdot]_V, \alpha_V, \beta_V)$ 和 $(L, [\cdot, \cdot, \cdot], \alpha, \beta)$ 是两个 3-BiHom-李代数. θ 如上定义, 则 $(V, \theta, \alpha_V, \beta_V)$ 是 $(L, [\cdot, \cdot, \cdot], \alpha, \beta)$ 的一个表示, 并且它不依赖于截面映射 σ 的选取. 进一步有, 等价的交换扩张能给出相同的表示.

证明　首先, 取另一个截面映射 $\sigma': L \to \hat{L}$, 我们有

$$p(\sigma\beta(x) - \sigma'\beta(x)) = \beta(x) - \beta(x) = 0 \Rightarrow \sigma\beta(x) - \sigma'\beta(x) \in \mathrm{Ker}(p) \cong V.$$

所以对任意 $x \in L$ 存在某个 $v \in V$ 使得 $\sigma'\beta(x) = \sigma\beta(x) + v$. 因为 V 是一个交换 BiHom-理想而且 $[\hat{L}, V, V]_{\hat{L}} = [V, \hat{L}, V]_{\hat{L}} = 0$, 则有

$$[\sigma'\beta(x), \sigma'\beta(y), u]_{\hat{L}} = [\sigma\beta(x) + v_1, \sigma\beta(y) + v_2, v]_{\hat{L}} = [\sigma\beta(x), \sigma\beta(y), v]_{\hat{L}}.$$

所以 θ 不依赖于 σ 的选取.

其次, 我们证明 $(V, \theta, \alpha_V, \beta_V)$ 是 $(L, [\cdot, \cdot, \cdot], \alpha, \beta)$ 的一个表示. 任取 $x, y \in L, w \in V$, 有

$$\begin{aligned}
\alpha_V(\theta(x, y)(w)) &= \alpha_V[\sigma\beta(x), \sigma\beta(y), w]_{\hat{L}} = \alpha_{\hat{L}}[\sigma\beta(x), \sigma\beta(y), w]_{\hat{L}} \\
&= [\alpha_{\hat{L}}(\sigma\beta(x)), \alpha_{\hat{L}}(\sigma\beta(y)), \alpha_V(w)]_{\hat{L}} = [\sigma\alpha\beta(x), \sigma\alpha\beta(y), \alpha_V(w)]_{\hat{L}} \\
&= \theta(\alpha(x), \alpha(y))\alpha_V(v).
\end{aligned}$$

同理可得, $\beta_V(\theta(x, y)(w)) = \theta(\beta(x), \beta(y))\beta_V(v)$. $\forall x, y, z \in L$, 能发现 $p(\sigma[x, y, z] - [\sigma(x), \sigma(y), \sigma(z)]_{\hat{L}}) = p\sigma[x, y, z] - p[\sigma(x), \sigma(y), \sigma(z)]_{\hat{L}} = [x, y, z] - [p\sigma(x), p\sigma(y), p\sigma(z)] = [x, y, z] - [x, y, z] = 0$. 所以有

$$\sigma[x, y, z] - [\sigma(x), \sigma(y), \sigma(z)]_{\hat{L}} \in \mathrm{Ker}(p) \cong V.$$

因为 $[\hat{L}, V, V]_{\hat{L}} = [V, \hat{L}, V]_{\hat{L}} = 0$, 这就是说对任意 $\hat{x} \in \hat{L}, w \in V$ 有

$$[\sigma[x, y, z], \hat{x}, w]_{\hat{L}} = [[\sigma(x), \sigma(y), \sigma(z)]_{\hat{L}}, \hat{x}, w]_{\hat{L}},$$

$$[\hat{x}, \sigma[x, y, z], w]_{\hat{L}} = [\hat{x}, [\sigma(x), \sigma(y), \sigma(z)]_{\hat{L}}, w]_{\hat{L}}.$$

所以能够得到

$$\begin{aligned}
&\theta(\beta(x_1), \beta(y_1))\theta(\alpha(x_2), \alpha(y_2))(w) + \theta([\beta(x_2), \beta(y_2), x_1], \beta(y_1))\beta_V(w) \\
&\quad + \theta(\beta(x_1), [\beta(x_2), \beta(y_2), y_1])\beta_V(w) \\
&= [\sigma\beta^2(x_1), \sigma\beta^2(y_1), [\sigma\alpha\beta(x_2), \sigma\alpha\beta(y_2), w]_{\hat{L}}]_{\hat{L}} \\
&\quad + [\sigma\beta[\beta(x_2), \beta(y_2), x_1], \sigma\beta^2(y_1), \beta_V(w)]_{\hat{L}} \\
&\quad + [\sigma\beta^2(x_1), \sigma\beta[\beta(x_2), \beta(y_2), y_1], \beta_V(w)]_{\hat{L}} \\
&= [\sigma\beta^2(x_1), \sigma\beta^2(y_1), [\sigma\alpha\beta(x_2), \sigma\alpha\beta(y_2), w]_{\hat{L}}]_{\hat{L}} \\
&\quad + [[\sigma\beta^2(x_2), \sigma\beta^2(y_2), \sigma\beta(x_1)]_{\hat{L}}, \sigma\beta^2(y_1), \beta_V(w)]_{\hat{L}} \\
&\quad + [\sigma\beta^2(x_1), [\sigma\beta^2(x_2), \sigma\beta^2(y_2), \sigma\beta(y_1)]_{\hat{L}}, \beta_V(w)]_{\hat{L}} \\
&= [\beta_{\hat{L}}^2\sigma(x_1), \beta_{\hat{L}}^2\sigma(y_1), [\beta_{\hat{L}}\sigma\alpha(x_2), \beta_{\hat{L}}\sigma\alpha(y_2), w]_{\hat{L}}]_{\hat{L}} \\
&\quad + [\beta_{\hat{L}}^2\sigma(y_1), \beta_{\hat{L}}^2\alpha_{\hat{L}}^{-1}(w), [\beta_{\hat{L}}\sigma\alpha(x_2), \beta_{\hat{L}}\sigma\alpha(y_2), \alpha_{\hat{L}}\sigma(x_1)]_{\hat{L}}]_{\hat{L}}
\end{aligned}$$

$$- [\beta_{\hat{L}}^2 \sigma(x_1), \beta_{\hat{L}}^2 \alpha_{\hat{L}}^{-1}(w), [\beta_{\hat{L}} \sigma\alpha(x_2), \beta_{\hat{L}} \sigma\alpha(y_2), \alpha_{\hat{L}} \sigma(y_1)]_{\hat{L}}]_{\hat{L}}$$

$$= [\beta_{\hat{L}}^2 \sigma\alpha(x_2), \beta_{\hat{L}}^2 \sigma\alpha(y_2), [\beta_{\hat{L}} \sigma(x_1), \beta_{\hat{L}} \sigma(y_1), w]_{\hat{L}}]_{\hat{L}}$$

$$= [\sigma\alpha\beta^2(x_2), \sigma\alpha\beta^2(y_2), [\sigma\beta(x_1), \sigma\beta(y_1), w]_{\hat{L}}]_{\hat{L}}$$

$$= \theta(\alpha\beta(x_2), \alpha\beta(y_2))\theta(x_1, y_1)(w),$$

而且

$$\theta([\beta(x_2), \beta(y_2), x_1], \beta(y_1)) \circ \beta_V(w)$$

$$= [\sigma\beta[\beta(x_2), \beta(y_2), x_1], \sigma\beta^2(y_1), \beta_V(w)]_{\hat{L}}$$

$$= [[\sigma\beta^2(x_2), \sigma\beta^2(y_2), \sigma\beta(x_1)], \sigma\beta^2(y_1), \beta_V(w)]_{\hat{L}}$$

$$= [\beta_{\hat{L}}^2 \sigma(y_1), \beta_{\hat{L}}^2 \alpha_{\hat{L}}^{-1}(w), \alpha_{\hat{L}}[\sigma\beta(x_2), \sigma\beta(y_2), \sigma(x_1)]_{\hat{L}}]_{\hat{L}}$$

$$= [\beta_{\hat{L}}^2 \sigma(y_1), \beta_{\hat{L}}^2 \alpha_{\hat{L}}^{-1}(w), [\beta_{\hat{L}} \sigma\alpha(x_2), \beta_{\hat{L}} \sigma\alpha(y_2), \alpha_{\hat{L}} \sigma(x_1)]_{\hat{L}}]_{\hat{L}}$$

$$= [\beta_{\hat{L}}^2 \sigma\alpha(y_2), \beta_{\hat{L}}^2 \sigma(x_1), [\beta_{\hat{L}} \sigma(y_1), \beta_{\hat{L}} \alpha_{\hat{L}}^{-1}(w), \alpha_{\hat{L}} \sigma\alpha(x_2)]_{\hat{L}}]_{\hat{L}}$$

$$\quad - [\beta_{\hat{L}}^2 \sigma\alpha(x_2), \beta_{\hat{L}}^2 \sigma(x_1), [\beta_{\hat{L}} \sigma(y_1), \beta_{\hat{L}} \alpha_{\hat{L}}^{-1}(w), \alpha_{\hat{L}} \sigma\alpha(y_2)]_{\hat{L}}]_{\hat{L}}$$

$$\quad + [\beta_{\hat{L}}^2 \sigma\alpha(x_2), \beta_{\hat{L}}^2 \sigma(y_2), [\beta_{\hat{L}} \sigma(y_1), \beta_{\hat{L}} \alpha_{\hat{L}}^{-1}(w), \alpha_{\hat{L}} \sigma(x_1)]_{\hat{L}}]_{\hat{L}}$$

$$= [\beta_{\hat{L}}^2 \sigma\alpha(y_2), \beta_{\hat{L}}^2 \sigma(x_1), [\beta_{\hat{L}} \sigma\alpha(x_2), \beta_{\hat{L}} \sigma(y_1), w]_{\hat{L}}]_{\hat{L}}$$

$$\quad + [\beta_{\hat{L}}^2 \sigma(x_1), \beta_{\hat{L}}^2 \sigma\alpha(x_2), [\beta_{\hat{L}} \sigma\alpha(y_2), \beta_{\hat{L}} \sigma(y_1), w]_{\hat{L}}]_{\hat{L}}$$

$$\quad + [\beta_{\hat{L}}^2 \sigma\alpha(x_2), \beta_{\hat{L}}^2 \sigma(y_2), [\beta_{\hat{L}} \sigma(x_1), \beta_{\hat{L}} \sigma(y_1), w]_{\hat{L}}]_{\hat{L}}$$

$$= [\sigma\alpha\beta^2(y_2), \sigma\beta^2(x_1), [\sigma\alpha\beta(x_2), \sigma\beta(y_1), w]_{\hat{L}}]_{\hat{L}}$$

$$\quad + [\sigma\beta^2(x_1), \sigma\alpha\beta^2(x_2), [\sigma\alpha\beta(y_2), \sigma\beta(y_1), w]_{\hat{L}}]_{\hat{L}}$$

$$\quad + [\sigma\alpha\beta^2(x_2), \sigma\beta^2(y_2), [\sigma\beta(x_1), \sigma\beta(y_1), w]_{\hat{L}}]_{\hat{L}}$$

$$= \theta(\alpha\beta(y_2), \beta(x_1))\theta(\alpha(x_2), y_1)(w) + \theta(\beta(x_1), \alpha\beta(x_2))\theta(\alpha(y_2), y_1)(w)$$

$$\quad + \theta(\alpha\beta(x_2), \alpha\beta(y_2))\theta(x_1, y_1)(w).$$

因此 $(V, \theta, \alpha_V, \beta_V)$ 是 $(L, [\cdot, \cdot, \cdot], \alpha, \beta)$ 的一个表示.

最后, 我们证明等价的交换扩张具有相同的表示 θ. 假设 $0 \longrightarrow V \xrightarrow{i} \hat{L} \xrightarrow{p} L \longrightarrow 0$ 与 $0 \longrightarrow V \xrightarrow{j} \tilde{L} \xrightarrow{q} L \longrightarrow 0$ 是等价的交换扩张, $\phi : \hat{L} \rightarrow \tilde{L}$ 是满足 $\phi \circ i = j, q \circ \phi = p$ 的 3-BiHom-李代数之间的同态. 因为 V 是 $\hat{L}$ 和 $\tilde{L}$ 的交换 BiHom-理想, 可以有 $\phi(v) = v, \forall v \in V$. 取 p 与 q 的截面映射分别为 σ 和 σ', 可以得到 $q\phi\sigma(x) = p\sigma(x) = x = q\sigma'(x), \forall x \in L$. 所以 $\phi\sigma(x) - \sigma'(x) \in \text{Ker}(q) \cong V$. 进一步能够得到, $\forall x, y \in L, u \in V$,

$$[\sigma\beta(x), \sigma\beta(y), u]_{\hat{L}} = \phi[\sigma\beta(x), \sigma\beta(y), u]_{\hat{L}}$$

$$= [\phi\sigma\beta(x), \phi\sigma\beta(y), \phi(u)]_{\hat{L}} = [\phi\sigma\beta(x), \phi\sigma\beta(y), u]_{\hat{L}}$$

$$= [\sigma'\beta(x), \sigma'\beta(y), u]_{\hat{L}}.$$

所以这两个交换扩张具有相同的表示 θ.　　　　　　　　　　　　　　$\square$

接下来定义一个三线性映射 $\omega : \bigwedge^3 L \to V$,

$$\omega(x_1, x_2, x_3) = [\sigma\alpha\beta(x_1), \sigma\alpha\beta(x_2), \sigma\alpha^2(x_3)]_{\hat{L}} - \sigma([\alpha\beta(x_1), \alpha\beta(x_2), \alpha^2(x_3)]), \tag{2.25}$$

其中 $x_1, x_2, x_3 \in L$.

定理 2.3.39　设 $0 \longrightarrow V \longrightarrow \hat{L} \longrightarrow L \longrightarrow 0$ 是 L 通过 V 构造的一个交换扩张. 则由 (2.25) 定义的 ω 是闭的 2-BiHom-上链, 其中表示 $(V, \theta, \alpha_V, \beta_V)$ 是由 (2.24) 给出的.

证明　由 ω 的定义显然有 ω 是一个斜对称 3-线性映射, $\omega(\alpha(x_1), \alpha(x_2), \alpha(x_3)) = \alpha_V\omega(x_1, x_2, x_3)$ 而且 $\beta_V\omega(x_1, x_2, x_3) = \omega(\beta(x_1), \beta(x_2), \beta(x_3))$. 因为 $(\hat{L}, [\cdot, \cdot, \cdot]_{\hat{L}}, \alpha_{\hat{L}}, \beta_{\hat{L}})$ 是 3-BiHom-李代数, 由 (2.21) 我们能够得到

$$[\sigma\alpha\beta^2(x_1), \sigma\alpha\beta^2(x_2), [\sigma\alpha\beta(x_3), \sigma\alpha\beta(x_4), \sigma\alpha^2(x_5)]_{\hat{L}}]_{\hat{L}}$$

$$= [[\sigma\beta^2(x_1), \sigma\beta^2(x_2), \sigma\alpha\beta(x_3)]_{\hat{L}}, \sigma\alpha\beta^2(x_4), \sigma\alpha^2\beta(x_5)]_{\hat{L}}$$

$$+ [\sigma\alpha\beta^2(x_3), [\sigma\beta^2(x_1), \sigma\beta^2(x_2), \sigma\alpha\beta(x_4)]_{\hat{L}}, \sigma\alpha^2\beta(x_5)]_{\hat{L}}$$

$$+ [\sigma\alpha\beta^2(x_3), \sigma\alpha\beta^2(x_4), [\sigma\alpha\beta(x_1), \sigma\alpha\beta(x_2), \sigma\alpha^2(x_5)]_{\hat{L}}]_{\hat{L}}.$$

由 (2.25) 知上面的式子等价于

$$[\sigma\alpha\beta^2(x_1), \sigma\alpha\beta^2(x_2), \omega(x_3, x_4, x_5)]_{\hat{L}}$$

$$+ \omega(\beta(x_1), \beta(x_2), [\alpha^{-1}\beta(x_3), \alpha^{-1}\beta(x_4), x_5])$$

$$+ \sigma([\alpha\beta^2(x_1), \alpha\beta^2(x_2), [\alpha\beta(x_3), \alpha\beta(x_4), \alpha^2(x_5)]])$$

$$= [\omega(\alpha^{-1}\beta(x_1), \alpha^{-1}\beta(x_2), \alpha^{-1}\beta(x_3)), \sigma\alpha\beta^2(x_4), \sigma\alpha^2\beta(x_5)]_{\hat{L}}$$

$$+ \omega([\alpha^{-1}\beta(x_1), \alpha^{-1}\beta(x_2), x_3], \beta(x_4), \beta(x_5))$$

$$+ \sigma([[\beta^2(x_1), \beta^2(x_2), \alpha\beta(x_3)], \alpha\beta^2(x_4), \alpha^2\beta(x_5)])$$

$$+ [\sigma\alpha\beta^2(x_3), \omega(\alpha^{-1}\beta(x_1), \alpha^{-1}\beta(x_2), \alpha^{-1}\beta(x_4)), \sigma\alpha^2\beta(x_5)]_{\hat{L}}$$

$$+ \omega(\beta(x_3), [\alpha^{-1}\beta(x_1), \alpha^{-1}\beta(x_2), x_4], \beta(x_5))$$

$$+ \sigma([\alpha\beta^2(x_3), [\beta^2(x_1), \beta^2(x_2), \alpha\beta(x_4)], \alpha^2\beta(x_5)])$$

$$+ [\sigma\alpha\beta^2(x_3), \sigma\alpha\beta^2(x_4), \omega(x_1, x_2, x_5)]_{\hat{L}}$$

$$+ \omega(\beta(x_3), \beta(x_4), [\alpha^{-1}\beta(x_1), \alpha^{-1}\beta(x_2), x_5])$$

$$+ \sigma([\alpha\beta^2(x_3), \alpha\beta^2(x_4), [\alpha\beta(x_1), \alpha\beta(x_2), \alpha^2(x_4)]])$$
$$= [\sigma\alpha\beta^2(x_4), \sigma\alpha^2\beta(x_5), \omega(x_1, x_2, x_3)]_{\hat{L}}$$
$$+ \omega([\alpha^{-1}\beta(x_1), \alpha^{-1}\beta(x_2), x_3], \beta(x_4), \beta(x_5))$$
$$- [\sigma\alpha\beta^2(x_3), \sigma\alpha\beta^2(x_5), \omega(x_1, x_2, x_4)]_{\hat{L}}$$
$$+ \omega(\beta(x_3), [\alpha^{-1}\beta(x_1), \alpha^{-1}\beta(x_2), x_4], \beta(x_5))$$
$$+ [\sigma\alpha\beta^2(x_3), \sigma\alpha\beta^2(x_4), \omega(x_1, x_2, x_5)]_{\hat{L}}$$
$$+ \omega(\beta(x_3), \beta(x_4), [\alpha^{-1}\beta(x_1), \alpha^{-1}\beta(x_2), x_5])$$
$$+ \sigma([\alpha\beta^2(x_1), \alpha\beta^2(x_2), [\alpha\beta(x_3), \alpha\beta(x_4), \alpha^2(x_5)]]).$$

所以有

$$\theta(\alpha\beta(x_1), \alpha\beta(x_2))\omega(x_3, x_4, x_5) + \omega(\beta(x_1), \beta(x_2), [\alpha^{-1}\beta(x_3), \alpha^{-1}\beta(x_4), x_5])$$
$$= \theta(\alpha\beta(x_4), \alpha\beta(x_5))\omega(x_1, x_2, x_3) + \omega([\alpha^{-1}\beta(x_1), \alpha^{-1}\beta(x_2), x_3], \beta(x_4), \beta(x_5))$$
$$- \theta(\alpha\beta(x_3), \alpha\beta(x_5))\omega(x_1, x_2, x_4) + \omega(\beta(x_3), [\alpha^{-1}\beta(x_1), \alpha^{-1}\beta(x_2), x_4], \beta(x_5))$$
$$+ \theta(\alpha\beta(x_3), \alpha\beta(x_4))\omega(x_1, x_2, x_5) + \omega(\beta(x_3), \beta(x_4), [\alpha^{-1}\beta(x_1), \alpha^{-1}\beta(x_2), x_5]).$$

由注 2.3.19 我们知道 ω 是一个 2-BiHom-闭链. $\qquad\square$

命题 2.3.40　设 $(L, [\cdot, \cdot, \cdot], \alpha, \beta)$ 是一个 3-BiHom-李代数, $(M, \rho, \alpha_M, \beta_M)$ 是 L 的表示, 而且 $\omega : \wedge^3 L \to M$ 是一个 2-BiHom-闭链. 则 $(L \oplus M, [\cdot, \cdot, \cdot]_\omega, \alpha + \alpha_M, \beta + \beta_M)$ 是一个 3-BiHom-李代数, 其中 $\alpha + \alpha_M, \beta + \beta_M : L \oplus M \to L \oplus M$ 的定义为 $(\alpha + \alpha_M)(x + v) = \alpha(x) + \alpha_M(v)$ 与 $(\beta + \beta_M)(x + v) = \beta(x) + \beta_M(v)$, 并且括积运算 $[\cdot, \cdot, \cdot]_\omega$ 是对任意的 $x_1, x_2, x_3 \in L, v_1, v_2, v_3 \in M$ 有

$$[x_1 + v_1, x_2 + v_2, x_3 + v_3]_\omega$$
$$= [x_1, x_2, x_3] + \omega(\alpha(x_1), \alpha(x_2), \beta(x_3)) + \rho(\alpha^2(x_1), \alpha^2(x_2))(v_3)$$
$$- \rho(\alpha^2(x_1), \alpha\beta(x_3))(\alpha_M \beta_M^{-1}(v_2)) + \rho(\alpha^2(x_2), \alpha\beta(x_3))(\alpha_M \beta_M^{-1}(v_1)). \quad (2.26)$$

这种 3-BiHom-李代数记为 $L \oplus_\omega M$.

证明　首先, 由 $\alpha \circ \beta = \beta \circ \alpha, \alpha_M \circ \beta_M = \beta_M \circ \alpha_M$ 可以得到 $(\alpha + \alpha_M) \circ (\beta + \beta_M) = (\beta + \beta_M) \circ (\alpha + \alpha_M)$.

其次, 可以得到 $\alpha + \alpha_M$ 是一个代数同态, 即

$$[(\alpha + \alpha_M)(x_1 + v_1), (\alpha + \alpha_M)(x_2 + v_2), (\alpha + \alpha_M)(x_3 + v_3)]_\omega$$
$$= [\alpha(x_1) + \alpha_M(v_1), \alpha(x_2) + \alpha_M(v_2), \alpha(x_3) + \alpha_M(v_3)]_\omega$$
$$= [\alpha(x_1), \alpha(x_2), \alpha(x_3)] + \omega(\alpha^2(x_1), \alpha^2(x_2), \alpha\beta(x_3)) + \rho(\alpha^3(x_1), \alpha^3(x_2))(\alpha_M(v_3))$$

$$- \rho(\alpha^3(x_1), \alpha^2\beta(x_3))(\alpha_M^2\beta_M^{-1}(v_2)) + \rho(\alpha^3(x_2), \alpha^2\beta(x_3))(\alpha_M^2\beta_M^{-1}(v_1))$$

$$= \alpha([x_1, x_2, x_3]) + \alpha_M\omega(\alpha(x_1), \alpha(x_2), \beta(x_3)) + \alpha_M\rho(\alpha^2(x_1), \alpha^2(x_2))(v_3)$$

$$- \alpha_M\rho(\alpha^2(x_1), \alpha\beta(x_3))(\alpha_M\beta_M^{-1}(v_2)) + \alpha_M\rho(\alpha^2(x_2), \alpha\beta(x_3))(\alpha_M\beta_M^{-1}(v_1))$$

$$= (\alpha + \alpha_M)([x_1 + v_1, x_2 + v_2, x_3 + v_3]_\omega).$$

同理有, $\beta + \beta_M$ 也是代数同态.

接下来可以验证 $[\cdot, \cdot, \cdot]_\omega$ 满足 BiHom-斜对称性. 因为 ω 是斜对称 3-线性映射, 能够得到 $\omega(x_1, x_2, x_3) = -\omega(x_2, x_1, x_3) = -\omega(x_1, x_3, x_2)$. 所以

$$[(\beta + \beta_M)(x_1 + v_1), (\beta + \beta_M)(x_2 + v_2), (\alpha + \alpha_M)(x_3 + v_3)]_\omega$$

$$= [\beta(x_1) + \beta_M(v_1), \beta(x_2) + \beta_M(v_2), \alpha(x_3) + \alpha_M(v_3)]_\omega$$

$$= [\beta(x_1), \beta(x_2), \alpha(x_3)] + \omega(\alpha\beta(x_1), \alpha\beta(x_2), \alpha\beta(x_3))$$

$$\quad + \rho(\alpha^2\beta(x_1), \alpha^2\beta(x_2))(\alpha_M(v_3))$$

$$\quad - \rho(\alpha^2\beta(x_1), \alpha^2\beta(x_3))(\alpha_M(v_2)) + \rho(\alpha^2\beta(x_2), \alpha^2\beta(x_3))(\alpha_M(v_1))$$

$$= -[\beta(x_2), \beta(x_1), \alpha(x_3)] - \omega(\alpha\beta(x_2), \alpha\beta(x_1), \alpha\beta(x_3))$$

$$\quad - \rho(\alpha^2\beta(x_2), \alpha^2\beta(x_1))(\alpha_M(v_3))$$

$$\quad + \rho(\alpha^2\beta(x_2), \alpha^2\beta(x_3))(\alpha_M(v_1)) - \rho(\alpha^2\beta(x_1), \alpha^2\beta(x_3))(\alpha_M(v_2))$$

$$= -[(\beta + \beta_M)(x_2 + v_2), (\beta + \beta_M)(x_1 + v_1), (\alpha + \alpha_M)(x_3 + v_3)]_\omega.$$

同理也可以得到 $[(\beta + \beta_M)(x_1 + v_1), (\beta + \beta_M)(x_2 + v_2), (\alpha + \alpha_M)(x_3 + v_3)]_\omega = -[(\beta + \beta_M)(x_1 + v_1), (\beta + \beta_M)(x_3 + v_3), (\alpha + \alpha_M)(x_2 + v_2)]_\omega$.

最后, 利用定义 2.3.12 中的条件 (3) 和 (4) 与注 2.3.19, 可以得到对任意的 $x_i \in L, v_i \in M, i = 1, 2, 3, 4, 5$, 有

$$[(\alpha + \alpha_M)(\beta + \beta_M)(x_1 + v_1), (\alpha + \alpha_M)(\beta + \beta_M)(x_2 + v_2),$$

$$[x_3 + v_3, x_4 + v_4, x_5 + v_5]_\omega]_\omega$$

$$= [\alpha\beta(x_1) + \alpha_M\beta_M(v_1), \alpha\beta(x_2) + \alpha_M\beta_M(v_2), [x_3 + v_3, x_4 + v_4, x_5 + v_5]_\omega]_\omega$$

$$= [\alpha\beta(x_1) + \alpha_M\beta_M(v_1), \alpha\beta(x_2) + \alpha_M\beta_M(v_2), [x_3, x_4, x_5] + \omega(\alpha(x_3), \alpha(x_4), \beta(x_5))$$

$$\quad + \rho(\alpha^2(x_3), \alpha^2(x_4))(v_5) - \rho(\alpha^2(x_3), \alpha\beta(x_5))(\alpha_M\beta_M^{-1}(v_4))$$

$$\quad + \rho(\alpha^2(x_4), \alpha\beta(x_5))(\alpha_M\beta_M^{-1}(v_3))]_\omega$$

$$= [\alpha\beta(x_1), \alpha\beta(x_2), [x_3, x_4, x_5]] + \omega(\alpha^2\beta(x_1), \alpha^2\beta(x_2), \beta[x_3, x_4, x_5])$$

$$\quad + \rho(\alpha^3\beta(x_1), \alpha^3\beta(x_2))(\omega(\alpha(x_3), \alpha(x_4), \beta(x_5)) + \rho(\alpha^2(x_3), \alpha^2(x_4))(v_5)$$

$$\quad - \rho(\alpha^2(x_3), \alpha\beta(x_5))(\alpha_M\beta_M^{-1}(v_4)) + \rho(\alpha^2(x_4), \alpha\beta(x_5))(\alpha_M\beta_M^{-1}(v_3)))$$

$$- \rho(\alpha^3\beta(x_1), \alpha\beta[x_3, x_4, x_5])(\alpha_M^2(v_2)) + \rho(\alpha^3\beta(x_2), \alpha\beta[x_3, x_4, x_5])(\alpha_M^2(v_1))$$

$$=[[\beta(x_1), \beta(x_2), x_3], \beta(x_4), \beta(x_5)] + [\beta(x_3), [\beta(x_1), \beta(x_2), x_4], \beta(x_5)]$$

$$+ [\beta(x_3), \beta(x_4), [\alpha(x_1), \alpha(x_2), x_5]] + \rho(\alpha^2\beta(x_4), \alpha\beta^2(x_5))\omega(\alpha^2(x_1), \alpha^2(x_2), \alpha(x_3))$$

$$+ \omega([\alpha\beta(x_1), \alpha\beta(x_2), \alpha(x_3)], \alpha\beta(x_4), \beta^2(x_5))$$

$$- \rho(\alpha^2\beta(x_3), \alpha\beta^2(x_5))\omega(\alpha^2(x_1), \alpha^2(x_2), \alpha(x_4))$$

$$+ \omega(\alpha\beta(x_3), [\alpha\beta(x_1), \alpha\beta(x_2), \alpha(x_4)], \beta^2(x_5))$$

$$+ \rho(\alpha^2\beta(x_3), \alpha^2\beta(x_4))\omega(\alpha^2(x_1), \alpha^2(x_2), \beta(x_5))$$

$$+ \omega(\alpha\beta(x_3), \alpha\beta(x_4), [\alpha\beta(x_1), \alpha\beta(x_2), \beta(x_5)])$$

$$+ \rho(\alpha^2\beta(x_3), \alpha^2\beta(x_4))\rho(\alpha^3(x_1), \alpha^3(x_2))(v_5) + \rho([\alpha^2\beta(x_1), \alpha^2\beta(x_2), \alpha^2(x_3)],$$

$$\alpha^2\beta(x_4))\beta_M(v_5) + \rho(\alpha^2\beta(x_3), [\alpha^2\beta(x_1), \alpha^2\beta(x_2), \alpha^2(x_4)])\beta_M(v_5)$$

$$- \rho(\alpha^2\beta(x_3), \alpha\beta^2(x_5))\rho(\alpha^3(x_1), \alpha^3(x_2))\alpha_M\beta_M^{-1}(v_4) - \rho([\alpha^2\beta(x_1), \alpha^2\beta(x_2),$$

$$\alpha^2(x_3)], \alpha\beta^2(x_5))\alpha_M(v_4) - \rho(\alpha^2\beta(x_3), [\alpha^2\beta(x_1), \alpha^2\beta(x_2), \alpha\beta(x_5)])\alpha_M(v_4)$$

$$+ \rho(\alpha^2\beta(x_4), \alpha\beta^2(x_5))\rho(\alpha^3(x_1), \alpha^3(x_2))\alpha_M\beta_M^{-1}(v_3) + \rho([\alpha^2\beta(x_1), \alpha^2\beta(x_2),$$

$$\alpha^2(x_4)], \alpha\beta^2(x_5))\alpha_M(v_3) + \rho(\alpha^2\beta(x_4), [\alpha^2\beta(x_1), \alpha^2\beta(x_2), \alpha\beta(x_5)])\alpha_M(v_3)$$

$$+ \rho(\alpha^2\beta(x_4), \alpha\beta^2(x_5))\rho(\alpha^2(x_3), \alpha^3(x_1))\alpha_M^2\beta_M^{-1}(v_2) + \rho(\alpha\beta^2(x_5), \alpha^2\beta(x_3))$$

$$\rho(\alpha^2(x_4), \alpha^3(x_1))\alpha_M^2\beta_M^{-1}(v_2) + \rho(\alpha^2\beta(x_3), \alpha^2\beta(x_4))\rho(\alpha\beta(x_5), \alpha^3(x_1))\alpha_M^2\beta_M^{-1}(v_2)$$

$$- \rho(\alpha^2\beta(x_4), \alpha\beta^2(x_5))\rho(\alpha^2(x_3), \alpha^3(x_2))\alpha_M^2\beta_M^{-1}(v_1) - \rho(\alpha\beta^2(x_5), \alpha^2\beta(x_3))$$

$$\rho(\alpha^2(x_4), \alpha^3(x_2))\alpha_M^2\beta_M^{-1}(v_1) - \rho(\alpha^2\beta(x_3), \alpha^2\beta(x_4))\rho(\alpha\beta(x_5), \alpha^3(x_2))\alpha_M^2\beta_M^{-1}(v_1)$$

$$=[[\beta(x_1), \beta(x_2), x_3], \beta(x_4), \beta(x_5)] + \omega(\alpha[\beta(x_1), \beta(x_2), x_3], \alpha\beta(x_4), \beta^2(x_5))$$

$$+ \rho(\alpha^2[\beta(x_1), \beta(x_2), x_3], \alpha^2\beta(x_4))\beta_M(v_5)$$

$$- \rho(\alpha^2[\beta(x_1), \beta(x_2), x_3], \alpha\beta^2(x_5))\alpha_M(v_4)$$

$$+ \rho(\alpha^2\beta(x_4), \alpha\beta^2(x_5))\alpha_M\beta_M^{-1}(\omega(\alpha\beta(x_1), \alpha\beta(x_2), \beta(x_3))$$

$$+ \rho(\alpha^2\beta(x_1), \alpha^2\beta(x_2))(v_3)$$

$$- \rho(\alpha^2\beta(x_1), \alpha\beta(x_3))(\alpha_M(v_2)) + \rho(\alpha^2\beta(x_2), \alpha\beta(x_3))(\alpha_M(v_1)))$$

$$+ [\beta(x_3), [\beta(x_1), \beta(x_2), x_4], \beta(x_5)] + \omega(\alpha\beta(x_3), \alpha[\beta(x_1), \beta(x_2), x_4], \beta^2(x_5))$$

$$+ \rho(\alpha^2\beta(x_3), \alpha^2[\beta(x_1), \beta(x_2), x_4])\beta_M(v_5) - \rho(\alpha^2\beta(x_3), \alpha\beta^2(x_5))\alpha_M\beta_M^{-1}(\omega(\alpha$$

$$\beta(x_1), \alpha\beta(x_2), \beta(x_4)) + \rho(\alpha^2\beta(x_1), \alpha^2\beta(x_2))(v_4) - \rho(\alpha^2\beta(x_1), \alpha\beta(x_4))(\alpha_M(v_2))$$

$$+ \rho(\alpha^2\beta(x_2), \alpha\beta(x_4))(\alpha_M(v_1))) + \rho(\alpha^2[\beta(x_1), \beta(x_2), x_4], \alpha\beta^2(x_5))\alpha_M(v_3)$$

$$+ [\beta(x_3), \beta(x_4), [\alpha(x_1), \alpha(x_2), x_5]] + \omega(\alpha\beta(x_3), \alpha\beta(x_4), \beta[\alpha(x_1), \alpha(x_2), x_5])$$

$$+ \rho(\alpha^2\beta(x_3), \alpha^2\beta(x_4))\big(\omega(\alpha^2(x_1), \alpha^2(x_2), \beta(x_5)) + \rho(\alpha^3(x_1), \alpha^3(x_2))(v_5)$$
$$- \rho(\alpha^3(x_1), \alpha\beta(x_5))(\alpha_M^2\beta_M^{-1}(v_2)) + \rho(\alpha^3(x_2), \alpha\beta(x_5))(\alpha_M^2\beta_M^{-1}(v_1)))$$
$$- \rho(\alpha^2\beta(x_3), \alpha\beta[\alpha(x_1), \alpha(x_2), x_5])\alpha_M(v_5) + \rho(\alpha^2\beta(x_4), \alpha\beta[\alpha(x_1),$$
$$\alpha(x_2), x_4])\alpha_M(v_3)$$
$$=[[(\beta+\beta_M)(x_1+v_1), (\beta+\beta_M)(x_2+v_2), x_3+v_3]_\omega, (\beta+\beta_M)(x_4+v_4),$$
$$(\beta+\beta_M)(x_5+v_5)]_\omega$$
$$+ [(\beta+\beta_M)(x_3+v_3), [(\beta+\beta_M)(x_1+v_1), (\beta+\beta_M)(x_2+v_2), x_4+v_4]_\omega,$$
$$(\beta+\beta_M)(x_5+v_5)]_\omega$$
$$+ [(\beta+\beta_M)(x_3+v_3), (\beta+\beta_M)(x_4+v_4), [(\alpha+\alpha_M)(x_1+v_1),$$
$$(\alpha+\alpha_M)(x_2+v_2), x_5+v_5]_\omega]_\omega.$$

综上有 $(L\oplus M, [\cdot,\cdot,\cdot]_\omega, \alpha+\alpha_M, \beta+\beta_M)$ 是一个 3-BiHom-李代数. □

设 $(V, \theta, \alpha_V, \beta_V)$ 是 $(L, [\cdot,\cdot,\cdot], \alpha, \beta)$ 的一个表示. 对任意的 2-BiHom-上链 ω 利用命题 2.3.40 知 $(L\oplus_\omega V, [\cdot,\cdot,\cdot]_\omega, \alpha+\alpha_V, \beta+\beta_V)$ 是一个 3-BiHom-李代数. 定义 映射 $i: V\to\hat{L}$ 为 $i(v)=0+v$ 而且 $p:\hat{L}\to L$ 为 $p(x+v)=x$. 显然有, i 与 p 是 3-BiHom-李代数之间的同态. 利用 (2.26), 可以知道 V 是 $L\oplus_\omega V$ 的交换 BiHom-理想而且有 $[\hat{L}, V, V]_\omega = [V, \hat{L}, V]_\omega = 0$. 所以 $0\longrightarrow V\overset{i}{\longrightarrow} L\oplus_\omega V\overset{p}{\longrightarrow} L\longrightarrow 0$ 是 L 通过 V 构造的交换扩张.

推论 2.3.41 通过 V 得到的 L 的交换扩张与 $Z_{\alpha,\beta}^2(L,V)$ 之间是一一对应的.

注 2.3.42 任取 1-BiHom-上链 $\varphi\in C^0_{(\alpha,\alpha_V)}{}_{(\beta,\beta_V)}(L,V)$. 由命题 2.3.17 知 $\omega=\delta^1\varphi$ 是一个 2-BiHom-闭链.

命题 2.3.43 两个交换扩张 $0\longrightarrow V\overset{i}{\longrightarrow} L\oplus_\omega V\overset{p}{\longrightarrow} L\longrightarrow 0$ 与 $0\longrightarrow V\overset{j}{\longrightarrow} L\oplus_{\omega'} V\overset{q}{\longrightarrow} L\longrightarrow 0$ 是等价的充分必要条件是 ω 和 ω' 在相同的上同调类里.

证明 假设 $0\longrightarrow V\overset{i}{\longrightarrow} L\oplus_\omega V\overset{p}{\longrightarrow} L\longrightarrow 0$ 与 $0\longrightarrow V\overset{j}{\longrightarrow} L\oplus_{\omega'} V\overset{q}{\longrightarrow} L\longrightarrow 0$ 是等价的交换扩张, $\phi: L\oplus_\omega V\to L\oplus_{\omega'} V$ 是 3-BiHom-李代数之间的同态. 就可以得到 $\phi[x_1,x_2,x_3]_\omega = [\phi(x_1), \phi(x_2), \phi(x_3)]_{\omega'}, \forall x_1,x_2,x_3\in L$. 定义线性映射 $\varphi: L\to V$ 为 $\phi(x+v)=x+\varphi\beta(x)+v$. 由 $\phi(\alpha+\alpha_V)=(\alpha+\alpha_V)\phi$ 和 $\phi(\beta+\beta_V)=(\beta+\beta_V)\phi$, 可以推出 $\alpha\varphi=\varphi\alpha_V$ 与 $\beta\varphi=\varphi\beta_V$, 即 φ 是 1-BiHom-上链. 利用定义 (2.26), 能够得到

$$\phi[x_1,x_2,x_3]_\omega$$

$$= \phi([x_1, x_2, x_3] + \omega(\alpha(x_1), \alpha(x_2), \beta(x_3))$$
$$= [x_1, x_2, x_3] + \varphi\beta[x_1, x_2, x_3] + \omega(\alpha(x_1), \alpha(x_2), \beta(x_3))$$

和

$$[\phi(x_1), \phi(x_2), \phi(x_3)]_{\omega'}$$
$$= [x_1 + \varphi\beta(x_1), x_2 + \varphi\beta(x_2), x_3 + \varphi\beta(x_3)]_{\omega'}$$
$$= [x_1, x_2, x_3] + \omega'(\alpha(x_1), \alpha(x_2), \beta(x_3)) + \theta(\alpha^2(x_1), \alpha^2(x_2))\varphi\beta(x_3)$$
$$- \theta(\alpha^2(x_1), \alpha\beta(x_3))\alpha_V\beta_V^{-1}\varphi\beta(x_2) + \theta(\alpha^2(x_2), \alpha\beta(x_3))\alpha_V\beta_V^{-1}\varphi\beta(x_1)$$
$$= [x_1, x_2, x_3] + \omega'(\alpha(x_1), \alpha(x_2), \beta(x_3)) + \theta(\alpha^2(x_1), \alpha^2(x_2))\varphi\beta(x_3)$$
$$- \theta(\alpha^2(x_1), \alpha\beta(x_3))\varphi\alpha(x_2) + \theta(\alpha^2(x_2), \alpha\beta(x_3))\varphi\alpha(x_1).$$

相互消去能得到

$$(\omega - \omega')(\alpha(x_1), \alpha(x_2), \beta(x_3))$$
$$= - \varphi[\beta(x_1), \beta(x_2), \beta(x_3)] + \theta(\alpha^2(x_1), \alpha^2(x_2))\varphi\beta(x_3) + \theta(\alpha^2(x_2), \alpha\beta(x_3))\varphi\alpha(x_1)$$
$$- \theta(\alpha^2(x_1), \alpha\beta(x_3))\varphi\alpha(x_2)$$
$$= \delta^1\varphi(\alpha(x_1), \alpha(x_2), \beta(x_3)).$$

这就说明 $\omega - \omega' = \delta^1\varphi \in B_{\alpha,\beta}^2(L, V)$, 即 ω 和 ω' 属于相同的上同调类.

反之, 如果 ω 与 ω' 在相同的上同调类里. 则存在 $\varphi \in C_{(\alpha,\alpha_V)}^0{}_{(\beta,\beta_V)}(L, V) = \{\varphi : L \to V | \alpha_V\varphi = \varphi\alpha, \beta_V\varphi = \varphi\beta\}$ 使得 $\omega - \omega' = \delta^1\varphi$. 考虑线性映射

$$\phi : (L \oplus_\omega V, [\cdot, \cdot, \cdot]_\omega, \alpha + \alpha_V, \beta + \beta_V) \longrightarrow (L \oplus_{\omega'} V, [\cdot, \cdot, \cdot]_{\omega'}, \alpha + \alpha_V, \beta + \beta_V)$$
$$x + v \longmapsto x + \varphi\beta(x) + v.$$

显然有 $\phi i(v) = v = j\mathrm{Id}(v)$ 和 $q\phi(x+v) = q(x + \varphi\beta(x) + v) = x = \mathrm{Id}p(x+v)$. 因此下图是可交换的,

$$
\begin{array}{ccccccccc}
0 & \longrightarrow & V & \xrightarrow{\ i\ } & L \oplus_\omega V & \xrightarrow{\ p\ } & L & \longrightarrow & 0 \\
& & \downarrow{\scriptstyle \mathrm{Id}} & & \downarrow{\scriptstyle \phi} & & \downarrow{\scriptstyle \mathrm{Id}} & & \\
0 & \longrightarrow & V & \xrightarrow{\ j\ } & L \oplus_{\omega'} V & \xrightarrow{\ q\ } & L & \longrightarrow & 0.
\end{array}
$$

接下来, 我们只需要证明 ϕ 是同态. 因为 $\alpha_V\varphi = \varphi\alpha$, 可以计算出 $\phi(\alpha + \alpha_V)(x + v) = \phi(\alpha(x) + \alpha_V(v)) = \alpha(x) + \varphi\beta\alpha(x) + \alpha_V(v) = \alpha(x) + \alpha_V\varphi\beta(x) + \alpha_V(v) = $

$(\alpha + \alpha_V)\phi(x + v)$, 即 $\phi(\alpha + \alpha_V) = (\alpha + \alpha_V)\phi$. 同理有 $\phi(\beta + \beta_V) = (\beta + \beta_V)\phi$. 利用 $\omega - \omega' = \delta^1\varphi$, 可以得到

$$[\phi(x_1), \phi(x_2), \phi(x_3)]_{\omega'}$$
$$= [x_1 + \varphi\beta(x_1), x_2 + \varphi\beta(x_2), x_3 + \varphi\beta(x_3)]_{\omega'}$$
$$= [x_1, x_2, x_3] + \omega'(\alpha(x_1), \alpha(x_2), \beta(x_3)) + \theta(\alpha^2(x_1), \alpha^2(x_2))\varphi\beta(x_3)$$
$$\quad - \theta(\alpha^2(x_1), \alpha\beta(x_3))\alpha_V\beta_V^{-1}\varphi\beta(x_2) + \theta(\alpha^2(x_2), \alpha\beta(x_3))\alpha_V\beta_V^{-1}\varphi\beta(x_1)$$
$$= [x_1, x_2, x_3] + \omega'(\alpha(x_1), \alpha(x_2), \beta(x_3)) + \theta(\alpha^2(x_1), \alpha^2(x_2))\varphi\beta(x_3)$$
$$\quad - \theta(\alpha^2(x_1), \alpha\beta(x_3))\varphi\alpha(x_2) + \theta(\alpha^2(x_2), \alpha\beta(x_3))\varphi\alpha(x_1)$$
$$= [x_1, x_2, x_3] + \varphi[\beta(x_1), \beta(x_2), \beta(x_3)] + \omega(\alpha(x_1), \alpha(x_2), \beta(x_3))$$
$$= \phi([x_1, x_2, x_3] + \omega(\alpha(x_1), \alpha(x_2), \beta(x_3)))$$
$$= \phi[x_1, x_2, x_3]_{\omega}.$$

因此 $0 \longrightarrow V \overset{i}{\longrightarrow} L \oplus_\omega V \overset{p}{\longrightarrow} L \longrightarrow 0$ 与 $0 \longrightarrow V \overset{j}{\longrightarrow} L \oplus_{\omega'} V \overset{q}{\longrightarrow} L \longrightarrow 0$ 是等价的交换扩张. $\qquad\square$

结合上面的命题能得出下面的定理.

定理 2.3.44 L 通过 V 得到的交换扩张的等价类与 $H^2_{\alpha,\beta}(L, V)$ 是一一对应的.

2.4 限制 Hom-李代数的上同调理论

在本章, $\mathbb{F}$ 是素特征的域, 所有的向量空间和代数在域 $\mathbb{F}$ 上都是有限维的.

2.4.1 限制 Hom-李代数的等价定义

定义 2.4.1 设 $(L, [-,-], \alpha)$ 是素特征域 $\mathbb{F}$ 上的保积 Hom-李代数. 对于 L 中满足 $\alpha(x) = x$ 的元素 x, 定义下述 L 上的线性变换 $\mathrm{ad}x$ 为

$$\mathrm{ad}x(y) = [\alpha(y), x], \quad \forall\, y \in L.$$

令

$$L_0 = \{x \mid \alpha(x) \neq x\} \cup \{0\}, \quad L_1 = \{x \mid \alpha(x) = x\}.$$

则 $L = L_0 \cup L_1$, 并且 L_1 是 L 的子代数.

若存在映射 $[p]: L_1 \to L_1, a \mapsto a^{[p]}$, 使得

$$[\alpha(y), x^{[p]}] = (\mathrm{ad}x)^p(y), \quad \forall\, x \in L_1, y \in L,$$
$$(kx)^{[p]} = k^p x^{[p]}, \quad \forall\, x \in L_1, k \in \mathbb{F},$$

$$(x+y)^{[p]} = x^{[p]} + y^{[p]} + \sum_{i=1}^{p-1} s_i(x,y),$$

其中在 $L \otimes_{\mathbb{F}} \mathbb{F}[X]$ 中

$$(\mathrm{ad}(x \otimes X + y \otimes 1))^{p-1}(x \otimes 1) = \sum_{i=1}^{p-1} i s_i(x,y) \otimes X^{i-1}, \quad \forall\, x,y \in L_1,$$

$$\alpha(z \otimes X) = \alpha(z) \otimes X, \quad \forall\, z \in L,$$

则 $[p]$ 称为 **p-映射**, 同时 $(L, [-,-], \alpha, [p])$ 称为 **限制 Hom-李代数**. L 的子代数 I 如果还满足 $I_1 = I \cap L_1$ 是 $[p]$-不变的, 即对任意的 $x \in I_1$, 有 $x^{[p]} \in I_1$, 则称 I 为 L 的 **p-子代数**.

注 2.4.2　从上面的定义, 可知

(1) $\alpha(x^{[p]}) = (\alpha(x))^{[p]}, \forall\, x \in L_1$, 即 $\alpha \circ [p] = [p] \circ \alpha$;

(2) $\mathrm{ad}x^{[p]} = (\mathrm{ad}x)^p, \forall\, x \in L_1$.

定义 2.4.3　设 $\phi: (L, [-,-]_L, \alpha, [p]_1) \to (\Gamma, [-,-]_{\Gamma}, \beta, [p]_2)$ 是 Hom-李代数 的同态映射, 如果对于任意的 $x \in L$, 都有 $\phi(x^{[p]_1}) = (\phi(x))^{[p]_2}$, 则 ϕ 称为限制的.

命题 2.4.4　设 $(G, [-,-]_G, \alpha, [p])$ 是限制 Hom-李代数和 L 是它的 Hom-子 代数, $[p]_1: L_1 \to L_1$ 是映射, 则下列结论是等价的:

(1) $[p]_1$ 是 L_1 的 p-映射.

(2) 存在一个 p-半线性映射 $f: L_1 \to C_G(L)$, 使得 $[p]_1 = [p] + f$.

证明　(1) $\Rightarrow$ (2). 考虑 $f: L_1 \to G, f(x) = x^{[p]_1} - x^{[p]}$. 由于 $\mathrm{ad}f(x)(y) = [\alpha(y), f(x)] = 0$, 对任意的 $x \in L_1, y \in L$, 则 f 把 L_1 映到 $C_G(L)$. 对于 $x, y \in L_1, k \in \mathbb{F}$, 有

$$\begin{aligned} f(kx+y) &= k^p x^{[p]_1} + y^{[p]_1} + \sum_{i=1}^{p-1} s_i(kx,y) - k^p x^{[p]} - y^{[p]} - \sum_{i=1}^{p-1} s_i(kx,y) \\ &= k^p f(x) + f(y). \end{aligned}$$

即 f 是 p-半线性的.

(2) $\Rightarrow$ (1). 下面将逐步验证定义的三个条件. 对于 $x, y \in L_1$, 有

$$\begin{aligned} (x+y)^{[p]_1} &= (x+y)^{[p]} + f(x+y) \\ &= x^{[p]} + f(x) + y^{[p]} + f(y) + \sum_{i=1}^{p-1} s_i(x,y) \\ &= x^{[p]_1} + y^{[p]_1} + \sum_{i=1}^{p-1} s_i(x,y) \end{aligned}$$

和

$$(kx)^{[p]_1} = (kx)^{[p]} + f(kx) = k^p x^{[p]} + k^p f(x)$$
$$= k^p (x^{[p]} + f(x)) = k^p x^{[p]_1}.$$

对于 $x \in L_1, z \in L$, 有

$$\mathrm{ad} x^{[p]_1}(z) = \mathrm{ad}(x^{[p]} + f(x))(z)$$
$$= \mathrm{ad} x^{[p]}(z) + \mathrm{ad} f(x)(z)$$
$$= \mathrm{ad} x^{[p]}(z)$$
$$= (\mathrm{ad} x)^p(z).$$

这就完成了证明. □

因此可以得到下列推论, 它的证明类似于莱布尼茨代数.

推论 2.4.5 下列结论成立.

(1) 如果 $C(L) = 0$, 则 L 至多允许有一个 p-映射.

(2) 如果两个 p-映射在基上作用相等, 则它们是相等的.

(3) 如果 $(L, [-,-]_L, \alpha, [p])$ 是限制的, 则存在 L 的 p-映射 $[p]'$, 使得 $x^{[p]'} = 0$, 对任意的 $x \in C(L_1)$.

设 $U_{HLie}(L)$ 是 Hom-李代数 L 的通用包络代数 ([70]) 和 $U_{HLie}(L)^-$ 表示由 Hom-结合代数 $U_{HLie}(L)$ 通过换位运算得到的 Hom-李代数. 从文献 [70, 定理 2] 的证明, 可以得到下列定义.

定义 2.4.6 设 $(L, [-,-]_L, \alpha_L)$ 是 Hom-李代数, $j : L \to U_{HLie}(L)$ 是映射 $L \hookrightarrow F_{HNAs}(L) \twoheadrightarrow U_{HLie}(L)$ 的复合. 如果对于每一个 Hom-结合代数 (A, μ_A, α_A) 和每一个 Hom-李代数同态 $f : L \to HLie(A)$, 都存在唯一的 Hom-结合代数同态 映射 $h : U_{HLie}(L) \to A$, 使得 $f = h \circ j$ (作为 $\mathbb{F}$-模同态), 则 $(U_{HLie}(L), j)$ 称为 L 的通用包络代数.

在 $G = U_{HLie}(L)^- \supset L$ 特别情况下, 则有下列定理:

定理 2.4.7 设 $(e_j)_{j \in J}$ 是 L_1 的一组基, 若存在 $y_j \in L_1$, 满足 $(\mathrm{ad} e_j)^p = \mathrm{ad} y_j$, 则存在唯一的 p-映射 $[p] : L_1 \to L$, 使得 $e_j^{[p]} = y_j, \forall j \in J$.

证明 对于 $z \in L_1$, 有

$$0 = ((\mathrm{ad} e_j)^p - \mathrm{ad} y_j)(z) = [\alpha(z), e_j^p - y_j],$$

则

$$e_j^p - y_j \in C_{U_{HLie}(L_1)}(L_1), \quad \forall j \in J.$$

定义 p-半线性映射 $f : L_1 \to C_{U_{HLie}(L_1)}(L_1)$,

$$f\left(\sum \alpha_j e_j\right) := \sum \alpha_j^p (y_j - e_j^p).$$

考虑 $V := \{x \in L_1 | x^p + f(x) \in L_1\}$. 由

$$(kx + y)^p + f(kx + y) = k^p x^p + y^p + \sum_{i=1}^{p-1} s_i(kx, y) + k^p f(x) + f(y),$$

知 V 是 L_1 的子空间. 由于它包含了基 $(e_j)_{j \in J}$, 则 $x^p + f(x) \in L_1$, 对任意的 $x \in L_1$. 由命题 2.4.4, 知 $[p] : L_1 \to L, x^{[p]} := x^p + f(x)$ 是 L_1 的 p-映射. 此外, 得到 $e_j^{[p]} = e_j^p + f(e_j) = y_j$. 从推论 2.4.5 中可以得出 $[p]$ 是唯一的. $\qquad\square$

定义 2.4.8　设 $(L, [-,-]_L, \alpha_L)$ 是保积 Hom-李代数, 如果 $(\mathrm{ad}x)^p \in \mathrm{ad}L_1$, 对任意的 $x \in L_1$, 其中 $\mathrm{ad}L_1 = \{\mathrm{ad}x | x \in L_1\}$, 则 L 称为可限制的.

于是可以得到下列定理, 它的证明类似于莱布尼茨代数.

定理 2.4.9　L 是可限制的 Hom-李代数当且仅当存在 p-映射 $[p] : L_1 \to L_1$, 它使得 L 成为限制的 Hom-李代数.

2.4.2　p-映射和可限制的 Hom-李代数的性质

定义 2.4.10[27]　设 $(L, [-,-]_L, \alpha)$ 和 $(\Gamma, [-,-]_\Gamma, \beta)$ 均是 Hom-李代数, $\phi : L \to \Gamma$ 是线性映射, 如果

$$\phi[u,v]_L = [\phi(u), \phi(v)]_\Gamma, \quad \forall u, v \in L, \tag{2.27}$$

$$\phi \circ \alpha = \beta \circ \phi, \tag{2.28}$$

则 ϕ 称为 Hom-李代数的同态映射.

用 $\mathfrak{G}_\phi = \{(x, \phi(x)) | x \in L\}$ 表示线性映射 $\phi : L \to \Gamma$ 的图, 且 $\mathfrak{G}_\phi \subseteq L \oplus \Gamma$.

命题 2.4.11　设 $(L, [-,-]_L, \alpha, [p]_1)$ 和 $(\Gamma, [-,-]_\Gamma, \beta, [p]_2)$ 是两个限制 Hom-李代数, 则存在一个限制 Hom-李代数 $(L \oplus \Gamma, [-,-]_{L \oplus \Gamma}, \alpha + \beta, [p])$, 其中

$$[-,-]_{L \oplus \Gamma} : \wedge^2(L \oplus \Gamma) \to L \oplus \Gamma$$

是双线性映射, 且

$$[u_1 + v_1, u_2 + v_2]_{L \oplus \Gamma} = [u_1, u_2]_L + [v_1, v_2]_\Gamma, \quad \forall u_1, u_2 \in L, v_1, v_2 \in \Gamma,$$

$(\alpha + \beta) : L \oplus \Gamma \to L \oplus \Gamma$ 是线性映射, 且

$$(\alpha + \beta)(u + v) = \alpha(u) + \beta(v), \quad \forall u \in L, v \in \Gamma,$$

$[p] : L \oplus \Gamma \to L \oplus \Gamma$ 是 p-映射, 且

$$(u + v)^{[p]} = u^{[p]_1} + v^{[p]_2}, \quad \forall u \in L, v \in \Gamma.$$

证明 回忆 $L_1 = \{x \in L | \alpha(x) = x\}$ 和 $\Gamma_1 = \{x \in \Gamma | \beta(x) = x\}$. 对于任意 $u_1, u_2 \in L, v_1, v_2 \in \Gamma$, 有

$$[u_2 + v_2, u_1 + v_1]_{L \oplus \Gamma} = [u_2, u_1]_L + [v_2, v_1]_\Gamma$$
$$= -[u_1, u_2]_L - [v_1, v_2]_\Gamma$$
$$= -[u_1 + v_1, u_2 + v_2]_{L \oplus \Gamma}.$$

显然括号运算是斜对称的. 通过直接计算, 有

$$[(\alpha + \beta)(u_1 + v_1), [u_2 + v_2, u_3 + v_3]_{L \oplus \Gamma}]_{L \oplus \Gamma} + [(\alpha + \beta)(u_2 + v_2),$$
$$[u_3 + v_3, u_1 + v_1]_{L \oplus \Gamma}]_{L \oplus \Gamma} + [(\alpha + \beta)(u_3 + v_3), [u_1 + v_1, u_2 + v_2]_{L \oplus \Gamma}]_{L \oplus \Gamma}$$
$$=[\alpha(u_1)+\beta(v_1), [u_2, u_3]_L + [v_2, v_3]_\Gamma]_{L \oplus \Gamma} + [\alpha(u_2) + \beta(v_2), [u_3, u_1]_L + [v_3, v_1]_\Gamma]_{L \oplus \Gamma}$$
$$+ [\alpha(u_3) + \beta(v_3), [u_1, u_2]_L + [v_1, v_2]_\Gamma]_{L \oplus \Gamma}$$
$$=[\alpha(u_1), [u_2, u_3]_L]_L + [\alpha(u_2), [u_3, u_1]_L]_L + [\alpha(u_3), [u_1, u_2]_L]_L$$
$$+ [\beta(v_1), [v_2, v_3]_\Gamma]_\Gamma + [\beta(v_2), [v_3, v_1]_\Gamma]_\Gamma + [\beta(v_3), [v_1, v_2]_\Gamma]_\Gamma = 0,$$

对于任意 $u_1 \in L_1, v_1 \in \Gamma_1, u_2 \in L, v_2 \in \Gamma$, 有

$$\mathrm{ad}(u_1 + v_1)^{[p]}(u_2 + v_2) = [(\alpha + \beta)(u_2 + v_2), (u_1 + v_1)^{[p]}]_{L \oplus \Gamma}$$
$$= [\alpha(u_2) + \beta(v_2), u_1^{[p]_1} + v_1^{[p]_2}]_{L \oplus \Gamma}$$
$$= [\alpha(u_2), u_1^{[p]_1}]_L + [\beta(v_2), v_1^{[p]_2}]_\Gamma$$
$$= \mathrm{ad}u_1^{[p]_1}(u_2) + \mathrm{ad}v_1^{[p]_2}(v_2)$$
$$= (\mathrm{ad}u_1)^p(u_2) + (\mathrm{ad}v_1)^p(v_2)$$

和

$$(\mathrm{ad}(u_1 + v_1))^p(u_2 + v_2)$$
$$= [\cdots [[\alpha^p(u_2) + \beta^p(v_2), \overbrace{u_1 + v_1], u_1 + v_1], \cdots, u_1 + v_1}^{p}]_{L \oplus \Gamma}$$
$$= [\cdots [[\alpha^p(u_2), \overbrace{u_1], u_1], \cdots, u_1}^{p}]_L + [\cdots [[\beta^p(v_2), \overbrace{v_1], v_1], \cdots, v_1}^{p}]_\Gamma$$
$$= (\mathrm{ad}u_1)^p(u_2) + (\mathrm{ad}v_1)^p(v_2),$$

因此 $\mathrm{ad}(u_1 + v_1)^{[p]}(u_2 + v_2) = (\mathrm{ad}(u_1 + v_1))^p(u_2 + v_2)$, 即 $\mathrm{ad}(u_1 + v_1)^{[p]} = (\mathrm{ad}(u_1 + v_1))^p$. 而且对于任意 $u_1, u_2 \in L_1, v_1, v_2 \in \Gamma_1$, 有

$$((u_1 + v_1) + (u_2 + v_2))^{[p]}$$

$$= ((u_1 + u_2) + (v_1 + v_2))^{[p]} = (u_1 + u_2)^{[p]_1} + (v_1 + v_2)^{[p]_2}$$

$$= u_1^{[p]} + u_2^{[p]} + \sum_{i=1}^{p-1} s_i(u_1, u_2) + v_1^{[p]} + v_2^{[p]} + \sum_{i=1}^{p-1} s_i(v_1, v_2)$$

$$= (u_1^{[p]} + v_1^{[p]}) + (u_2^{[p]} + v_2^{[p]}) + \left(\sum_{i=1}^{p-1} s_i(u_1, u_2) + \sum_{i=1}^{p-1} s_i(v_1, v_2) \right)$$

$$= (u_1 + v_1)^{[p]} + (u_2 + v_2)^{[p]} + \sum_{i=1}^{p-1} (s_i(u_1, u_2) + s_i(v_1, v_2))$$

$$= (u_1 + v_1)^{[p]} + (u_2 + v_2)^{[p]} + \sum_{i=1}^{p-1} s_i((u_1, v_1) + (u_2, v_2))$$

和

$$(k(u_1 + v_1))^{[p]} = (ku_1 + kv_1)^{[p]}$$
$$= (ku_1)^{[p]_1} + (kv_1)^{[p]_2}$$
$$= k^p u_1^{[p]_1} + k^p v_1^{[p]_2}$$
$$= k^p (u_1^{[p]_1} + v_1^{[p]_2})$$
$$= k^p (u_1 + v_1)^{[p]},$$

因此 $(L \oplus \Gamma, [-,-]_{L \oplus \Gamma}, \alpha + \beta, [p])$ 是限制 Hom-李代数.   □

命题 2.4.12　线性映射 $\phi : (L, [-,-]_L, \alpha, [p]_1) \to (\Gamma, [-,-]_\Gamma, \beta, [p]_2)$ 是限制 Hom-李代数的限制同态当且仅当图 $\mathfrak{G}_\phi$ 是 $(L \oplus \Gamma, [-,-]_{L \oplus \Gamma}, \alpha + \beta, [p])$ 的限制 Hom-子代数.

证明　设 $\phi : (L, [-,-]_L, \alpha) \to (\Gamma, [-,-]_\Gamma, \beta)$ 是限制 Hom-李代数的限制同态. 由 (2.27), 有

$$[u + \phi(u), v + \phi(v)]_{L \oplus \Gamma} = [u, v]_L + [\phi(u), \phi(v)]_\Gamma = [u, v]_L + \phi[u, v]_L.$$

则图 $\mathfrak{G}_\phi$ 在括号运算下 $[-,-]_{L \oplus \Gamma}$ 是封闭的. 进一步由 (2.28), 有

$$(\alpha + \beta)(u + \phi(u)) = \alpha(u) + \beta \circ \phi(u) = \alpha(u) + \phi \circ \alpha(u),$$

则 $(\alpha + \beta)(\mathfrak{G}_\phi) \subseteq \mathfrak{G}_\phi$, 即 $\mathfrak{G}_\phi$ 是 $(L \oplus \Gamma, [-,-]_{L \oplus \Gamma}, \alpha + \beta)$ 的 Hom-子代数. 而且对于 $u + \phi(u) \in \mathfrak{G}_\phi$, 有

$$(u + \phi(u))^{[p]} = u^{[p]_1} + (\phi(u))^{[p]_2} = u^{[p]_1} + \phi(u^{[p]_1}) \in \mathfrak{G}_\phi.$$

因此图 $\mathfrak{G}_\phi$ 是 $(L \oplus \Gamma, [-,-]_{L \oplus \Gamma}, \alpha + \beta, [p])$ 的限制 Hom-子代数.

反之, 如果图 $\mathfrak{G}_\phi$ 是 $(L \oplus \Gamma, [-,-]_{L \oplus \Gamma}, \alpha + \beta, [p])$ 的限制 Hom-子代数, 则有

$$[u + \phi(u), v + \phi(v)]_{L \oplus \Gamma} = [u,v]_L + [\phi(u), \phi(v)]_\Gamma \in \mathfrak{G}_\phi,$$

因此

$$[\phi(u), \phi(v)]_\Gamma = \phi[u,v]_L.$$

进一步, 由 $(\alpha + \beta)(\mathfrak{G}_\phi) \subset \mathfrak{G}_\phi$, 可得

$$(\alpha + \beta)(u + \phi(u)) = \alpha(u) + \beta \circ \phi(u) \in \mathfrak{G}_\phi,$$

则 $\beta \circ \phi(u) = \phi \circ \alpha(u)$, 即 $\beta \circ \phi = \phi \circ \alpha$, 因此 ϕ 是限制 Hom-李代数的同态. 由于 $\mathfrak{G}_\phi$ 是 $(L \oplus \Gamma, [-,-]_{L \oplus \Gamma}, \alpha + \beta, [p])$ 的限制 Hom-子代数, 则有

$$(u + \phi(u))^{[p]} = u^{[p]_1} + (\phi(u))^{[p]_2} \in \mathfrak{G}_\phi,$$

因此对于 $u \in L$, 有 $(\phi(u))^{[p]_2} = \phi(u^{[p]_1})$, 即 ϕ 是限制同态. $\qquad\square$

定理 2.4.13 设 $(L, [-,-]_L, \alpha, [p]_1)$ 和 $(L', [-,-]_{L'}, \beta, [p]_2)$ 是限制 Hom-李代数, $f : L \longrightarrow L'$ 是满的限制同态. 如果 L 是可限制的, 则 L' 也是可限制的.

证明 由 f 是满射, 有 $L' = f(L)$, 则对于 $x \in L_1$, 有 $\beta(f(x)) = f(\alpha(x)) = f(x)$, 且 $f(x) \in L'_1$, 其中 $L_1 = \{x \in L | \alpha(x) = x\}$, $L'_1 = \{x \in L' | \beta(x) = x\}$. 对于 $y \in L$, 有

$$\begin{aligned}
(\mathrm{ad} f(x))^p(f(y)) &= (\mathrm{ad} f(x))^{p-1}[\beta(f(y)), f(x)] \\
&= (\mathrm{ad} f(x))^{p-2}[[\beta^2(f(y)), \beta(f(x))], f(x)] \\
&= [\cdots [[\beta^p f(y), \underbrace{f(x)], f(x)], \cdots, f(x)]}_{p} \\
&= \beta^p[\cdots [[f(y), \underbrace{f(x)], f(x)], \cdots, f(x)]}_{p} \\
&= \beta^p \circ f[\cdots [[y, \underbrace{x], x], \cdots, x]}_{p} = f[\cdots [[\alpha^p(y), \underbrace{x], x], \cdots, x]}_{p} \\
&= f((\mathrm{ad} x)^p(y)) = f((\mathrm{ad} x^{[p]_1})(y)) = f[\alpha(y), x^{[p]_1}] \\
&= f[\alpha(y), \alpha(x^{[p]_1})] = f \circ \alpha[y, x^{[p]_1}] = \beta \circ f[y, x^{[p]_1}] \\
&= \beta[f(y), f(x^{[p]_1})] = [\beta(f(y)), \beta(f(x^{[p]_1}))] \\
&= [\beta(f(y)), f(x^{[p]_1})] = \mathrm{ad} f(x^{[p]_1})(f(y)) \\
&= \mathrm{ad}(f(x))^{[p]_2}(f(y)).
\end{aligned}$$

则 $(\mathrm{ad} f(x))^p = \mathrm{ad}(f(x))^{[p]_2} \in \mathrm{ad} L'_1$, 因此 L' 是可限制的. $\qquad\square$

定理 2.4.14　设 $(L, [-,-]_L, \alpha)$ 是 Hom-李代数, A 和 B 是它的两个 Hom-理想, 且 $L = A \oplus B$, 则 L 是可限制的当且仅当 A, B 是可限制的.

证明　($\Leftarrow$) 如果 A, B 是可限制的, 则对于 $x \in L_1$, $\alpha(x) = x$, 故可设 $x = x_1 + x_2$, 其中 $x_1 \in A, x_2 \in B$, 则 $\alpha(x_1 + x_2) = \alpha(x_1) + \alpha(x_2) = x_1 + x_2$. 由于 A 和 B 是 Hom-理想, 则有 $\alpha(x_1) \in A, \alpha(x_2) \in B$, 因此 $\alpha(x_1) = x_1$, $\alpha(x_2) = x_2$. 由于 A, B 是可限制的, 则存在 $y_1 \in A_1, y_2 \in B_1$, 且 $\alpha(y_1) = y_1$ 和 $\alpha(y_2) = y_2$, 使得 $(\mathrm{ad}x_1)^p = \mathrm{ad}y_1$ 和 $(\mathrm{ad}x_2)^p = \mathrm{ad}y_2$. 于是

$$(\mathrm{ad}(x_1+x_2))^p = (\mathrm{ad}x_1 + \mathrm{ad}x_2)^p = (\mathrm{ad}x_1)^p + (\mathrm{ad}x_2)^p = \mathrm{ad}y_1 + \mathrm{ad}y_2 = \mathrm{ad}(y_1+y_2),$$

因此 L 是可限制的.

($\Rightarrow$) 如果 L 是可限制的, 由定理 2.4.13, 有 $A \cong L/B$ 和 $B \cong L/A$ 都是可限制的. $\hfill\square$

推论 2.4.15　设 $(L, [-,-]_L, \alpha, [p])$ 是限制 Hom-李代数, A, B 是 L 的可限制 Hom-理想, 且 $L = A + B$, $[A, B] = \{0\}$, 则 L 是可限制的.

证明　定义映射 $f : A \oplus B \to L, (x, y) \mapsto x + y$, 显然 f 是满射. 对于 $(x_1, y_1), (x_2, y_2) \in A \oplus B$, 由 $[A, B] = \{0\}$, 有 $[x_1, y_2] = [y_1, x_2] = 0$, 而且

$$
\begin{aligned}
f[(x_1, y_1), (x_2, y_2)] &= f([x_1, x_2], [y_1, y_2]) \\
&= [x_1, x_2] + [y_1, y_2] \\
&= [x_1, x_2] + [x_1, y_2] + [y_1, x_2] + [y_1, y_2] \\
&= [x_1 + y_1, x_2 + y_2] \\
&= [f(x_1, y_1), f(x_2, y_2)],
\end{aligned}
$$

此外

$$\alpha \circ f(x, y) = \alpha(x + y) = \alpha(x) + \alpha(y) = f(\alpha(x), \alpha(y)) = f \circ \alpha(x, y),$$

因此 $\alpha \circ f = f \circ \alpha$. 对于 $x \in A, y \in B$, $\alpha(x, y) = (x, y)$, 有

$$f((x, y)^{[p]}) = f(x^{[p]_1}, y^{[p]_2}) = x^{[p]_1} + y^{[p]_2} = (x + y)^{[p]} = (f(x, y))^{[p]}.$$

即 f 是限制同态. 由定理 2.4.14, 则有 $A \oplus B$ 是可限制的. 再利用定理 2.4.13, 知 L 是可限制的. $\hfill\square$

定义 2.4.16　设 $(L, [-,-]_L, \alpha)$ 是 Hom-李代数和 ψ 是 L 上的对称双线性型. 如果

$$\psi(x, [z, y]) = \psi([\alpha(z), x], y),$$

则 ψ 称为结合的.

定义 2.4.17 设 $(L, [-, -]_L, \alpha)$ 是 Hom-李代数和 ψ 是 L 上的对称双线性型. 设 $L^{\perp} = \{x \in L | \psi(x, y) = 0, \text{对任意的 } y \in L\}$. 如果 $L^{\perp} = \{0\}$, 则 L 称为非退化的.

定理 2.4.18 设 $(G, [., .]_G, \alpha, [p])$ 是限制 Hom-李代数, L 是它的 Hom-子代数, 且 $C(L) = \{0\}$, $\lambda : G \times G \to \mathbb{F}$ 是结合对称双线性型, 若 λ 在 $L \times L$ 上是非退化的, 则 L 是可限制的.

证明 由于 λ 在 $L \times L$ 上是非退化的, 则 L 上的每一个线性映射 f 都可由 L 中的元 y 确定: $f(z) = \lambda(y, z)$, 对任意的 $z \in L$. 设 $x \in L_1$, 则存在 $y \in L$, 使得

$$\lambda(x^{[p]}, z) = \lambda(y, z), \quad \forall z \in L,$$

则 $\{0\} = \lambda(x^{[p]} - y, [L, L]) = \lambda([\alpha(L), x^{[p]} - y], L)$ 和 $[\alpha(L), x^{[p]} - y] = \{0\}$, 因此 $x^{[p]} - y \in C(L) = \{0\}$ 和 $y = x^{[p]} \in L_1$. 而且

$$(\mathrm{ad}x|_L)^p = \mathrm{ad}x^{[p]}|_L = \mathrm{ad}y|_L,$$

即 L 是可限制的. □

命题 2.4.19 设 $(L, [-, -]_L, \alpha)$ 是可限制 Hom-李代数和 H 是 L 的子代数, 则 H 是 p-子代数当且仅当 $(\mathrm{ad}H_1|_L)^p \subseteq \mathrm{ad}H_1|_L$.

证明 ($\Rightarrow$) 如果 H 是 p-子代数, 则对于 $x \in H_1$, 有 $x^{[p]} \in H_1$ 和 $(\mathrm{ad}x)^p = \mathrm{ad}x^{[p]} \subseteq \mathrm{ad}H_1|_L$, 因此 $(\mathrm{ad}H_1|_L)^p \subseteq \mathrm{ad}H_1|_L$.

($\Leftarrow$) 如果 $(\mathrm{ad}H_1|_L)^p \subseteq \mathrm{ad}H_1|_L$, 则 H 是可限制的, 由定理 2.4.9 有 H 是限制的. 因此 H 是 L 的 p-子代数. □

2.4.3 限制 Hom-李代数的上同调

限制李代数的上同调是在文献 [71] 中给出的, 我们把它推广到限制 Hom-李代数, 下面介绍限制 Hom-李代数的上同调.

定义 2.4.20 设 $(L, [-, -]_L, \alpha, [p])$ 是限制 Hom-李代数, $(u(L), \alpha')$ 是带有单位的 Hom-结合代数, $i : L \to u(L)^-$ 是限制 Hom-同态, 如果对于任何带有单位的 Hom-结合代数 (A, β) 和任何限制 Hom-同态 $f : L \to A^-$, 都存在唯一的 Hom-结合代数的同态 $\bar{f} : u(L) \to A$, 使得 $\bar{f} \circ i = f$, 则 $(u(L), \alpha', i)$ 称为 L 的限制 Hom-通用包络代数.

定义 2.4.21[23] 设 $A = (V, \mu, \alpha)$ 是 Hom-结合 $\mathbb{F}$-代数. M 是 $\mathbb{F}$-向量空间和 f, γ 是 $\mathbb{F}$-线性映射, $f : M \longrightarrow M$, $\gamma : V \otimes M \longrightarrow M$, 且使得下列图表交换:

$$
\begin{array}{ccc}
V \otimes M & \xrightarrow{\quad \gamma \quad} & M \\
{\scriptstyle \alpha \otimes \gamma} \uparrow & & \uparrow {\scriptstyle \gamma} \\
V \otimes V \otimes M & \xrightarrow{\mu \otimes f} & V \otimes M,
\end{array}
$$

则三元组 (M, f, γ) 称为 A-模.

设 $S^*(L)$ 和 $\Lambda^*(L)$ 分别表示限制 Hom-李代数 $(L, [-, -]_L, \alpha, [p])$ 的对称和交错代数. 它们的次数为 k 的齐次子空间分别由 $e^\mu = e_1^{\mu_1} \cdots e_n^{\mu_n}$ 和 $e_{\vec{i}} = e_{i_1} \wedge \cdots \wedge e_{i_k}$ 生成, 其中

$$\mu = (\mu_1, \cdots, \mu_n) \in \mathbb{Z}^n, \quad \mu_j \geqslant 0, |\mu| = \sum_j \mu_j = k;$$

$$\vec{i} = (i_1, \cdots, i_k) \in \mathbb{Z}^k, \quad 1 \leqslant i_1 < \cdots < i_k \leqslant n.$$

设 $\alpha : \lambda \mapsto \lambda^p$ 表示 $\mathbb{F}$ 的 Frobenius-同构. 如果 V 是交换群且带有由 $\mathbb{F} \to \mathrm{End}(V)$ 给定的 $\mathbb{F}$-向量空间结构, 则合成映射

$$\mathbb{F} \xrightarrow{\alpha^{-1}} \mathbb{F} \to \mathrm{End}(V)$$

在 V 上将给出另一个向量空间结构, 用 $\overline{V}$ 来表示. 由于它们有相同的维数, 则作为一个 $\mathbb{F}$-向量空间 $\overline{V}$ 同构于 V. 而且如果 W 是 $\mathbb{F}$-向量空间, 则 p-半线性映射 $V \to W$ 就是线性映射 $\overline{V} \to W$, 反之亦然.

在后面, 设 $(L, [-, -]_L, \alpha, [p])$ 是有限维限制 Hom-李代数, 且

$$[g_i, g_j] = 0, \quad \forall\, g_i, g_j \in L.$$

设 $(u(L), \alpha', i)$ 是 L 的限制 Hom-通用包络代数. 这里取 $\alpha = \alpha'$ 和 $\alpha(u_1 u_2) = \alpha(u_1)\alpha(u_2)$, 其中 $u_1, u_2 \in u(L)$. 对于 $s, t \geqslant 0$, 定义

$$C_{s,t} = S^t \overline{L}_1 \otimes \Lambda^s L \otimes u(L)$$

和

$$u(h_1 \cdots h_t \otimes g_1 \wedge \cdots \wedge g_s \otimes x) = h_1 \cdots h_t \otimes g_1 \wedge \cdots \wedge g_s \otimes \alpha(u)x,$$

则 $C_{s,t}$ 是一个 $u(L)$-模, 其中 $h_i, g_j \in L, u, x \in u(L)$. 如果 $s < 0$ 或者 $t < 0$, 令 $C_{s,t} = 0$ 并且定义

$$C_k = \bigoplus_{2t+s=k} C_{s,t},$$

其中 $k \in \mathbb{N}$. 则每个 C_k 是一个自由 $u(L)$-模. 如果 $t > 0$ 和 $s > 0$, 定义映射

$$d_{s,t} : C_{s,t} \to C_{t,s-1} \oplus C_{t-1,s+1},$$

$$d_{t,s}(h_1 \cdots h_t \otimes g_1 \wedge \cdots \wedge g_s \otimes x)$$

$$= \sum_{i=1}^s (-1)^{i-1} h_1 \cdots h_t \otimes \alpha(g_1) \wedge \cdots \wedge \widehat{\alpha(g_i)} \wedge \cdots \wedge \alpha(g_s) \otimes \alpha(g_i)x \qquad (2.29)$$

$$+ \sum_{j=1}^t h_1 \cdots \widehat{h_j} \cdots h_t \otimes h_j^{[p]} \wedge \alpha(g_1) \wedge \cdots \wedge \alpha(g_s) \otimes \alpha(x) \qquad (2.30)$$

$$-\sum_{j=1}^{t} h_1 \cdots \widehat{h_j} \cdots h_t \otimes h_j \wedge \alpha(g_1) \wedge \cdots \wedge \alpha(g_s) \otimes h_j^{p-1} x. \tag{2.31}$$

对于 $k \geqslant 1$, 定义映射 $d_k : C_k \to C_{k-1}$, $d_k = \bigoplus_{2t+s=k} d_{s,t}$, 则得到下列定理.

定理 2.4.22 如上定义的映射 d_k 满足 $d_{k-1}d_k = 0$, 其中 $k \geqslant 1$, 因此 $C = (C_k, d_k)$ 是自由 $u(g)$-模的复型.

证明 (2.29) 中的项是 $C_{t,s-1}$ 中的元, 而 (2.30) 与 (2.31) 中的项均在 $C_{t-1,s+1}$ 中, 因此要计算 $d_{k-1}d_k = 0$, 只需把 $d_{t,s-1}$ 作用到 (2.29) 式, 把 $d_{t-1,s+1}$ 分别作用到 (2.30) 和 (2.31) 式. 先把 $d_{t,s-1}$ 作用到 (2.29) 式, 有

$$d_{t,s}\left(\sum_{i=1}^{s}(-1)^{i-1}h_1 \cdots h_t \otimes \alpha(g_1) \wedge \cdots \wedge \widehat{\alpha(g_i)} \wedge \cdots \wedge \alpha(g_s) \otimes \alpha(g_i)x\right)$$

$$= \sum_{i=1}^{s}(-1)^{i-1}\left(\sum_{\sigma<i}(-1)^{\sigma-1}h_1 \cdots h_t \otimes \alpha^2(g_1) \wedge \cdots \wedge \widehat{\alpha^2(g_\sigma)} \wedge \cdots \wedge \widehat{\alpha^2(g_i)} \wedge \cdots\right.$$

$$\wedge \alpha^2(g_s) \otimes \alpha^2(g_\sigma)(\alpha(g_i)x)$$

$$+ \sum_{\sigma>i}(-1)^\sigma h_1 \cdots h_t \otimes \alpha^2(g_1) \wedge \cdots \wedge \widehat{\alpha^2(g_i)} \wedge \cdots \wedge \widehat{\alpha^2(g_\sigma)} \wedge \cdots \wedge \alpha^2(g_s)$$

$$\otimes \alpha^2(g_\sigma)(\alpha(g_i)x)$$

$$+ \sum_{j=1}^{t} h_1 \cdots \widehat{h_j} \cdots h_t \otimes h_j^{[p]} \wedge \alpha^2(g_1) \wedge \cdots \wedge \widehat{\alpha^2(g_i)} \wedge \cdots \wedge \alpha^2(g_s) \otimes \alpha(\alpha(g_i)x)$$

$$- \sum_{j=1}^{t} h_1 \cdots \widehat{h_j} \cdots h_t \otimes h_j \wedge \alpha^2(g_1) \wedge \cdots \wedge \widehat{\alpha^2(g_i)} \wedge \cdots \wedge \alpha^2(g_s) \otimes h_j^{p-1}(\alpha(g_i)x)\Big)$$

$$= \sum_{i=1}^{s}(-1)^{i-1}\left(\sum_{\sigma<i}(-1)^{\sigma-1}h_1 \cdots h_t \otimes \alpha^2(g_1) \wedge \cdots \wedge \widehat{\alpha^2(g_\sigma)} \cdots \widehat{\alpha^2(g_i)} \cdots \wedge \alpha^2(g_s)\right.$$

$$\otimes (\alpha(g_\sigma)\alpha(g_i))\alpha(x)$$

$$+ \sum_{\sigma>i}(-1)^\sigma h_1 \cdots h_t \otimes \alpha^2(g_1) \wedge \cdots \wedge \widehat{\alpha^2(g_i)} \wedge \cdots \wedge \widehat{\alpha^2(g_\sigma)} \wedge \cdots \wedge \alpha^2(g_s)$$

$$\otimes (\alpha(g_\sigma)\alpha(g_i))\alpha(x)$$

$$+ \sum_{j=1}^{t} h_1 \cdots \widehat{h_j} \cdots h_t \otimes h_j^{[p]} \wedge \alpha^2(g_1) \wedge \cdots \wedge \widehat{\alpha^2(g_i)} \wedge \cdots \wedge \alpha^2(g_s) \otimes \alpha(\alpha(g_i)x)$$

$$\tag{2.32}$$

$$- \sum_{j=1}^{t} h_1 \cdots \widehat{h_j} \cdots h_t \otimes h_j \wedge \alpha^2(g_1) \wedge \cdots \wedge \widehat{\alpha^2(g_i)} \wedge \cdots \wedge \alpha^2(g_s) \otimes (h_j^{p-1}\alpha(g_i))\alpha(x)\Big).$$

$$\tag{2.33}$$

由于在 $u(g)$ 中 $\alpha(g_i)\alpha(g_j) = \alpha(g_j)\alpha(g_i)$, 则前两个和中的项当取遍所有 i 时成对地消去, 这样就剩下 (2.32) 和 (2.33) 中取遍 i 的和. 把 $d_{t-1,s+1}$ 作用到 (2.30) 式, 有

$$d_{t-1,s+1}\Big(\sum_{j=1}^{t} h_1\cdots\widehat{h_j}\cdots h_t \otimes h_j^{[p]} \wedge \alpha(g_1) \wedge \cdots \wedge \alpha(g_s) \otimes \alpha(x)\Big)$$

$$= \sum_{j=1}^{t}\Big(\sum_{\sigma=1}^{s}(-1)^{\sigma} h_1\cdots\widehat{h_j}\cdots h_t \otimes h_j^{[p]} \wedge \alpha^2(g_1) \wedge \cdots \wedge \widehat{\alpha^2(g_\sigma)}$$

$$\wedge \cdots \wedge \alpha^2(g_s) \otimes \alpha^2(g_\sigma)\alpha(x) \tag{2.34}$$

$$+ h_1\cdots\widehat{h_j}\cdots h_t \otimes \alpha^2(g_1) \wedge \cdots \wedge \alpha^2(g_s) \otimes \alpha(h_j^{[p]})\alpha(x) \tag{2.35}$$

$$+ \sum_{\tau \neq j} h_1\cdots\widehat{h_\tau}\cdots\widehat{h_j}\cdots h_t \otimes h_\tau^{[p]} \wedge h_j^{[p]} \wedge \alpha^2(g_1) \wedge \cdots \wedge \alpha^2(g_s) \otimes \alpha^2(x) \tag{2.36}$$

$$- \sum_{\tau \neq j} h_1\cdots\widehat{h_\tau}\cdots\widehat{h_j}\cdots h_t \otimes h_\tau \wedge h_j^{[p]} \wedge \alpha^2(g_1) \wedge \cdots \wedge \alpha^2(g_s) \otimes h_\tau^{p-1}\alpha(x)\Big).$$

$$\tag{2.37}$$

注意由于交换前两项相当于每一项都乘以 -1, 所以 (2.36) 中的项成对地消去. 最后应用 $d_{t-1,s+1}$ 到 (2.31) 中得到

$$d_{t-1,s+1}\bigg(-\sum_{j=1}^{t} h_1\cdots\widehat{h_j}\cdots h_t \otimes h_j \wedge \alpha^2(g_1) \wedge \cdots \wedge \alpha(g_s) \otimes h_j^{p-1}x\bigg)$$

$$= -\sum_{j=1}^{t}\bigg(\sum_{\sigma=1}^{s}(-1)^{\sigma} h_1\cdots\widehat{h_j}\cdots h_t \otimes h_j \wedge \alpha^2(g_1) \wedge \cdots \wedge \alpha^2(g_s) \otimes \alpha^2(g_\sigma)(h_j^{p-1}x)$$

$$+ h_1\cdots\widehat{h_j}\cdots h_t \otimes \alpha^2(g_1) \wedge \cdots \wedge \alpha^2(g_s) \otimes \alpha^2(h_j)(h_j^{p-1}x)$$

$$+ \sum_{\tau \neq j} h_1\cdots\widehat{h_\tau}\cdots\widehat{h_j}\cdots h_t \otimes h_\tau^{[p]} \wedge h_j \wedge \alpha^2(g_1) \wedge \cdots \wedge \alpha^2(g_s) \otimes \alpha(h_j^{p-1}x)$$

$$- \sum_{\tau \neq j} h_1\cdots\widehat{h_\tau}\cdots\widehat{h_j}\cdots h_t \otimes h_\tau \wedge h_j \wedge \alpha^2(g_1) \wedge \cdots \wedge \alpha^2(g_s) \otimes h_\tau^{p-1}(h_j^{p-1}x)\bigg)$$

$$= -\sum_{j=1}^{t}\bigg(\sum_{\sigma=1}^{s}(-1)^{\sigma} h_1\cdots\widehat{h_j}\cdots h_t \otimes h_j \wedge \alpha^2(g_1) \wedge \cdots \wedge \alpha^2(g_s) \otimes \alpha(g_\sigma h_j^{p-1})\alpha(x)$$

$$\tag{2.38}$$

$$+ h_1\cdots\widehat{h_j}\cdots h_t \otimes \alpha^2(g_1) \wedge \cdots \wedge \alpha^2(g_s) \otimes h_j^{p}\alpha(x) \tag{2.39}$$

$$+ \sum_{\tau \neq j} h_1 \cdots \widehat{h_\tau} \cdots \widehat{h_j} \cdots h_t \otimes h_\tau^{[p]} \wedge h_j \wedge \alpha^2(g_1) \wedge \cdots \wedge \alpha^2(g_s) \otimes \alpha(h_j^{p-1} x)$$

$$(2.40)$$

$$- \sum_{\tau \neq j} h_1 \cdots \widehat{h_\tau} \cdots \widehat{h_j} \cdots h_t \otimes h_\tau \wedge h_j \wedge \alpha^2(g_1) \wedge \cdots \wedge \alpha^2(g_s) \otimes (h_\tau^{p-1} h_j^{p-1}) \alpha(x) \Big).$$

$$(2.41)$$

这次在 (2.41) 中的项成对地消去, 令 $\sigma = i$, 则在 (2.32) 和 (2.34) 中的项除了符号外是相同的, 因此它们为零. 由于 $\alpha(h_i^{p-1})\alpha(g_j) = \alpha(g_j)\alpha(h_i^{p-1})$, 所以在 (2.33) 和 (2.38) 中的项成对地消去. 在 (2.37) 和 (2.40) 的项有相同的符号, 但是除了在交错部分交换前两项外是相等的. 最后在 (2.35) 和 (2.39) 中的项除了符号外是相同的, 且由于在 $u(g)$ 中 $h_j^{[p]} = h_j^p$, 因此整个和是零, 这就完成了证明. $\qquad\square$

下面将在另一种情况下考虑限制 Hom-李代数的上同调. 设

$$e^\mu \otimes e_I \otimes e^r = e_1^{\mu_1} \cdots e_n^{\mu_n} \otimes e_{i_1} \wedge \cdots \wedge e_{i_s} \otimes e_1^{r_1} \cdots e_n^{r_n}$$

是空间 $C_{t,s}$ 的一组基, 其中 $\mu = (\mu_1, \cdots, \mu_n), I = (i_1, \cdots, i_s), r = (r_1, \cdots, r_n)$, $\mu_j \geqslant 0, |\mu| = \sum_j \mu_j = t, 1 \leqslant i_1 < \cdots < i_s \leqslant n, 0 \leqslant r_j \leqslant p-1$. 对于每一个 $i(1 \leqslant i \leqslant n)$ 和 $e_i \in L_1$, 令

$$c_i = 1 \otimes e_i^{[p]} \otimes 1 - 1 \otimes e_i \otimes e_i^{p-1},$$

易知对于每一个 $i(1 \leqslant i \leqslant n)$, $c_i \in C_{0,1}$ 是循环. 定义

$$(\partial/\partial e_i \otimes c_i) : C_{t,s} \longrightarrow C_{t-1,s+1},$$

其中

$$\left(\frac{\partial}{\partial e_i} \otimes c_i \right)(e^\mu \otimes e_I \otimes e^r) = \frac{\partial e^\mu}{\partial e_i} \otimes e_i^{[p]} \wedge \alpha(e_I) \otimes \alpha(e^r) - \frac{\partial e^\mu}{\partial e_i} \otimes e_i \wedge \alpha(e_I) \otimes e_i^{p-1}\alpha(e^r).$$

如果 $\mu = (\mu_1, \cdots, \mu_n)$ 满足 $|\mu| = t$ 和 $I = (i_1, \cdots, i_s)$ 是递增的, 由定义可写成

$$e^\mu \otimes c_I = \sum_{J \subset \{1, \cdots, s\}} (-1)^{|J|} e^\mu \otimes f_{i_1} \wedge \cdots \wedge f_{i_s} \otimes e_{i_1}^{q_{i_1}} \cdots e_{i_s}^{q_{i_s}}$$

和

$$e^\mu \otimes \alpha(c_I) = \sum_{J \subset \{1, \cdots, s\}} (-1)^{|J|} e^\mu \otimes \alpha(f_{i_1}) \wedge \cdots \wedge \alpha(f_{i_s}) \otimes \alpha(e_{i_1}^{q_{i_1}}) \cdots \alpha(e_{i_s}^{q_{i_s}}),$$

其中

$$f_{i_j} = \begin{cases} e_{i_j}, & j \in J, \\ e_{i_j}^{[p]}, & j \notin J; \end{cases} \qquad q_{i_j} = \begin{cases} p-1, & j \in J, \\ 0, & j \notin J. \end{cases}$$

则定义 $\mathfrak{C}_{t,s}$ 是由元素 $\{e^\mu \otimes \alpha(c_I) : |\mu| = t$ 和 I 是递增的 $\}$ 生成的 $C_{t,s}$ 的 $\mathbb{F}$-子空间. 令

$$\mathfrak{C}_k = \bigoplus_{2t+s=k} \mathfrak{C}_{t,s},$$

且定义边界算子 $\partial_k = \partial : \mathfrak{C}_k \longrightarrow \mathfrak{C}_{k-1}$,

$$\partial = \sum_{j=1}^n \frac{\partial}{\partial e_j} \otimes c_j,$$

则 $\partial^2 = 0$. 事实上,

$$\partial^2(e^\mu \otimes c_I) = \partial(\partial(e^\mu \otimes c_I))$$

$$= \partial\left(\sum_{j=1}^n \frac{\partial}{\partial e_j} \otimes c_j \left(\sum_{J \subset \{1,\cdots,s\}} (-1)^{|J|} e^\mu \otimes f_{i_1} \wedge \cdots \wedge f_{i_s} \otimes e_{i_1}^{q_{i_1}} \cdots e_{i_s}^{q_{i_s}} \right) \right)$$

$$= \partial\left(\sum_{j=1}^n \sum_{J \subset \{1,\cdots,s\}} (-1)^{|J|} \left(\frac{\partial e^\mu}{\partial e_j} \otimes e_j^{[p]} \wedge \alpha(f_{i_1}) \wedge \cdots \wedge \alpha(f_{i_s}) \otimes \alpha(e_{i_1}^{q_{i_1}}) \cdots \alpha(e_{i_s}^{q_{i_s}}) \right. \right.$$

$$\left. \left. - \frac{\partial e^\mu}{\partial e_j} \otimes e_j \wedge \alpha(f_{i_1}) \wedge \cdots \wedge \alpha(f_{i_s}) \otimes e_j^{p-1} \alpha(e_{i_1}^{q_{i_1}}) \cdots \alpha(e_{i_s}^{q_{i_s}}) \right) \right)$$

$$= \sum_{l=1}^n \sum_{j=1}^n \sum_{J \subset \{1,\cdots,s\}} (-1)^{|J|} \left\{ \frac{\partial}{\partial e_l} \otimes c_l \left(\frac{\partial e^\mu}{\partial e_j} \otimes e_j^{[p]} \wedge \alpha(f_{i_1}) \wedge \cdots \wedge \alpha(f_{i_s}) \otimes \alpha(e_{i_1}^{q_{i_1}}) \cdots \right. \right.$$

$$\left. \left. \alpha(e_{i_s}^{q_{i_s}}) \right) - \frac{\partial}{\partial e_l} \otimes c_l \left(\frac{\partial e^\mu}{\partial e_j} \otimes e_j \wedge \alpha(f_{i_1}) \wedge \cdots \wedge \alpha(f_{i_s}) \otimes e_j^{p-1} \alpha(e_{i_1}^{q_{i_1}}) \cdots \alpha(e_{i_s}^{q_{i_s}}) \right) \right\}$$

$$= \sum_{l=1}^n \sum_{j=1}^n \sum_{J \subset \{1,\cdots,s\}} (-1)^{|J|} \left\{ \frac{\partial\left(\frac{\partial e^\mu}{\partial e_j}\right)}{\partial e_l} \otimes e_l^{[p]} \wedge \alpha(e_j^{[p]}) \wedge \alpha^2(f_{i_1}) \wedge \cdots \wedge \alpha^2(f_{i_s}) \right.$$

$$\otimes \alpha^2(e_{i_1}^{q_{i_1}}) \cdots \alpha^2(e_{i_s}^{q_{i_s}}) \tag{2.42}$$

$$- \frac{\partial\left(\frac{\partial e^\mu}{\partial e_j}\right)}{\partial e_l} \otimes e_l \wedge \alpha(e_j^{[p]}) \wedge \alpha^2(f_{i_1}) \wedge \cdots \wedge \alpha^2(f_{i_s}) \otimes e_l^{p-1} \alpha^2(e_{i_1}^{q_{i_1}}) \cdots \alpha^2(e_{i_s}^{q_{i_s}})$$

$$\tag{2.43}$$

$$-\frac{\partial\left(\frac{\partial e^{\mu}}{\partial e_j}\right)}{\partial e_l}\otimes e_l^{[p]}\wedge\alpha(e_j)\wedge\alpha^2(f_{i_1})\wedge\cdots\wedge\alpha^2(f_{i_s})\otimes\alpha(e_j^{p-1})\alpha^2(e_{i_1}^{q_{i_1}})\cdots\alpha^2(e_{i_s}^{q_{i_s}})$$

(2.44)

$$+\frac{\partial\left(\frac{\partial e^{\mu}}{\partial e_j}\right)}{\partial e_l}\otimes e_l\wedge\alpha(e_j)\wedge\alpha^2(f_{i_1})\wedge\cdots\wedge\alpha^2(f_{i_s})\otimes e_l^{p-1}\alpha(e_j^{p-1})\alpha^2(e_{i_1}^{q_{i_1}})\cdots\alpha^2(e_{i_s}^{q_{i_s}})\Big\}.$$

(2.45)

在 (2.42) 中的项成对地消去, 由于 $e_l^{p-1}\alpha(e_j^{p-1})=\alpha(e_l^{p-1})e_j^{p-1}$, 所以在 (2.45) 中的项成对地消去. 而且在 (2.43) 和 (2.44) 中的项除了符号以外是相同的, 所以它们抵消, 因此 $\mathfrak{C}=\{\mathfrak{C}_k,\partial_k\}_{k\geqslant 0}$ 是复型.

定理 2.4.23 如果 $\mathfrak{C}$ 是如上定义的复型, 定义 $H_k(\mathfrak{C}):=\mathrm{Ker}\partial_k/\mathrm{Im}\partial_k$, 则

$$H_k(\mathfrak{C})=\begin{cases} U_{res.}(g), & k=0, \\ \{0\}, & 0<k<p. \end{cases}$$

证明 定义映射 $D:\mathfrak{C}_k\to\mathfrak{C}_{k+1}$,

$$D(e^{\mu}\otimes\alpha(c_I))=\sum_{a=1}^{s}(-1)^{a-1}e^{\mu}e_{i_a}\otimes c_{i_1}\cdots\widehat{c_{i_a}}\cdots c_{i_s},$$

并且对于任意 $e^{\mu}\otimes\alpha(c_I)$, 有

$$D\partial(e^{\mu}\otimes\alpha(c_I))=D\left(\sum_{j=1}^{n}\left(\frac{\partial}{\partial e_j}\otimes c_j\right)(e^{\mu}\otimes\alpha(c_I))\right)$$

$$=\sum_{j=1,j\neq i_1,\cdots,i_s}^{n}D(\mu_j e_1^{\mu_1}\cdots e_j^{\mu_j-1}\cdots e_n^{\mu_n}\otimes c_j\alpha^2(c_I))$$

$$=\sum_{j=1,j\neq i_1,\cdots,i_s}^{n}D(\mu_j e_1^{\mu_1}\cdots e_j^{\mu_j-1}\cdots e_n^{\mu_n}\otimes\alpha(c_j)\alpha^2(c_I))$$

$$=\left(\sum_{j=1,j\neq i_1,\cdots,i_s}^{n}\mu_j\right)e^{\mu}\otimes\alpha(c_I)$$

$$+\sum_{j=1,j\neq i_1,\cdots,i_s}^{n}\sum_{a=1}^{s}(-1)^a\mu_j e_1^{\mu_1}\cdots e_j^{\mu_j-1}\cdots e_{i_a}^{\mu_{i_a}+1}\cdots e_n^{\mu_n}$$

$$\otimes\alpha(c_j)\alpha(c_{i_1})\cdots\widehat{\alpha(c_{i_a})}\cdots\alpha(c_{i_s})$$

(2.46)

和

$$
\begin{aligned}
\partial D(e^{\mu} \otimes \alpha(c_I)) &= \partial\Big(\sum_{a=1}^{s}(-1)^{a-1}e^{\mu}e_{i_a} \otimes c_{i_1} \cdots \widehat{c_{i_a}} \cdots c_{i_s}\Big) \\
&= \sum_{a=1}^{s}(-1)^{a-1}\partial(e_1^{\mu_1} \cdots e_{i_a}^{\mu_{i_a}+1} \cdots e_n^{\mu_n} \otimes c_{i_1} \cdots \widehat{c_{i_a}} \cdots c_{i_s}) \\
&= \Big(\sum_{a=1}^{s}\mu_{i_a}+1\Big)e^{\mu} \otimes \alpha(c_I) \\
&\quad - \sum_{a=1}^{s}(-1)^{a}\sum_{j=1, j\neq i_1,\cdots,i_s}^{n}\mu_j e_1^{\mu_1} \cdots e_j^{\mu_j-1} \cdots e_{i_a}^{\mu_{i_a}+1} \cdots e_n^{\mu_n} \\
&\quad \otimes \alpha(c_j)\alpha(c_{i_1}) \cdots \widehat{\alpha(c_{i_a})} \cdots \alpha(c_{i_s}).
\end{aligned}
\tag{2.47}
$$

显然 (2.46) 和 (2.47) 中的项除了符号外是相同的, 因此

$$
\begin{aligned}
(D\partial + \partial D)(e^{\mu} \otimes \alpha(c_I)) &= \Big(\sum_{j=1, j\neq i_1,\cdots,i_s}^{n}\mu_j + \sum_{a=1}^{s}\mu_{i_a} + s\Big)(e^{\mu} \otimes \alpha(c_I)) \\
&= (t+s)(e^{\mu} \otimes \alpha(c_I)).
\end{aligned}
$$

故可以看出如果 $t+s \neq 0(\mathrm{mod}p)$, 则在 $\mathfrak{C}_k(k=2t+s)$ 中的每一个循环都是一个边界. 特别地, 如果 $0 < k < p$, 则 $0 < t+s < p$, 因此 $H_k(\mathfrak{C}) = 0$, 而且 $\mathfrak{C}_1 = \mathfrak{C}_{0,1}$ 是由 c_i 张成的, 且对于每一个 i, 有 $\partial c_i = 0$. 因此 $H_0(\mathfrak{C}) = \mathfrak{C}_0 = U_{res.}(g)$, 即定理得证. 　　　　　□

第 3 章　形　变　理　论

本章的研究内容是 Hom-李三系、Hom-Lie-Yamaguti 代数与 Hom-李共形代数的形变理论 [44,46,72].

我们建立了 Hom-李三系和 Hom-Lie-Yamaguti 代数的单参数形式形变理论. 对于 Hom-李三系, 利用上一章的上同调理论, 我们证明了: Hom-李三系的等价单参数形式形变和分析刚性可用 3 阶上同调空间刻画, 而形变的阻碍则在 5 阶上同调空间中. 对于 Hom-Lie-Yamaguti 代数, 定义了其 1 阶、2 阶上同调空间, 并用于刻画等价单参数形式形变和分析刚性, 但未找到形变阻碍所在的 3 阶上同调空间.

最后, 我们给出了 Hom-李共形代数上 Hom-Nijienhuis 算子的定义, 用来刻画了 Hom-李共形代数的无穷小形变.

我们在形变理论方面的其他工作见文献 [45,58,63,73,74].

3.1　Hom-李三系的形变理论

本节先介绍保积 Hom-李三系的单参数形式形变.

设 $(T, [\cdot, \cdot, \cdot], \alpha)$ 是域 $\mathbb{K}$ 上的保积 Hom-李三系, $\mathbb{K}[[t]]$ 是 $\mathbb{K}$ 的形式幂级数环, $T[[t]]$ 是 T 的形式幂级数构成的集合. 则对于一个 $\mathbb{K}$-三线性映射 $f : T \times T \times T \to T$, 自然地可把它扩展成 $\mathbb{K}[[t]]$-三线性映射 $f : T[[t]] \times T[[t]] \times T[[t]] \to T[[t]]$ 为

$$f\left(\sum_{i \geqslant 0} x_i t^i, \sum_{j \geqslant 0} y_j t^j, \sum_{k \geqslant 0} z_k t^k\right) = \sum_{i,j,k \geqslant 0} f(x_i, y_j, z_k) t^{i+j+k}.$$

定义 3.1.1　设 $(T, [\cdot, \cdot, \cdot], \alpha)$ 是域 $\mathbb{K}$ 上的保积 Hom-李三系. $(T, [\cdot, \cdot, \cdot], \alpha)$ 的**单参数形式形变**是指形式幂级数 $d_t : T[[t]] \times T[[t]] \times T[[t]] \to T[[t]]$, 其中

$$d_t(x, y, z) = \sum_{i \geqslant 0} d_i(x, y, z) t^i = d_0(x, y, z) + d_1(x, y, z)t + d_2(x, y, z)t^2 + \cdots,$$

这里 d_i 是 $\mathbb{K}$-三线性映射 $d_i : T \times T \times T \to T$ (扩展成 $\mathbb{K}[[t]]$-三线性映射), $d_0(x, y, z) = [xyz]$, 并使得以下等式成立

$$d_t(\alpha(x), \alpha(y), \alpha(z)) = \alpha \circ d_t(x, y, z), \tag{3.1}$$

$$d_t(x, x, y) = 0, \tag{3.2}$$

$$d_t(x, y, z) + d_t(y, z, x) + d_t(z, x, y) = 0, \tag{3.3}$$

$$d_t(\alpha(u), \alpha(v), d_t(x, y, z))$$
$$= d_t(d_t(u, v, x), \alpha(y), \alpha(z)) + d_t(\alpha(x), d_t(u, v, y), \alpha(z)) \tag{3.4}$$
$$+ d_t(\alpha(x), \alpha(y), d_t(u, v, z)).$$

等式 (3.1)—(3.4) 称为保积 Hom-李三系的**形变等式**.

注意到 $T[[t]]$ 是 $\mathbb{K}[[t]]$ 上的模, d_t 定义了 $T[[t]]$ 上的三元运算并满足 $T_t = (T[[t]], d_t, \alpha)$ 是保积 Hom-李三系. 现在讨论形变等式 (3.1)—(3.4).

易见 (3.1)—(3.3) 分别与下列等式等价

$$d_i(\alpha(x), \alpha(y), \alpha(z)) = \alpha \circ d_i(x, y, z), \tag{3.1'}$$

$$d_i(x, x, y) = 0, \tag{3.2'}$$

$$d_i(x, y, z) + d_i(y, z, x) + d_i(z, x, y) = 0, \tag{3.3'}$$

其中 $i \in \mathbb{N}$. 而 (3.4) 可写成

$$\sum_{i,j \geqslant 0} d_i(\alpha(u), \alpha(v), d_j(x, y, z))$$
$$= \sum_{i,j \geqslant 0} d_i(d_j(u, v, x), \alpha(y), \alpha(z)) + \sum_{i,j \geqslant 0} d_i(\alpha(x), d_j(u, v, y), \alpha(z))$$
$$+ \sum_{i,j \geqslant 0} d_i(\alpha(x), \alpha(y), d_j(u, v, z)).$$

即

$$\sum_{i+j=n} \Big(d_i(d_j(u, v, x), \alpha(y), \alpha(z)) + d_i(\alpha(x), d_j(u, v, y)\alpha(z))$$
$$+ d_i(\alpha(x), \alpha(y), d_j(u, v, z)) - d_i(\alpha(u), \alpha(v), d_j(x, y, z)) \Big) = 0, \quad \forall n \in \mathbb{N}.$$

对两个 $\mathbb{K}$-三线性映射 $f, g : T \times T \times T \to T$ (扩展成 $\mathbb{K}[[t]]$-三线性映射), 定义一个新映射 $f \circ_\alpha g : T[[t]] \times T[[t]] \times T[[t]] \times T[[t]] \times T[[t]] \to T[[t]]$ 为

$$f \circ_\alpha g(u, v, x, y, z) = f(g(u, v, x), \alpha(y), \alpha(z)) + f(\alpha(x), g(u, v, y), \alpha(z))$$
$$+ f(\alpha(x), \alpha(y), g(u, v, z)) - f(\alpha(u), \alpha(v), g(x, y, z)).$$

则 (3.4) 可简化为

$$\sum_{i+j=n} d_i \circ_\alpha d_j = 0.$$

若 $n = 1$, 则 $d_0 \circ_\alpha d_1 + d_1 \circ_\alpha d_0 = 0$.

对 $n \geqslant 2$, 有 $-(d_0 \circ_\alpha d_n + d_n \circ_\alpha d_0) = d_1 \circ_\alpha d_{n-1} + d_2 \circ_\alpha d_{n-2} + \cdots + d_{n-1} \circ_\alpha d_1$.

由前文知, T 是伴随的 $(T, [\cdot, \cdot, \cdot], \alpha)$-模, 其中 $\theta(x, y)(z) = [zxy]$, $A = \alpha$. 故由 $(3.1')$—$(3.3')$ 得 $d_i \in C^3_{\alpha,\alpha}(T, T)$. 也可验证 $d_i \circ_\alpha d_j \in C^5_{\alpha,\alpha}(T, T)$. 一般来说, 若 $f, g \in C^3_{\alpha,\alpha}(T, T)$, 则 $f \circ_\alpha g \in C^5_{\alpha,\alpha}(T, T)$. 注意余边界算子的低阶项表达式为

$$\delta^1_{hom} f(x_1, x_2, x_3) = [f(x_1)x_2 x_3] + [x_1 f(x_2) x_3] + [x_1 x_2 f(x_3)] - f([x_1 x_2 x_3]),$$

$$\begin{aligned} \delta^3_{hom} f(x_1, x_2, x_3, x_4, x_5) &= [f(x_1, x_2, x_3)\alpha(x_4)\alpha(x_5)] + [\alpha(x_3)f(x_1, x_2, x_4)\alpha(x_5)] \\ &\quad + [\alpha(x_3)\alpha(x_4)f(x_1, x_2, x_5)] - [\alpha(x_1)\alpha(x_2)f(x_3, x_4, x_5)] \\ &\quad + f([x_1 x_2 x_3], \alpha(x_4), \alpha(x_5)) + f(\alpha(x_3), [x_1 x_2 x_4], \alpha(x_5)) \\ &\quad + f(\alpha(x_3), \alpha(x_4), [x_1 x_2 x_5]) - f(\alpha(x_1), \alpha(x_2), [x_3 x_4 x_5]), \end{aligned}$$

故 $\delta^3_{hom} d_n = d_0 \circ_\alpha d_n + d_n \circ_\alpha d_0$, $\forall n \in \mathbb{N}$. 因此 (3.4) 可写成

$$\delta^3_{hom} d_1 = 0,$$

$$-\delta^3_{hom} d_n = d_1 \circ_\alpha d_{n-1} + d_2 \circ_\alpha d_{n-2} + \cdots + d_{n-1} \circ_\alpha d_1.$$

则 d_1 是 3 阶 Hom-上圈, 称为 d_t 的**无穷小形变**.

定义 3.1.2 设 $(T, [\cdot, \cdot, \cdot], \alpha)$ 是保积 Hom-李三系, $d_t(x, y, z) = \sum_{i \geqslant 0} d_i(x, y, z)t^i$ 和 $d'_t(x, y, z) = \sum_{i \geqslant 0} d'_i(x, y, z)t^i$ 是 $(T, [\cdot, \cdot, \cdot], \alpha)$ 的两个单参数形式形变. 它们称为**等价的**, 记为 $d_t \sim d'_t$, 若存在形式同构

$$\phi_t(x) = \sum_{i \geqslant 0} \phi_i(x)t^i : (T[[t]], d_t, \alpha) \longrightarrow (T[[t]], d'_t, \alpha),$$

其中 $\phi_i : T \to T$ 是 $\mathbb{K}$-线性映射 (扩展成 $\mathbb{K}[[t]]$-线性映射) 且 $\phi_0 = \mathrm{Id}_T$, 满足

$$\phi_t \circ \alpha = \alpha \circ \phi_t,$$

$$\phi_t \circ d_t(x, y, z) = d'_t(\phi_t(x), \phi_t(y), \phi_t(z)).$$

当 $d_1 = d_2 = \cdots = 0$ 时, $d_t = d_0$ 称为**零形变**. 若 $d_t \sim d_0$, 则称单参数形式形变 d_t 是**平凡的**, Hom-李三系 $(T, [\cdot, \cdot, \cdot], \alpha)$ 称为**分析刚性的**, 若它的任一单参数形式形变 d_t 都是平凡的.

定理 3.1.3 设 $d_t(x, y, z) = \sum_{i \geqslant 0} d_i(x, y, z)t^i$ 和 $d'_t(x, y, z) = \sum_{i \geqslant 0} d'_i(x, y, z)t^i$ 是 Hom-李三系 $(T, [\cdot, \cdot, \cdot], \alpha)$ 的两个等价单参数形式形变. 则 d_1 和 d'_1 属于 $H^3_{\alpha,\alpha}(T, T)$ 中的同一上同调类, 即 $d_1 - d'_1 \in B^3_{\alpha,\alpha}(T, T)$.

证明 设 $\phi_t(x) = \sum_{i \geqslant 0} \phi_i(x)t^i$ 是 $(T[[t]], d_t, \alpha) \to (T[[t]], d'_t, \alpha)$ 的形式同构, 满足 $\phi_t \circ \alpha = \alpha \circ \phi_t$ 以及

$$\sum_{i\geqslant 0}\phi_i\left(\sum_{j\geqslant 0}d_j(x,y,z)t^j\right)t^i = \sum_{i\geqslant 0}d_i'\left(\sum_{k\geqslant 0}\phi_k(x)t^k,\sum_{l\geqslant 0}\phi_l(y)t^l,\sum_{m\geqslant 0}\phi_m(z)t^m\right)t^i.$$

则有

$$\sum_{i+j=n}\phi_i(d_j(x,y,z))t^{i+j} = \sum_{i+k+l+m=n}d_i'(\phi_k(x),\phi_l(y),\phi_m(z))t^{i+k+l+m}.$$

特别地,

$$\sum_{i+j=1}\phi_i(d_j(x,y,z)) = \sum_{i+k+l+m=1}d_i'(\phi_k(x),\phi_l(y),\phi_m(z)),$$

即

$$d_1(x,y,z) + \phi_1([xyz]) = [\phi_1(x)yz] + [x\phi_1(y)z] + [xy\phi_1(z)] + d_1'(x,y,z).$$

故 $d_1 - d_1' = \delta_{hom}^1\phi_1 \in B_{\alpha,\alpha}^3(T,T)$. ⬚

定理3.1.4 设 $(T,[\cdot,\cdot,\cdot],\alpha)$ 是保积 Hom-李三系, $H_{\alpha,\alpha}^3(T,T)=0$. 则 $(T,[\cdot,\cdot,\cdot],\alpha)$ 是分析刚性的.

证明 设 $d_t = d_0 + \sum_{i\geqslant n}d_it^i$ 是 $(T,[\cdot,\cdot,\cdot],\alpha)$ 的单参数形式形变. 于是

$$\delta_{hom}^3d_n = d_1 \circ_\alpha d_{n-1} + d_2 \circ_\alpha d_{n-2} + \cdots + d_{n-1} \circ_\alpha d_1 = 0,$$

即 $d_n \in Z_{\alpha,\alpha}^3(T,T) = B_{\alpha,\alpha}^3(T,T)$. 故存在 $f_n \in C_{\alpha,\alpha}^1(T,T)$ 使得 $d_n = \delta_{hom}^1f_n$.

令 $\phi_t = \mathrm{Id}_T - f_nt^n : (T[[t]],d_t,\alpha) \longrightarrow (T[[t]],d_t',\alpha)$. 注意到

$$\phi_t \circ \sum_{i\geqslant 0}f_n^it^{in} = \sum_{i\geqslant 0}f_n^it^{in} \circ \phi_t = \mathrm{Id}_{T[[t]]}.$$

故 ϕ_t 是线性同构. 此外有 $\phi_t \circ \alpha = \alpha \circ \phi_t$.

现在考虑 $d_t'(x,y,z) = \phi_t^{-1}d_t(\phi_t(x),\phi_t(y),\phi_t(z))$. 可直接证明 d_t' 是 $(T,[\cdot,\cdot,\cdot],\alpha)$ 的单参数形式形变并且 $d_t \sim d_t'$. 令 $d_t' = \sum_{i\geqslant 0}d_i't^i$. 则有

$$(\mathrm{Id}_T - f_nt^n)\left(\sum_{i\geqslant 0}d_i'(x,y,z)t^i\right)$$

$$= \left(d_0 + \sum_{i\geqslant n}d_it^i\right)(x - f_n(x)t^n, y - f_n(y)t^n, z - f_n(z)t^n),$$

即

$$\sum_{i\geqslant 0}d_i'(x,y,z)t^i - \sum_{i\geqslant 0}f_n \circ d_i'(x,y,z)t^{i+n}$$

$$
\begin{aligned}
= &\ [xyz] - ([f_n(x)yz] + [xf_n(y)z] + [xyf_n(z)])t^n \\
&+ ([f_n(x)f_n(y)z] + [xf_n(y)f_n(z)] + [f_n(x)yf_n(z)])t^{2n} - [f_n(x)f_n(y)f_n(z)]t^{3n} \\
&+ \sum_{i\geqslant n} d_i(x,y,z)t^i - \sum_{i\geqslant n}(d_i(f_n(x),y,z) + d_i(x,f_n(y),z) + d_i(x,y,f_n(z)))t^{i+n} \\
&+ \sum_{i\geqslant n}(d_i(f_n(x),f_n(y),z) + d_i(x,f_n(y),f_n(z)) + d_i(f_n(x),y,f_n(z)))t^{i+2n} \\
&- \sum_{i\geqslant n} d_i(f_n(x),f_n(y),f_n(z))t^{i+3n}.
\end{aligned}
$$

因此有 $d_1' = \cdots = d_{n-1}' = 0$ 以及

$$
d_n'(x,y,z) - f_n([xyz]) = -([f_n(x)yz] + [xf_n(y)z] + [xyf_n(z)]) + d_n(x,y,z).
$$

从而 $d_n' = d_n - \delta_{hom}^1 f_n = 0$, $d_t' = d_0 + \sum_{i\geqslant n+1} d_i' t^i$. 由归纳法得 $d_t \sim d_0$, 所以 $(T, [\cdot,\cdot,\cdot], \alpha)$ 是分析刚性的. $\qquad\square$

定义 3.1.5 3 阶 Hom-上圈 $d_1 \in Z_{\alpha,\alpha}^3(T,T)$ 称为**可积的**, 若存在 $(T, [\cdot,\cdot,\cdot], \alpha)$ 的单参数形式形变 d_t 使得 $d_t = d_0 + d_1 t + d_2 t^2 + \cdots$.

定理 3.1.6 若 $(T, [\cdot,\cdot,\cdot], \alpha)$ 是保积 Hom-李三系并满足 $H_{\alpha,\alpha}^5(T,T) = 0$, 则每一个 3 阶 Hom-上圈 $d_1 \in Z_{\alpha,\alpha}^3(T,T)$ 都是可积的.

证明 对 d_t 的项数采用归纳法. 首先令 $d_0 = [\cdot,\cdot,\cdot]$. 假设已经找到 $d_1, d_2, \cdots, d_n \in C_{\alpha,\alpha}^3(T,T)$ 满足

$$
-\delta_{hom}^3 d_m = d_1 \circ_\alpha d_{m-1} + d_2 \circ_\alpha d_{m-2} + \cdots + d_{m-1} \circ_\alpha d_1, \quad \forall m = 1, \cdots, n.
$$

令 $\tilde{d} = d_1 \circ_\alpha d_n + d_2 \circ_\alpha d_{n-1} + \cdots + d_n \circ_\alpha d_1$. 我们断言 $\tilde{d} \in Z_{\alpha,\alpha}^5(T,T)$, 即 $\delta_{hom}^5 \tilde{d} = 0$. 事实上, 对 $f, g \in C_{\alpha,\alpha}^3(T,T)$, $h \in C_{\alpha,\alpha}^5(T,T)$, 引入符号

$$
\begin{aligned}
&h \bullet_\alpha g(x_1, \cdots, x_7) \\
&= \sum_{k=1}^{3} \sum_{j=2k+1}^{7} (-1)^{k+1} h(\alpha(x_1), \cdots, \widehat{x_{2k-1}}, \widehat{x_{2k}}, \cdots, g(x_{2k-1}x_{2k}x_j), \cdots, \alpha(x_7))
\end{aligned}
$$

及

$$
\begin{aligned}
&f \bullet_\alpha h(x_1, \cdots, x_7) \\
&= \sum_{k=1}^{2} \sum_{l=k+1}^{3} \sum_{j=2l+1}^{7} (-1)^{k+l} f(\alpha^2(x_1), \cdots, \widehat{x_{2k-1}}, \widehat{x_{2k}}, \cdots, \widehat{x_{2l-1}}, \widehat{x_{2l}}, \cdots, \\
&\qquad\qquad h(x_{2k-1}x_{2k}x_{2l-1}x_{2l}x_j), \cdots, \alpha^2(x_7)).
\end{aligned}
$$

则有

$$\delta_{hom}^5(f \circ_\alpha g)(x_1, \cdots, x_7)$$
$$= \delta_{hom}^3 f \bullet_\alpha g(x_1, \cdots, x_7) + f \bullet_\alpha \delta_{hom}^3 g(x_1, \cdots, x_7)$$
$$\quad - \alpha[f(x_1, x_2, x_3)\alpha(x_4)g(x_5, x_6, x_7)] + \alpha[g(x_1, x_2, x_3)\alpha(x_4)f(x_5, x_6, x_7)]$$
$$\quad - \alpha[\alpha(x_3)f(x_1, x_2, x_4)g(x_5, x_6, x_7)] + \alpha[\alpha(x_3)g(x_1, x_2, x_4)f(x_5, x_6, x_7)]$$
$$\quad + \alpha[f(x_1, x_2, x_5)\alpha(x_6)g(x_3, x_4, x_7)] - \alpha[g(x_1, x_2, x_5)\alpha(x_6)f(x_3, x_4, x_7)]$$
$$\quad + \alpha[f(x_1, x_2, x_5)g(x_3, x_4, x_6)\alpha(x_7)] - \alpha[g(x_1, x_2, x_5)f(x_3, x_4, x_6)\alpha(x_7)]$$
$$\quad - \alpha[f(x_1, x_2, x_6)\alpha(x_5)g(x_3, x_4, x_7)] + \alpha[g(x_1, x_2, x_6)\alpha(x_5)f(x_3, x_4, x_7)]$$
$$\quad - \alpha[f(x_1, x_2, x_6)g(x_3, x_4, x_5)\alpha(x_7)] + \alpha[g(x_1, x_2, x_6)f(x_3, x_4, x_5)\alpha(x_7)]$$
$$\quad - \alpha[f(x_3, x_4, x_5)\alpha(x_6)g(x_1, x_2, x_7)] + \alpha[g(x_3, x_4, x_5)\alpha(x_6)f(x_1, x_2, x_7)]$$
$$\quad - \alpha[\alpha(x_5)f(x_3, x_4, x_6)g(x_1, x_2, x_7)] + \alpha[\alpha(x_5)g(x_3, x_4, x_6)f(x_1, x_2, x_7)],$$

因此

$$\delta_{hom}^5 \tilde{d} = \sum_{i+j=n+1} \delta_{hom}^5(d_i \circ_\alpha d_j) = \sum_{i+j=n+1} (\delta_{hom}^3 d_i \bullet_\alpha d_j + d_i \bullet_\alpha \delta_{hom}^3 d_j)$$
$$= \sum_{i+j+k=n+1} ((d_i \circ_\alpha d_j) \bullet_\alpha d_k + d_i \bullet_\alpha (d_j \circ_\alpha d_k)).$$

又

$$((d_i \circ_\alpha d_j) \bullet_\alpha d_k + d_i \bullet_\alpha (d_j \circ_\alpha d_k))(x_1, \cdots, x_7)$$
$$= \alpha d_i(d_j(x_1, x_2, x_3), \alpha(x_4), d_k(x_5, x_6, x_7))$$
$$\quad - \alpha d_i(d_k(x_1, x_2, x_3), \alpha(x_4), d_j(x_5, x_6, x_7))$$
$$\quad + \alpha d_i(\alpha(x_3), d_j(x_1, x_2, x_4), d_k(x_5, x_6, x_7))$$
$$\quad - \alpha d_i(\alpha(x_3), d_k(x_1, x_2, x_4), d_j(x_5, x_6, x_7))$$
$$\quad - \alpha d_i(d_j(x_1, x_2, x_5), \alpha(x_6), d_k(x_3, x_4, x_7))$$
$$\quad + \alpha d_i(d_k(x_1, x_2, x_5), \alpha(x_6), d_j(x_3, x_4, x_7))$$
$$\quad - \alpha d_i(d_j(x_1, x_2, x_5), d_k(x_3, x_4, x_6), \alpha(x_7))$$
$$\quad + \alpha d_i(d_k(x_1, x_2, x_5), d_j(x_3, x_4, x_6), \alpha(x_7))$$
$$\quad + \alpha d_i(d_j(x_1, x_2, x_6), \alpha(x_5), d_k(x_3, x_4, x_7))$$
$$\quad - \alpha d_i(d_k(x_1, x_2, x_6), \alpha(x_5), d_j(x_3, x_4, x_7))$$
$$\quad + \alpha d_i(d_j(x_1, x_2, x_6), d_k(x_3, x_4, x_5), \alpha(x_7))$$

$$- \alpha d_i(d_k(x_1, x_2, x_6), d_j(x_3, x_4, x_5), \alpha(x_7))$$
$$+ \alpha d_i(d_j(x_3, x_4, x_5), \alpha(x_6), d_k(x_1, x_2, x_7))$$
$$- \alpha d_i(d_k(x_3, x_4, x_5), \alpha(x_6), d_j(x_1, x_2, x_7))$$
$$+ \alpha d_i(\alpha(x_5), d_j(x_3, x_4, x_6), d_k(x_1, x_2, x_7))$$
$$- \alpha d_i(\alpha(x_5), d_k(x_3, x_4, x_6), d_j(x_1, x_2, x_7)).$$

故 $\delta_{hom}^5 \tilde{d} = 0$. 由 $H_{\alpha,\alpha}^5(T, T) = 0$ 得 $\tilde{d} \in Z_{\alpha,\alpha}^5(T, T) = B_{\alpha,\alpha}^5(T, T)$. 于是存在 $d_{n+1} \in C_{\alpha,\alpha}^3(T, T)$ 使得 $\tilde{d} = -\delta_{hom}^3 d_{n+1}$. 因此有 $d_0, d_1, \cdots, d_{n+1} \in C_{\alpha,\alpha}^3(T, T)$ 满足

$$-\delta_{hom}^3 d_m = d_1 \circ_\alpha d_{m-1} + d_2 \circ_\alpha d_{m-2} + \cdots + d_{m-1} \circ_\alpha d_1, \quad \forall \, m = 1, \cdots, n+1.$$

由归纳法, 即可构造单参数形式形变 $d_t = d_0 + d_1 t + d_2 t^2 + \cdots$. 所以 d_1 是可积的. □

3.2 Hom-Lie-Yamaguti 代数的形变理论

3.2.1 Hom-Lie-Yamaguti 代数的 1 阶、2 阶和 3 阶上同调空间

定义 3.2.1 设 V 是域 $\mathbb{F}$ 上的线性空间. 若 V 具有双线性运算 $[-,-]$: $V \times V \to V$, 三线性运算 $\{-,-,-\} : V \times V \times V \to V$ 及线性变换 $\alpha : V \to V$, 满足对任意的 $x, y, z, u, v \in V$, 有

$$[xx] = 0, \tag{3.5}$$

$$\{xxy\} = 0, \tag{3.6}$$

$$[[xy]\alpha(z)] + [[yz]\alpha(x)] + [[zx]\alpha(y)] + \{xyz\} + \{yzx\} + \{zxy\} = 0, \tag{3.7}$$

$$\{[xy]\alpha(z)\alpha(u)\} + \{[yz]\alpha(x)\alpha(u)\} + \{[zx]\alpha(y)\alpha(u)\} = 0, \tag{3.8}$$

$$\{\alpha(x)\alpha(y)[uv]\} = [\{xyu\}\alpha^2(v)] + [\alpha^2(u)\{xyv\}], \tag{3.9}$$

$$\{\alpha^2(u)\alpha^2(v)\{xyz\}\} = \{\{uvx\}\alpha^2(y)\alpha^2(z)\} + \{\alpha^2(x)\{uvy\}\alpha^2(z)\} \\ + \{\alpha^2(x)\alpha^2(y)\{uvz\}\}, \tag{3.10}$$

则称 $(V, [-,-], \{-,-,-\}, \alpha)$ 为 **Hom-Lie-Yamaguti 代数**.

定义 3.2.2 设 $(L, [\cdot,\cdot], \{\cdot,\cdot,\cdot\}, \alpha)$ 是 Hom-Lie-Yamaguti 代数. n-线性映射

$$f : L \times \cdots \times L \to L$$

称为 n 阶 **Hom-上链**, 若 f 满足

$$\text{当 } x_{2i-1} = x_{2i} \text{ 时}, f(x_1, \cdots, x_{2i-1}, x_{2i}, \cdots, x_n) = 0, \tag{3.11}$$

$$f(\alpha(x_1), \cdots, \alpha(x_n)) = \alpha \circ f(x_1, \cdots, x_n). \tag{3.12}$$

全体 n 阶 Hom-上链构成的集合记作 $HomC^n(L, L)$, 其中 $n \geqslant 1$.

定义 3.2.3　设 $(L, [\cdot, \cdot], \{\cdot, \cdot, \cdot\}, \alpha)$ 是 Hom-Lie-Yamaguti 代数.

(1) $(L, [\cdot, \cdot], \{\cdot, \cdot, \cdot\}, \alpha)$ 的 **1 阶余边界算子**是一对映射

$$(\delta_I^1, \delta_{II}^1) : HomC^1(L, L) \times HomC^1(L, L) \longrightarrow HomC^2(L, L) \times HomC^3(L, L),$$
$$(f, f) \longmapsto (\delta_I^1 f, \delta_{II}^1 f),$$

满足

$$\delta_I^1 f(x, y) = [xf(y)] + [f(x)y] - f([xy]),$$
$$\delta_{II}^1 f(x, y, z) = \{f(x)yz\} + \{xf(y)z\} + \{xyf(z)\} - f(\{xyz\}).$$

(2) $(L, [\cdot, \cdot], \{\cdot, \cdot, \cdot\}, \alpha)$ 的 **2 阶余边界算子**是一对映射

$$(\delta_I^2, \delta_{II}^2) : HomC^2(L, L) \times HomC^3(L, L) \longrightarrow HomC^4(L, L) \times HomC^5(L, L),$$
$$(f, g) \longmapsto (\delta_I^2 f, \delta_{II}^2 g),$$

满足

$$
\begin{aligned}
\delta_I^2 f(x, y, z, u) = {} & \{\alpha(x)\alpha(y)f(z, u)\} - f(\{xyz\}, \alpha^2(u)) - f(\alpha^2(z), \{xyu\}) \\
& + g(\alpha(x), \alpha(y), [zu]) - [\alpha^2(z)g(x, y, u)] - [g(x, y, z)\alpha^2(u)], \\
\delta_{II}^2 g(x, y, u, v, w) = {} & \{\alpha^2(x)\alpha^2(y)g(u, v, w)\} - \{g(x, y, u)\alpha^2(v)\alpha^2(w)\} \\
& - \{\alpha^2(u)g(x, y, v)\alpha^2(w)\} - \{\alpha^2(u)\alpha^2(v)g(x, y, w)\} \\
& + g(\alpha^2(x), \alpha^2(y), \{uvw\}) - g(\{xyu\}, \alpha^2(v), \alpha^2(w)) \\
& - g(\alpha^2(u), \{xyv\}, \alpha^2(w)) - g(\alpha^2(u), \alpha^2(v), \{xyw\}).
\end{aligned}
$$

(3) $(L, [\cdot, \cdot], \{\cdot, \cdot, \cdot\}, \alpha)$ 的 **3 阶余边界算子**是一对映射

$$(\delta_I^3, \delta_{II}^3) : HomC^4(L, L) \times HomC^5(L, L) \longrightarrow HomC^6(L, L) \times HomC^7(L, L)$$
$$(f, g) \longmapsto (\delta_I^3 f, \delta_{II}^3 g)$$

满足

$$\delta_I^3 f(x_1, \cdots, x_6)$$
$$= \{\alpha^3(x_1)\alpha^3(x_2)f(x_3, \cdots, x_6)\} - \{\alpha^3(x_3)\alpha^3(x_4)f(x_1, x_2, x_5, x_6)\}$$

$$+ \sum_{k=1}^{2} \sum_{i=2k+1}^{6} (-1)^k f(\alpha^2(x_1), \cdots, \widehat{\alpha^2(x_{2k-1})}, \widehat{\alpha^2(x_{2k})}, \cdots,$$

$$\{x_{2k-1}x_{2k}x_i\}, \cdots, \alpha^2(x_6))$$

$$- g(\alpha(x_1), \cdots, \alpha(x_4), [x_5 x_6]) + [\alpha^4(x_5)g(x_1, \cdots, x_4, x_6)] + [g(x_1, \cdots, x_5)\alpha^4(x_6)],$$

$$\delta_{II}^3 g(x_1, \cdots, x_7)$$

$$= \sum_{k=1}^{3} (-1)^{k+1} \{\alpha^4(x_{2k-1})\alpha^4(x_{2k})g(x_1, \cdots, \widehat{x_{2k-1}}, \widehat{x_{2k}}, \cdots, x_7)\}$$

$$+ \sum_{k=1}^{3} \sum_{i=2k+1}^{7} (-1)^k g(\alpha^2(x_1), \cdots, \widehat{\alpha^2(x_{2k-1})}, \widehat{\alpha^2(x_{2k})}, \cdots,$$

$$\{x_{2k-1}x_{2k}x_i\}, \cdots, \alpha^2(x_7))$$

$$+ \{g(x_1, \cdots, x_5)\alpha^4(x_6)\alpha^4(x_7)\} - \{g(x_1, \cdots, x_4, x_6)\alpha^4(x_5)\alpha^4(x_7)\},$$

其中符号 $\widehat{}$ 表示其下的元素被省略.

定理 3.2.4 如上定义的余边界算子 $(\delta_I^i, \delta_{II}^i)$ 的定义是合理的, 对 $i = 1, 2, 3$.

证明 取 $(f, f) \in HomC^1(L, L) \times HomC^1(L, L)$. 显然 $\delta_I^1 f$ 和 $\delta_{II}^1 f$ 满足 (3.11). 注意到

$$\delta_I^1 f(\alpha(x), \alpha(y)) = [\alpha(x) f(\alpha(y))] + [f(\alpha(x))\alpha(y)] - f([\alpha(x)\alpha(y)])$$
$$= \alpha([x f(y)]) + \alpha([f(x) y]) - \alpha(f([xy])) = \alpha \circ \delta_I^1 f(x, y)$$

以及

$$\delta_{II}^1 f(\alpha(x), \alpha(y), \alpha(z)) = \{f(\alpha(x))\alpha(y)\alpha(z)\} + \{\alpha(x) f(\alpha(y))\alpha(z)\}$$
$$+ \{\alpha(x)\alpha(y) f(\alpha(z))\} - f(\{\alpha(x)\alpha(y)\alpha(z)\})$$
$$= \alpha(\{f(x) yz\} + \{x f(y) z\} + \{xy f(z)\} - f(\{xyz\}))$$
$$= \alpha \circ \delta_{II}^1 f(x, y, z).$$

故 $(\delta_I^1, \delta_{II}^1)$ 的定义是合理的.

再取 $(f, g) \in HomC^2(L, L) \times HomC^3(L, L)$. 则 $\delta_I^2 f$ 和 $\delta_{II}^2 g$ 满足 (3.11) 且

$$\delta_I^2 f(\alpha(x), \alpha(y), \alpha(z), \alpha(u))$$
$$= \{\alpha^2(x)\alpha^2(y) f(\alpha(z), \alpha(u))\} - f(\alpha(\{xyz\}), \alpha^3(u)) - f(\alpha^3(z), \alpha(\{xyu\}))$$
$$+ g(\alpha^2(x), \alpha^2(y), \alpha([zu])) - [\alpha^3(z)g(\alpha(x), \alpha(y), \alpha(u))]$$
$$- [g(\alpha(x), \alpha(y), \alpha(z))\alpha^3(u)]$$

$$= \alpha(\{\alpha(x)\alpha(y)f(z,u)\}) - \alpha \circ f(\{xyz\}, \alpha^2(u)) - \alpha \circ f(\alpha^2(z), \{xyu\})$$
$$+ \alpha \circ g(\alpha(x), \alpha(y), [zu]) - \alpha([\alpha^2(z)g(x,y,u)]) - \alpha([g(x,y,z)\alpha^2(u)])$$
$$= \alpha \circ \delta_I^2 f(x,y,z,u).$$

类似地, 可得

$$\delta_{II}^2 g(\alpha(x), \alpha(y), \alpha(u), \alpha(v), \alpha(w)) = \alpha \circ \delta_{II}^2 g(x,y,u,v,w).$$

同理可证对任意的 $(f,g) \in HomC^4(L,L) \times HomC^5(L,L)$, 有

$$(\delta_I^3 f, \delta_{II}^3 g) \in HomC^6(L,L) \times HomC^7(L,L). \qquad \square$$

此外, 对 $(f,g) \in HomC^2(L,L) \times HomC^3(L,L)$, 定义 $(L, [\cdot,\cdot], \{\cdot,\cdot,\cdot\}, \alpha)$ 的另一个 2 阶余边界算子为

$$(d_I^2, d_{II}^2) : HomC^2(L,L) \times HomC^3(L,L) \longrightarrow HomC^3(L,L) \times HomC^4(L,L)$$
$$(f,g) \longmapsto (d_I^2 f, d_{II}^2 g)$$

其中

$$d_I^2 f(x,y,z) = \circlearrowleft_{x,y,z} ([f(x,y)\alpha(z)] + f([xy], \alpha(z)) + g(x,y,z)),$$
$$d_{II}^2 g(x,y,z,u) = \circlearrowleft_{x,y,z} (\{f(x,y)\alpha(z)\alpha(u)\} + g([xy], \alpha(z), \alpha(u))).$$

易证 (d_I^2, d_{II}^2) 的定义也是合理的.

定理 3.2.5　符号同上, 则有

$$(\delta_I^2, \delta_{II}^2)(\delta_I^1, \delta_{II}^1) = (0,0), \quad (d_I^2, d_{II}^2)(\delta_I^1, \delta_{II}^1) = (0,0), \quad (\delta_I^3, \delta_{II}^3)(\delta_I^2, \delta_{II}^2) = 0.$$

证明　设 $(f,f) \in HomC^1(L,L) \times HomC^1(L,L)$. 则

$$(\delta_I^2, \delta_{II}^2)(\delta_I^1, \delta_{II}^1)(f,f) = (\delta_I^2, \delta_{II}^2)(\delta_I^1 f, \delta_{II}^1 f) = (\delta_I^2 \delta_I^1 f, \delta_{II}^2 \delta_{II}^1 f).$$

利用 (3.9), (3.10) 及 (3.12), 可得

$$\delta_I^2 \delta_I^1 f(x,y,z,u)$$
$$= \{\alpha(x)\alpha(y)\delta_I^1 f(z,u)\} - \delta_I^1 f(\{xyz\}, \alpha^2(u)) - \delta_I^1 f(\alpha^2(z), \{xyu\})$$
$$+ \delta_{II}^1 f(\alpha(x), \alpha(y), [zu]) - [\alpha^2(z)\delta_{II}^1 f(x,y,u)] - [\delta_{II}^1 f(x,y,z)\alpha^2(u)]$$
$$= \{\alpha(x)\alpha(y)[zf(u)]\} + \{\alpha(x)\alpha(y)[f(z)u]\} - \{\alpha(x)\alpha(y)f([zu])\}$$

$$- [\{xyz\}f\alpha^2(u)] - [f(\{xyz\})\alpha^2(u)] + f([\{xyz\}\alpha^2(u)])$$

$$- [\alpha^2(z)f(\{xyu\})] - [f\alpha^2(z)\{xyu\}] + f([\alpha^2(z)\{xyu\}])$$

$$+ \{f\alpha(x)\alpha(y)[zu]\} + \{\alpha(x)f\alpha(y)[zu]\}$$

$$+ \{\alpha(x)\alpha(y)f([zu])\} - f(\{\alpha(x)\alpha(y)[zu]\})$$

$$- [\alpha^2(z)\{f(x)yu\}] - [\alpha^2(z)\{xf(y)u\}] - [\alpha^2(z)\{xyf(u)\}] + [\alpha^2(z)f(\{xyu\})]$$

$$- [\{f(x)yz\}\alpha^2(u)] - [\{xf(y)z\}\alpha^2(u)] - [\{xyf(z)\}\alpha^2(u)] + [f(\{xyz\})\alpha^2(u)]$$

$$= 0,$$

$$\delta_{II}^2 \delta_{II}^1 f(x,y,u,v,w)$$

$$= \{\alpha^2(x)\alpha^2(y)\delta_{II}^1 f(u,v,w)\} - \{\delta_{II}^1 f(x,y,u)\alpha^2(v)\alpha^2(w)\}$$

$$- \{\alpha^2(u)\delta_{II}^1 f(x,y,v)\alpha^2(w)\}$$

$$- \{\alpha^2(u)\alpha^2(v)\delta_{II}^1 f(x,y,w)\} + \delta_{II}^1 f(\alpha^2(x),\alpha^2(y),\{uvw\})$$

$$- \delta_{II}^1 f(\{xyu\},\alpha^2(v),\alpha^2(w))$$

$$- \delta_{II}^1 f(\alpha^2(u),\{xyv\},\alpha^2(w)) - \delta_{II}^1 f(\alpha^2(u),\alpha^2(v),\{xyw\})$$

$$= \{\alpha^2(x)\alpha^2(y)\{f(u)vw\}\} + \{\alpha^2(x)\alpha^2(y)\{uf(v)w\}\} + \{\alpha^2(x)\alpha^2(y)\{uvf(w)\}\}$$

$$- \{\alpha^2(x)\alpha^2(y)f(\{uvw\})\} - \{\{f(x)yu\}\alpha^2(v)\alpha^2(w)\} - \{\{xf(y)u\}\alpha^2(v)\alpha^2(w)\}$$

$$- \{\{xyf(u)\}\alpha^2(v)\alpha^2(w)\} + \{f(\{xyu\})\alpha^2(v)\alpha^2(w)\} - \{\alpha^2(u)\{f(x)yv\}\alpha^2(w)\}$$

$$- \{\alpha^2(u)\{xf(y)v\}\alpha^2(w)\} - \{\alpha^2(u)\{xyf(v)\}\alpha^2(w)\} + \{\alpha^2(u)f(\{xyv\})\alpha^2(w)\}$$

$$- \{\alpha^2(u)\alpha^2(v)\{f(x)yw\}\} - \{\alpha^2(u)\alpha^2(v)\{xf(y)w\}\} - \{\alpha^2(u)\alpha^2(v)\{xyf(w)\}\}$$

$$+ \{\alpha^2(u)\alpha^2(v)f(\{xyw\})\} + \{f\alpha^2(x)\alpha^2(y)\{uvw\}\} + \{\alpha^2(x)f\alpha^2(y)\{uvw\}\}$$

$$+ \{\alpha^2(x)\alpha^2(y)f(\{uvw\})\} - f(\{\alpha^2(x)\alpha^2(y)\{uvw\}\}) - \{f(\{xyu\})\alpha^2(v)\alpha^2(w)\}$$

$$- \{\{xyu\}f\alpha^2(v)\alpha^2(w)\} - \{\{xyu\}\alpha^2(v)f\alpha^2(w)\} + f(\{\{xyu\}\alpha^2(v)\alpha^2(w)\})$$

$$- \{f\alpha^2(u)\{xyv\}\alpha^2(w)\} - \{\alpha^2(u)f(\{xyv\})\alpha^2(w)\} - \{\alpha^2(u)\{xyv\}f\alpha^2(w)\}$$

$$+ f(\{\alpha^2(u)\{xyv\}\alpha^2(w)\}) - \{f\alpha^2(u)\alpha^2(v)\{xyw\}\} - \{\alpha^2(u)f\alpha^2(v)\{xyw\}\}$$

$$- \{\alpha^2(u)\alpha^2(v)f(\{xyw\})\} + f(\{\alpha^2(u)\alpha^2(v)\{xyw\}\})$$

$$= 0.$$

此外, 利用 (3.7) 和 (3.8), 有

$$d_I^2 \delta_I^1 f(x,y,z) = \circlearrowleft_{x,y,z} ([\delta_I^1 f(x,y)\alpha(z)] + \delta_I^1 f([xy],\alpha(z)) + \delta_{II}^1 f(x,y,z))$$

$$= \circlearrowleft_{x,y,z} ([[xf(y)]\alpha(z)] + [[f(x)y]\alpha(z)] - [f([xy])\alpha(z)])$$

$$+ \circlearrowleft_{x,y,z} ([[xy]f\alpha(z)] + [f([xy])\alpha(z)] - f([[xy]\alpha(z)]))$$

$$+ \circlearrowleft_{x,y,z} \left(\{f(x)yz\} + \{xf(y)z\} + \{xyf(z)\} - f(\{xyz\}) \right)$$
$$= 0,$$

$$d_{II}^2 \delta_{II}^1 f(x,y,z,u)$$
$$= \circlearrowleft_{x,y,z} \left(\{\delta_I^1 f(x,y)\alpha(z)\alpha(u)\} + \delta_{II}^1 f([xy],\alpha(z),\alpha(u)) \right)$$
$$= \circlearrowleft_{x,y,z} \left(\{[xf(y)]\alpha(z)\alpha(u)\} + \{[f(x)y]\alpha(z)\alpha(u)\} - \{f([xy])\alpha(z)\alpha(u)\} \right)$$
$$+ \circlearrowleft_{x,y,z} \left(\{f([xy])\alpha(z)\alpha(u)\} + \{[xy]f\alpha(z)\alpha(u)\} \right.$$
$$\left. + \{[xy]\alpha(z)f\alpha(u)\} - f(\{[xy]\alpha(z)\alpha(u)\}) \right)$$
$$= \{[xf(y)]\alpha(z)\alpha(u)\} + \{[yf(z)]\alpha(x)\alpha(u)\} + \{[zf(x)]\alpha(y)\alpha(u)\}$$
$$+ \{[f(x)y]\alpha(z)\alpha(u)\} + \{[f(y)z]\alpha(x)\alpha(u)\} + \{[f(z)x]\alpha(y)\alpha(u)\}$$
$$+ \{[xy]f\alpha(z)\alpha(u)\} + \{[yz]f\alpha(x)\alpha(u)\} + \{[zx]f\alpha(y)\alpha(u)\}$$
$$= 0.$$

对 $(f,g) \in HomC^2(L,L) \times HomC^3(L,L)$, 可以推出

$$\delta_I^3 \delta_I^2 f(x_1, \cdots, x_6)$$
$$= \{\alpha^3(x_1)\alpha^3(x_2)\delta_I^2 f(x_3, \cdots, x_6)\} - \{\alpha^3(x_3)\alpha^3(x_4)\delta_I^2 f(x_1, x_2, x_5, x_6)\}$$
$$+ \sum_{k=1}^{2} \sum_{i=2k+1}^{6} (-1)^k \delta_I^2 f(\alpha^2(x_1), \cdots, \widehat{\alpha^2(x_{2k-1})}, \widehat{\alpha^2(x_{2k})}, \cdots,$$
$$\{x_{2k-1}x_{2k}x_i\}, \cdots, \alpha^2(x_6))$$
$$- \delta_I^2 g(\alpha(x_1), \cdots, \alpha(x_4), [x_5 x_6]) + [\alpha^4(x_5)\delta_I^2 g(x_1, \cdots, x_4, x_6)]$$
$$+ [\delta_I^2 g(x_1, \cdots, x_5)\alpha^4(x_6)]$$
$$= \{\alpha^3(x_1)\alpha^3(x_2)\{\alpha(x_3)\alpha(x_4)f(x_5, x_6)\}\} - \{\alpha^3(x_3)\alpha^3(x_4)\{\alpha(x_1)\alpha(x_2)f(x_5, x_6)\}\}$$
$$- \{\{\alpha(x_1)\alpha(x_2)\alpha(x_3)\}\alpha^3(x_4)\alpha^2 f(x_5, x_6)\}$$
$$- \{\alpha^3(x_3)\{\alpha(x_1)\alpha(x_2)\alpha(x_4)\}\alpha^2 f(x_5, x_6)\}$$
$$+ f(\{\{x_1 x_2 x_3\}\alpha^2(x_4)\alpha^2(x_5)\}, \alpha^4(x_6)) + f(\{\alpha^2(x_3)\{x_1 x_2 x_4\}\alpha^2(x_5)\}, \alpha^4(x_6))$$
$$+ f(\{\alpha^2(x_3)\alpha^2(x_4)\{x_1 x_2 x_5\}\}, \alpha^4(x_6)) - f(\{\alpha^2(x_1)\alpha^2(x_2)\{x_3 x_4 x_5\}\}, \alpha^4(x_6))$$
$$+ f(\alpha^4(x_5), \{\{x_1 x_2 x_3\}\alpha^2(x_4)\alpha^2(x_6)\}) + f(\alpha^4(x_5), \{\alpha^2(x_3)\{x_1 x_2 x_4\}\alpha^2(x_6)\})$$
$$+ f(\alpha^4(x_5), \{\alpha^2(x_3)\alpha^2(x_4)\{x_1 x_2 x_6\}\}) - f(\alpha^4(x_5), \{\alpha^2(x_1)\alpha^2(x_2)\{x_3 x_4 x_6\}\})$$
$$- \{\alpha^3(x_1)\alpha^3(x_2)[\alpha^2(x_5)g(x_3, x_4, x_6)]\} + [\{\alpha^2(x_1)\alpha^2(x_2)\alpha^2(x_5)\}\alpha^2 g(x_3, x_4, x_6)]$$
$$+ [\alpha^4(x_5)\{\alpha^2(x_1)\alpha^2(x_2)g(x_3, x_4, x_6)\}] - \{\alpha^3(x_1)\alpha^3(x_2)[g(x_3, x_4, x_5)\alpha^2(x_6)]\}$$
$$+ [\alpha^2 g(x_3, x_4, x_5)\{\alpha^2(x_1)\alpha^2(x_2)\alpha^2(x_6)\}] + [\{\alpha^2(x_1)\alpha^2(x_2)g(x_3, x_4, x_5)\}\alpha^4(x_6)]$$

$$+ \{\alpha^3(x_3)\alpha^3(x_4)[\alpha^2(x_5)g(x_1, x_2, x_6)]\} - [\{\alpha^2(x_3)\alpha^2(x_4)\alpha^2(x_5)\}\alpha^2 g(x_1, x_2, x_6)]$$

$$- [\alpha^4(x_5)\{\alpha^2(x_3)\alpha^2(x_4)g(x_1, x_2, x_6)\}] + \{\alpha^3(x_3)\alpha^3(x_4)[g(x_1, x_2, x_5)\alpha^2(x_6)]\}$$

$$- [\alpha^2 g(x_1, x_2, x_5)\{\alpha^2(x_3)\alpha^2(x_4)\alpha^2(x_6)\}] - [\{\alpha^2(x_3)\alpha^2(x_4)g(x_1, x_2, x_5)\}\alpha^4(x_6)]$$

$$- g(\alpha^3(x_3), \alpha^3(x_4), [\{x_1 x_2 x_5\}\alpha^2(x_6)]) - g(\alpha^3(x_3), \alpha^3(x_4), [\alpha^2(x_5)\{x_1 x_2 x_6\}])$$

$$+ g(\alpha^3(x_3), \alpha^3(x_4), \{\alpha(x_1)\alpha(x_2)[x_5 x_6]\}) + g(\alpha^3(x_1), \alpha^3(x_2), [\{x_3 x_4 x_5\}\alpha^2(x_6)])$$

$$+ g(\alpha^3(x_1), \alpha^3(x_2), [\alpha^2(x_5)\{x_3 x_4 x_6\}]) - g(\alpha^3(x_1), \alpha^3(x_2), \{\alpha(x_3)\alpha(x_4)[x_5 x_6]\})$$

$$+ \{\alpha g(x_1, x_2, x_3)\alpha^3(x_4)[\alpha^2(x_5)\alpha^2(x_6)]\} - [\alpha^4(x_5)\{g(x_1, x_2, x_3)\alpha^2(x_4)\alpha^2(x_6)\}]$$

$$- [\{g(x_1, x_2, x_3)\alpha^2(x_4)\alpha^2(x_5)\}\alpha^4(x_6)] + \{\alpha^3(x_3)\alpha g(x_1, x_2, x_4)[\alpha^2(x_5)\alpha^2(x_6)]\}$$

$$- [\alpha^4(x_5)\{\alpha^2(x_3)g(x_1, x_2, x_4)\alpha^2(x_6)\}] - [\{\alpha^2(x_3)g(x_1, x_2, x_4)\alpha^2(x_5)\}\alpha^4(x_6)]$$

$$= 0$$

及

$$\delta_{II}^3 \delta_{II}^2 g(x_1, \cdots, x_7)$$

$$= \sum_{k=1}^{3} (-1)^{k+1} \{\alpha^4(x_{2k-1})\alpha^4(x_{2k})\delta_{II}^2 g(x_1, \cdots, \widehat{x_{2k-1}}, \widehat{x_{2k}}, \cdots, x_7)$$

$$+ \sum_{k=1}^{3} \sum_{i=2k+1}^{7} (-1)^k \delta_{II}^2 g(\alpha^2(x_1), \cdots, \alpha^2 \widehat{(x_{2k-1})}, \alpha^2 \widehat{(x_{2k})}, \cdots,$$

$$\{x_{2k-1} x_{2k} x_i\}, \cdots, \alpha^2(x_7))$$

$$+ \{\delta_{II}^2 g(x_1, \cdots, x_5)\alpha^4(x_6)\alpha^4(x_7)\} - \{\delta_{II}^2 g(x_1, \cdots, x_4, x_6)\alpha^4(x_5)\alpha^4(x_7)\}$$

$$= \{\alpha^4(x_1)\alpha^4(x_2)\{\alpha^2(x_3)\alpha^2(x_4)g(x_5, x_6, x_7)\}\}$$

$$- \{\alpha^4(x_3)\alpha^4(x_4)\{\alpha^2(x_1)\alpha^2(x_2)g(x_5, x_6, x_7)\}\}$$

$$- \{\alpha^2(\{x_1 x_2 x_3\})\alpha^4(x_4)\alpha^2 g(x_5, x_6, x_7)\}$$

$$- \{\alpha^4(x_3)\alpha^2(\{x_1 x_2 x_4\})\alpha^2 g(x_5, x_6, x_7)\}$$

$$- \{\alpha^4(x_1)\alpha^4(x_2)\{g(x_3, x_4, x_5)\alpha^2(x_6)\alpha^2(x_7)\}\}$$

$$+ \{\alpha^2 g(x_3, x_4, x_5)\alpha^2(\{x_1 x_2 x_6\})\alpha^4(x_7)\}$$

$$+ \{\alpha^2 g(x_3, x_4, x_5)\alpha^4(x_6)\alpha^2(\{x_1 x_2 x_7\})\}$$

$$+ \{\{\alpha^2(x_1)\alpha^2(x_2)g(x_3, x_4, x_5)\}\alpha^4(x_6)\alpha^4(x_7)\}$$

$$- \{\alpha^4(x_1)\alpha^4(x_2)\{\alpha^2(x_5)g(x_3, x_4, x_6)\alpha^2(x_7)\}\}$$

$$+ \{\alpha^2(\{x_1 x_2 x_5\})\alpha^2 g(x_3, x_4, x_6)\alpha^4(x_7)\}$$

$$+ \{\alpha^4(x_5)\alpha^2 g(x_3, x_4, x_6)\alpha^2(\{x_1 x_2 x_7\})\}$$

$$+ \{\alpha^4(x_5)\{\alpha^2(x_1)\alpha^2(x_2)g(x_3,x_4,x_6)\}\alpha^4(x_7)\}$$

$$- \{\alpha^4(x_1)\alpha^4(x_2)\{\alpha^2(x_5)\alpha^2(x_6)g(x_3,x_4,x_7)\}\}$$

$$+ \{\alpha^4(x_5)\alpha^4(x_6)\{\alpha^2(x_1)\alpha^2(x_2)g(x_3,x_4,x_7)\}\}$$

$$+ \{\alpha^2(\{x_1x_2x_5\})\alpha^4(x_6)\alpha^2 g(x_3,x_4,x_7)\}$$

$$+ \{\alpha^4(x_5)\alpha^2(\{x_1x_2x_6\})\alpha^2 g(x_3,x_4,x_7)\}$$

$$+ \{\alpha^4(x_3)\alpha^4(x_4)\{g(x_1,x_2,x_5)\alpha^2(x_6)\alpha^2(x_7)\}\}$$

$$- \{\alpha^2 g(x_1,x_2,x_5)\alpha^2(\{x_3x_4x_6\})\alpha^4(x_7)\}$$

$$- \{\alpha^2 g(x_1,x_2,x_5)\alpha^4(x_6)\alpha^2(\{x_3x_4x_7\})\}$$

$$- \{\{\alpha^2(x_3)\alpha^2(x_4)g(x_1,x_2,x_5)\}\alpha^4(x_6)\alpha^4(x_7)\}$$

$$+ \{\alpha^4(x_3)\alpha^4(x_4)\{\alpha^2(x_5)g(x_1,x_2,x_6)\alpha^2(x_7)\}\}$$

$$- \{\alpha^2(\{x_3x_4x_5\})g(x_1,x_2,x_6)\alpha^4(x_7)\}$$

$$- \{\alpha^4(x_5)\alpha^2 g(x_1,x_2,x_6)\alpha^2(\{x_3x_4x_7\})\}$$

$$- \{\alpha^4(x_5)\{\alpha^2(x_3)\alpha^2(x_4)g(x_1,x_2,x_6)\}\alpha^4(x_7)\}$$

$$+ \{\alpha^4(x_3)\alpha^4(x_4)\{\alpha^2(x_5)\alpha^2(x_6)g(x_1,x_2,x_7)\}\}$$

$$- \{\alpha^4(x_5)\alpha^4(x_6)\{\alpha^2(x_3)\alpha^2(x_4)g(x_1,x_2,x_7)\}\}$$

$$- \{\alpha^2(\{x_3x_4x_5\})\alpha^4(x_6)\alpha^2 g(x_1,x_2,x_7)\}$$

$$- \{\alpha^4(x_5)\alpha^2(\{x_3x_4x_6\})\alpha^2 g(x_1,x_2,x_7)\}$$

$$- \{\alpha^4(x_5)\alpha^4(x_6)\{g(x_1,x_2,x_3)\alpha^2(x_4)\alpha^2(x_7)\}\}$$

$$+ \{\alpha^2 g(x_1,x_2,x_3)\alpha^4(x_4)\alpha^2(\{x_5x_6x_7\})\}$$

$$- \{\{g(x_1,x_2,x_3)\alpha^2(x_4)\alpha^2(x_5)\}\alpha^4(x_6)\alpha^4(x_7)\}$$

$$- \{\{\alpha^4(x_5)\{g(x_1,x_2,x_3)\alpha^2(x_4)\alpha^2(x_6)\}\alpha^4(x_7)\}$$

$$- \{\alpha^4(x_5)\alpha^4(x_6)\{\alpha^2(x_3)g(x_1,x_2,x_4)\alpha^2(x_7)\}\}$$

$$+ \{\alpha^4(x_3)\alpha^2 g(x_1,x_2,x_4)\alpha^2(\{x_5x_6x_7\})\}$$

$$- \{\{\alpha^2(x_3)g(x_1,x_2,x_4)\alpha^2(x_5)\}\alpha^4(x_6)\alpha^4(x_7)\}$$

$$- \{\alpha^4(x_5)\{\alpha^2(x_3)g(x_1,x_2,x_4)\alpha^2(x_6)\}\alpha^4(x_7)\}$$

$$+ g(\{\{x_1x_2x_3\}\alpha^2(x_4)\alpha^2(x_5)\}, \alpha^4(x_6), \alpha^4(x_7))$$

$$+ g(\{\alpha^2(x_3)\{x_1x_2x_4\}\alpha^2(x_5)\}, \alpha^4(x_6), \alpha^4(x_7))$$

$$+ g(\{\alpha^2(x_3)\alpha^2(x_4)\{x_1x_2x_5\}\}, \alpha^4(x_6), \alpha^4(x_7))$$

$$- g(\{\alpha^2(x_1)\alpha^2(x_2)\{x_3x_4x_5\}\}, \alpha^4(x_6), \alpha^4(x_7))$$

$$+ g(\{\alpha^4(x_5), \{\{x_1 x_2 x_3\}\alpha^2(x_4)\alpha^2(x_6)\}, \alpha^4(x_7))$$
$$+ g(\{\alpha^4(x_5), \{\alpha^2(x_3)\{x_1 x_2 x_4\}\alpha^2(x_6)\}, \alpha^4(x_7))$$
$$+ g(\{\alpha^4(x_5), \{\alpha^2(x_3)\alpha^2(x_4)\{x_1 x_2 x_6\}\}, \alpha^4(x_7))$$
$$- g(\{\alpha^4(x_5), \{\alpha^2(x_1)\alpha^2(x_2)\{x_3 x_4 x_6\}\}, \alpha^4(x_7))$$
$$+ g(\alpha^4(x_5), \alpha^4(x_6), \{\{x_1 x_2 x_3\}\alpha^2(x_4)\alpha^2(x_7)\})$$
$$+ g(\alpha^4(x_5), \alpha^4(x_6), \{\alpha^2(x_3)\{x_1 x_2 x_4\}\alpha^2(x_7)\})$$
$$+ g(\alpha^4(x_5), \alpha^4(x_6), \{\alpha^2(x_3)\alpha^2(x_4)\{x_1 x_2 x_7\}\})$$
$$- g(\alpha^4(x_5), \alpha^4(x_6), \{\alpha^2(x_1)\alpha^2(x_2)\{x_3 x_4 x_7\}\})$$
$$- g(\alpha^4(x_3), \alpha^4(x_4), \{\{x_1 x_2 x_5\}\alpha^2(x_6)\alpha^2(x_7)\})$$
$$- g(\alpha^4(x_3), \alpha^4(x_4), \{\alpha^2(x_5)\{x_1 x_2 x_6\}\alpha^2(x_7)\})$$
$$- g(\alpha^4(x_3), \alpha^4(x_4), \{\alpha^2(x_5)\alpha^2(x_6)\{x_1 x_2 x_7\}\})$$
$$+ g(\alpha^4(x_3), \alpha^4(x_4), \{\alpha^2(x_1)\alpha^2(x_2)\{x_5 x_6 x_7\}\})$$
$$+ g(\alpha^4(x_1), \alpha^4(x_2), \{\{x_3 x_4 x_5\}\alpha^2(x_6)\alpha^2(x_7)\})$$
$$+ g(\alpha^4(x_1), \alpha^4(x_2), \{\alpha^2(x_5)\{x_3 x_4 x_6\}\alpha^2(x_7)\})$$
$$+ g(\alpha^4(x_1), \alpha^4(x_2), \{\alpha^2(x_5)\alpha^2(x_6)\{x_3 x_4 x_7\}\})$$
$$- g(\alpha^4(x_1), \alpha^4(x_2), \{\alpha^2(x_3)\alpha^2(x_4)\{x_5 x_6 x_7\}\})$$
$$= 0,$$

这里省去了可直接相消的项. 证毕.　　　　　　　　　　　　　　　□

　　令

$$HomZ^1(L, L) \times HomZ^1(L, L)$$
$$= \{(f, f) \in HomC^1(L, L) \times HomC^1(L, L) \mid (\delta_I^1, \delta_{II}^1)(f, f) = (0, 0)\};$$
$$HomZ^2(L, L) \times HomZ^3(L, L)$$
$$= \{(f, g) \in HomC^2(L, L) \times HomC^3(L, L) \mid (\delta_I^2, \delta_{II}^2)(f, g) = (d_I^2, d_{II}^2)(f, g) = (0, 0)\};$$
$$HomZ^4(L, L) \times HomZ^5(L, L)$$
$$= \{(f, g) \in HomC^4(L, L) \times HomC^5(L, L) \mid (\delta_I^3, \delta_{II}^3)(f, g) = (0, 0)\};$$
$$HomB^2(L, L) \times HomB^3(L, L) = \{(\delta_I^1, \delta_{II}^1)(f, f) \mid f \in HomC^1(L, L)\};$$
$$HomB^4(L, L) \times HomB^5(L, L)$$
$$= \{(\delta_I^2, \delta_{II}^2)(f, g) \mid (f, g) \in HomC^2(L, L) \times HomC^3(L, L)\}.$$

根据定理 3.2.5 知

$$HomB^2(L,L) \times HomB^3(L,L) \subseteq HomZ^2(L,L) \times HomZ^3(L,L),$$
$$HomB^4(L,L) \times HomB^5(L,L) \subseteq HomZ^4(L,L) \times HomZ^5(L,L).$$

因此定义

$$HomH^1(L,L) \times HomH^1(L,L) = HomZ^1(L,L) \times HomZ^1(L,L),$$
$$HomH^2(L,L) \times HomH^3(L,L) = \frac{HomZ^2(L,L) \times HomZ^3(L,L)}{HomB^2(L,L) \times HomB^3(L,L)}$$
$$HomH^4(L,L) \times HomH^5(L,L) = \frac{HomZ^4(L,L) \times HomZ^5(L,L)}{HomB^4(L,L) \times HomB^5(L,L)}$$

为 $(L,[\cdot,\cdot],\{\cdot,\cdot,\cdot\},\alpha)$ 的 **1 阶、2 阶和 3 阶上同调空间**.

定义 3.2.6 线性映射 $D: L \to L$ 称为 $(L,[\cdot,\cdot],\{\cdot,\cdot,\cdot\},\alpha)$ 的 α^k-**导子**, 若 D 满足 $D \circ \alpha = \alpha \circ D$ 且

$$D([xy]) = [\alpha^k(x)D(y)] + [D(x)\alpha^k(y)],$$
$$D(\{xyz\}) = \{D(x)\alpha^k(y)\alpha^k(z)\} + \{\alpha^k(x)D(y)\alpha^k(z)\} + \{\alpha^k(x)\alpha^k(y)D(z)\},$$

其中 $\alpha^k = \underbrace{\alpha \circ \cdots \circ \alpha}_{k}$, $\alpha^0 = \mathrm{Id}_L$. 可直接验证 D 是 $(L,[\cdot,\cdot],\{\cdot,\cdot,\cdot\},\alpha)$ 的 α^0-导子当且仅当 $(D,D) \in HomH^1(L,L) \times HomH^1(L,L)$. 用 $\mathrm{Der}_{\alpha^k}(L)$ 表示 $(L,[\cdot,\cdot],\{\cdot,\cdot,\cdot\},\alpha)$ 的全体 α^k-导子构成的集合.

定理 3.2.7 令 $\mathrm{Der}(L) = \bigoplus_{k \geqslant 0} \mathrm{Der}_{\alpha^k}(L)$. 则 $\mathrm{Der}(L)$ 是李代数.

证明 只需证明 $[\mathrm{Der}_{\alpha^k}(L), \mathrm{Der}_{\alpha^s}(L)] \subseteq \mathrm{Der}_{\alpha^{k+s}}(L)$. 设 $D \in \mathrm{Der}_{\alpha^k}(L)$, $D' \in \mathrm{Der}_{\alpha^s}(L)$. 则有

$$[D,D'] \circ \alpha = D \circ D' \circ \alpha - D' \circ D \circ \alpha = \alpha \circ (D \circ D' - D' \circ D) = \alpha \circ [D,D'].$$

由于

$$[D,D']([xy])$$
$$= D([\alpha^s(x)D'(y)] + [D'(x)\alpha^s(y)]) - D'([\alpha^k(x)D(y)] + [D(x)\alpha^k(y)])$$
$$= [D\alpha^s(x)\alpha^k D'(y)] + [\alpha^{k+s}(x)DD'(y)] + [DD'(x)\alpha^{k+s}(y)] + [\alpha^k D'(x)D\alpha^s(y)]$$
$$\quad - [D'\alpha^k(x)\alpha^s D(y)] - [\alpha^{k+s}(x)D'D(y)] - [D'D(x)\alpha^{k+s}(y)] - [\alpha^s D(x)D'\alpha^k(y)]$$
$$= [[D,D'](x)\alpha^{k+s}(y)] + [\alpha^{k+s}(x)[D,D'](y)]$$

及

$$[D,D'](\{xyz\})$$

$$
\begin{aligned}
&= D(\{D'(x)\alpha^s(y)\alpha^s(z)\} + \{\alpha^s(x)D'(y)\alpha^s(z)\} + \{\alpha^s(x)\alpha^s(y)D'(z)\}) \\
&\quad - D'(\{D(x)\alpha^k(y)\alpha^k(z)\} + \{\alpha^k(x)D(y)\alpha^k(z)\} + \{\alpha^k(x)\alpha^k(y)D(z)\}) \\
&= \{DD'(x)\alpha^{k+s}(y)\alpha^{k+s}(z)\} + \{\alpha^k D'(x)D\alpha^s(y)\alpha^{k+s}(z)\} \\
&\quad + \{\alpha^k D'(x)\alpha^{k+s}(y)D\alpha^s(z)\} + \{D\alpha^s(x)\alpha^k D'(y)\alpha^{k+s}(z)\} \\
&\quad + \{\alpha^{k+s}(x)DD'(y)\alpha^{k+s}(z)\} + \{\alpha^{k+s}(x)\alpha^k D'(y)D\alpha^s(z)\} \\
&\quad + \{D\alpha^s(x)\alpha^{k+s}(y)\alpha^k D'(z)\} + \{\alpha^{k+s}(x)D\alpha^s(y)\alpha^k D'(z)\} \\
&\quad + \{\alpha^{k+s}(x)\alpha^{k+s}(y)DD'(z)\} - \{D'D(x)\alpha^{k+s}(y)\alpha^{k+s}(z)\} \\
&\quad - \{\alpha^s D(x)D'\alpha^k(y)\alpha^{k+s}(z)\} - \{\alpha^s D(x)\alpha^{k+s}(y)D'\alpha^k(z)\} \\
&\quad - \{D'\alpha^k(x)\alpha^s D(y)\alpha^{k+s}(z)\} - \{\alpha^{k+s}(x)D'D(y)\alpha^{k+s}(z)\} \\
&\quad - \{\alpha^{k+s}(x)\alpha^s D(y)D'\alpha^k(z)\} - \{D'\alpha^k(x)\alpha^{k+s}(y)\alpha^s D(z)\} \\
&\quad - \{\alpha^{k+s}(x)D'\alpha^k(y)\alpha^s D(z)\} - \{\alpha^{k+s}(x)\alpha^{k+s}(y)D'D(z)\} \\
&= \{[D,D'](x)\alpha^{k+s}(y)\alpha^{k+s}(z)\} + \{\alpha^{k+s}(x)[D,D'](y)\alpha^{k+s}(z)\} \\
&\quad + \{\alpha^{k+s}(x)\alpha^{k+s}(y)[D,D'](z)\},
\end{aligned}
$$

因此 $[D,D'] \in \mathrm{Der}_{\alpha^{k+s}}(L)$. □

3.2.2 Hom-Lie-Yamaguti 代数的单参数形式形变

设 $(L,[\cdot,\cdot],\{\cdot,\cdot,\cdot\},\alpha)$ 是域 $\mathbb{K}$ 上的 Hom-Lie-Yamaguti 代数, $\mathbb{K}[[t]]$ 是 $\mathbb{K}$ 的形式幂级数环, $L[[t]]$ 是 L 的形式幂级数集合. 则 $\mathbb{K}$-双线性映射 $f : L \times L \to L$ 及 $\mathbb{K}$-三线性映射 $g : L \times L \times L \to L$ 可自然地扩展成 $\mathbb{K}[[t]]$-双线性映射 $f : L[[t]] \times L[[t]] \to L[[t]]$ 及 $\mathbb{K}[[t]]$-三线性映射 $g : L[[t]] \times L[[t]] \times L[[t]] \to L[[t]]$ 为

$$
f\left(\sum_{i\geqslant 0}x_i t^i, \sum_{j\geqslant 0}y_j t^j\right) = \sum_{i,j\geqslant 0} f(x_i,y_j)t^{i+j},
$$

$$
g\left(\sum_{i\geqslant 0}x_i t^i, \sum_{j\geqslant 0}y_j t^j, \sum_{k\geqslant 0}z_k t^k\right) = \sum_{i,j,k\geqslant 0} g(x_i,y_j,z_k)t^{i+j+k}.
$$

定义 3.2.8 设 $(L,[\cdot,\cdot],\{\cdot,\cdot,\cdot\},\alpha)$ 是域 $\mathbb{K}$ 上的 Hom-Lie-Yamaguti 代数. $(L,[\cdot,\cdot],\{\cdot,\cdot,\cdot\},\alpha)$ 的**单参数形式形变**是一对幂级数 (f_t,g_t), 这里

$$
f_t = [\cdot,\cdot] + \sum_{i\geqslant 1}f_i t^i, \quad g_t = \{\cdot,\cdot,\cdot\} + \sum_{i\geqslant 1}g_i t^i,
$$

其中 $f_i : L\times L \to L$ 是 $\mathbb{K}$-双线性映射 (扩展成 $\mathbb{K}[[t]]$-双线性映射), $g_i : L\times L\times L \to L$ 是 $\mathbb{K}$-三线性映射 (扩展成 $\mathbb{K}[[t]]$-三线性映射), 使得 $(L[[t]],f_t,g_t,\alpha)$ 是 $\mathbb{K}[[t]]$ 上

的 Hom-Lie-Yamaguti 代数. 令 $f_0 = [\cdot, \cdot]$, $g_0 = \{\cdot, \cdot, \cdot\}$, 于是 f_t 和 g_t 可写成 $f_t = \sum_{i \geqslant 0} f_i t^i$ 和 $g_t = \sum_{i \geqslant 0} g_i t^i$.

注意到 $(L[[t]], f_t, g_t, \alpha)$ 是 Hom-Lie-Yamaguti 代数. 因此下列等式必须成立:

$$\alpha \circ f_t(x, y) = f_t(\alpha(x), \alpha(y)), \tag{3.13}$$

$$\alpha \circ g_t(x, y, z) = g_t(\alpha(x), \alpha(y), \alpha(z)), \tag{3.14}$$

$$f_t(x, x) = 0, \tag{3.15}$$

$$g_t(x, x, y) = 0, \tag{3.16}$$

$$\circlearrowleft_{x,y,z} \left(f_t(f_t(x, y), \alpha(z)) + g_t(x, y, z) \right) = 0, \tag{3.17}$$

$$\circlearrowleft_{x,y,z} g_t(f_t(x, y), \alpha(z), \alpha(u)) = 0, \tag{3.18}$$

$$g_t(\alpha(x), \alpha(y), f_t(z, u)) = f_t(g_t(x, y, z), \alpha^2(u)) + f_t(\alpha^2(z), g_t(x, y, u)), \tag{3.19}$$

$$g_t(\alpha^2(u), \alpha^2(v), g_t(x, y, z))$$
$$= g_t(g_t(u, v, x), \alpha^2(y), \alpha^2(z)) + g_t(\alpha^2(x), g_t(u, v, y), \alpha^2(z)) \tag{3.20}$$
$$+ g_t(\alpha^2(x), \alpha^2(y), g_t(u, v, z)).$$

易见等式 (3.13)—(3.20) 分别等价于

$$\alpha \circ f_n(x, y) = f_n(\alpha(x), \alpha(y)), \tag{3.13$'$}$$

$$\alpha \circ g_n(x, y, z) = g_n(\alpha(x), \alpha(y), \alpha(z)), \tag{3.14$'$}$$

$$f_n(x, x) = 0, \tag{3.15$'$}$$

$$g_n(x, x, y) = 0, \tag{3.16$'$}$$

$$\circlearrowleft_{x,y,z} \left(\sum_{i+j=n} f_i(f_j(x, y), \alpha(z)) + g_n(x, y, z) \right) = 0, \tag{3.17$'$}$$

$$\circlearrowleft_{x,y,z} \sum_{i+j=n} g_i(f_j(x, y), \alpha(z), \alpha(u)) = 0, \tag{3.18$'$}$$

$$\sum_{i+j=n} g_i(\alpha(x), \alpha(y), f_j(z, u))$$
$$= \sum_{i+j=n} \left(f_i(g_j(x, y, z), \alpha^2(u)) + f_i(\alpha^2(z), g_j(x, y, u)) \right), \tag{3.19$'$}$$

$$\sum_{i+j=n} g_i(\alpha^2(u), \alpha^2(v), g_j(x, y, z))$$
$$= \sum_{i+j=n} \Big(g_i(g_j(u, v, x), \alpha^2(y), \alpha^2(z))$$
$$+ g_i(\alpha^2(x), g_j(u, v, y), \alpha^2(z)) + g_i(\alpha^2(x), \alpha^2(y), g_j(u, v, z)) \Big). \tag{3.20$'$}$$

这些等式称为 Hom-Lie-Yamaguti 代数的**形变等式**. 等式 (3.13′)—(3.16′) 说明 $(f_i, g_i) \in HomC^2(L, L) \times HomC^3(L, L)$.

在 (3.17′)—(3.20′) 中令 $n = 1$. 则有

$$0 = \circlearrowleft_{x,y,z} ([f_1(x,y)\alpha(z)] + f_1([xy], \alpha(z)) + g_1(x, y, z)),$$

$$0 = \circlearrowleft_{x,y,z} (\{f_1(x,y)\alpha(z)\alpha(u)\} + g_1([xy], \alpha(z), \alpha(u))),$$

$$0 = \{\alpha(x)\alpha(y)f_1(z,u)\} + g_1(\alpha(x), \alpha(y), [zu]) - [g_1(x, y, z)\alpha^2(u)]$$
$$- f_1(\{xyz\}, \alpha^2(u)) - [\alpha^2(z)g_1(x, y, u)] - f_1(\alpha^2(z), \{xyu\}),$$

$$0 = \{\alpha^2(u)\alpha^2(v)g_1(x, y, z)\} - \{g_1(u, v, x)\alpha^2(y)\alpha^2(z)\} - \{\alpha^2(x)g_1(u, v, y)\alpha^2(z)\}$$
$$- \{\alpha^2(x)\alpha^2(y)g_1(u, v, z)\} + g_1(\alpha^2(u), \alpha^2(v), \{xyz\}) - g_1(\{uvx\}, \alpha^2(y), \alpha^2(z))$$
$$- g_1(\alpha^2(x), \{uvy\}, \alpha^2(z)) - g_1(\alpha^2(x), \alpha^2(y), \{uvz\}),$$

故 $(\delta_I^2, \delta_{II}^2)(f_1, g_1) = (d_I^2, d_{II}^2)(f_1, g_1) = (0, 0)$, 即

$$(f_1, g_1) \in HomZ^2(L, L) \times HomZ^3(L, L).$$

(f_1, g_1) 称为 (f_t, g_t) 的**无穷小形变**.

定义 3.2.9 设 (f_t, g_t) 和 (f_t', g_t') 是 $(L, [\cdot, \cdot], \{\cdot, \cdot, \cdot\}, \alpha)$ 的两个单参数形式形变. 称它们是**等价的**, 并记作 $(f_t, g_t) \sim (f_t', g_t')$, 若存在 Hom-Lie-Yamaguti 代数的同构映射 $\Phi_t = \sum_{i \geqslant 0} \phi_i t^i : (L[[t]], f_t, g_t, \alpha) \to (L[[t]], f_t', g_t', \alpha)$ 使得

$$\phi_0 = \mathrm{Id}_L, \quad \Phi_t \circ \alpha = \alpha \circ \Phi_t,$$
$$\Phi_t \circ f_t(x, y) = f_t'(\Phi_t(x), \Phi_t(y)), \quad \Phi_t \circ g_t(x, y, z) = g_t'(\Phi_t(x), \Phi_t(y), \Phi_t(z)).$$

若 $(f_1, g_1) = (f_2, g_2) = \cdots = (0, 0)$, 则 $(f_t, g_t) = (f_0, g_0)$ 称为**零形变**. 若 $(f_t, g_t) \sim (f_0, g_0)$, 则称 (f_t, g_t) 为**平凡形变**. 称 Hom-Lie-Yamaguti 代数 $(L, [\cdot, \cdot], \{\cdot, \cdot, \cdot\}, \alpha)$ 是**分析刚性的**, 若它的每一个单参数形式形变 (f_t, g_t) 都是平凡形变.

定理 3.2.10 设 (f_t, g_t) 和 (f_t', g_t') 是 $(L, [\cdot, \cdot], \{\cdot, \cdot, \cdot\}, \alpha)$ 的两个等价单参数形式形变. 则 (f_1, g_1) 和 (f_1', g_1') 在 $HomH^2(L, L) \times HomH^3(L, L)$ 中属于同一上同调类.

证明 只需证明 $(f_1 - f_1', g_1 - g_1') \in HomB^2(L, L) \times HomB^3(L, L)$. 设 $\Phi_t = \sum_{i \geqslant 0} \phi_i t^i : (L[[t]], f_t, g_t, \alpha) \to (L[[t]], f_t', g_t', \alpha)$ 是同构映射且满足

$$\phi_0 = \mathrm{Id}_L, \quad \Phi_t \circ \alpha = \alpha \circ \Phi_t,$$
$$\Phi_t \circ f_t(x, y) = f_t'(\Phi_t(x), \Phi_t(y)), \quad \Phi_t \circ g_t(x, y, z) = g_t'(\Phi_t(x), \Phi_t(y), \Phi_t(z)).$$

则 $\phi_1 \in HomC^1(L,L)$ 并且

$$\sum_{i\geqslant 0}\phi_i t^i\left(\sum_{j\geqslant 0}f_j(x,y)t^j\right)=\sum_{i\geqslant 0}f_i'\left(\sum_{k\geqslant 0}\phi_k(x)t^k,\sum_{l\geqslant 0}\phi_l(y)t^l\right),$$

$$\sum_{i\geqslant 0}\phi_i t^i\left(\sum_{j\geqslant 0}g_j(x,y,z)t^j\right)=\sum_{i\geqslant 0}g_i'\left(\sum_{k\geqslant 0}\phi_k(x)t^k,\sum_{l\geqslant 0}\phi_l(y)t^l,\sum_{m\geqslant 0}\phi_m(z)t^m\right).$$

于是有

$$f_1(x,y)+\phi_1([xy])=[x\phi_1(y)]+[\phi_1(x)y]+f_1'(x,y),$$
$$g_1(x,y,z)+\phi_1(\{xyz\})=\{\phi_1(x)yz\}+\{x\phi_1(y)z\}+\{xy\phi_1(z)\}+g_1'(x,y,z).$$

因此, $(f_1-f_1',g_1-g_1')=(\delta_I^1,\delta_{II}^1)(\phi_1,\phi_1)\in HomB^2(L,L)\times HomB^3(L,L).$ □

定理 3.2.11 设 $(L,[\cdot,\cdot],\{\cdot,\cdot,\cdot\},\alpha)$ 是 Hom-Lie-Yamaguti 代数. 则 $(L,[\cdot,\cdot],\{\cdot,\cdot,\cdot\},\alpha)$ 是分析刚性的, 若 $HomH^2(L,L)\times HomH^3(L,L)=0.$

证明 设 (f_t,g_t) 为 $(L,[\cdot,\cdot],\{\cdot,\cdot,\cdot\},\alpha)$ 的任一单参数形式形变, 其中 $f_t=f_0+\sum_{i\geqslant r}f_i t^i$, $g_t=g_0+\sum_{i\geqslant r}g_i t^i$. 在 (3.17′)—(3.20′) 中令 $n=r$, 于是有

$$(f_r,g_r)\in HomZ^2(L,L)\times HomZ^3(L,L)=HomB^2(L,L)\times HomB^3(L,L).$$

故存在 $h_r\in HomC^1(L,L)$ 使得 $(f_r,g_r)=(\delta_I^1 h_r,\delta_{II}^1 h_r).$

考虑 $\Phi_t=\mathrm{Id}_L-h_r t^r$. 则 $\Phi_t:L\to L$ 是线性同构, 并满足 $\Phi_t\circ\alpha=\alpha\circ\Phi_t$. 令

$$f_t'(x,y)=\Phi_t^{-1}f_t(\Phi_t(x),\Phi_t(y)),\quad g_t'(x,y,z)=\Phi_t^{-1}g_t(\Phi_t(x),\Phi_t(y),\Phi_t(z)).$$

设 $f_t'=\sum_{i\geqslant 0}f_i't^i$, 再由 $\Phi_t f_t'(x,y)=f_t(\Phi_t(x),\Phi_t(y))$ 可得

$$(\mathrm{Id}_L-h_r t^r)\sum_{i\geqslant 0}f_i'(x,y)t^i=\left(f_0+\sum_{i\geqslant r}f_i t^i\right)(x-h_r(x)t^r,y-h_r(y)t^r),$$

即

$$\sum_{i\geqslant 0}f_i'(x,y)t^i-\sum_{i\geqslant 0}h_r\circ f_i'(x,y)t^{i+r}$$

$$=f_0(x,y)-f_0(h_r(x),y)t^r-f_0(x,h_r(y))t^r+f_0(h_r(x),h_r(y))t^{2r}$$
$$+\sum_{i\geqslant r}f_i(x,y)t^i-\sum_{i\geqslant r}f_i(h_r(x),y)t^{i+r}$$
$$-\sum_{i\geqslant r}f_i(x,h_r(y))t^{i+r}+\sum_{i\geqslant r}f_i(h_r(x),h_r(y))t^{i+2r}.$$

从而有 $f'_0(x,y) = f_0(x,y) = [xy]$, $f'_1(x,y) = \cdots = f'_{r-1}(x,y) = 0$ 及

$$f'_r(x,y) - h_r([xy]) = -[h_r(x)y] - [xh_r(y)] + f_r(x,y).$$

故 $f'_r(x,y) = -\delta^1_I h_r(x,y) + f_r(x,y) = 0$, 所以 $f'_t = [\cdot,\cdot] + \sum_{i \geqslant r+1} f'_i t^i$. 同理可证 $g'_t = \{\cdot,\cdot,\cdot\} + \sum_{i \geqslant r+1} g'_i t^i$. 显然 (f'_t, g'_t) 是 $(L, [\cdot,\cdot], \{\cdot,\cdot,\cdot\}, \alpha)$ 的单参数形式形变且 $(f_t, g_t) \sim (f'_t, g'_t)$. 由归纳法, 得 $(f_t, g_t) \sim (f_0, g_0)$. 因此, $(L, [\cdot,\cdot], \{\cdot,\cdot,\cdot\}, \alpha)$ 是分析刚性的.　　　　　　　　　　　　　　　　　　　　　　　　　$\square$

在其他代数结构的形变理论中, 阻碍 (obstruction) 通常在无穷小形变所在的更高 1 维的上同调空间中. 但是这个结论并不适用于 Hom-Lie-Yamaguti 代数.

设 $(f_0, g_0) = ([\cdot,\cdot], \{\cdot,\cdot,\cdot\})$, $(f_1, g_1) \in HomZ^2(L,L) \times HomZ^3(L,L)$. 则对 $n = 1$ 的情形, (f_0, g_0) 和 (f_1, g_1) 满足形变等式 (3.13′)—(3.20′). 令

$$\begin{aligned}
F(x,y,z,u) &= f_1(g_1(x,y,z), \alpha^2(u)) \\
&\quad + f_1(\alpha^2(z), g_1(x,y,u)) - g_1(\alpha(x), \alpha(y), f_1(z,u)),
\end{aligned}$$

$$\begin{aligned}
G(u,v,x,y,z) &= g_1(g_1(u,v,x), \alpha^2(y), \alpha^2(z)) + g_1(\alpha^2(x), g_1(u,v,y), \alpha^2(z)) \\
&\quad + g_1(\alpha^2(x), \alpha^2(y), g_1(u,v,z)) - g_1(\alpha^2(u), \alpha^2(v), g_1(x,y,z)).
\end{aligned}$$

则 $(F, G) \in HomZ^4(L,L) \times HomZ^5(L,L)$. 若 $HomH^4(L,L) \times HomH^5(L,L) = 0$, 则存在 $(f_2, g_2) \in HomC^2(L,L) \times HomC^3(L,L)$ 使得 $(\delta^2_I, \delta^2_{II})(f_2, g_2) = (-F, -G)$. 根据在其他代数中的经验, 当 $n = 2$ 时, (f_0, g_0), (f_1, g_1) 和 (f_2, g_2) 应满足形变等式 (3.13′)—(3.20′). 注意到 (3.13′)—(3.16′) 是成立的, 因为 $(f_i, g_i) \in HomC^2(L,L) \times HomC^3(L,L)$. 也可直接验证当 $n = 2$ 时, (f_0, g_0), (f_1, g_1) 以及 (f_2, g_2) 满足 (3.19′) 和 (3.20′) 但是无法证明 (f_0, g_0), (f_1, g_1) 和 (f_2, g_2) 满足 (3.17′) 或 (3.18′). 因此, Hom-Lie-Yamaguti 代数的阻碍不在我们定义的上同调理论中.

3.3　Hom-李共形代数的形变理论

3.3.1　Hom-李共形代数的上同调

定义 3.3.1　保积 Hom-李共形代数 $(\mathcal{R}, \alpha)$ 的 n-上链 是一个 $\mathbb{C}$-多线性映射 $(n \in \mathbb{Z}_+)$:

$$\phi : \mathcal{R}^n \to M[\lambda_1, \cdots, \lambda_n],$$

$$(a_1, \cdots, a_n) \mapsto \phi_{\lambda_1, \cdots, \lambda_n}(a_1, \cdots, a_n),$$

其中 $M[\lambda_1, \cdots, \lambda_n]$ 代表系数在模 M 里的未定元是 $\lambda_1, \cdots, \lambda_n$ 的多项式, 满足下面的条件

共形线性性:

$$\phi_{\lambda_1,\cdots,\lambda_n}(a_1,\cdots,\partial a_i,\cdots,a_n) = -\lambda_i\phi_{\lambda_1,\cdots,\lambda_n}(a_1,\cdots,a_i,\cdots,a_n);$$

反对称性:

$$\phi_{\lambda_1,\cdots,\lambda_i,\cdots,\lambda_j,\cdots,\lambda_n}(a_1,\cdots,a_i,\cdots,a_j,\cdots,a_n)$$
$$= -\phi_{\lambda_1,\cdots,\lambda_j,\cdots,\lambda_i,\cdots,\lambda_n}(a_1,\cdots,a_j,\cdots,a_i,\cdots,a_n);$$

交换性: $\beta \circ \phi = \phi \circ \alpha$, 意味着

$$\beta(\phi(a_1,\cdots,a_n)) = \phi(\alpha(a_1),\cdots,\alpha(a_n)).$$

对任意的 $a_1,\cdots,a_n \in \mathcal{R}$.

令 $\mathcal{R}^0 = \mathbb{C}$, 因此一个 0-上链 ϕ 是 M 的一个元素. 定义一个上链 ϕ 的微分为

$$(\mathbf{d}\phi)_{\lambda_1,\cdots,\lambda_{n+1}}(a_1,\cdots,a_{n+1})$$
$$= \sum_{i=1}^{n+1}(-1)^{i+1}\alpha^n(a_i)_{\lambda_i}\phi_{\lambda_1,\cdots,\hat{\lambda_i},\cdots,\lambda_{n+1}}(a_1,\cdots,\hat{a}_i,\cdots,a_{n+1})$$
$$+ \sum_{1\leqslant i<j}^{n+1}(-1)^{i+j}\phi_{\lambda_i+\lambda_j,\lambda_1,\cdots,\hat{\lambda_i},\cdots,\hat{\lambda_j},\cdots,\lambda_{n+1}}([a_{i\lambda_i}a_j],\alpha(a_1),\cdots,$$
$$\hat{a}_i,\cdots,\hat{a}_j,\cdots,\alpha(a_{n+1})).$$

特别地, 如果 ϕ 是 0-上链, 那么 $(\mathbf{d}\phi)_\lambda a = a_\lambda\phi$.

注 3.3.2 设 ϕ 是 n-上链, 由 n-上链定义中的共形线性性可以得到下式:

$$\phi_{\lambda+\mu,\lambda_1,\cdots}([a_\lambda b],a_1,\cdots) = \phi_{\lambda+\mu,\lambda_1,\cdots}([a_{-\partial-\mu}b],a_1,\cdots).$$

命题 3.3.3 $\mathbf{d}\phi$ 是 $(n+1)$-上链, 并且 $\mathbf{d}^2 = 0$.

证明 设 ϕ 是一个 n-上链. 参考文献 [75, 引理 2.1] 的证明, $\mathbf{d}\phi$ 满足共形线性性和反对称性. 交换性是显然成立的. 因此 $\mathbf{d}\phi$ 是一个 $(n+1)$-上链.

直接计算下式

$$(\mathbf{d}^2\phi)_{\lambda_1,\cdots,\lambda_{n+2}}(a_1,\cdots,a_{n+2})$$
$$= \sum_{i=1}^{n+2}(-1)^{i+1}\alpha^{n+1}(a_i)_{\lambda_i}(\mathbf{d}\phi)_{\lambda_1,\cdots,\hat{\lambda_i},\cdots,\lambda_{n+2}}(a_1,\cdots,\hat{a}_i,\cdots,a_{n+2})$$
$$+ \sum_{1\leqslant i<j}^{n+2}(-1)^{i+j}(\mathbf{d}\phi)_{\lambda_i+\lambda_j,\lambda_1,\cdots,\hat{\lambda}_{i,j},\cdots,\lambda_{n+2}}([a_{i\lambda_i}a_j],\alpha(a_1),\cdots,\hat{a}_{i,j},\cdots,\alpha(a_{n+2}))$$

$$= \sum_{i=1}^{n+2} \sum_{j=1}^{i-1} (-1)^{i+j} \alpha^{n+1}(a_i)_{\lambda_i} (\alpha^n(a_j)_{\lambda_j} \phi_{\lambda_1,\cdots,\hat{\lambda}_{j,i},\cdots,\lambda_{n+2}}(a_1,\cdots,\hat{a}_{j,i},\cdots,a_{n+2}))$$

$$(*1)$$

$$+ \sum_{i=1}^{n+2} \sum_{j=i+1}^{n+2} (-1)^{i+j+1} \alpha^{n+1}(a_i)_{\lambda_i} (\alpha^n(a_j)_{\lambda_j} \phi_{\lambda_1,\cdots,\hat{\lambda}_{i,j},\cdots,\lambda_{n+2}}(a_1,\cdots,\hat{a}_{i,j},\cdots,a_{n+2}))$$

$$(*2)$$

$$+ \sum_{i=1}^{n+2} \sum_{1 \leqslant j < k < i} (-1)^{i+j+k+1} \alpha^{n+1}(a_i)_{\lambda_i} \phi_{\lambda_j+\lambda_k,\lambda_1,\cdots,\hat{\lambda}_{j,k,i},\cdots,\lambda_{n+2}}([a_{j\,\lambda_j} a_k],$$

$$\alpha(a_1),\cdots,\hat{a}_{j,k,i},\cdots,\alpha(a_{n+2}))$$

$$(*3)$$

$$+ \sum_{i=1}^{n+2} \sum_{1 \leqslant j < i < k} (-1)^{i+j+k} \alpha^{n+1}(a_i)_{\lambda_i} \phi_{\lambda_j+\lambda_k,\lambda_1,\cdots,\hat{\lambda}_{j,i,k},\cdots,\lambda_{n+2}}([a_{j\,\lambda_j} a_k],$$

$$\alpha(a_1),\cdots,\hat{a}_{j,i,k},\cdots,\alpha(a_{n+2}))$$

$$(*4)$$

$$+ \sum_{i=1}^{n+2} \sum_{1 \leqslant i < j < k} (-1)^{i+j+k+1} \alpha^{n+1}(a_i)_{\lambda_i} \phi_{\lambda_j+\lambda_k,\lambda_1,\cdots,\hat{\lambda}_{i,j,k},\cdots,\lambda_{n+2}}([a_{j\,\lambda_j} a_k],$$

$$\alpha(a_1),\cdots,\hat{a}_{i,j,k},\cdots,\alpha(a_{n+2}))$$

$$(*5)$$

$$+ \sum_{1 \leqslant i < j}^{n+2} \sum_{k=1}^{i-1} (-1)^{i+j+k} \alpha^{n+1}(a_k)_{\lambda_k} \phi_{\lambda_i+\lambda_j,\lambda_1,\cdots,\hat{\lambda}_{k,i,j},\cdots,\lambda_{n+2}}([a_{i\,\lambda_i} a_j],$$

$$\alpha(a_1),\cdots,\hat{a}_{k,i,j},\cdots,\alpha(a_{n+2}))$$

$$(*6)$$

$$+ \sum_{1 \leqslant i < j}^{n+2} \sum_{k=i+1}^{j-1} (-1)^{i+j+k+1} \alpha^{n+1}(a_k)_{\lambda_k} \phi_{\lambda_i+\lambda_j,\lambda_1,\cdots,\hat{\lambda}_{i,k,j},\cdots,\lambda_{n+2}}([a_{i\,\lambda_i} a_j],$$

$$\alpha(a_1),\cdots,\hat{a}_{i,k,j},\cdots,\alpha(a_{n+2}))$$

$$(*7)$$

$$+ \sum_{1 \leqslant i < j}^{n+2} \sum_{k=j+1}^{n+2} (-1)^{i+j+k} \alpha^{n+1}(a_k)_{\lambda_k} \phi_{\lambda_i+\lambda_j,\lambda_1,\cdots,\hat{\lambda}_{i,j,k},\cdots,\lambda_{n+2}}([a_{i\,\lambda_i} a_j],$$

$$\alpha(a_1),\cdots,\hat{a}_{i,j,k},\cdots,\alpha(a_{n+2}))$$

$$(*8)$$

$$+ \sum_{1 \leqslant i < j} (-1)^{i+j} \alpha^n([a_{i\,\lambda_i} a_j])_{\lambda_i+\lambda_j} \phi_{\lambda_1,\cdots,\hat{\lambda}_j,\cdots,\hat{\lambda}_i,\cdots,\lambda_{n+2}}(\alpha(a_1),\cdots,\hat{a}_j,\cdots,$$

$$\hat{a}_i,\cdots,\alpha(a_{n+2}))$$

$$(*9)$$

$$+ \sum_{i,j,k,l\,两两不同}^{n+2} (-1)^{i+j+k+l} sign\{i,j,k,l\}$$

$$\phi_{\lambda_k+\lambda_l,\lambda_i+\lambda_j,\lambda_1,\cdots,\hat\lambda_{i,j,k,l},\cdots,\lambda_{n+2}}(\alpha([a_{k\,\lambda_k}a_l]),\alpha([a_{i\,\lambda_i}a_j]),\alpha^2(a_1),\cdots,$$
$$\hat a_{i,j,k,l},\cdots,\alpha^2(a_{n+2})) \tag{*10}$$

$$+\sum_{i,j,k=1,i<j,k\ne i,j}^{n+2}(-1)^{i+j+k+1}sign\{i,j,k\}$$

$$\phi_{\lambda_i+\lambda_j+\lambda_k,\lambda_1,\cdots,\hat\lambda_{i,j,k},\cdots,\lambda_{n+2}}([[a_{i\,\lambda_i}a_j]_{\lambda_i+\lambda_j}\alpha(a_k)],\alpha^2(a_1),\cdots,\hat a_{i,j,k},\cdots,\alpha^2(a_{n+2})), \tag{*11}$$

其中 $sign\{i_1,\cdots,i_p\}$ 表示排列逆序数的符号, $\hat a_{i,j,\cdots}$ 表示去掉 $a_i,a_j,\cdots$ 这两项.

显然 (*3) 和 (*8) 两项抵消. 类似地, (*4) 和 (*7), (*5) 和 (*6) 抵消了. Hom-Jacobi 恒等式意味着 (*11) = 0, 由 ϕ 的反对称性得到 (*10) = 0. 由于 M 是一个 $\mathcal{R}$-模,

$$-\alpha(a_i)_{\lambda_i}(a_{j\,\lambda_j}m)+\alpha(a_j)_{\lambda_j}(a_{i\,\lambda_i}m)+[a_{i\,\lambda_i}a_j]_{\lambda_i+\lambda_j}(\beta m)=0.$$

再由 $\beta\circ\phi=\phi\circ\alpha$, (*1), (*2) 和 (*9) 抵消. 从而得到 $\mathbf{d}^2\phi=0$. □

因此, 保积 Hom-李共形代数 $(\mathcal{R},\alpha)$ 的所有系数取自模 M 的所有上链形成了一个复形, 记作

$$\widetilde{C}^\bullet_\alpha=\widetilde{C}^\bullet_\alpha(\mathcal{R},\mathrm{M})=\bigoplus_{n\in\mathbb{Z}_+}\widetilde{C}^n_\alpha(\mathcal{R},M),$$

$\widetilde{C}^n_\alpha(\mathcal{R},M)$ 是所有 n-上链的集合. 称这个复形为基本复形. 更进一步地, 在 $\widetilde{C}^\bullet_\alpha$ 上定义 $\mathbb{C}[\partial]$-模结构如下:

$$(\partial\phi)_{\lambda_1,\cdots,\lambda_n}(a_1,\cdots,a_n)=\left(\partial_M+\sum_{i=1}^n\lambda_i\right)\phi_{\lambda_1,\cdots,\lambda_n}(a_1,\cdots,a_n).$$

从而得到以下引理:

引理 3.3.4 $\mathbf{d}\partial=\partial\mathbf{d}$, 因此分次子空间 $\partial\widetilde{C}^\bullet_\alpha\subset\widetilde{C}^\bullet_\alpha$ 形成了一个子复形.

证明 任取 $\phi\in\widetilde{C}^{n-1}_\alpha(\mathcal{R},M)$, 我们有

$$\mathbf{d}(\partial\phi)_{\lambda_1,\cdots,\lambda_n}(a_1,\cdots,a_n)$$

$$=\sum_{i=1}^n(-1)^{i+1}\alpha^{n-1}(a_i)_{\lambda_i}(\partial\phi)_{\lambda_1,\cdots,\hat\lambda_i,\cdots,\lambda_n}(a_1,\cdots,\hat a_i,\cdots,a_n)$$

$$+\sum_{1\le i<j}^n(-1)^{i+j}(\partial\phi)_{\lambda_i+\lambda_j,\lambda_1,\cdots,\hat\lambda_i,\cdots,\hat\lambda_j,\cdots,\lambda_n}([a_{i\,\lambda_i}a_j],\alpha(a_1),\cdots,\hat a_i,\cdots,\hat a_j,\cdots,\alpha(a_n))$$

$$=\sum_{i=1}^n(-1)^{i+1}\alpha^{n-1}(a_i)_{\lambda_i}\left(\partial_M+\sum_{j=1,j\ne i}^n\lambda_j\right)\phi_{\lambda_1,\cdots,\hat\lambda_i,\cdots,\lambda_n}(a_1,\cdots,\hat a_i,\cdots,a_n)$$

$$+ \sum_{1 \leqslant i < j}^{n} (-1)^{i+j} \left(\partial_M + \sum_{k=1, k \neq i,j}^{n} \lambda_k \right)$$

$$\cdot \phi_{\lambda_i + \lambda_j, \lambda_1, \cdots, \hat{\lambda}_i, \cdots, \hat{\lambda}_j, \cdots, \lambda_n}([a_{i \lambda_i} a_j], \alpha(a_1), \cdots, \hat{a}_i, \cdots, \hat{a}_j, \cdots, \alpha(a_n))$$

$$= \sum_{i=1}^{n} (-1)^{i+1} \left(\partial_M + \sum_{j=1}^{n} \lambda_j \right) \alpha^{n-1}(a_i)_{\lambda_i} \phi_{\lambda_1, \cdots, \hat{\lambda}_i, \cdots, \lambda_n}(a_1, \cdots, \hat{a}_i, \cdots, a_n)$$

$$+ \left(\partial_M + \sum_{k=1}^{n} \lambda_k \right) \sum_{1 \leqslant i < j}^{n} (-1)^{i+j}$$

$$\cdot \phi_{\lambda_i + \lambda_j, \lambda_1, \cdots, \hat{\lambda}_i, \cdots, \hat{\lambda}_j, \cdots, \lambda_n}([a_{i \lambda_i} a_j], \alpha(a_1), \cdots, \hat{a}_i, \cdots, \hat{a}_j, \cdots, \alpha(a_n))$$

$$= \partial(\mathbf{d}\phi)_{\lambda_1, \cdots, \lambda_n}(a_1, \cdots, a_n).$$

得到 $\mathbf{d}\partial = \partial\mathbf{d}$, 因此 $\partial \widetilde{C}_\alpha^\bullet \subset \widetilde{C}_\alpha^\bullet$ 形成了一个子复形.   □

定义保积 Hom-李共形代数 $(\mathcal{R}, \alpha)$ 的上同调为上面复形 $\widetilde{C}^\bullet$ 对应的上同调. 注意这里的上同调指的是文献 [75] 中的基本上同调, 我们不讨论删减上同调.

定义商复形

$$C_\alpha^\bullet(\mathcal{R}, M) = \widetilde{C}_\alpha^\bullet(\mathcal{R}, M) / \partial \widetilde{C}_\alpha^\bullet(\mathcal{R}, M) = \bigoplus_{n \in \mathbb{Z}_+} C_\alpha^n(\mathcal{R}, M),$$

称它为删减复形.

定义 3.3.5 **保积 Hom-李共形代数** $(\mathcal{R}, \alpha)$ **的基本上同调** $\widetilde{\mathrm{H}}_\alpha^\bullet(\mathcal{R}, M)$ **是系数在模** (M, β) **的基本复形** $\widetilde{C}_\alpha^\bullet$ **对应的上同调. 删减上同调** $\mathrm{H}_\alpha^\bullet(\mathcal{R}, M)$ **是删减复形** $C_\alpha^\bullet$ **对应的上同调.**

注 3.3.6 *基本上同调* $\widetilde{\mathrm{H}}_\alpha^\bullet(\mathcal{R}, M)$ *是* $\mathbb{C}[\partial]$*-模, 而删减上同调* $\mathrm{H}_\alpha^\bullet(\mathcal{R}, M)$ *是复数域上的线性空间.*

注 3.3.7 *正合序列* $0 \to \partial \widetilde{C}_\alpha^\bullet \to \widetilde{C}_\alpha^\bullet \to C_\alpha^\bullet \to 0$ *诱导了上同调的长正合序列:*

$$0 \to \mathrm{H}_\alpha^0(\partial \widetilde{C}^\bullet) \to \widetilde{\mathrm{H}}_\alpha^0(\mathcal{R}, M) \to \mathrm{H}_\alpha^0(\mathcal{R}, M) \to$$

$$\to \mathrm{H}_\alpha^1(\partial \widetilde{C}^\bullet) \to \widetilde{\mathrm{H}}_\alpha^1(\mathcal{R}, M) \to \mathrm{H}_\alpha^1(\mathcal{R}, M) \to$$

$$\to \mathrm{H}_\alpha^2(\partial \widetilde{C}^\bullet) \to \widetilde{\mathrm{H}}_\alpha^2(\mathcal{R}, M) \to \mathrm{H}_\alpha^2(\mathcal{R}, M) \to \cdots.$$

设 $(\mathcal{R}, \alpha)$ 是正则的 Hom-李共形代数. 任取整数 s, 定义

$$a_\lambda b = [\alpha^s(a)_\lambda b], \quad \forall a, b \in \mathcal{R}. \tag{3.3.1.1}$$

命题 3.3.8 $(\mathcal{R}, \alpha)$ 在 λ-作用 (3.3.1.1) 下是 $\mathcal{R}$-模.

证明 由模的定义直接验证可得到.   □

注 3.3.9 在 $s = 0$ 的情形下, $(\mathcal{R}, \alpha)$ 作为 $\mathcal{R}$-模就是通常的伴随模. 除此之外, 我们用 $\mathcal{R}_s$ 表示模 $(\mathcal{R}, \alpha)$, 并且称 $\mathcal{R}_s$ 是 $\mathcal{R}$ 的 α^s-伴随模.

设 $\phi \in \widetilde{C}_\alpha^n(\mathcal{R}, \mathcal{R}_s)$. 定义算子 $\mathbf{d}_s : \widetilde{C}_\alpha^n(\mathcal{R}, \mathcal{R}_s) \to \widetilde{C}_\alpha^{n+1}(\mathcal{R}, \mathcal{R}_s)$ 为

$$(\mathbf{d}_s\phi)_{\lambda_1,\cdots,\lambda_{n+1}}(a_1,\cdots,a_{n+1})$$

$$= \sum_{i=1}^{n+1}(-1)^{i+1}[\alpha^{n+s}(a_i)_{\lambda_i}\phi_{\lambda_1,\cdots,\hat{\lambda_i},\cdots,\lambda_{n+1}}(a_1,\cdots,\hat{a_i},\cdots,a_{n+1})]$$

$$+ \sum_{1\leqslant i<j}^{n+1}(-1)^{i+j}\phi_{\lambda_i+\lambda_j,\lambda_1,\cdots,\hat{\lambda_i},\cdots,\hat{\lambda_j},\cdots,\lambda_{n+1}}([a_{i\lambda_i}a_j],$$

$$\alpha(a_1),\cdots,\hat{a_i},\cdots,\hat{a_j},\cdots,\alpha(a_{n+1})).$$

显然, 算子 $\mathbf{d}_s$ 是由微分 $\mathbf{d}$ 诱导的. 因此 $\mathbf{d}_s$ 保持上链空间, 并且满足 $\mathbf{d}_s^2 = 0$. 以下, 复形 $\widetilde{C}_\alpha^\bullet(\mathcal{R}, \mathcal{R}_s)$ 表示与 $\mathbf{d}_s$ 相关的复形.

3.3.2 Hom-李共形代数的 Hom-Nijienhuis 算子

取 $s = -1$, 对于 $\psi \in \widetilde{C}_\alpha^2(\mathcal{R}, \mathcal{R}_{-1})$, 考虑 $\mathcal{R}$ 上的 t-参数的双线性算子

$$[a_\lambda b]_t = [a_\lambda b] + t\psi_{\lambda,-\partial-\lambda}(a,b), \quad \forall\ a,b \in \mathcal{R}. \tag{3.23}$$

由于 ψ 和 α 交换, 从而对任意的 t, α 关于 λ-括积 $[\cdot_\lambda\cdot]_t$ 是代数同态. 如果 $(\mathcal{R}, [\cdot_\lambda\cdot]_t, \alpha)$ 关于 λ-括积 $[\cdot_\lambda\cdot]_t$ 是 Hom-李共形代数, 则我们称 ψ 是正则 Hom-李共形代数 $(\mathcal{R}, \alpha)$ 的一个形变. 容易验证 $[\cdot_\lambda\cdot]_t$ 满足共形半线性性和反对称性. 如果 $[\cdot_\lambda\cdot]_t$ 的 Hom-Jacobi 恒等式成立, 即等价于

$$[\alpha(a)_\lambda[b_\mu c]] + t([\alpha(a)_\lambda\psi_{\mu,-\partial-\mu}(b,c)] + \psi_{\lambda,-\partial-\lambda}(\alpha(a),[b_\mu c]))$$

$$+ t^2\psi_{\lambda,-\partial-\lambda}(\alpha(a),\psi_{\mu,-\partial-\mu}(b,c))$$

$$= [\alpha(b)_\mu[a_\lambda c]] + t([\alpha(b)_\mu\psi_{\lambda,-\partial-\lambda}(a,c)] + \psi_{\mu,-\partial-\mu}(\alpha(b),[a_\lambda c]))$$

$$+ t^2\psi_{\mu,-\partial-\mu}(\alpha(b),\psi_{\lambda,-\partial-\lambda}(a,c))$$

$$+ [[a_\lambda b]_{\lambda+\mu}\alpha(c)] + t([\psi_{\lambda,-\partial-\lambda}(a,b)_{\lambda+\mu}\alpha(c)] + \psi_{\lambda+\mu,-\partial-\lambda-\mu}([a_\lambda b],\alpha(c)))$$

$$+ t^2\psi_{\lambda+\mu,-\partial-\lambda-\mu}(\psi_{\lambda,-\partial-\lambda}(a,b),\alpha(c)).$$

上式等价于下列两个等式

$$[\alpha(a)_\lambda\psi_{\mu,-\partial-\mu}(b,c)] + \psi_{\lambda,-\partial-\lambda}(\alpha(a),[b_\mu c]) - \psi_{\lambda+\mu,-\partial-\lambda-\mu}([a_\lambda b],\alpha(c))$$

$$= [\alpha(b)_\mu\psi_{\lambda,-\partial-\lambda}(a,c)] + \psi_{\mu,-\partial-\mu}(\alpha(b),[a_\lambda c]) + [\psi_{\lambda,-\partial-\lambda}(a,b)_{\lambda+\mu}\alpha(c)] \tag{3.24}$$

$$\psi_{\lambda,-\partial-\lambda}(\alpha(a),\psi_{\mu,-\partial-\mu}(b,c))$$

$$= \psi_{\mu,-\partial-\mu}(\alpha(b),\psi_{\lambda,-\partial-\lambda}(a,c)) + \psi_{\lambda+\mu,-\partial-\lambda-\mu}(\psi_{\lambda,-\partial-\lambda}(a,b),\alpha(c)). \qquad (3.25)$$

利用 ψ 的共形线性性和反对称性, 我们有

$$[\psi_{\lambda,-\partial-\lambda}(a,b)_{\lambda+\mu}\alpha(c)] = -[\alpha(c)_{-\partial-\lambda-\mu}\psi_{\lambda,-\partial-\lambda}(a,b)] = -[\alpha(c)_{-\partial-\lambda-\mu}\psi_{\lambda,\mu}(a,b)].$$
$$(3.26)$$

现在若取 ψ 是 2-上圈, 即 $\mathbf{d}_{-1}\psi = 0$. 也就是

$$0 = (\mathbf{d}_{-1}\psi)_{\lambda,\mu,\gamma}(a,b,c)$$

$$= [\alpha(a)_{\lambda}\psi_{\mu,\gamma}(b,c)] - [\alpha(b)_{\mu}\psi_{\lambda,\gamma}(a,c)] + [\alpha(c)_{\gamma}\psi_{\lambda,\mu}(a,b)]$$

$$\quad - \psi_{\lambda+\mu,\gamma}([a_{\lambda}b],\alpha(c)) + \psi_{\lambda+\gamma,\mu}([a_{\lambda}c],\alpha(b)) - \psi_{\mu+\gamma,\lambda}([b_{\mu}c],\alpha(a))$$

$$= [\alpha(a)_{\lambda}\psi_{\mu,\gamma}(b,c)] - [\alpha(b)_{\mu}\psi_{\lambda,\gamma}(a,c)] - [\psi_{\lambda,\mu}(a,b)_{-\partial-\gamma}\alpha(c)]$$

$$\quad + \psi_{\lambda,\mu+\gamma}(\alpha(a),[b_{\mu}c]) - \psi_{\mu,\lambda+\gamma}(\alpha(b),[a_{\lambda}c]) - \psi_{\lambda+\mu,\gamma}([a_{\lambda}b],\alpha(c)). \qquad (3.27)$$

在等式 (3.27) 中用 $-\lambda-\mu-\partial$ 替代 γ, 并且利用等式 (3.26) 和共形半线性性, 得到

$$0 = [\alpha(a)_{\lambda}\psi_{\mu,-\partial-\mu}(b,c)] - [\alpha(b)_{\mu}\psi_{\lambda,-\partial-\lambda}(a,c)] - [\psi_{\lambda,\mu}(a,b)_{\lambda+\mu}\alpha(c)]$$

$$\quad + \psi_{\lambda,-\partial-\lambda}(\alpha(a),[b_{\mu}c]) - \psi_{\mu,-\partial-\mu}(\alpha(b),[a_{\lambda}c]) - \psi_{\lambda+\mu,-\partial-\lambda-\mu}([a_{\lambda}b],\alpha(c)),$$

事实上就是等式 (3.24). 因此, 当 ψ 是一个 2-上圈且满足 (3.25), $(\mathcal{R},[\cdot_{\lambda}\cdot]_t,\alpha)$ 就成为一个正则的 Hom-李共形代数. 这种情况下, ψ 形成了正则 Hom-李共形代数 $(\mathcal{R},\alpha)$ 的形变.

定义 3.3.10 称共形线性映射 $f \in \tilde{C}^1_{\alpha}(\mathcal{R},\mathcal{R}_{-1})$ 是 **Hom-Nijienhuis** 算子, 如果它满足

$$[(f_{\lambda}(a))_{\lambda}(f_{\mu}(b))] = f_{\lambda+\mu}([a_{\lambda}b]_N), \quad \forall\ a,b \in \mathcal{R}, \qquad (3.28)$$

其中 λ-括积 $[\cdot_{\lambda}\cdot]_N$ 定义为

$$[a_{\lambda}b]_N = [(f_{\lambda}(a))_{\lambda}b] + [a_{\lambda}(f_{-\partial}(b))] - f_{-\partial}([a_{\lambda}b]), \quad \forall\ a,b \in \mathcal{R}. \qquad (3.29)$$

注 3.3.11 特别地, 在等式 (3.28) 中令 $\mu = -\partial-\lambda$, 并且利用共形半线性性, 得到

$$[(f_{\lambda}(a))_{\lambda}f_{-\partial}(b)] = f_{-\partial}([a_{\lambda}b]_N), \quad \forall\ a,b \in \mathcal{R}. \qquad (3.30)$$

定理 3.3.12 设 $(\mathcal{R},\alpha)$ 是正则的 Hom-李共形代数, $f \in \tilde{C}^1_{\alpha}(\mathcal{R},\mathcal{R}_{-1})$ 是 Hom-Nijienhuis 算子. 定义一个算子如下

$$\psi_{\lambda,-\partial-\lambda}(a,b) := (\mathbf{d}_{-1}f)_{\lambda,-\partial-\lambda}(a,b) := [a_{\lambda}b]_N, \quad \forall\ a,b \in \mathcal{R}. \qquad (3.31)$$

则 ψ 是正则 Hom-李共形代数 $(\mathcal{R}, \alpha)$ 的形变.

证明   由于 $\psi = \mathbf{d}_{-1}f$, $\mathbf{d}_{-1}\psi = 0$ 是显然的. 为了验证 ψ 是正则 Hom-李共形代数 $(\mathcal{R}, \alpha)$ 的形变, 我们需要验证 ψ 满足等式 (3.25). 利用等式 (3.31) 和等式 (3.29), 得到

$$\psi_{\lambda,-\partial-\lambda}(\alpha(a),\psi_{\mu,-\partial-\mu}(b,c)) = [\alpha(a)_\lambda [b_\mu c]_N]_N,$$

等式右边为

$$\psi_{\lambda,-\partial-\lambda}(\alpha(a),\psi_{\mu,-\partial-\mu}(b,c)) = [\alpha(a)_\lambda [b_\mu c]_N]_N$$
$$= [(f_\lambda\alpha(a))_\lambda([b_\mu c]_N)] + [\alpha(a)_\lambda(f_{-\partial}([b_\mu c]_N))] - f_{-\partial}([\alpha(a)_\lambda[b_\mu c]_N])$$
$$= [(f_\lambda\alpha(a))_\lambda[(f_\mu(b))_\mu c]] + [(f_\lambda\alpha(a))_\lambda[b_\mu(f_{-\partial}(c))]] - [(f_\lambda\alpha(a))_\lambda(f_{-\partial}([b_\mu c]))]$$
$$\quad + [\alpha(a)_\lambda(f_{-\partial}([b_\mu c]_N))]$$
$$\quad - f_{-\partial}([\alpha(a)_\lambda[(f_\mu(b))_\mu c]]) - f_{-\partial}([\alpha(a)_\lambda[b_\mu(f_{-\partial}(c))]]) + f_{-\partial}([\alpha(a)_\lambda(f_{-\partial}([b_\mu c]))])$$
$$= \underbrace{[(f_\lambda\alpha(a))_\lambda[(f_\mu(b))_\mu c]]}_{(1)} + \underbrace{[(f_\lambda\alpha(a))_\lambda[b_\mu(f_{-\partial}(c))]]}_{(2)} - [(f_\lambda\alpha(a))_\lambda(f_{-\partial}([b_\mu c]))]$$
$$\quad + \underbrace{[\alpha(a)_\lambda[(f_\mu(b))_\mu(f_{-\partial}(c))]]}_{(3)}$$
$$\quad \underbrace{- f_{-\partial}([\alpha(a)_\lambda[(f_\mu(b))_\mu c]])}_{(4)} \underbrace{- f_{-\partial}([\alpha(a)_\lambda[b_\mu(f_{-\partial}(c))]])}_{(5)} + f_{-\partial}([\alpha(a)_\lambda(f_{-\partial}([b_\mu c]))]).$$

因此,

$$\psi_{\mu,-\partial-\mu}(\alpha(b),\psi_{\lambda,-\partial-\lambda}(a,c))$$
$$= \underbrace{[(f_\mu\alpha(b))_\mu[(f_\lambda(a))_\lambda c]]}_{(1)'} + \underbrace{[(f_\mu\alpha(b))_\mu[a_\lambda(f_{-\partial}(c))]]}_{(3)'} - [(f_\mu\alpha(b))_\mu(f_{-\partial}([a_\lambda c]))]$$
$$+ \underbrace{[\alpha(b)_\mu[(f_\lambda(a))_\lambda(f_{-\partial}(c))]]}_{(2)'} \underbrace{- f_{-\partial}([\alpha(b)_\mu[(f_\lambda(a))_\lambda c]])}_{(6)'} \underbrace{- f_{-\partial}([\alpha(b)_\mu[a_\lambda(f_{-\partial}(c))]])}_{(5)'}$$
$$+ f_{-\partial}([\alpha(b)_\mu(f_{-\partial}([a_\lambda c]))])$$

以及

$$\psi_{\lambda+\mu,-\partial-\lambda-\mu}(\psi_{\lambda,-\partial-\lambda}(a,b),\alpha(c))$$
$$= [(f_{\lambda+\mu}([a_\lambda b]_N))_{\lambda+\mu}\alpha(c)] + [([a_\lambda b]_N)_{\lambda+\mu}(f_{-\partial}\alpha(c))] - f_{-\partial}([([a_\lambda b]_N)_{\lambda+\mu}\alpha(c)])$$
$$= \underbrace{[[(f_\lambda(a))_\lambda(f_\mu(b))]_{\lambda+\mu}\alpha(c)]}_{(1)''} + \underbrace{[[(f_\lambda(a))_\lambda b]_{\lambda+\mu}(f_{-\partial}\alpha(c))]}_{(2)''}$$

$$+ \underbrace{[[a_\lambda(f_{-\partial}(b))]_{\lambda+\mu}(f_{-\partial}\alpha(c))]}_{(3)''} - [(f_{-\partial}([a_\lambda b]))_{\lambda+\mu}(f_{-\partial}\alpha(c))]$$

$$\underbrace{-f_{-\partial}([(f_\lambda(a))_\lambda b]_{\lambda+\mu}\alpha(c))}_{(6)''} \underbrace{-f_{-\partial}([[a_\lambda(f_{-\partial}(b))]_{\lambda+\mu}\alpha(c)])}_{(4)''}$$

$$+ f_{-\partial}([(f_{-\partial}([a_\lambda b]))_{\lambda+\mu}\alpha(c)]).$$

因为 f 是 Hom-Nijienhuis 算子, 我们有

$$- [(f_\lambda\alpha(a))_\lambda(f_{-\partial}([b_\mu c]))] + f_{-\partial}([\alpha(a)_\lambda(f_{-\partial}([b_\mu c]))])$$

$$= \underbrace{-f_{-\partial}([(f_\lambda\alpha(a))_\lambda[b_\mu c]])}_{(6)} + \underbrace{f^2_{-\partial}([\alpha(a)_\lambda[b_\mu c]])}_{(7)},$$

$$- [(f_\mu\alpha(b))_\mu(f_{-\partial}([a_\lambda c]))] + f_{-\partial}([\alpha(b)_\mu(f_{-\partial}([a_\lambda c]))])$$

$$= \underbrace{-f_{-\partial}([(f_\mu\alpha(b))_\mu[a_\lambda c]])}_{(4)'} + \underbrace{f^2_{-\partial}([\alpha(b)_\mu[a_\lambda c]])}_{(7)'}.$$

利用共形半线性性和等式 (3.31), 得到

$$- [(f_{-\partial}([a_\lambda b]))_{\lambda+\mu}(f_{-\partial}\alpha(c))] + f_{-\partial}([(f_{-\partial}([a_\lambda b]))_{\lambda+\mu}\alpha(c)])$$

$$= -[(f_{\lambda+\mu}([a_\lambda b]))_{\lambda+\mu}(f_{-\partial}\alpha(c))] + f_{-\partial}([(f_{\lambda+\mu}([a_\lambda b]))_{\lambda+\mu}\alpha(c)])$$

$$= \underbrace{-f_{-\partial}([[a_\lambda b]_{\lambda+\mu}(f_{-\partial}\alpha(c))])}_{(5)''} + \underbrace{f^2_{-\partial}([[a_\lambda b]_{\lambda+\mu}\alpha(c)])}_{(7)''}.$$

根据共形半线性性和 Hom-Jacobi 恒等式, 我们有

$$[\alpha(a)_\lambda[(f_\mu(b))_\mu(f_{-\partial}(c))]] = [[a_\lambda f_\mu(b)]_{\lambda+\mu}(f_{-\partial}\alpha(c))] + [(f_\mu\alpha(b))_\mu[a_\lambda(f_{-\partial}(c))]]$$

等价于

$$[\alpha(a)_\lambda[(f_\mu(b))_\mu(f_{-\partial}(c))]] = [[a_\lambda f_{-\partial}(b)]_{\lambda+\mu}(f_{-\partial}\alpha(c))] + [(f_\mu\alpha(b))_\mu[a_\lambda(f_{-\partial}(c))]].$$

从而 $(i) + (i)' + (i)'' = 0$, 其中 $i = 1, \cdots, 7$. 这就证明了 ψ 是正则 Hom-李共形代数 $(\mathcal{R}, \alpha)$ 的形变. $\qquad\square$

第 4 章 分 裂 理 论

本章将代数中的分裂理论推广到 Hom-莱布尼茨代数、Hom-李 color 代数和 BiHom-李超代数上 [76-78].

我们定义了分裂的正则 Hom-莱布尼茨代数、分裂的正则 Hom-李 color 代数和分裂的正则 BiHom-李超代数及与之对应的根连通. 利用根连通的性质, 得到分裂的正则 Hom-莱布尼茨代数, 分裂的正则 Hom-李 color 代数和分裂的正则 BiHom-李超代数可分解成若干理想直和的充分条件, 同时得到最大长度分裂正则 Hom-莱布尼茨代数, 最大长度分裂正则 Hom-李 color 代数和最大长度分裂正则 BiHom-李超代数的单性.

我们在分裂理论方面的其他工作见文献 [79-82].

4.1 Hom-莱布尼茨代数的分裂理论

4.1.1 分裂的正则 Hom-莱布尼茨代数的分解

定义 4.1.1 [54] 设 V 是域 $\mathbb{F}$ 上的线性空间. 设 V 具有双线性二元运算 $[-,-] : V \times V \to V$ 及线性变换 $\phi : V \to V$, $(V, [-,-], \phi)$ 称为 **Hom-莱布尼茨代数**, 若对任意的 $x, y, z \in V$, 有

$$[[y,z], \phi(x)] = [[y,x], \phi(z)] + [\phi(y), [z,x]]. \tag{4.1}$$

以下, L 表示任意维数和任意域 $\mathbb{F}$ 上的正则的 Hom-莱布尼茨代数.

对于一个 Hom-莱布尼茨代数 L, 用 $J(L)$ 表示 L 中所有形如 $[x,x]$ 的元素张成的向量空间, 则 $J(L)$ 是 L 的理想. 以下简记 $J(L)$ 为 J, 于是 J 满足

$$[L, J] = 0. \tag{4.2}$$

若 ϕ 是代数同构, 则称 V 是正则的 **Hom-莱布尼茨代数**.

定义 4.1.2 设 H 是 L 的极大交换子代数. 对于任意线性映射 $\alpha \in H^*$, 定义 L 的关于 H 的**根空间**,

$$L_\alpha := \{v_\alpha \in L : [v_\alpha, h] = \alpha(h)\phi(v_\alpha), \forall h \in H\}.$$

元素 $\alpha \in H^*$ 满足 $L_\alpha \neq 0$, 称为 L 关于 H 的根, 并且记 $\Lambda := \{\alpha \in H^* \setminus \{0\} : L_\alpha \neq 0\}$.

定义 4.1.3 若

$$L = H \oplus \left(\bigoplus_{\alpha \in \Lambda} L_\alpha \right),$$

则称 L 是关于 H 的**分裂的正则 Hom-莱布尼茨代数**, 称 Λ 是 L 的**根系** (root system).

当 $\phi = \text{id}$ 时, 分裂的正则 Hom-莱布尼茨代数是分裂的莱布尼茨代数. 因此, 本节结果推广了 [83] 的结果. 为了方便, 映射 $\phi|_H$, $\phi|_H^{-1} : H \to H$ 分别简记为 ϕ 和 ϕ^{-1}.

引理 4.1.4 对任意的 $\alpha, \beta \in \Lambda \cup \{0\}$, 以下结论成立.

(1) $\phi(L_\alpha) \subset L_{\alpha\phi^{-1}}$ 和 $\phi^{-1}(L_\alpha) \subset L_{\alpha\phi}$.

(2) $[L_\alpha, L_\beta] \subset L_{\alpha\phi^{-1} + \beta\phi^{-1}}$.

证明 (1) 对任意的 $h \in H$, 令 $h' = \phi(h)$. 对于任意 $h \in H$ 和 $v_\alpha \in L_\alpha$, 由 $[v_\alpha, h] = \alpha(h)\phi(v_\alpha)$, 可得

$$[\phi(v_\alpha), h'] = \phi([v_\alpha, h]) = \alpha(h)\phi(\phi(v_\alpha)) = \alpha\phi^{-1}(h')\phi(\phi(v_\alpha)).$$

故 $\phi(v_\alpha) \in L_{\alpha\phi^{-1}}$, 进而 $\phi(L_\alpha) \subset L_{\alpha\phi^{-1}}$. 用类似的方法, 可得 $\phi^{-1}(L_\alpha) \subset L_{\alpha\phi}$.

(2) 对任意的 $h \in H$, $v_\alpha \in L_\alpha$, $v_\beta \in L_\beta$, 令 $h' = \phi(h)$, 由 (4.1), 可得

$$
\begin{aligned}
[[v_\alpha, v_\beta], h'] &= [[v_\alpha, v_\beta], \phi(h)] = [[v_\alpha, h], \phi(v_\beta)] + [\phi(v_\alpha), [v_\beta, h]] \\
&= [\alpha(h)\phi(v_\alpha), \phi(v_\beta)] + [\phi(v_\alpha), \beta(h)\phi(v_\beta)] \\
&= (\alpha + \beta)(h)\phi([v_\alpha, v_\beta]) \\
&= (\alpha + \beta)\phi^{-1}(h')\phi([v_\alpha, v_\beta]).
\end{aligned}
$$

故 $[v_\alpha, v_\beta] \in L_{\alpha\phi^{-1} + \beta\phi^{-1}}$, 进而 $[L_\alpha, L_\beta] \subset L_{\alpha\phi^{-1} + \beta\phi^{-1}}$. $\square$

引理 4.1.5 以下结论成立.

(1) 如果 $\alpha \in \Lambda$, 那么对任意的 $z \in \mathbb{Z}$, $\alpha\phi^{-z} \in \Lambda$.

(2) $L_0 = H$.

证明 (1) 由引理 4.1.4 (1) 立即可得.

(2) 一方面, 由根空间定义, 显然有 $H \subset L_0$. 另一方面, 任给 $v_0 \in L_0$, 我们有对任意的 $i = 1, \cdots, n$,

$$v_0 = h \oplus \left(\bigoplus_{i=1}^n v_{\alpha_i} \right),$$

其中 $h \in H$ 和 $v_{\alpha_i} \in L_{\alpha_i}$, 并且当 $i \neq j$ 时, $\alpha_i \neq \alpha_j$. 因此,

$$0 = \left[h \oplus \left(\bigoplus_{i=1}^n v_{\alpha_i} \right), h' \right] = \bigoplus_{i=1}^n \alpha_i(h')\phi(v_{\alpha_i}), \quad \forall\, h' \in H.$$

由引理 4.1.4 (1) 和 $\alpha_i \neq 0$, 可得对任意的 $i = 1, \cdots, n$, $v_{\alpha_i} = 0$. 所以,

$$v_0 = h \in H. \qquad\qquad \square$$

定义 4.1.6   若满足 $\alpha \in \Lambda$, 则有 $-\alpha \in \Lambda$, 根系 Λ 称为**对称的** (symmetric).

以下, L 表示带有对称根系 Λ 的分裂的正则 Hom-莱布尼茨代数, $L = H \oplus (\bigoplus_{\alpha \in \Lambda} L_\alpha)$ 是相应的根分解. 下面将通过根连通的性质来研究分裂的正则 Hom-莱布尼茨代数.

定义 4.1.7   设 α 和 β 是两个非零根, 如果存在 $\alpha_1, \cdots, \alpha_k \in \Lambda$, 满足以下条件:

若 $k = 1$, 则

(1) $\alpha_1 \in \{\alpha\phi^{-n} : n \in \mathbb{N}\} \cap \{\pm\beta\phi^{-m} : m \in \mathbb{N}\}$.

若 $k \geqslant 2$, 则

(1) $\alpha_1 \in \{\alpha\phi^{-n} : n \in \mathbb{N}\}$.

(2) $\alpha_1\phi^{-1} + \alpha_2\phi^{-1} \in \Lambda$,

$\alpha_1\phi^{-2} + \alpha_2\phi^{-2} + \alpha_3\phi^{-1} \in \Lambda$,

$\alpha_1\phi^{-3} + \alpha_2\phi^{-3} + \alpha_3\phi^{-2} + \alpha_4\phi^{-1} \in \Lambda$,

$\cdots\cdots$

$\alpha_1\phi^{-i} + \alpha_2\phi^{-i} + \alpha_3\phi^{-i+1} + \cdots + \alpha_{i+1}\phi^{-1} \in \Lambda$,

$\cdots\cdots$

$\alpha_1\phi^{-k+2} + \alpha_2\phi^{-k+2} + \alpha_3\phi^{-k+3} + \cdots + \alpha_i\phi^{-k+i} + \cdots + \alpha_{k-1}\phi^{-1} \in \Lambda$.

(3) $\alpha_1\phi^{-k+1} + \alpha_2\phi^{-k+1} + \alpha_3\phi^{-k+2} + \cdots + \alpha_i\phi^{-k+i-1} + \cdots + \alpha_k\phi^{-1} \in \{\pm\beta\phi^{-m} : m \in \mathbb{N}\}$.

则称 α 和 β 是**连通的**, 也称 $\{\alpha_1, \cdots, \alpha_k\}$ 是一个从 α 到 β 的**连通**.

注 4.1.8   定义 4.1.7 中, 当 $k = 1$ 时, 可得

$$\beta = \epsilon\alpha\phi^z, \quad \forall z \in \mathbb{Z},$$

其中 $\epsilon \in \{\pm1\}$.

引理 4.1.9   若 $\alpha \in \Lambda$, 则对任意的 $z_1, z_2 \in \mathbb{Z}$, $\alpha\phi^{z_1}$ 和 $\alpha\phi^{z_2}$ 是连通的. 特别地, $\alpha\phi^{z_1}$ 和 $-\alpha\phi^{z_2}$ 是连通的.

证明   由引理 4.1.5 (1), 可得对任意的 $z_1, z_2 \in \mathbb{Z}$, $\alpha\phi^{z_1}, \alpha\phi^{z_2} \in \Lambda$. 令 $z = \min\{z_1, z_2\}$, 那么 $\{\alpha\phi^z\}$ 是从 $\alpha\phi^{z_1}$ 到 $\alpha\phi^{z_2}$ 的连通. 由 Λ 是对称根系, 故 $\{\alpha\phi^z\}$ 也是从 $\alpha\phi^{z_1}$ 到 $-\alpha\phi^{z_2}$ 的连通. $\qquad\qquad \square$

引理 4.1.10   设 $\{\alpha_1, \cdots, \alpha_k\}$ 是一个从 α 到 β 的连通. 以下结论成立.

(1) 假设 $\alpha_1 = \alpha\phi^{-n}, n \in \mathbb{N}$. 那么对于任意 $r \in \mathbb{N}$, 满足 $r \geqslant n$, 存在从 α 到 β 的连通 $\{\overline{\alpha}_1, \cdots, \overline{\alpha}_k\}$, 且满足 $\overline{\alpha}_1 = \alpha\phi^{-r}$.

(2) 假设当 $k=1$ 时, $\alpha_1 = \epsilon\beta\phi^{-m}$ 或者当 $k \geqslant 2$ 时,

$$\alpha_1\phi^{-k+1} + \alpha_2\phi^{-k+1} + \alpha_3\phi^{-k+2} + \cdots + \alpha_k\phi^{-1} = \epsilon\beta\phi^{-m},$$

其中 $m \in \mathbb{N}$, $\epsilon \in \{\pm 1\}$. 那么对于任意 $r \in \mathbb{N}$, 满足 $r \geqslant m$, 存在一个从 α 到 β 的连通 $\{\overline{\alpha}_1, \cdots, \overline{\alpha}_k\}$, 并且当 $k=1$ 时, $\overline{\alpha}_1 = \epsilon\beta\phi^{-r}$ 或者当 $k \geqslant 2$ 时,

$$\overline{\alpha}_1\phi^{-k+1} + \overline{\alpha}_2\phi^{-k+1} + \overline{\alpha}_3\phi^{-k+2} + \cdots + \overline{\alpha}_k\phi^{-1} = \epsilon\beta\phi^{-r}.$$

证明 相仿于 [84, 引理 2.3] 的证明可得本结论. □

命题 4.1.11 定义 Λ 中关系 $\sim$, $\alpha \sim \beta \Longleftrightarrow \alpha$ 和 β 是连通的, 则这个关系是等价关系.

证明 相仿于 [84, 命题 2.4] 的证明可得本结论. □

由命题 4.1.11, 可得 Λ 中的关系 $\sim$ 是等价关系. 所以, 令

$$\Lambda/\sim := \{[\alpha] : \alpha \in \Lambda\},$$

其中 $[\alpha]$ 表示和 α 连通的非零根集合. 对任意 $\alpha \in \Lambda$, 定义

$$I_{0,[\alpha]} := \operatorname{span}_{\mathbb{F}}\{[L_\beta, L_{-\beta}] : \beta \in [\alpha]\} \subset H$$

和

$$V_{[\alpha]} := \bigoplus_{\beta \in [\alpha]} L_\beta.$$

定义 $I_{[\alpha]}$ 是以上两个子空间的直和, 即

$$I_{[\alpha]} := I_{0,[\alpha]} \oplus V_{[\alpha]}.$$

命题 4.1.12 对任意的 $\alpha \in \Lambda$, 则线性子空间 $I_{[\alpha]}$ 是 L 的子代数.

证明 首先证明 $[I_{[\alpha]}, I_{[\alpha]}] \subset I_{[\alpha]}$. 由于 $I_{0,[\alpha]} \subset H$, 显然 $[I_{0,[\alpha]}, I_{0,[\alpha]}] = 0$, 并且有

$$[I_{0,[\alpha]} \oplus V_{[\alpha]}, I_{0,[\alpha]} \oplus V_{[\alpha]}] \subset [I_{0,[\alpha]}, V_{[\alpha]}] + [V_{[\alpha]}, I_{0,[\alpha]}] + [V_{[\alpha]}, V_{[\alpha]}]. \tag{4.3}$$

下面考虑 (4.3) 中的第一项. 对任意的 $\beta \in [\alpha]$, 由引理 4.1.4 和引理 4.1.9, 可得 $[I_{0,[\alpha]}, L_\beta] \subset L_{\beta\phi^{-1}}$, 其中 $\beta\phi^{-1} \in [\alpha]$. 因此

$$[I_{0,[\alpha]}, V_{[\alpha]}] \subset V_{[\alpha]}. \tag{4.4}$$

同样的讨论, 可得

$$[V_{[\alpha]}, I_{0,[\alpha]}] \subset V_{[\alpha]}. \tag{4.5}$$

再考虑 (4.3) 中的第三项. 对于任意 $\beta, \gamma \in [\alpha]$, 满足 $[L_\beta, L_\gamma] \neq 0$. 若 $\gamma = -\beta$, 则 $[L_\beta, L_\gamma] = [L_\beta, L_{-\beta}] \subset I_{0,[\alpha]}$. 若 $\gamma \neq -\beta$, 由引理 4.1.4 (2), 可得 $\beta\phi^{-1} + \gamma\phi^{-1} \in \Lambda$. 因此, $\{\beta, \gamma\}$ 是一个从 β 到 $\beta\phi^{-1} + \gamma\phi^{-1}$ 的连通. 由关系 $\sim$ 的传递性, 可得 $\beta\phi^{-1} + \gamma\phi^{-1} \in [\alpha]$, 进而 $[L_\beta, L_\gamma] \subset L_{\beta\phi^{-1}+\gamma\phi^{-1}} \subset V_{[\alpha]}$. 因此

$$\left[\bigoplus_{\beta \in [\alpha]} L_\beta, \bigoplus_{\beta \in [\alpha]} L_\beta \right] \subset I_{0,[\alpha]} \oplus V_{[\alpha]}.$$

故

$$[V_{[\alpha]}, V_{[\alpha]}] \subset I_{[\alpha]}. \tag{4.6}$$

由 (4.3)—(4.6), 可得 $[I_{[\alpha]}, I_{[\alpha]}] \subset I_{[\alpha]}$.

下面证明 $\phi(I_{[\alpha]}) = I_{[\alpha]}$. 由引理 4.1.4 (1) 和引理 4.1.9 立即可得. $\square$

命题 4.1.13   设 $\alpha, \beta \in \Lambda$, 若 $[\alpha] \neq [\beta]$, 则 $[I_{[\alpha]}, I_{[\beta]}] = 0$.

证明   我们有

$$[I_{[\alpha]}, I_{[\beta]}] = [I_{0,[\alpha]} \oplus V_{[\alpha]}, I_{0,[\beta]} \oplus V_{[\beta]}] \subset [I_{0,[\alpha]}, V_{[\beta]}] + [V_{[\alpha]}, I_{0,[\beta]}] + [V_{[\alpha]}, V_{[\beta]}]. \tag{4.7}$$

首先考虑 (4.7) 中的第三项 $[V_{[\alpha]}, V_{[\beta]}]$. 假设存在 $\alpha_1 \in [\alpha]$ 和 $\alpha_2 \in [\beta]$, 满足

$$[L_{\alpha_1}, L_{\alpha_2}] \neq 0.$$

由已知条件 $[\alpha] \neq [\beta]$, 可得 $\alpha_1 \neq -\alpha_2$. 所以, $\alpha_1\phi^{-1} + \alpha_2\phi^{-1} \in \Lambda$. 故

$$\{\alpha_1, \alpha_2, -\alpha_1\phi^{-1}\}$$

是一个从 α_1 到 α_2 的连通. 由关系 $\sim$ 的传递性, 可得 $\alpha \in [\beta]$, 与已知条件 $[\alpha] \neq [\beta]$ 矛盾. 所以假设不成立, 故 $[L_{\alpha_1}, L_{\alpha_2}] = 0$. 进而

$$[V_{[\alpha]}, V_{[\beta]}] = 0. \tag{4.8}$$

再考虑 (4.7) 中的第一项 $[I_{0,[\alpha]}, V_{[\beta]}]$. 假设存在 $\alpha_1 \in [\alpha]$, $\alpha_2 \in [\beta]$, 满足

$$[[L_{\alpha_1}, L_{-\alpha_1}], \phi(L_{\alpha_2})] \neq 0. \tag{4.9}$$

由 (4.1), 可得 $[[L_{\alpha_1}, L_{\alpha_2}], \phi(L_{-\alpha_1})] \neq 0$ 或者 $[\phi(L_{\alpha_1}), [L_{-\alpha_1}, L_{\alpha_2}]] \neq 0$. 无论哪一种情况都与 (4.8) 矛盾. 因此,

$$[I_{0,[\alpha]}, V_{[\beta]}] = 0. \tag{4.10}$$

用类似的方法讨论, 可得

$$[V_{[\alpha]}, I_{0,[\beta]}] = 0. \tag{4.11}$$

由 (4.7)—(4.11), 可得 $[I_{[\alpha]}, I_{[\beta]}] = 0$. $\square$

定义 4.1.14 设 L 是非交换的 **Hom-莱布尼茨代数**, 若它的理想只有 $\{0\}$, J 和 L, 则称 L 是**单的** (simple).

注意: 此定义中, 当 $J = \{0\}$ 时, 单 Hom-莱布尼茨代数的定义成为单 Hom-李代数定义.

定理 4.1.15 以下结论成立.

(1) 对任意的 $\alpha \in \Lambda$, 则与 $[\alpha]$ 相关的 L 的子代数

$$I_{[\alpha]} = I_{0,[\alpha]} \oplus V_{[\alpha]}$$

是 L 的理想.

(2) 如果 L 是单的, 那么对任意的 $\alpha, \beta \in \Lambda$, 存在从 α 到 β 的连通.

证明 (1) 因为 $[I_{[\alpha]}, H] + [H, I_{[\alpha]}] = [I_{[\alpha]}, L_0] + [L_0, I_{[\alpha]}] \subset V_{[\alpha]}$, 由命题 4.1.12 和命题 4.1.13, 可得

$$[I_{[\alpha]}, L] = \left[I_{[\alpha]}, H \oplus \left(\bigoplus_{\beta \in [\alpha]} L_\beta \right) \oplus \left(\bigoplus_{\gamma \notin [\alpha]} L_\gamma \right) \right] \subset I_{[\alpha]}$$

和

$$[L, I_{[\alpha]}] = \left[H \oplus \left(\bigoplus_{\beta \in [\alpha]} L_\beta \right) \oplus \left(\bigoplus_{\gamma \notin [\alpha]} L_\gamma \right), I_{[\alpha]} \right] \subset I_{[\alpha]}.$$

由引理 4.1.4 (1) 和引理 4.1.9, 可得 $\phi(I_{[\alpha]}) = I_{[\alpha]}$, 故 $I_{[\alpha]}$ 是 I 的理想.

(2) L 的单性意味着对任意的 $\alpha \in \Lambda$, $I_{[\alpha]} \in \{J, L\}$. 如果 $I_{[\alpha]} = L$, 那么 $[\alpha] = \Lambda$. 因此, L 的所有非零根是连通的. 如果 $I_{[\alpha]} = J$, 那么对任意的 $\alpha, \beta \in \Lambda$, $[\alpha] = [\beta]$. 故 $[\alpha] = \Lambda$. 同样可得 L 的所有非零根都是连通的. $\qquad\square$

定理 4.1.16 若 U 为向量空间 $\mathrm{span}_{\mathbb{F}}\{[L_\alpha, L_{-\alpha}] : \alpha \in \Lambda\}$ 在 H 中的补空间, 则有

$$L = U + \sum_{[\alpha] \in \Lambda/\sim} I_{[\alpha]},$$

其中 $I_{[\alpha]}$ 是按定理 4.1.15 (1) 描述的 L 的理想. 此外, 若 $[\alpha] \neq [\beta]$, 则 $[I_{[\alpha]}, I_{[\beta]}] = 0$.

证明 由定理 4.1.15 (1), 可得 $I_{[\alpha]}$ 是 L 的理想. 显然有

$$L = H \oplus \left(\bigoplus_{\alpha \in \Lambda} L_\alpha \right) = U + \sum_{[\alpha] \in \Lambda/\sim} I_{[\alpha]}.$$

由命题 4.1.13, 可得如果 $[\alpha] \neq [\beta]$, 那么 $[I_{[\alpha]}, I_{[\beta]}] = 0$. $\qquad\square$

定义 4.1.17 **Hom-莱布尼茨代数** L 的**中心**是 $Z(L) = \{x \in L : [x, L] + [L, x] = 0\}$.

推论 4.1.18 若 $[L,L]=L$, 并且 $Z(L)=0$, 则 L 是定理 4.1.15 给出的理想的直和, 即

$$L = \bigoplus_{[\alpha]\in\Lambda/\sim} I_{[\alpha]}.$$

证明 由 $[L,L]=L$, 可得 $L=\sum_{[\alpha]\in\Lambda/\sim} I_{[\alpha]}$. 由 $Z(L)=0$ 和 $[\alpha]\neq[\beta]$, $[I_{[\alpha]},I_{[\beta]}]=0$, 可得 $L=\bigoplus_{[\alpha]\in\Lambda/\sim} I_{[\alpha]}$. □

4.1.2 分裂的正则 Hom-莱布尼茨代数的单性

这节, 我们要考虑最大长度的分裂的正则 Hom-莱布尼茨代数的单性. 以下要求 $\mathrm{char}\mathbb{F}=0$.

定义 4.1.19 设 L 是分裂的正则 Hom-莱布尼茨代数, 如果对于任意 $\alpha\in\Lambda$, 有 $\dim L_\alpha=1$, 则称 L 是**最大长度的** (maximal length).

引理 4.1.20 设 L 是分裂的正则 Hom-莱布尼茨代数, 并且 $Z(L)=0$, 若 I 是 L 的理想, 满足 $I\subset H$, 则 $I=\{0\}$.

证明 假设存在 L 的非零理想 I, 满足 $I\subset H$. 显然 $[I,H]+[H,I]\subset[H,H]=0$. 由已知条件 I 是 L 的理想, 可得 $\left[I,\bigoplus_{\alpha\in\Lambda}L_\alpha\right]+\left[\bigoplus_{\alpha\in\Lambda}L_\alpha,I\right]\subset I\subset H$. 由 $H=L_0$, 可得 $\left[I,\bigoplus_{\alpha\in\Lambda}L_\alpha\right]+\left[\bigoplus_{\alpha\in\Lambda}L_\alpha,I\right]\subset H\cap\left(\bigoplus_{\alpha\in\Lambda}L_\alpha\right)=0$. 所以, $I\subset Z(L)=0$, 与假设 I 为非零理想矛盾. 故 $I=\{0\}$. □

引理 4.1.21 对任意的 $\alpha,\beta\in\Lambda$, 且 $\alpha\neq\beta$, 则存在 $h_0\in H$, 使得 $\alpha(h_0)\neq0$ 和 $\alpha(h_0)\neq\beta(h_0)$.

证明 因为 $\alpha\neq\beta$, 所以存在 $h\in H$, 使得 $\alpha(h)\neq\beta(h)$. 若 $\alpha(h)\neq0$, 则引理结论成立. 若 $\alpha(h)=0$, 则 $\beta(h)\neq0$. 由 $\alpha\neq0$, 可得存在 $h'\in H$, 满足 $\alpha(h')\neq0$. 下面分两种情况讨论. 情形 1. 当 $\alpha(h')\neq\beta(h')$ 时, 令 $h_0:=h'$, 则引理结论成立. 情形 2. 当 $\alpha(h')=\beta(h')$ 时, 令 $h_0:=h+h'$, 则引理结论成立. □

引理 4.1.22 设 $L=H\oplus\left(\bigoplus_{\alpha\in\Lambda}L_\alpha\right)$ 是一个分裂的正则 Hom-莱布尼茨代数. 如果 I 是 L 的理想, 那么 $I=(I\cap H)\oplus\left(\bigoplus_{\alpha\in\Lambda}(I\cap L_\alpha)\right)$.

证明 设 $x\in I$. 则有 $x=h+\sum_{j=1}^n v_{\alpha_j}$, 其中 $h\in H$, $v_{\alpha_j}\in L_{\alpha_j}$, 并且当 $j\neq k$ 时, $\alpha_j\neq\alpha_k$. 断言 $v_{\alpha_j}\in I$.

若 $n=1$, 则 $x=h+v_{\alpha_1}\in I$. 任取 $h'\in H$, 满足 $\alpha_1(h')\neq0$. 由 $[x,h']=\alpha_1(h')\phi(v_{\alpha_1})\in I$, 可得 $\phi(v_{\alpha_1})\in I$. 进而, $\phi^{-1}(\phi(v_{\alpha_1}))=v_{\alpha_1}\in I$.

假设 $n>1$, 考虑 α_1 和 α_2. 由引理 4.1.21, 可知存在 $h_0\in H$, 使得 $\alpha_1(h_0)\neq0$ 和 $\alpha_1(h_0)\neq\alpha_2(h_0)$. 那么

$$I\ni[x,h_0]=\alpha_1(h_0)\phi(v_{\alpha_1})+\alpha_2(h_0)\phi(v_{\alpha_2})+\cdots+\alpha_n(h_0)\phi(v_{\alpha_n}) \tag{4.12}$$

和

$$I \ni \phi(x) = \phi(h) + \phi(v_{\alpha_1}) + \phi(v_{\alpha_2}) + \cdots + \phi(v_{\alpha_n}). \tag{4.13}$$

将 (4.13) 乘以 $\alpha_2(h_0)$, 再减去 (4.12), 可得

$$\alpha_2(h_0)\phi(h) + (\alpha_2(h_0) - \alpha_1(h_0))\phi(v_{\alpha_1}) + (\alpha_2(h_0) - \alpha_3(h_0))\phi(v_{\alpha_3})$$
$$+ \cdots + (\alpha_2(h_0) - \alpha_n(h_0))\phi(v_{\alpha_n}) \in I.$$

令 $\widetilde{h} := \alpha_2(h_0)\phi(h) \in H$, $v_{\alpha_i\phi^{-1}} := (\alpha_2(h_0) - \alpha_i(h_0))\phi(v_{\alpha_i}) \in L_{\alpha_i\phi^{-1}}$, 则上式可简记为

$$\widetilde{h} + v_{\alpha_1\phi^{-1}} + v_{\alpha_3\phi^{-1}} + \cdots + v_{\alpha_n\phi^{-1}} \in I. \tag{4.14}$$

按照以上步骤对 (4.14) 讨论, 可得

$$\widetilde{\widetilde{h}} + v_{\alpha_1\phi^{-2}} + v_{\alpha_4\phi^{-2}} + \cdots + v_{\alpha_n\phi^{-2}} \in I,$$

其中 $\widetilde{\widetilde{h}} \in H$ 和 $v_{\alpha_i\phi^{-2}} \in L_{\alpha_i\phi^{-2}}$. 按照以上步骤, 依次进行下去, 可得

$$\overline{h} + v_{\alpha_1\phi^{-n+1}} \in I,$$

其中 $\overline{h} \in H$ 和 $v_{\alpha_1\phi^{-n+1}} \in L_{\alpha_1\phi^{-n+1}}$. 用上面 $n = 1$ 的证明方法, 可得 $v_{\alpha_1\phi^{-n+1}} \in I$, 故 $v_{\alpha_1} = \phi^{-n+1}(v_{\alpha_1\phi^{-n+1}}) \in I$.

同理可得 $v_{\alpha_i} \in I$, $\forall\, i = 2, \cdots, n$, 证明完成. $\square$

以下, $L = H \oplus (\bigoplus_{\alpha\in\Lambda} L_\alpha)$ 表示一个最大长度的分裂的正则 Hom-莱布尼茨代数. 由引理 4.1.22, 可知对于 L 的任意非零理想 I, 则有

$$I = (I \cap H) \oplus \left(\bigoplus_{\alpha\in\Lambda^I} L_\alpha \right), \tag{4.15}$$

其中, $\Lambda^I := \{\alpha \in \Lambda : I \cap L_\alpha \neq 0\}$.

特别地, 当 $I = J$ 时, 有

$$J = (J \cap H) \oplus \left(\bigoplus_{\alpha\in\Lambda^J} L_\alpha \right). \tag{4.16}$$

我们有

$$\Lambda = \Lambda^J \cup \Lambda^{\neg J}, \tag{4.17}$$

其中

$$\Lambda^J := \{\alpha \in \Lambda : L_\alpha \subset J\}$$

和

$$\Lambda^{\neg J} := \{\alpha \in \Lambda : L_\alpha \cap J = 0\}.$$

故

$$L = H \oplus \left(\bigoplus_{\alpha \in \Lambda^{\neg J}} L_\alpha \right) \oplus \left(\bigoplus_{\beta \in \Lambda^J} L_\beta \right). \tag{4.18}$$

注意, 由 $L = [L, L]$, (4.18) 和 (4.2), 可得

$$H = \sum_{\alpha \in \Lambda^{\neg J}} [L_\alpha, L_{-\alpha}]. \tag{4.19}$$

定义 4.1.7 不能够判断出任意 $\alpha \in \Lambda$ 是属于 Λ^J 或者属于 $\Lambda^{\neg J}$. 所以, 在研究 L 的单性中, 无法判断一个给定的根空间 L_α 是否包含在 J 中. 因此, 给出最大长度的分裂的正则 Hom-莱布尼茨代数的 $\neg J$-连通的定义. 设 $\gamma \in \{J, \neg J\}$, 如果 $\alpha \in \Lambda^\gamma$, 那么 $-\alpha \in \Lambda^\gamma$, 则称 Λ^γ 是对称的.

定义 4.1.23   设 $\alpha, \beta \in \Lambda^\gamma$, $\gamma \in \{J, \neg J\}$. 如果存在 $\alpha_2, \cdots, \alpha_k \in \Lambda^{\neg J}$, 满足以下条件:

(1) $\{\alpha_1, \alpha_1\phi^{-1} + \alpha_2\phi^{-1}, \alpha_1\phi^{-2} + \alpha_2\phi^{-2} + \alpha_3\phi^{-1}, \cdots, \alpha_1\phi^{-k+1} + \alpha_2\phi^{-k+1} + \alpha_3\phi^{-k+2} + \cdots + \alpha_i\phi^{-k+i-1} + \cdots + \alpha_k\phi^{-1}\} \subset \Lambda^\gamma$;

(2) 对任意的 $n \in \mathbb{N}$, $\alpha_1 \in \alpha\phi^{-n}$;

(3) 对任意的 $m \in \mathbb{N}$, $\alpha_1\phi^{-k+1} + \alpha_2\phi^{-k+1} + \alpha_3\phi^{-k+2} + \cdots + \alpha_i\phi^{-k+i-1} + \cdots + \alpha_k\phi^{-1} \in \pm\beta\phi^{-m}$.

则称 α 和 β 是 $\neg J$-**连通的**, 记 $\alpha \sim_{\neg J} \beta$, 也称 $\{\alpha_1, \alpha_2, \cdots, \alpha_k\}$ 是一个从 α 到 β 的 $\neg J$-连通.

命题 4.1.24   以下结论成立.

(1) 若 $\Lambda^{\neg J}$ 是对称的, 则 $\Lambda^{\neg J}$ 中的关系 $\sim_{\neg J}$ 是等价关系.

(2) 设 $L = [L, L]$, 若 $\Lambda^{\neg J}$, Λ^J 是对称的, 则 Λ^J 中的关系 $\sim_{\neg J}$ 是等价关系.

证明   (1) 相仿于命题 4.1.11 的证明方法可得本结论.

(2) 设 $\beta \in \Lambda^J$. 因为 $\beta \neq 0$, 由 (4.19), 可得存在 $\alpha \in \Lambda^{\neg J}$, 满足

$$[\phi(L_\beta), [L_\alpha, L_{-\alpha}]] \neq 0.$$

由 (4.1), 可得 $[[L_\beta, L_\alpha], \phi(L_{-\alpha})] \neq 0$ 或者 $[[L_\beta, L_{-\alpha}], \phi(L_\alpha)] \neq 0$. 当

$$[[L_\beta, L_\alpha], \phi(L_{-\alpha})] \neq 0,$$

则有 $\neg J$-连通 $\{\beta, \alpha, -\alpha\phi^{-1}\}$, 故 $\beta \sim_{\neg J} \beta$. 当

$$[[L_\beta, L_{-\alpha}], \phi(L_\alpha)] \neq 0,$$

我们有 $\neg J$-连通 $\{\beta, -\alpha, \alpha\phi^{-1}\}$, 故 $\beta \sim_{\neg J} \beta$. 因此, Λ^J 中关系 $\sim_{\neg J}$ 的自反性成立. 按照命题 4.1.11 中的证明方法, 可得 Λ^J 中的关系 $\sim_{\neg J}$ 的对称性和传递性也成立. $\qquad\square$

下面介绍最大长度的分裂的正则 Hom-莱布尼茨代数的根可积的定义.

定义 4.1.25 如果以下条件成立, 称最大长度的分裂的正则 **Hom-莱布尼茨代数** L 是**根可积的** (root-multiplicative).

(1) 对于任意 $\alpha, \beta \in \Lambda^{\neg J}$, 满足 $\alpha\phi^{-1} + \beta\phi^{-1} \in \Lambda$, 那么 $[L_\alpha, L_\beta] \neq 0$.

(2) 对于任意 $\alpha \in \Lambda^{\neg J}$, $\gamma \in \Lambda^J$, 满足 $\alpha\phi^{-1} + \gamma\phi^{-1} \in \Lambda^J$, 那么 $[L_\alpha, L_\gamma] \neq 0$.

下面介绍最大长度的分裂的正则 Hom-莱布尼茨代数 L 的李-中心的定义. 注意 $L = H \oplus (\bigoplus_{\alpha \in \Lambda^{\neg J}} L_\alpha) \oplus (\bigoplus_{\beta \in \Lambda^J} L_\beta)$ (见 (4.18)).

定义 4.1.26 最大长度的分裂的正则 **Hom-莱布尼茨代数** L 的**李-中心**是集合

$$Z_{\text{Lie}}(L) = \left\{ x \in L : \left[x, H \oplus \left(\bigoplus_{\alpha \in \Lambda^{\neg J}} L_\alpha \right) \right] + \left[H \oplus \left(\bigoplus_{\alpha \in \Lambda^{\neg J}} L_\alpha \right), x \right] = 0 \right\}.$$

由此定义, 显然 $Z(L) \subset Z_{\text{Lie}}(L)$.

命题 4.1.27 设 $L = [L, L]$, 并且 L 是根可积的. 如果 $\Lambda^{\neg J}$ 的所有根是 $\neg J$-连通的, 那么 L 的任何非零理想 I, 满足 $I \not\subseteq H \oplus J$, 则 $I = L$.

证明 由 (4.15) 和 (4.17), 可知

$$I = (I \cap H) \oplus \left(\bigoplus_{\alpha_i \in \Lambda^{\neg J, I}} L_{\alpha_i} \right) \oplus \left(\bigoplus_{\beta_j \in \Lambda^{J, I}} L_{\beta_j} \right),$$

其中 $\Lambda^{\neg J, I} := \Lambda^{\neg J} \cap \Lambda^I$ 和 $\Lambda^{J, I} := \Lambda^J \cap \Lambda^I$. 因为 $I \not\subseteq H \oplus J$, 所以 $\Lambda^{\neg J, I} \neq \varnothing$, 进而存在 $\alpha_0 \in \Lambda^{\neg J, I}$, 使得

$$L_{\alpha_0} \subset I. \tag{4.20}$$

由引理 4.1.4 (1), 可得 $\phi(L_{\alpha_0}) \subset L_{\alpha_0 \phi^{-1}}$. 因为 L 是最大长度的, 所以 $0 \neq \phi(L_{\alpha_0}) = L_{\alpha_0 \phi^{-1}}$. 由 (4.20) 和 ϕ 是代数同构, 可得 $\phi(L_{\alpha_0}) \subset \phi(I) = I$, 进而, $L_{\alpha_0 \phi^{-1}} \subset I$. 类似地, 可得

$$L_{\alpha_0 \phi^{-n}} \subset I, \quad \forall\, n \in \mathbb{N}. \tag{4.21}$$

对于任意 $\beta \in \Lambda^{\neg J}$, 满足对任意的 $n \in \mathbb{N}$, $\beta \notin \pm\alpha_0\phi^{-n}$. 由已知条件 $\Lambda^{\neg J}$ 的所有根是 $\neg J$-连通的, 可得 α_0 和 β 是 $\neg J$-连通, 故存在从 α_0 到 β 的 $\neg J$-连通 $\{\gamma_1, \cdots, \gamma_k\} \subset \Lambda^{\neg J}$, 且满足

(1) $\{\gamma_1, \gamma_1\phi^{-1} + \gamma_2\phi^{-1}, \gamma_1\phi^{-2} + \gamma_2\phi^{-2} + \gamma_3\phi^{-1}, \cdots, \gamma_1\phi^{-k+1} + \gamma_2\phi^{-k+1} + \gamma_3\phi^{-k+2} + \cdots + \gamma_k\phi^{-1}\} \subset \Lambda^{\neg J}$,

(2) 对任意的 $n \in \mathbb{N}$, $\gamma_1 \in \alpha_0 \phi^{-n}$,

(3) 对任意的 $m \in \mathbb{N}$, $\gamma_1 \phi^{-k+1} + \gamma_2 \phi^{-k+1} + \gamma_3 \phi^{-k+2} + \cdots + \gamma_k \phi^{-1} \in \pm\beta\phi^{-m}$.

下面考虑 γ_1, γ_2 和 $\gamma_1\phi^{-1} + \gamma_2\phi^{-1}$. 由于 $\gamma_1, \gamma_2 \in \Lambda^{\neg J}$, 并且 L 是根可积的和最大长度的, 可得 $[L_{\gamma_1}, L_{\gamma_2}] = L_{\gamma_1\phi^{-1}+\gamma_2\phi^{-1}}$, 由 (4.21), 知 $L_{\gamma_1} \subset I$, 故

$$L_{\gamma_1\phi^{-1}+\gamma_2\phi^{-1}} \subset I.$$

再考虑 $\gamma_1\phi^{-1} + \gamma_2\phi^{-1}, \gamma_3$ 和 $\gamma_1\phi^{-2} + \gamma_2\phi^{-2} + \gamma_3\phi^{-1}$, 同理可得

$$L_{\gamma_1\phi^{-2}+\gamma_2\phi^{-2}+\gamma_3\phi^{-1}} \subset I.$$

按照以上步骤, 对 $\neg J$-连通 $\{\gamma_1, \cdots, \gamma_k\}$ 依次进行下去, 可得

$$L_{\gamma_1\phi^{-k+1}+\gamma_2\phi^{-k+1}+\gamma_3\phi^{-k+2}+\cdots+\gamma_k\phi^{-1}} \subset I.$$

进而对任意的 $\beta \in \Lambda^{\neg J}$,

$$L_{\beta\phi^{-m}} \subset I \text{ 或者 } L_{-\beta\phi^{-m}} \subset I, \tag{4.22}$$

其中 $m \in \mathbb{N}$. 由引理 4.1.4 (1) 和 (4.12), 可得对任意的 $\beta \in \Lambda^{\neg J}$,

$$L_\beta \subset I \text{ 或者 } L_{-\beta} \subset I. \tag{4.23}$$

由 $H = \sum_{\beta \in \Lambda^{\neg J}} [L_\beta, L_{-\beta}]$ (见 (4.19)) 和 (4.13), 可得

$$H \subset I. \tag{4.24}$$

对于任意 $\delta \in \Lambda$, 由于 $\delta \neq 0$, 并且 $H \subset I$ 和 L 是最大长度的, 可得

$$[L_{\delta\phi}, H] = L_\delta \subset I. \tag{4.25}$$

由 (4.24) 和 (4.25), 可得 $I = L$. □

命题 4.1.28　设 $L = [L, L]$, 并且 $Z(L) = 0$ 和 L 是根可积的. 如果 $\Lambda^{\neg J}$, Λ^J 是对称的, 并且 Λ^J 的所有根都是 $\neg J$-连通, 那么 L 的任何非零理想 $I \subset J$, 满足 $I = J$ 或者 $J = I \oplus K$, 其中 K 是 L 的理想.

证明　由 (4.15) 和 (4.17), 可得

$$I = (I \cap H) \oplus \left(\bigoplus_{\alpha_i \in \Lambda^{J,I}} L_{\alpha_i} \right),$$

其中 $\Lambda^{J,I} \subset \Lambda^J$. 断言

$$J \cap H = \{0\}. \tag{4.26}$$

事实上, 我们有 $[L_\alpha, J \cap H] + [J \cap H, L_\alpha] \subset [L, J] = 0$ 和 $[H, J \cap H] + [J \cap H, H] = 0$, $\forall\, \alpha \in \Lambda^J$. 所以, $[L, J \cap H] + [J \cap H, L] = 0$. 也就是 $J \cap H \subset Z(L) = 0$. 因此

$$I = \bigoplus_{\alpha_i \in \Lambda^{J,I}} L_{\alpha_i},$$

其中 $\Lambda^{J,I} \neq \varnothing$, 并且可知存在 $\alpha_0 \in \Lambda^{J,I}$, 使得 $L_{\alpha_0} \subset I$. 由于 L 是根可积的和最大长度的, 对任意的 $\beta \in \Lambda^J$, 可知存在从 α_0 到 β 的 $\neg J$-连通 $\{\gamma_1, \cdots, \gamma_k\}$, 并且满足

$$[[\cdots[L_{\gamma_1}, L_{\gamma_2}], \cdots], L_{\gamma_k}] \subset L_{\pm\beta\phi^{-m}}, \quad \forall\, m \in \mathbb{N}.$$

进而

$$L_{\epsilon\beta\phi^{-m}} \subset I, \quad 其中 \epsilon \in \pm1, \quad \forall\, m \in \mathbb{N}, \quad \forall\, \beta \in \Lambda^J. \tag{4.27}$$

注意, 由 $\beta \in \Lambda^J$, 可知 $L_\beta \subset J$. 由于 ϕ 是代数同构, 可得 $\phi(L_\beta) \subset \phi(J) = J$. 由引理 4.1.4 (1), 可得 $\phi(L_\beta) \subset L_{\beta\phi^{-1}}$. 因为 L 是最大长度, 所以 $0 \neq \phi(L_\beta) = L_{\beta\phi^{-1}}$. 进而, $L_{\beta\phi^{-1}} \subset J$. 类似地, 可得

$$L_{\beta\phi^{-m}} \subset J, \quad \forall\, m \in \mathbb{N}. \tag{4.28}$$

由 (4.27) 和 (4.28), 可得

$$\epsilon_\beta\beta\phi^{-m} \in \Lambda^{J,I}, \quad 其中 \epsilon_\beta \in \pm1, \quad \forall\, m \in \mathbb{N}, \quad \forall\, \beta \in \Lambda^J. \tag{4.29}$$

假设 $-\alpha_0 \in \Lambda^{J,I}$. 则有 $\{-\gamma_1, \cdots, -\gamma_k\}$ 是一个从 $-\alpha_0$ 到 β 的 $\neg J$-连通, 且满足

$$[[\cdots[L_{-\gamma_1}, L_{-\gamma_2}], \cdots], L_{-\gamma_k}] \subset L_{-\epsilon_\beta\beta\phi^{-m}} \subset I.$$

所以 $L_{\beta\phi^{-m}} + L_{-\beta\phi^{-m}} \subset I$. 因此, 由 (4.16) 和 (4.26), 可得 $I = J$.

下面, 假设没有任何 $\alpha_0 \in \Lambda^{J,I}$ 使得 $-\alpha_0 \in \Lambda^{J,I}$. 由 (4.29), 可得

$$\Lambda^J = \Lambda^{J,I} \cup (-\Lambda^{J,I}).$$

由 (4.16) 和 (4.26), 可得

$$J = I \oplus K, \tag{4.30}$$

其中 $K = \bigoplus_{\alpha_i \in \Lambda^{J,I}} L_{-\alpha_i}$.

再证明 K 是 L 的理想. 显然 $[L, K] \subset [L, J] = 0$ 和

$$[K, L] \subset [K, H] + \left[K, \bigoplus_{\beta \in \Lambda^{\neg J}} L_\beta\right] + \left[K, \bigoplus_{\gamma \in \Lambda^J} L_\gamma\right] \subset K + \left[K, \bigoplus_{\beta \in \Lambda^{\neg J}} L_\beta\right].$$

考虑最后一项 $[K, \bigoplus_{\beta \in \Lambda^{\neg J}} L_\beta]$. 假设存在 $\alpha_i \in \Lambda^{J,I}$ 和 $\beta \in \Lambda^{\neg J}$, 使得 $[L_{-\alpha_i}, L_\beta] \neq 0$. 因为 $L_{-\alpha_i} \subset K \subset J$, 所以 $-\alpha_i \phi^{-1} + \beta \phi^{-1} \in \Lambda^J$. 由 L 是根可积的, 并且 Λ^J 和 $\Lambda^{\neg J}$ 是对称的, 以及 $L_{\alpha_i} \subset I$, 可得 $0 \neq [L_{\alpha_i}, L_{-\beta}] = L_{\alpha_i \phi^{-1} - \beta \phi^{-1}} \subset I$. 进而, $\alpha_i \phi^{-1} - \beta \phi^{-1} \in \Lambda^{J,I}$. 因此, $-\alpha_i \phi^{-1} + \beta \phi^{-1} \in -\Lambda^{J,I}$. 所以 $[L_{-\alpha_i}, L_\beta] \subset K$. 因此 $[K, \bigoplus_{\beta \in \Lambda^{\neg J}} L_\beta] \subset K$.

下面证明 $\phi(K) = K$. 事实上, 因为 I, J 是两个非零理想, 显然 $\phi(I) = I$ 和 $\phi(J) = J$. 由 (4.30) 和 ϕ 是代数同构, 可得 $\phi(K) = K$. 故 K 是 L 的理想. $\qquad \square$

下面介绍 L 是素的概念.

定义 4.1.29   如果 L 的两个理想 I, K 满足 $[I, K] + [K, I] = 0$, 那么 $I \in \{0, J, L\}$ 或者 $K \in \{0, J, L\}$, 则称 L 是**素的** (prime).

在命题 4.1.28 的假设下, 有:

推论 4.1.30   若 L 是素的, 并且对于 L 的任何非零理想 I, 满足 $I \subset J$, 则 $I = J$.

证明   由命题 4.1.28, 可知 $J = I \oplus K$, 其中 I, K 是 L 的理想. 由 $I, K \subset J$, 可得 $[I, K] + [K, I] = 0$. 再由 L 是素的, 可得 $I = J$. $\qquad \square$

命题 4.1.31   设 $L = [L, L]$, 满足 $Z_{\text{Lie}}(L) = 0$ 和 L 是根可积的. 如果 $\Lambda^{\neg J}$ 的所有根是 $\neg J$-连通, 且 L 的任何非零理想 I 满足 $I \not\subset J$, 则有 $I = L$.

证明   由引理 4.1.22 和命题 4.1.27, 只需考虑

$$I = (I \cap H) \oplus \left(\bigoplus_{\beta_j \in \Lambda^{J,I}} L_{\beta_j} \right),$$

其中 $I \cap H \neq 0$. 但这种情况不可能发生. 事实上, 对任意的 $\alpha \in \Lambda^{\neg J}$, 我们有 $[L_\alpha, I \cap H] + [I \cap H, L_\alpha] \subset [L_\alpha, H] + [H, L_\alpha] \subset L_\alpha$ 和 $[L_\alpha, I \cap H] + [I \cap H, L_\alpha] \subset [L_\alpha, I] + [I, L_\alpha] \subset I$. 所以, 对任意的 $\alpha \in \Lambda^{\neg J}$, $[L_\alpha, I \cap H] + [I \cap H, L_\alpha] \subset L_\alpha \cap I = 0$. 再由 $[I \cap H, H] + [H, I \cap H] \subset [H, H] = 0$, 可得 $I \cap H \subset Z_{\text{Lie}}(L) = 0$, 与 $I \cap H \neq 0$ 矛盾. 由命题 4.1.27, 可得命题结论成立. $\qquad \square$

对于任意 $\alpha \in \Lambda^\gamma$, $\gamma \in \{J, \neg J\}$, 记

$$\Lambda_\alpha^\gamma := \{\beta \in \Lambda^\gamma : \beta \sim_{\neg J} \alpha\}.$$

对任意的 $\alpha \in \Lambda^\gamma$, 定义 $H_{\Lambda_\alpha^\gamma} := \text{span}_{\mathbb{F}}\{[L_\beta, L_{-\beta}] : \beta \in \Lambda_\alpha^\gamma\} \subset H$ 和 $V_{\Lambda_\alpha^\gamma} := \bigoplus_{\beta \in \Lambda_\alpha^\gamma} L_\beta$. 定义 L 的子空间 $L_{\Lambda_\alpha^\gamma} := H_{\Lambda_\alpha^\gamma} \oplus V_{\Lambda_\alpha^\gamma}$.

引理 4.1.32   如果 $L = [L, L]$, 那么对任意的 $\alpha \in \Lambda^J$, $L_{\Lambda_\alpha^J}$ 是 L 的理想.

证明 由 (4.19) 和 $H_{\Lambda_\alpha^J}$ 的定义, 可得 $H_{\Lambda_\alpha^J} = 0$, 进而

$$L_{\Lambda_\alpha^J} = \bigoplus_{\beta \in \Lambda_\alpha^J} L_\beta.$$

我们有

$$[L_\delta, L_{\Lambda_\alpha^J}] + [L_{\Lambda_\alpha^J}, L_\delta] \subset [L, J] = 0, \quad \forall\, \delta \in \Lambda^J \tag{4.31}$$

和

$$[L_{\Lambda_\alpha^J}, H] + [H, L_{\Lambda_\alpha^J}] \subset L_{\Lambda_\alpha^J}. \tag{4.32}$$

下面将证明

$$[L_{\Lambda_\alpha^J}, L_\gamma] \subset L_{\Lambda_\alpha^J}, \quad \forall\, \gamma \in \Lambda^{\neg J}. \tag{4.33}$$

事实上, 对于任意 $\beta \in \Lambda_\alpha^J$, $[L_\beta, L_\gamma] \neq 0$, 故 $\beta\phi^{-1} + \gamma\phi^{-1} \in \Lambda^J$. 所以, $\{\beta, \gamma\}$ 是一个从 β 到 $\beta\phi^{-1} + \gamma\phi^{-1}$ 的 $\neg J$-连通. 由 Λ^J 中的关系 $\sim_{\neg J}$ 的对称性和传递性, 可得 $\beta\phi^{-1} + \gamma\phi^{-1} \in \Lambda_\alpha^J$. 故 $[L_\beta, L_\gamma] \subset L_{\Lambda_\alpha^J}$, 进而, (4.33) 成立. 由 (4.18), (4.31)—(4.33), 可得

$$[L, L_{\Lambda_\alpha^J}] + [L_{\Lambda_\alpha^J}, L] \subset L_{\Lambda_\alpha^J}. \tag{4.34}$$

再证明

$$\phi(L_{\Lambda_\alpha^J}) = L_{\Lambda_\alpha^J}. \tag{4.35}$$

事实上, 任给 $\beta \in \Lambda_\alpha^J$, 满足 $L_\beta \subset L_{\Lambda_\alpha^J}$, 并且有 $[L_\beta, J] = 0$. 由于 ϕ 是代数同构, 可得

$$[\phi(L_\beta), \phi(J)] = [\phi(L_\beta), J] = 0. \tag{4.36}$$

由引理 4.1.4 (1) 和 L 是最大长度的, 可得 $0 \neq \phi(L_\beta) = L_{\beta\phi^{-1}}$. 因此, 由 (4.36), 可得 $L_{\beta\phi^{-1}} \subset L_{\Lambda_\alpha^J}$. 由 L 是最大长度的, 所以 $\phi(L_{\Lambda_\alpha^J}) = L_{\Lambda_\alpha^J}$.

由 (4.32), (4.34) 和 (4.35), 可得 $L_{\Lambda_\alpha^J}$ 是 L 的理想. $\qquad\square$

定理 4.1.33 设 $L = [L, L]$, 满足 $Z_{\text{Lie}}(L) = 0$ 和 L 是根可积的. 如果 Λ^J, $\Lambda^{\neg J}$ 是对称的, 那么 L 是单的充分必要条件是 L 是素的并且 Λ^J, $\Lambda^{\neg J}$ 的所有根都是 $\neg J$-连通.

证明 ($\Rightarrow$) 假设 L 是单的. 若 $\Lambda^J \neq \varnothing$, 则存在 $\alpha \in \Lambda^J$, 由引理 4.1.32, 可得 $L_{\Lambda_\alpha^J}$ 是 L 的非零理想. 由 L 是单的, 且由 (4.16) 和 (4.26), 可得 $L_{\Lambda_\alpha^J} = J = \bigoplus_{\beta \in \Lambda^J} L_\beta$. 因此, $\Lambda_\alpha^J = \Lambda^J$, 故 Λ^J 的所有根是 $\neg J$-连通.

现在考虑任意 $\gamma \in \Lambda^{\neg J}$ 和子空间 $L_{\Lambda_\gamma^{\neg J}}$. 记 $I(L_{\Lambda_\gamma^{\neg J}})$ 表示由 $L_{\Lambda_\gamma^{\neg J}}$ 生成的 L 的理想. 由 J 是 L 的理想, 可得 $I(L_{\Lambda_\gamma^{\neg J}}) \cap (\bigoplus_{\delta \in \Lambda^{\neg J}} L_\delta)$ 包含在线性生成集

$$\{[[\cdots [v_{\gamma'}, v_{\alpha_1}], \cdots], v_{\alpha_n}]; \quad [v_{\alpha_n}, [\cdots [v_{\alpha_1}, v_{\gamma'}], \cdots]];$$

$$[[\cdots[v_{\alpha_1}, v_{\gamma'}], \cdots], v_{\alpha_n}]; \quad [v_{\alpha_n}, [\cdots[v_{\gamma'}, v_{\alpha_1}], \cdots]];$$

$$\forall\, 0 \neq v_{\gamma'} \in L_{\Lambda_{\gamma}^{\neg J}},\ 0 \neq v_{\alpha_i} \in L_{\alpha_i},\ \alpha_i \in \Lambda^{\neg J},\ n \in \mathbb{N}\}.$$

由 L 是单的, 可得 $I(L_{\Lambda_{\gamma}^{\neg J}}) = L$. 因此, 对任意 $\delta \in \Lambda^{\neg J}$, 由以上式子可记 $\delta = \gamma'\phi^{-m} + \alpha_1\phi^{-m} + \alpha_2\phi^{-m+1} + \cdots + \alpha_m\phi^{-1}$, 对任意的 $\gamma' \in \Lambda_{\gamma}^{\neg J}$, $\alpha_i \in \Lambda^{\neg J}$, $m \in \mathbb{N}$, 并且其余部分都是零. 因此, $\{\gamma', \alpha_1, \cdots, \alpha_m\}$ 是一个从 γ' 到 δ 的 $\neg J$-连通. 由于 $\Lambda^{\neg J}$ 的关系 $\sim_{\neg J}$ 的对称性和传递性, 可得 γ 与任意 $\delta \in \Lambda^{\neg J}$ 是 $\neg J$-连通. 因此, 由命题 4.1.24, 可得 $\Lambda^{\neg J}$ 的所有根都是 $\neg J$-连通. 由于 L 是单的, 显然是素的.

($\Leftarrow$) 由推论 4.1.30 和命题 4.1.31 立即可得. $\square$

4.2 Hom-李 color 代数的分裂理论

4.2.1 分裂的正则 Hom-李 color 代数的分解

定义 4.2.1[85,86] 设 Γ 是交换群. 映射 $\varepsilon : \Gamma \times \Gamma \to \mathbb{F}\backslash\{0\}$ 称为 Γ 的**斜对称双特征标** (也称交换因子), 如果对任意的 $g_1, g_2, g_3 \in \Gamma$, 都有下列三个等式成立

$$\varepsilon(g_1, g_2)\varepsilon(g_2, g_1) = 1,$$
$$\varepsilon(g_1, g_2 + g_3) = \varepsilon(g_1, g_2)\varepsilon(g_1, g_3),$$
$$\varepsilon(g_1 + g_2, g_3) = \varepsilon(g_1, g_3)\varepsilon(g_2, g_3).$$

若 $V = \bigoplus_{g \in \Gamma} V_g$ 是 Γ-分次空间, 其上有零次双线性运算 $[-, -] : V \times V \to V$, 零次线性变换 $\phi : V \to V$, 及 Γ 上的斜对称双特征标 ε, 使得对 V 中任意齐次元 x, y, z, 都有

$$[x, y] = -\varepsilon(|x|, |y|)[y, x],$$
$$\varepsilon(|z|, |x|)[\phi(x), [y, z]] + \varepsilon(|x|, |y|)[\phi(y), [z, x]] + \varepsilon(|y|, |z|)[\phi(z), [x, y]] = 0,$$

则称 $(V, [-, -], \phi, \varepsilon)$ 为 **Hom-李 color 代数**.

这一节中, 用 L 代表一个正则的 Hom-李 color 代数. 此外, 若 ϕ 是代数同构, 则称 L 为**正则的 Hom-李 color 代数**. 我们首先证明 L 的一个极大交换分次子代数 $H = \bigoplus_{g \in \Gamma} H_g$ 就是 L 的极大交换子代数.

引理 4.2.2 设 $H = \bigoplus_{g \in \Gamma} H_g$ 是 L 的极大交换分次子代数, 则 H 是 L 的极大交换子代数.

证明 考虑 L 的交换子代数 K, 并且满足 $H \subset K$. 对于任意 $x \in K$, $g \in \Gamma$, 有 $[x, H_g] = 0$. 并且我们有 $x = \sum_{i=1}^{n} x_{g_i}$, 其中 $x_{g_i} \in L_{g_i}$, $i = 1, \cdots, n$, $g_i \in \Gamma$, 且当 $i \neq j$ 时, $g_i \neq g_j$. 由分次性, 可得 $[x_{g_i}, H_g] = 0$. 因此, 对任意的 g_i,

$i = 1, \cdots, n$, 我们有 $(H_{g_i} + \mathbb{F}x_{g_i}) \oplus (\bigoplus_{g \in \Gamma \setminus \{g_i\}} H_g)$ 是包含 H 的交换分次子代数, 所以 $x_{g_i} \in H_{g_i}$. 故 $x \in H$. 进而, $K = H$. □

下面介绍分裂的正则 Hom-李 color 代数的定义.

定义 4.2.3 设 $H = \bigoplus_{g \in \Gamma} H_g$ 是 L 的极大交换 (分次) 子代数. 对于一个线性映射 $\alpha \in H_0^*$, 定义 L 的关于 H 的根空间, $L_\alpha := \{v_\alpha \in L : [h, v_\alpha] = \alpha(h)\phi(v_\alpha)$, 对任意的 $h \in H_0\}$. 元素 $\alpha \in H_0^*$ 满足 $L_\alpha \neq 0$, 称为 L 关于 H 的**根**, 并且记 $\Lambda := \{\alpha \in H_0^* \setminus \{0\} : L_\alpha \neq 0\}$.

定义 4.2.4 若

$$L = H \oplus \left(\bigoplus_{\alpha \in \Lambda} L_\alpha \right),$$

则称 L 是关于 H 的**分裂的正则 Hom-李 color 代数**, 称 Λ 是 L 的**根系** (root system).

当 $\phi = \mathrm{Id}$ 时, 分裂的正则 Hom-李 color 代数是分裂的李 color 代数. 映射 $\phi|_H, \phi|_H^{-1} : H \to H$ 分别简记为 ϕ 和 ϕ^{-1}.

引理 4.2.5 设 H 是 L 的极大交换 (分次) 子代数, 则 $H = L_0$.

证明 一方面, 由根空间的定义, 满足 $H \subset L_0$.

另一方面, 任给 $v_0 \in L_0$, 我们有

$$v_0 = h \oplus \left(\bigoplus_{i=1}^n v_{\alpha_i} \right),$$

其中 $h \in H$ 和 $v_{\alpha_i} \in L_{\alpha_i}$, 对任意的 $i = 1, \cdots, n$, 并且当 $i \neq j$ 时, $\alpha_i \neq \alpha_j$. 因此, 对任意的 $h_0 \in H_0$,

$$0 = \left[h_0, h \oplus \left(\bigoplus_{i=1}^n v_{\alpha_i} \right) \right] = \bigoplus_{i=1}^n \alpha_i(h_0)\phi(v_{\alpha_i}).$$

由 $\alpha_i \neq 0$ 和 ϕ 是代数同构, 可得, 对任意的 $i = 1, \cdots, n$, $v_{\alpha_i} = 0$. 所以 $v_0 = h \in H$. 故

$$H = L_0.$$ □

引理 4.2.6 设 $L = \bigoplus_{g \in \Gamma} L_g$ 是分裂的 Hom-李 color 代数, $L = H \oplus (\bigoplus_{\alpha \in \Lambda} L_\alpha)$ 为相应的分解. 若 $L_{\alpha,g} = L_\alpha \cap L_g$, 则以下结论成立.

(1) $L_\alpha = \bigoplus_{g \in \Gamma} L_{\alpha,g}$, 对任意的 $\alpha \in \Lambda \cup \{0\}$.

(2) $H_g = L_{0,g}$. 特别地, $H_0 = L_{0,0}$.

(3) L_0 是关于 H_0 的分裂的 Hom-李代数, $L_0 = H_0 \oplus (\bigoplus_{\alpha \in \Lambda} L_{\alpha,0})$ 为相应的分解.

证明 (1) 由于 L 是 Γ-分次的, 对于任意 $v_\alpha \in L_\alpha$, $\alpha \in \Lambda \cup \{0\}$, 可得 $v_\alpha = v_{\alpha,g_1} + \cdots + v_{\alpha,g_n}$, 其中 $v_{\alpha,g_i} \in L_{g_i}$, $g_1, \cdots, g_n \in \Gamma$. 对任意的 $h_0 \in H_0$, 则 $[h_0, v_{\alpha,g_i}] = \alpha(h_0)\phi(v_{\alpha,g_i})$, 对任意的 $i = 1, \cdots, n$. 因此, $L_\alpha = \bigoplus_{g \in \Gamma}(L_\alpha \cap L_g)$. 故对任意的 $\alpha \in \Lambda \cup \{0\}$, $L_\alpha = \bigoplus_{g \in \Gamma} L_{\alpha,g}$.

(2) 由引理 4.2.5 和引理 4.2.6 (1) 可得.

(3) 我们有 $L_g = H_g \oplus (\bigoplus_{\alpha \in \Lambda} L_{\alpha,g})$, 对任意的 $g \in \Gamma$. 下面考虑 $g = 0$. 我们有 $L_0 = H_0 \oplus (\bigoplus_{\alpha \in \Lambda} L_{\alpha,0})$. 由于 $\alpha \neq 0$, 对任意的 $\alpha \in \Lambda$, 可得 H_0 是 Hom-李代数 L_0 的极大交换子代数. 故 L_0 是关于 H_0 的分裂的 Hom-李代数. $\qquad\square$

引理 4.2.7 对任意的 $\alpha, \beta \in \Lambda \cup \{0\}$, 以下结论成立.

(1) $\phi(L_\alpha) \subset L_{\alpha\phi^{-1}}$ 和 $\phi^{-1}(L_\alpha) \subset L_{\alpha\phi}$.

(2) $[L_\alpha, L_\beta] \subset L_{\alpha\phi^{-1} + \beta\phi^{-1}}$.

证明 (1) 对任意的 $h_0 \in H_0$, 令 $h_0' = \phi(h_0)$. 对任意 $h_0 \in H_0$ 和 $v_\alpha \in L_\alpha$, 由 $[h_0, v_\alpha] = \alpha(h_0)\phi(v_\alpha)$, 可得

$$[h_0', \phi(v_\alpha)] = \phi([h_0, v_\alpha]) = \alpha(h_0)\phi(\phi(v_\alpha)) = \alpha\phi^{-1}(h_0')\phi(\phi(v_\alpha)).$$

故 $\phi(v_\alpha) \in L_{\alpha\phi^{-1}}$, 进而 $\phi(L_\alpha) \subset L_{\alpha\phi^{-1}}$. 用类似的方法, 可得 $\phi^{-1}(L_\alpha) \subset L_{\alpha\phi}$.

(2) 对任意的 $h_0 \in H_0$, $v_\alpha \in L_\alpha$, $v_\beta \in L_\beta$, 令 $h_0' = \phi(h_0)$, 则

$$
\begin{aligned}
[h_0', [v_\alpha, v_\beta]] &= [[h_0, v_\alpha], \phi(v_\beta)] + \varepsilon(h_0, v_\alpha)[\phi(v_\alpha), [h_0, v_\beta]] \\
&= [\alpha(h_0)\phi(v_\alpha), \phi(v_\beta)] + \beta(h_0)[\phi(v_\alpha), \phi(v_\beta)] \\
&= (\alpha + \beta)(h_0)\phi([v_\alpha, v_\beta]) \\
&= (\alpha + \beta)\phi^{-1}(h_0')\phi([v_\alpha, v_\beta]).
\end{aligned}
$$

故 $[v_\alpha, v_\beta] \in L_{\alpha\phi^{-1} + \beta\phi^{-1}}$, 进而 $[L_\alpha, L_\beta] \subset L_{\alpha\phi^{-1} + \beta\phi^{-1}}$. $\qquad\square$

引理 4.2.8 如果 $\alpha \in \Lambda$, 那么 $\alpha\phi^{-z} \in \Lambda$, 对任意的 $z \in \mathbb{Z}$.

证明 由引理 4.2.7 (1) 立即可得. $\qquad\square$

定义 4.2.9 根系 Λ 称为**对称的** (symmetric), 如果满足 $\alpha \in \Lambda$, 那么 $-\alpha \in \Lambda$. 以下, L 表示带有对称根系 Λ 的分裂的正则 Hom-李 color 代数, $L = H \oplus (\bigoplus_{\alpha \in \Lambda} L_\alpha)$ 为相应的根分解. 下面将通过根连通的性质来研究分裂的正则 Hom-李 color 代数.

定义 4.2.10 设 α 和 β 是两个非零根, 如果存在 $\alpha_1, \cdots, \alpha_k \in \Lambda$, 满足以下条件:

若 $k = 1$, 则

(1) $\alpha_1 \in \{\alpha\phi^{-n} : n \in \mathbb{N}\} \cap \{\pm\beta\phi^{-m} : m \in \mathbb{N}\}$.

若 $k \geqslant 2$, 则

(1) $\alpha_1 \in \{\alpha\phi^{-n} : n \in \mathbb{N}\}$.

(2) $\alpha_1\phi^{-1} + \alpha_2\phi^{-1} \in \Lambda$,

$\quad \alpha_1\phi^{-2} + \alpha_2\phi^{-2} + \alpha_3\phi^{-1} \in \Lambda$,

$\quad \alpha_1\phi^{-3} + \alpha_2\phi^{-3} + \alpha_3\phi^{-2} + \alpha_4\phi^{-1} \in \Lambda$,

$\quad \cdots\cdots$

$\quad \alpha_1\phi^{-i} + \alpha_2\phi^{-i} + \alpha_3\phi^{-i+1} + \cdots + \alpha_{i+1}\phi^{-1} \in \Lambda$,

$\quad \cdots\cdots$

$\quad \alpha_1\phi^{-k+2} + \alpha_2\phi^{-k+2} + \alpha_3\phi^{-k+3} + \cdots + \alpha_i\phi^{-k+i} + \cdots + \alpha_{k-1}\phi^{-1} \in \Lambda$.

(3) $\alpha_1\phi^{-k+1} + \alpha_2\phi^{-k+1} + \alpha_3\phi^{-k+2} + \cdots + \alpha_i\phi^{-k+i-1} + \cdots + \alpha_k\phi^{-1} \in \{\pm\beta\phi^{-m} : m \in \mathbb{N}\}$.

则称 α 和 β 是**连通的**, 也称 $\{\alpha_1, \cdots, \alpha_k\}$ 是一个从 α 到 β 的**连通**.

定义 4.2.10 中, 当 $k = 1$ 时, $\beta = \epsilon\alpha\phi^z$, 对任意的 $z \in \mathbb{Z}$, 其中 $\epsilon \in \{\pm1\}$.

引理 4.2.11 若 $\alpha \in \Lambda$, 则 $\alpha\phi^{z_1}$ 与 $\alpha\phi^{z_2}$ 是连通的, 对任意的 $z_1, z_2 \in \mathbb{Z}$. 特别地, $\alpha\phi^{z_1}$ 和 $-\alpha\phi^{z_2}$ 是连通的.

证明 由引理 4.2.7 (1), 可得 $\alpha\phi^{z_1}, \alpha\phi^{z_2} \in \Lambda$, 对任意的 $z_1, z_2 \in \mathbb{Z}$. 令 $z = \min\{z_1, z_2\}$, 那么 $\{\alpha\phi^z\}$ 是从 $\alpha\phi^{z_1}$ 到 $\alpha\phi^{z_2}$ 的连通. 由 Λ 是对称根系, 故 $\{\alpha\phi^z\}$ 是从 $\alpha\phi^{z_1}$ 到 $-\alpha\phi^{z_2}$ 的连通. $\qquad\square$

引理 4.2.12 设 $\{\alpha_1, \cdots, \alpha_k\}$ 是一个从 α 到 β 的连通. 以下结论成立.

(1) 假设 $\alpha_1 = \alpha\phi^{-n}$, $n \in \mathbb{N}$. 那么对于任意 $r \in \mathbb{N}$, 满足 $r \geqslant n$, 存在从 α 到 β 的连通 $\{\overline{\alpha}_1, \cdots, \overline{\alpha}_k\}$, 满足 $\overline{\alpha}_1 = \alpha\phi^{-r}$.

(2) 假设当 $k = 1$ 时, $\alpha_1 = \epsilon\beta\phi^{-m}$ 或者当 $k \geqslant 2$ 时,

$$\alpha_1\phi^{-k+1} + \alpha_2\phi^{-k+1} + \alpha_3\phi^{-k+2} + \cdots + \alpha_k\phi^{-1} = \epsilon\beta\phi^{-m},$$

其中 $m \in \mathbb{N}$, $\epsilon \in \{\pm1\}$. 那么对于任意 $r \in \mathbb{N}$, 满足 $r \geqslant m$, 存在一个从 α 到 β 的连通 $\{\overline{\alpha}_1, \cdots, \overline{\alpha}_k\}$, 并且当 $k = 1$ 时, $\overline{\alpha}_1 = \epsilon\beta\phi^{-r}$ 或者当 $k \geqslant 2$ 时,

$$\overline{\alpha}_1\phi^{-k+1} + \overline{\alpha}_2\phi^{-k+1} + \overline{\alpha}_3\phi^{-k+2} + \cdots + \overline{\alpha}_k\phi^{-1} = \epsilon\beta\phi^{-r}.$$

证明 相仿于 [84, 引理 2.3] 的证明可得本结论. $\qquad\square$

命题 4.2.13 定义 Λ 中关系 $\sim$, $\alpha \sim \beta \Longleftrightarrow \alpha$ 和 β 是连通的, 则这个关系是等价关系.

证明 相仿于 [84, 命题 2.4] 的证明可得本结论. $\qquad\square$

由命题 4.2.12, 对任意的 $\alpha \in \Lambda$, 定义

$$\Lambda_\alpha := \{\beta \in \Lambda : \beta \sim \alpha\}.$$

显然, 若 $\beta \in \Lambda_\alpha$, 则 $-\beta \in \Lambda_\alpha$, 并且由命题 4.2.13, 可得如果 $\gamma \notin \Lambda_\alpha$, 那么 $\Lambda_\alpha \cap \Lambda_\gamma = \varnothing$.

定义

$$H_{\Lambda_\alpha} := \operatorname{span}_{\mathbb{F}}\{[L_\beta, L_{-\beta}] : \beta \in \Lambda_\alpha\}.$$

则 H_{Λ_α} 是

$$\sum_{\beta \in \Lambda_\alpha, g \in \Gamma} [L_{\beta,g}, L_{-\beta,-g}]$$

和

$$\sum_{\substack{\beta \in \Lambda_\alpha; \\ g,g' \in \Gamma, g+g' \neq 0}} [L_{\beta,g}, L_{-\beta,g'}]$$

的直和.

定义

$$V_{\Lambda_\alpha} := \bigoplus_{\beta \in \Lambda_\alpha} L_\beta = \bigoplus_{\beta \in \Lambda_\alpha, g \in \Gamma} L_{\beta,g}$$

和

$$L_{\Lambda_\alpha} := H_{\Lambda_\alpha} \oplus V_{\Lambda_\alpha}.$$

命题 4.2.14 对任意的 $\alpha \in \Lambda$, 则线性子空间 L_{Λ_α} 是 L 的子代数.

证明 首先证明 L_{Λ_α} 满足 $[L_{\Lambda_\alpha}, L_{\Lambda_\alpha}] \subset L_{\Lambda_\alpha}$. 由于 $H = L_0$, 我们有

$$[L_{\Lambda_\alpha}, L_{\Lambda_\alpha}] = [H_{\Lambda_\alpha} \oplus V_{\Lambda_\alpha}, H_{\Lambda_\alpha} \oplus V_{\Lambda_\alpha}] \subset [H_{\Lambda_\alpha}, V_{\Lambda_\alpha}] + [V_{\Lambda_\alpha}, H_{\Lambda_\alpha}] + \sum_{\beta, \delta \in \Lambda_\alpha} [L_\beta, L_\delta].$$

$$(4.37)$$

下面考虑 (4.37) 中的第一项. 注意 H_{Λ_α} 是

$$\sum_{\beta \in \Lambda_\alpha, g \in \Gamma} [L_{\beta,g}, L_{-\beta,-g}]$$

和

$$\sum_{\substack{\beta \in \Lambda_\alpha; \\ g,g' \in \Gamma, g+g' \neq 0}} [L_{\beta,g}, L_{-\beta,g'}]$$

的直和. 对任意的 $\beta \in \Lambda_\alpha$, 由引理 4.2.7 (2), 可得 $[H_{\Lambda_\alpha}, L_\beta] \subset L_{\beta\phi^{-1}}$, 其中 $\beta\phi^{-1} \in \Lambda_\alpha$. 因此,

$$[H_{\Lambda_\alpha}, V_{\Lambda_\alpha}] \subset V_{\Lambda_\alpha}. \tag{4.38}$$

同样的讨论, 可得

$$[V_{\Lambda_\alpha}, H_{\Lambda_\alpha}] \subset V_{\Lambda_\alpha}. \tag{4.39}$$

再考虑 (4.37) 中的第三项 $\sum_{\beta,\delta \in \Lambda_\alpha}[L_\beta, L_\delta]$. 对于任意 $\beta, \delta \in \Lambda_\alpha$, 满足 $[L_\beta, L_\delta] \neq 0$. 若 $\delta = -\beta$, 则 $[L_\beta, L_\delta] = [L_\beta, L_{-\beta}] \subset H_{\Lambda_\alpha}$. 若 $\delta \neq -\beta$, 由引理 4.2.7 (2), 可得 $\beta\phi^{-1} + \delta\phi^{-1} \in \Lambda$. 因此, $\{\beta, \delta\}$ 是一个从 β 到 $\beta\phi^{-1} + \delta\phi^{-1}$ 的连通. 由关系 $\sim$ 的传递性, 可得 $\beta\phi^{-1} + \delta\phi^{-1} \in \Lambda_\alpha$. 进而

$$[L_\beta, L_\delta] \subset L_{\beta\phi^{-1} + \delta\phi^{-1}} \subset V_{\Lambda_\alpha}. \tag{4.40}$$

由 (4.37)—(4.40), 可得 $[L_{\Lambda_\alpha}, L_{\Lambda_\alpha}] \subset L_{\Lambda_\alpha}$.

下面证明 $\phi(L_{\Lambda_\alpha}) = L_{\Lambda_\alpha}$. 由引理 4.2.7 (1) 和引理 4.2.11 立即可得. $\qquad\square$

命题 4.2.15 设 $\alpha, \gamma \in \Lambda$, 若 $\gamma \notin \Lambda_\alpha$, 则 $[L_{\Lambda_\alpha}, L_{\Lambda_\gamma}] = 0$.

证明 我们有

$$[L_{\Lambda_\alpha}, L_{\Lambda_\gamma}] = [H_{\Lambda_\alpha} \oplus V_{\Lambda_\alpha}, H_{\Lambda_\gamma} \oplus V_{\Lambda_\gamma}] \subset [H_{\Lambda_\alpha}, V_{\Lambda_\gamma}] + [V_{\Lambda_\alpha}, H_{\Lambda_\gamma}] + [V_{\Lambda_\alpha}, V_{\Lambda_\gamma}]. \tag{4.41}$$

下面考虑 (4.41) 中的第三项 $[V_{\Lambda_\alpha}, V_{\Lambda_\gamma}]$. 假设存在 $\beta \in \Lambda_\alpha$ 和 $\eta \in \Lambda_\gamma$, 满足 $[L_\beta, L_\eta] \neq 0$. 由已知条件 $\gamma \notin \Lambda_\alpha$, 可得 $\beta \neq -\eta$. 所以, $\beta\phi^{-1} + \eta\phi^{-1} \in \Lambda$. 故 $\{\beta, \eta, -\beta\phi^{-1}\}$ 是一个从 β 到 η 的连通. 由关系 $\sim$ 的传递性, 可得 $\gamma \in \Lambda_\alpha$, 与已知条件 $\gamma \notin \Lambda_\alpha$ 矛盾. 所以假设不成立, 故 $[L_\beta, L_\eta] = 0$. 进而

$$[V_{\Lambda_\alpha}, V_{\Lambda_\gamma}] = 0. \tag{4.42}$$

再考虑 (4.41) 中的第一项 $[H_{\Lambda_\alpha}, V_{\Lambda_\gamma}]$. 任取 $\beta \in \Lambda_\alpha$ 和 $\eta \in \Lambda_\gamma$, 满足

$$[[L_\beta, L_{-\beta}], \phi(L_\eta)] \neq 0.$$

进而

$$[[L_{\beta,g}, L_{-\beta,g'}], \phi(L_\eta)] \neq 0,$$

对 $g, g' \in \Gamma$, 有 $[L_{-\beta,g'}, \phi(L_\eta)] \neq 0$ 或者 $[L_{\beta,g}, \phi(L_\eta)] \neq 0$, 无论哪种情况都有 $[V_{\Lambda_\alpha}, V_{\Lambda_\gamma}] \neq 0$, 与 (4.42) 矛盾. 故

$$[H_{\Lambda_\alpha}, V_{\Lambda_\gamma}] = 0.$$

用同样的方法讨论, 可得

$$[V_{\Lambda_\gamma}, H_{\Lambda_\alpha}] = 0.$$

再由 (4.41) 和 (4.42), 可得 $[L_{\Lambda_\alpha}, L_{\Lambda_\gamma}] = 0$. $\qquad\square$

定义 4.2.16 设 L 是非交换的 Hom-李 color 代数, 若它的理想只有 $\{0\}$ 和 L, 则称 L 是单的.

定理 4.2.17   以下结论成立.

(1) 对任意的 $\alpha \in \Lambda$, 则与 Λ_α 相关的 L 的子代数

$$L_{\Lambda_\alpha} = H_{\Lambda_\alpha} \oplus V_{\Lambda_\alpha}$$

是 L 的理想.

(2) 如果 L 是单的, 那么存在从 α 到 β 的连通, 对任意的 $\alpha, \beta \in \Lambda$.

证明   (1) 因为 $[L_{\Lambda_\alpha}, H] = [L_{\Lambda_\alpha}, L_0] \subset V_{[\alpha]}$, 由命题 4.2.14 和命题 4.2.15, 可得

$$[L_{\Lambda_\alpha}, L] = \left[L_{\Lambda_\alpha}, H \oplus \left(\bigoplus_{\beta \in \Lambda_\alpha} L_\beta \right) \oplus \left(\bigoplus_{\gamma \notin \Lambda_\alpha} L_\gamma \right) \right] \subset L_{\Lambda_\alpha}.$$

由命题 4.2.14, 可得 $\phi(L_{\Lambda_\alpha}) = L_{\Lambda_\alpha}$, 故得 L_{Λ_α} 是 L 的理想.

(2) 由 L 是单的, 可得 $L_{\Lambda_\alpha} = L$. 故 $\Lambda_\alpha = \Lambda$. $\qquad\square$

定理 4.2.18   若 U 为向量空间 $\operatorname{span}_{\mathbb{F}}\{[L_\alpha, L_{-\alpha}] : \alpha \in \Lambda\}$ 在 H 中的补空间, 则有

$$L = U + \sum_{[\alpha] \in \Lambda/\sim} I_{[\alpha]},$$

其中 $I_{[\alpha]}$ 是按定理 4.2.17 (1) 中描述的 L 的理想. 此外, 若 $[\alpha] \neq [\beta]$, 则 $[I_{[\alpha]}, I_{[\beta]}] = 0$.

证明   由命题 4.2.13, 可以考虑商集 $\Lambda/\sim := \{[\alpha] : \alpha \in \Lambda\}$, 其中 $[\alpha] = \Lambda_\alpha$. 定义 $I_{[\alpha]} := L_{\Lambda_\alpha}$. 由定理 4.2.17 (1), 可得 $I_{[\alpha]}$ 是 L 的理想. 因此,

$$L = U + \sum_{[\alpha] \in \Lambda/\sim} I_{[\alpha]}.$$

由命题 4.2.15, 可得若 $[\alpha] \neq [\beta]$, 则 $[I_{[\alpha]}, I_{[\beta]}] = 0$. $\qquad\square$

定义 4.2.19   Hom-李 color 代数 L 的**中心**是 $Z(L) = \{x \in L : [x, L] = 0\}$.

推论 4.2.20   若 $[L, L] = L$, 并且 $Z(L) = 0$, 则 L 是定理 4.2.17 中给出的理想的直和, 即

$$L = \bigoplus_{[\alpha] \in \Lambda/\sim} I_{[\alpha]}.$$

证明   由 $[L, L] = L$, 可得 $L = \sum_{[\alpha] \in \Lambda/\sim} I_{[\alpha]}$. 由 $Z(L) = 0$ 和若 $[\alpha] \neq [\beta]$, $[I_{[\alpha]}, I_{[\beta]}] = 0$, 可得 $L = \bigoplus_{[\alpha] \in \Lambda/\sim} I_{[\alpha]}$. $\qquad\square$

4.2.2 分裂的正则 Hom-李 color 代数的单性

这节, 考虑推论 4.2.20 中的直和成分是单的充分条件.

引理 4.2.21 设 $L = H \oplus (\bigoplus_{\alpha \in \Lambda} L_\alpha)$ 是一个分裂的正则 Hom-李 color 代数. 如果 I 是 L 的理想, 那么 $I = (I \cap H) \oplus (\bigoplus_{\alpha \in \Lambda}(I \cap L_\alpha))$.

证明 可以把 $L = H \oplus (\bigoplus_{\alpha \in \Lambda} L_\alpha)$ 看作是一个关于分裂的 Hom-李代数 L_0 的权模 (H_0 是极大交换子代数) (见引理 4.2.6 (3)). 由 I 是 L 的理想, 可得 I 是 L 的子模. 由于权模的子模还是权模, 故 I 是关于 L_0 的权模, 所以 $I = (I \cap H) \oplus (\bigoplus_{\alpha \in \Lambda}(I \cap L_\alpha))$. □

由引理 4.2.21, I 的分次性和引理 4.2.6 (1), 可得

$$I = \bigoplus_{g \in \Gamma} I_g = \bigoplus_{g \in \Gamma} \left((I_g \cap H_g) \oplus \left(\bigoplus_{\alpha \in \Lambda}(I_g \cap L_{\alpha,g}) \right) \right). \tag{4.43}$$

引理 4.2.22 设 $Z(L) = 0$, 若 I 是 L 的理想, 满足 $I \subset H$, 则 $I = \{0\}$.

证明 假设存在 L 的非零理想 I, 满足 $I \subset H$. 显然 $[I, H] \subset [H, H] = 0$. 由已知条件 I 是 L 的理想, 可得 $[I, \bigoplus_{\alpha \in \Lambda} L_\alpha] \subset I \subset H$. 由 $H = L_0$, 可得 $[I, \bigoplus_{\alpha \in \Lambda} L_\alpha] \subset H \cap (\bigoplus_{\alpha \in \Lambda} L_\alpha) = 0$. 所以, $I \subset Z(L) = 0$, 与假设矛盾, 故 $I = \{0\}$. □

下面介绍分裂的正则 Hom-李 color 代数的根可积和最大长度的定义. 对任意的 $g \in \Gamma$, 定义 $\Lambda_g := \{\alpha \in \Lambda : L_{\alpha,g} \neq 0\}$.

定义 4.2.23 若对于任意 $\alpha \in \Lambda_{g_i}$ 和 $\beta \in \Lambda_{g_j}$, 其中 $g_i, g_j \in \Gamma$, 满足 $\alpha + \beta \in \Lambda$, 有 $[L_{\alpha,g_i}, L_{\beta,g_j}] \neq 0$, 则称分裂的正则 Hom-李 color 代数 L 是**根可积的** (root-multiplicative).

定义 4.2.24 分裂的正则 Hom-李 color 代数 L 是**最大长度的** (maximal length), 如果对于任意 $\alpha \in \Lambda_g, g \in \Gamma$, 有 $\dim L_{\kappa\alpha,\kappa g} = 1$, 其中 $\kappa \in \{\pm 1\}$.

如果 L 是最大长度的, 由 (4.43), 可得

$$I = \bigoplus_{g \in \Gamma} \left((I_g \cap H_g) \oplus \left(\bigoplus_{\alpha \in \Lambda_g^I} L_{\alpha,g} \right) \right). \tag{4.44}$$

其中 $\Lambda_g^I := \{\alpha \in \Lambda : I_g \cap L_{\alpha,g} \neq 0\}$, 对任意的 $g \in \Gamma$.

定理 4.2.25 设 L 是分裂的正则 Hom-李 color 代数, 并且 L 是最大长度的和根可积的, 以及满足 $[L, L] = L$ 和 $Z(L) = 0$. 则 L 是单的充分必要条件是 L 的所有非零根是连通的.

证明 ($\Rightarrow$) 由 4.2.17 (2) 可得.

($\Leftarrow$) 设 I 为 L 的理想. 由引理 4.2.22 和 (4.44), 可得

$$I = \bigoplus_{g \in \Gamma} \left((I_g \cap H_g) \oplus \left(\bigoplus_{\alpha \in \Lambda_g^I} L_{\alpha,g} \right) \right),$$

其中 $\Lambda_g^I \subset \Lambda_g$, 对任意的 $g \in \Gamma$, $\Lambda_g^I \neq \varnothing$. 因此, 存在 $\alpha_0 \in \Lambda_g^I$, 使得

$$0 \neq L_{\alpha_0,g} \subset I. \tag{4.45}$$

由 $\phi(I) = I$ 和引理 4.2.7 (1), 可得

$$\text{如果 } \alpha \in \Lambda_I, \quad \text{那么} \{\alpha \phi^z : z \in \mathbb{Z}\} \subset \Lambda_I, \tag{4.46}$$

也就是

$$\{L_{\alpha_0 \phi^z, g} : z \in \mathbb{Z}\} \subset I. \tag{4.47}$$

对于任意 $\beta \in \Lambda$, 满足 $\beta \notin \{\pm \alpha_0 \phi^z : z \in \mathbb{Z}\}$. 由已知条件 L 的所有非零根是连通的, 所以 α_0 和 β 是连通的, 故存在 α_0 到 β 的连通 $\{\gamma_1, \gamma_2, \cdots, \gamma_k\}(k \geqslant 2)$, 满足 $\gamma_1 = \alpha_0 \phi^{-n}$, $n \in \mathbb{N}$, 并且

$\gamma_1 \phi^{-1} + \gamma_2 \phi^{-1} \in \Lambda,$

$\gamma_1 \phi^{-2} + \gamma_2 \phi^{-2} + \gamma_3 \phi^{-1} \in \Lambda,$

......

$\gamma_1 \phi^{-i} + \gamma_2 \phi^{-i} + \gamma_3 \phi^{-i+1} + \cdots + \gamma_{i+1} \phi^{-1} \in \Lambda,$

......

$\gamma_1 \phi^{-k+2} + \gamma_2 \phi^{-k+2} + \gamma_3 \phi^{-k+3} + \cdots + \gamma_i \phi^{-k+i} + \cdots + \gamma_{k-1} \phi^{-1} \in \Lambda,$

$\gamma_1 \phi^{-k+1} + \gamma_2 \phi^{-k+1} + \gamma_3 \phi^{-k+2} + \cdots + \gamma_i \phi^{-k+i-1} + \cdots + \gamma_k \phi^{-1} = \epsilon \beta \phi^{-m},$

其中 $m \in \mathbb{N}$ 和 $\epsilon \in \{\pm 1\}$.

考虑 γ_1, γ_2 和 $\gamma_1 + \gamma_2$. 由于 $\gamma_2 \in \Lambda$, 存在 $g_1 \in \Gamma$, 满足 $L_{\gamma_2,g_1} \neq 0$. 由 L 是根可积的和最大长度的, 可得 $0 \neq [L_{\gamma_1,g}, L_{\gamma_2,g_1}] = L_{(\gamma_1+\gamma_2)\phi^{-1}, g+g_1}$. 由 (4.47), 知

$$0 \neq L_{(\gamma_1+\gamma_2)\phi^{-1}, g+g_1} \subset I.$$

再考虑 $\gamma_1 \phi^{-1} + \gamma_2 \phi^{-1}$, γ_3 和 $\gamma_1 \phi^{-2} + \gamma_2 \phi^{-2} + \gamma_3 \phi^{-1}$, 同理可得

$$0 \neq L_{\gamma_1 \phi^{-2} + \gamma_2 \phi^{-2} + \gamma_3 \phi^{-1}, g_2} \subset I,$$

其中 $g_2 \in \Gamma$. 对于 $\{\gamma_1, \cdots, \gamma_k\}$ 依次进行下去, 可得

$$0 \neq L_{\gamma_1 \phi^{-k+1} + \gamma_2 \phi^{-k+1} + \gamma_3 \phi^{-k+2} + \cdots + \gamma_k \phi^{-1}, g_3} \subset I,$$

进而 $0 \neq L_{\beta\phi^{-m},g_3} \subset I$ 或者 $0 \neq L_{-\beta\phi^{-m},g_3} \subset I$, 其中 $g_3 \in \Gamma$. 上式可简记为

$$0 \neq L_{\epsilon\beta\phi^{-m},g_3} \subset I, \quad \text{其中 } \epsilon \in \{\pm 1\}, \ g_3 \in \Gamma, \ \beta \in \Lambda. \tag{4.48}$$

由引理 4.2.7 (1), 可得

$$0 \neq L_{\epsilon\beta,g_3} \subset I, \quad \text{其中 } \epsilon \in \{\pm 1\}, \ g_3 \in \Gamma, \ \beta \in \Lambda. \tag{4.49}$$

由 $H = \sum_{\gamma \in \Lambda} [L_\gamma, L_{-\gamma}]$ 和 L 的分次性, 可得

$$H_0 = \sum_{\gamma \in \Lambda, g \in \Gamma} [L_{\gamma,g}, L_{-\gamma,-g}].$$

因此, 存在 $\gamma \in \Lambda$ 和 $g_4 \in \Gamma$, 使得

$$[[L_{\gamma,g_4}, L_{-\gamma,-g_4}], \phi(L_{\epsilon\beta,g_3})] \neq 0. \tag{4.50}$$

则

$$[L_{\gamma,g_4}, \phi(L_{\epsilon\beta,g_3})] \neq 0 \ \text{或者} \ [L_{-\gamma,-g_4}, \phi(L_{\epsilon\beta,g_3})] \neq 0.$$

进而,

$$L_{\gamma\phi^{-1}+\epsilon\beta\phi^{-2},g_4+g_3} \neq 0 \ \text{或者} \ L_{-\gamma\phi^{-1}+\epsilon\beta\phi^{-2},-g_4+g_3} \neq 0.$$

也就是

$$0 \neq L_{\kappa\gamma\phi^{-1}+\epsilon\beta\phi^{-2},\kappa g_4+g_3} \subset I, \tag{4.51}$$

其中 $\kappa \in \{\pm 1\}$. 因为 $\epsilon\beta \in \Lambda_{g_3}$, 由 L 是最大长度的, 可得 $-\epsilon\beta \in \Lambda_{-g_3}$. 由 (4.51), L 是根可积的和最大长度的, 可得

$$0 \neq [L_{\kappa\gamma\phi^{-1}+\epsilon\beta\phi^{-2},\kappa g_4+g_3}, L_{-\epsilon\beta\phi^{-2},-g_3}] = L_{\kappa\gamma\phi^{-2},\kappa g_4} \subset I. \tag{4.52}$$

由引理 4.2.7 (1), 可得

$$L_{\kappa\gamma,\kappa g_4} \subset I. \tag{4.53}$$

由 (4.52) 和 (4.50), 可得

$$\beta\phi^{-1}([L_{\gamma,g_4}, L_{-\gamma,-g_4}]) \neq 0.$$

对于任意 $g_5 \in \Gamma$, 满足 $L_{\epsilon\beta,g_5} \neq 0$, 必然有

$$0 \neq [[L_{\gamma,g_4}, L_{-\gamma,-g_4}], \phi(L_{\epsilon\beta,g_5})] = L_{\epsilon\beta\phi^{-1},g_5} \subset I.$$

所以, $L_{\epsilon\beta\phi^{-1}} \subset I$. 由引理 4.2.7 (1), 可得

$$L_{\epsilon\beta} \subset I, \tag{4.54}$$

对任意的 $\beta \in \Lambda,\ \epsilon \in \{\pm 1\}$. 因为 $H = \sum_{\beta \in \Lambda}[L_\beta, L_{-\beta}]$, 所以

$$H \subset I. \tag{4.55}$$

任给 $-\epsilon\beta \in \Lambda$, 由 $-\epsilon\beta \neq 0$, $H \subset I$ 和 L 是最大长度的, 可得

$$[H, L_{-\epsilon\beta\phi}] = L_{-\epsilon\beta} \subset I. \tag{4.56}$$

由 (4.54)—(4.56), 可得 $I = L$. 因此 L 是单的. $\square$

定理 4.2.26   设 L 是分裂的正则 Hom-李 color 代数, 并且 L 是最大长度和根可积的, 如果 $[L, L] = L$ 和 $Z(L) = 0$, 那么 L 是它的若干理想的直和, 并且每个理想是所有非零根连通的单分裂的正则 Hom-李 color 代数.

证明   由推论 4.2.20, 可得 $L = \bigoplus_{[\alpha] \in \Lambda/\sim} I_{[\alpha_0]}$, 其中

$$I_{[\alpha_0]} = H_{\Lambda_{\alpha_0}} \oplus V_{\Lambda_{\alpha_0}} = \left(\sum_{\beta \in [\alpha_0]} [L_\beta, L_{-\beta}] \right) \oplus \left(\bigoplus_{\beta \in [\alpha_0]} L_\beta \right),$$

显然, $I_{[\alpha_0]}$ 的所有非零根是连通的. 下面要证明 $I_{[\alpha_0]}$ 是单的. 首先, 由于 L 是根可积的, 可得 $I_{[\alpha_0]}$ 是根可积的. 其次, 显然有 $\dim L_\alpha = 1$, 其中 $\alpha \in [\alpha_0]$. 然后, 当 $[\alpha_0] \neq [\beta_0]$, $[I_{[\alpha_0]}, I_{[\beta_0]}] = 0$, 由定理 4.2.18 和 $Z(L) = 0$, 可得 $Z_{I_{[\alpha_0]}} I_{[\alpha_0]} = 0$ (这里 $Z_{I_{[\alpha_0]}} I_{[\alpha_0]}$ 代表 $I_{[\alpha_0]}$ 在 $I_{[\alpha_0]}$ 的中心). 最后, 由 $[L, L] = L$ 可得 $[I_{[\alpha_0]}, I_{[\alpha_0]}] = I_{[\alpha_0]}$. 综上所述, 由定理 4.2.26, 可得 $I_{[\alpha_0]}$ 是单的. $\square$

4.3   BiHom-李超代数的分裂理论

4.3.1   分裂的正则 BiHom-李超代数的分解

首先介绍 BiHom-李代数和 BiHom-李超代数的定义.

定义 4.3.1[87]   设 V 是域 $\mathbb{F}$ 上的线性空间.

- 若 V 具有双线性运算 $\cdot : V \times V \to V$ 及线性变换 $\alpha, \beta : V \to V$ 满足 $\alpha \circ \beta = \beta \circ \alpha$, 且对任意的 $x, y, z \in V$, 都有

$$\alpha(x)(yz) = (xt)\beta(z),$$

则称 $(V, \cdot, \alpha, \beta)$ 为 **BiHom-结合代数**.

- 若 V 具有双线性运算 $[-, -] : V \times V \to V$ 及线性变换 $\alpha, \beta : V \to V$ 满足 $\alpha \circ \beta = \beta \circ \alpha$, 且对任意的 $x, y, z \in V$, 都有

$$[\beta(x), \alpha(y)] = -[\beta(y), \alpha(x)],$$

$$[\beta^2(x), [\beta(y), \alpha(z)]] + [\beta^2(y), [\beta(z), \alpha(x)]] + [\beta^2(z), [\beta(x), \alpha(y)]] = 0,$$

则称 $(V, [-,-], \alpha, \beta)$ 为 **BiHom-李代数**.

定义 4.3.2[78,88]　设 $V = V_{\bar{0}} \oplus V_{\bar{1}}$ 是域 $\mathbb{F}$ 上的 $\mathbb{Z}_2$-分次线性空间.

- 若 V 具有偶双线性运算 $\cdot : V \times V \to V$ 及偶线性变换 $\alpha, \beta : V \to V$ 满足 $\alpha \circ \beta = \beta \circ \alpha$, 且对任意的 $x, y, z \in V$, 都有

$$\alpha(x)(yz) = (xt)\beta(z),$$

则称 $(V, \cdot, \alpha, \beta)$ 为 **BiHom-结合超代数**.

- 若 V 具有偶双线性运算 $[-,-] : V \times V \to V$ 及偶线性变换 $\alpha, \beta : V \to V$ 满足 $\alpha \circ \beta = \beta \circ \alpha$, 且对 V 中任意的齐次元 x, y, z, 都有

$$[\beta(x), \alpha(y)] = -(-1)^{|x||y|}[\beta(y), \alpha(x)],$$
$$(-1)^{|x||z|}[\beta^2(x), [\beta(y), \alpha(z)]] + (-1)^{|y||x|}[\beta^2(y), [\beta(z), \alpha(x)]]$$
$$+ (-1)^{|z||y|}[\beta^2(z), [\beta(x), \alpha(y)]] = 0,$$

则称 $(V, [-,-], \alpha, \beta)$ 为 **BiHom-李超代数**.

定义 4.3.3　一般地, 若 $(V, \mu_1, \cdots, \mu_r, \alpha_1, \cdots, \alpha_s, \beta_1, \cdots, \beta_t)$ 是某类 (Bi)Hom-李型代数, 其中 V 是域 $\mathbb{F}$ 上的线性 (超或 Γ-分次) 空间, $\mu_i : \underbrace{V \times \cdots \times V}_{k_i} \to V$ 代表 V 上的 (偶或零次) k_i 元运算, α_j, β_k 代表 V 上的 (偶或零次) 线性变换, 则

- $(V, \mu_1, \cdots, \mu_r, \alpha_1, \cdots, \alpha_s, \beta_1, \cdots, \beta_t)$ 称为**保积的**, 如果

$$\alpha_1 = \cdots = \alpha_s = \alpha, \quad \beta_1 = \cdots = \beta_t = \beta,$$

并且 α 和 β 都是 V 上的代数同态, 即对任意的 $x_1, \cdots, x_{k_i} \in V$, 有

$$\alpha(\mu_i(x_1, \cdots, x_{s_i})) = \mu_i(\alpha(x_1), \cdots, \alpha(x_{k_i})), \quad \forall \, 1 \leqslant i \leqslant r.$$

- 保积的 $(V, \mu_1, \cdots, \mu_r, \alpha, \beta)$ 称为**正则的**, 如果 α 和 β 还是 V 上的代数同构.

- 正则的 $(V, \mu_1, \cdots, \mu_r, \alpha, \beta)$ 称为**对合的**, 如果 α 和 β 满足 $\alpha^2 = \beta^2 = \mathrm{Id}$.

- $(V, \mu_1, \cdots, \mu_r, \alpha_1, \cdots, \alpha_s, \beta_1, \cdots, \beta_t)$ 的 (超或 Γ-分次) 子空间 I 称为**子代数**, 如果 I 在 $\mu_i (1 \leqslant i \leqslant r)$, $\alpha_j (1 \leqslant j \leqslant s)$ 和 $\beta_k (1 \leqslant k \leqslant t)$ 的作用下是不变的, 即

$$\mu_i(I, \cdots, I) \subseteq I, \quad \alpha_j(I) \subseteq I, \quad \beta_k(I) \subseteq I \, (\forall \, 1 \leqslant i \leqslant r, 1 \leqslant j \leqslant s, 1 \leqslant k \leqslant t).$$

- $(V, \mu_1, \cdots, \mu_r, \alpha_1, \cdots, \alpha_s, \beta_1, \cdots, \beta_t)$ 的 (超或 Γ-分次) 子空间 I 称为**理想**, 如果 I 在 $\alpha_j(1 \leqslant j \leqslant s)$ 和 $\beta_k(1 \leqslant k \leqslant t)$ 的作用下是不变的, 并且

$$\mu_i(I, \cdots, I, V) \subseteq I, \quad \forall 1 \leqslant i \leqslant r.$$

下面介绍分裂的正则 BiHom-李超代数的定义. 首先回忆分裂的李超代数的定义.

设域 $\mathbb{F}$ 上的李超代数 $(L, [\cdot, \cdot])$, $H = H_{\bar{0}} \oplus H_{\bar{1}}$ 是 L 的极大交换 (分次) 子代数. 对于一个线性映射 $\alpha \in (H_{\bar{0}})^*$, 定义 L 的关于 H 的根空间, $L_\alpha = \{v_\alpha \in L : [h_{\bar{0}}, v_\alpha] = \alpha(h_{\bar{0}})v_\alpha, \forall\, h_{\bar{0}} \in H_{\bar{0}}\}$. 元素 $\alpha \in H_{\bar{0}}^*$ 满足 $L_\alpha \neq 0$, 称为 L 关于 H 的根, 并且记 $\Gamma := \{\alpha \in H_{\bar{0}}^* \setminus \{0\} : L_\alpha \neq 0\}$. 若

$$L = H \oplus \left(\bigoplus_{\alpha \in \Gamma} L_\alpha \right),$$

则称 L 是关于 H 的分裂的李超代数, 称 Γ 是 L 的根系.

定义 4.3.4 设 L 是正则的 BiHom-李超代数, $H = H_{\bar{0}} \oplus H_{\bar{1}}$ 是 L 的极大交换分次子代数. 对于一个线性映射 $\alpha : H_{\bar{0}} \to \mathbb{F}$, 定义 L 的关于 H 的根空间, $L_\alpha = \{v_\alpha \in L : [h_{\bar{0}}, \phi(v_\alpha)] = \alpha(h_{\bar{0}})\phi\psi(v_\alpha),$ 对任意的 $h_{\bar{0}} \in H_{\bar{0}}\}$. 元素 $\alpha : H_{\bar{0}} \to \mathbb{F}$ 满足 $L_\alpha \neq 0$, 称为 L 关于 H 的根, 并且记 $\Lambda := \{\alpha \in (H_{\bar{0}})^* \setminus \{0\} : L_\alpha \neq 0\}$. 若

$$L = H \oplus \left(\bigoplus_{\alpha \in \Lambda} L_\alpha \right),$$

则称 L 是关于 H 的**分裂的正则 BiHom-李超代数**, 称 Λ 是 L 的**根系**.

例 4.3.5 设 $(L = H \oplus (\bigoplus_{\alpha \in \Gamma} L_\alpha), [\cdot, \cdot])$ 是一个分裂的李超代数, $\phi, \psi : L \to L$ 是两个自同构, 并且 $\phi(H) = \psi(H) = H$ 和 $\phi \circ \psi = \psi \circ \phi$. 于是 $(L, [\cdot, \cdot]', \phi, \psi)$ 是一个正则的 BiHom-李超代数, 其中 $[x, y]' := [\phi(x), \psi(y)]$, 对任意的 $x, y \in L$. 下面验证可得

$$L = H \oplus \left(\bigoplus_{\alpha \in \Gamma} L_{\alpha\psi^{-1}} \right),$$

正则 BiHom-李超代数 $(L, [\cdot, \cdot]', \phi, \psi)$ 成为分裂的正则 BiHom-李超代数, 根系 $\Lambda = \{\alpha\psi^{-1} : \alpha \in \Gamma\}$.

以下 $L = H \oplus (\bigoplus_{\alpha \in \Lambda} L_\alpha)$ 表示分裂的正则 BiHom-李超代数. 为了方便, 映射 $\phi|_H, \psi|_H, \phi|_H^{-1}, \psi|_H^{-1} : H \to H$ 分别简记为 $\phi, \psi, \phi^{-1}, \psi^{-1}$.

引理 4.3.6 对任意的 $\alpha \in \Lambda \cup \{0\}$, 以下结论成立.

(1) $\phi(L_\alpha) = L_{\alpha\phi^{-1}}$ 和 $\phi^{-1}(L_\alpha) = L_{\alpha\phi}$,

(2) $\psi(L_\alpha) = L_{\alpha\psi^{-1}}$ 和 $\psi^{-1}(L_\alpha) = L_{\alpha\psi}$.

证明 (1) 对任意的 $h_{\bar{0}} \in H_{\bar{0}}$ 和 $v_\alpha \in L_\alpha$, 令 $h_{\bar{0}}' = \phi(h_{\bar{0}})$, 由

$$[h_{\bar{0}}, \phi(v_\alpha)] = \alpha(h_{\bar{0}})\phi\psi(v_\alpha), \tag{4.57}$$

可得

$$\begin{aligned}
[h_{\bar{0}}', \phi^2(v_\alpha)] &= \phi([h_{\bar{0}}, \phi(v_\alpha)]) = \alpha(h_{\bar{0}})\phi^2\psi(v_\alpha)\\
&= \alpha\phi^{-1}(h_{\bar{0}}')\phi^2\psi(v_\alpha) = \alpha\phi^{-1}(h_{\bar{0}}')\phi\psi(\phi(v_\alpha)).
\end{aligned}$$

故 $\phi(v_\alpha) \in L_{\alpha\phi^{-1}}$, 进而

$$\phi(L_\alpha) \subset L_{\alpha\phi^{-1}}. \tag{4.58}$$

下面证明

$$L_{\alpha\phi^{-1}} \subset \phi(L_\alpha).$$

事实上, 对任意的 $h_{\bar{0}} \in H_{\bar{0}}$ 和 $v_\alpha \in L_\alpha$, 由 (4.57), 可得 $[\phi^{-1}(h_{\bar{0}}), v_\alpha] = \alpha(h_{\bar{0}})\psi(v_\alpha)$. 所以, $[\phi(h_{\bar{0}}), v_\alpha] = \alpha\phi^2(h_{\bar{0}})\psi(v_\alpha)$, 故

$$\phi^{-1}(L_\alpha) \subset L_{\alpha\phi}. \tag{4.59}$$

因此, 对于任意 $x \in L_{\alpha\phi^{-1}}$, 记 $x = \phi(\phi^{-1}(x))$, 由 (4.59), 可得 $\phi^{-1}(x) \in L_\alpha$, 故 $L_{\alpha\phi^{-1}} \subset \phi(L_\alpha)$. 再结合 (4.58) 可得 $\phi(L_\alpha) = L_{\alpha\phi^{-1}}$.

再证明

$$\phi^{-1}(L_\alpha) = L_{\alpha\phi}.$$

由 (4.59) 可得, $\phi^{-1}(L_\alpha) \subset L_{\alpha\phi}$. 对于任意 $x \in L_{\alpha\phi}$, 记 $x = \phi^{-1}(\phi(x))$, 再由 (4.58), 同理可得 $L_{\alpha\phi} \subset \phi^{-1}(L_\alpha)$. 故 $\phi^{-1}(L_\alpha) = L_{\alpha\phi}$.

(2) 先证明

$$\psi(L_\alpha) \subset L_{\alpha\psi^{-1}}. \tag{4.60}$$

由 (4.57), 可得 $[\psi(h_{\bar{0}}), \psi\phi(v_\alpha)] = \alpha(h_{\bar{0}})\psi\phi\psi(v_\alpha)$, 进而,

$$[\psi(h_{\bar{0}}), \phi\psi(v_\alpha)] = \alpha\psi^{-1}(\psi(h_{\bar{0}}))\phi\psi(\psi(v_\alpha)).$$

故 $\psi(L_\alpha) \subset L_{\alpha\psi^{-1}}$. 由 (4.57) 和等式 $\psi^{-1}\phi = \phi\psi^{-1}$, 可得

$$\psi^{-1}(L_\alpha) \subset L_{\alpha\psi}. \tag{4.61}$$

类似于引理 4.3.6 (1) 的证明可得

$$L_{\alpha\psi^{-1}} \subset \psi(L_\alpha).$$

故 $\psi(L_\alpha) = L_{\alpha\psi^{-1}}$. 由 (4.60) 和 (4.61), 用类似的方法讨论, 可得 $\psi^{-1}(L_\alpha) = L_{\alpha\psi}$. □

引理 4.3.7 若 $\alpha, \beta \in \Lambda \cup \{0\}$, 则 $[L_\alpha, L_\beta] \subset L_{\alpha\phi^{-1}+\beta\psi^{-1}}$.

证明 对任意的 $h_{\bar{0}} \in H_{\bar{0}}$, $v_\alpha \in L_{\alpha,\bar{i}}$ 和 $v_\beta \in L_{\beta,\bar{j}}$, 我们有

$$[h_{\bar{0}}, \phi([v_\alpha, v_\beta])] = [\psi^2\psi^{-2}(h_{\bar{0}}), \phi([v_\alpha, v_\beta])].$$

令 $h'_{\bar{0}} = \psi^{-2}(h_{\bar{0}})$, 由超 BiHom-Jacobi 等式和超 BiHom 斜对称等式, 可得

$$[\psi^2(h'_{\bar{0}}), \phi([v_\alpha, v_\beta])]$$
$$= [\psi^2(h'_{\bar{0}}), [\psi\psi^{-1}\phi(v_\alpha), \phi(v_\beta)]]$$
$$= -(-1)^{\overline{0j}}(-1)^{\overline{0i}}[\psi^2\psi^{-1}\phi(v_\alpha), [\psi(v_\beta), \phi(h'_{\bar{0}})]]$$
$$\quad - (-1)^{\overline{0j}}(-1)^{\overline{ij}}[\psi^2(v_\beta), [\psi(h'_{\bar{0}}), \phi\psi^{-1}\phi(v_\alpha)]]$$
$$= -[\psi\phi(v_\alpha), [\psi(v_\beta), \phi(h'_{\bar{0}})]] - (-1)^{\overline{ij}}[\psi^2(v_\beta), [\psi(h'_{\bar{0}}), \phi\psi^{-1}\phi(v_\alpha)]]$$
$$= -(-1)(-1)^{\overline{0j}}[\psi\phi(v_\alpha), [\psi(h'_{\bar{0}}), \phi(v_\beta)]] - (-1)^{\overline{ij}}[\psi^2(v_\beta), [\phi\phi^{-1}\psi(h'_{\bar{0}}), \phi\psi^{-1}\phi(v_\alpha)]$$
$$= [\psi\phi(v_\alpha), [\psi(h'_{\bar{0}}), \phi(v_\beta)]] - (-1)^{\overline{ij}}[\psi(\psi(v_\beta)), \phi([\phi^{-1}\psi(h'_{\bar{0}}), \psi^{-1}\phi(v_\alpha)])$$
$$= [\psi\phi(v_\alpha), [\psi(h'_{\bar{0}}), \phi(v_\beta)]] - (-1)^{\overline{ij}}(-1)(-1)^{\overline{ij}}[\psi^2\phi^{-1}(h'_{\bar{0}}), \phi(v_\alpha)], \phi\psi(v_\beta)]$$
$$= [\psi\phi(v_\alpha), [\psi(h'_{\bar{0}}), \phi(v_\beta)]] + [\psi^2\phi^{-1}(h'_{\bar{0}}), \phi(v_\alpha)], \phi\psi(v_\beta)]$$
$$= \beta\psi(h'_{\bar{0}})[\psi\phi(v_\alpha), \phi\psi(v_\beta)] + \alpha\psi^2\phi^{-1}(h'_{\bar{0}})[\phi\psi(v_\alpha), \phi\psi(v_\beta)]$$
$$= (\beta\psi + \alpha\psi^2\phi^{-1})(h'_{\bar{0}})\phi\psi([v_\alpha, v_\beta])$$
$$= (\beta\psi + \alpha\psi^2\phi^{-1})\psi^{-2}(h_{\bar{0}})\phi\psi([v_\alpha, v_\beta])$$
$$= (\beta\psi^{-1} + \alpha\phi^{-1})(h_{\bar{0}})\phi\psi([v_\alpha, v_\beta]),$$

故 $[L_\alpha, L_\beta] \subset L_{\alpha\phi^{-1}+\beta\psi^{-1}}$. □

注意 由引理 4.3.7, 可得

$$[L_{\alpha,\bar{i}}, L_{\beta,\bar{j}}] \subset L_{\alpha\phi^{-1}+\beta\psi^{-1},\bar{i}+\bar{j}}, \quad \forall\, \bar{i}, \bar{j} \in \mathbb{Z}_2.$$

引理 4.3.8 以下结论成立.
(1) 如果 $\alpha \in \Lambda$, 那么 $\alpha\phi^{-z_1}\psi^{-z_2} \in \Lambda$, 对任意的 $z_1, z_2 \in \mathbb{Z}$.
(2) $L_0 = H$.

证明 (1) 由引理 4.3.6 (1) 和 (2) 立即可得.

(2) 一方面, 由根空间定义, 显然 $H \subset L_0$. 另一方面, 任给 $v_0 \in L_0$, 我们有 $v_0 = h \oplus (\bigoplus_{i=1}^n v_{\alpha_i})$, 其中 $h \in H$ 和 $v_{\alpha_i} \in L_{\alpha_i}$, 对任意的 $i = 1, \cdots, n$, 并且 当 $i \neq j$ 时, $\alpha_i \neq \alpha_j$. 对任意的 $h_{\bar{0}} \in H_{\bar{0}}$, 可得 $[h_{\bar{0}}, v_0] = 0$, 由引理 4.3.6, 可得 $0 = [h_{\bar{0}}, h \oplus (\bigoplus_{i=1}^n \phi\phi^{-1}(v_{\alpha_i}))] = \bigoplus_{i=1}^n \alpha_i\phi(h_{\bar{0}})\psi(v_{\alpha_i})$. 由引理 4.3.6 和 $\alpha_i \neq 0$, 可得 $v_{\alpha_i} = 0$, 对任意的 $i = 1, \cdots, n$. 因此, $v_0 = h \in H$. □

由 L 是分次的, 任给 $v_\alpha \in L_\alpha$, $\alpha \in \Lambda \cup \{0\}$, 我们有 $v_\alpha = v_{\alpha,\bar{0}} + v_{\alpha,\bar{1}}$, 其中 $v_{\alpha,\bar{i}} \in L_{\bar{i}}$, $\bar{i} \in \mathbb{Z}_2$, 那么

$$[h_{\bar{0}}, \phi(v_{\alpha,\bar{i}})] = \alpha(h_{\bar{0}})\phi\psi(v_{\alpha,\bar{i}}),$$

对任意的 $h_{\bar{0}} \in H_{\bar{0}}$, 故 $L_\alpha = (L_\alpha \cap L_{\bar{0}}) \oplus (L_\alpha \cap L_{\bar{1}})$. 因此, 记 $L_{\alpha,\bar{i}} := L_\alpha \cap L_{\bar{i}}$, 故

$$L_\alpha = L_{\alpha,\bar{0}} \oplus L_{\alpha,\bar{1}}, \tag{4.62}$$

对任意的 $\alpha \in \Lambda \cup \{0\}$.

由上可知,

$$H_{\bar{0}} = L_{0,\bar{0}} \quad \text{和} \quad H_{\bar{1}} = L_{0,\bar{1}},$$

并且

$$L_{\bar{0}} = H_{\bar{0}} \oplus \left(\bigoplus_{\alpha \in \Lambda} L_{\alpha,\bar{0}}\right), \quad L_{\bar{1}} = H_{\bar{1}} \oplus \left(\bigoplus_{\alpha \in \Lambda} L_{\alpha,\bar{1}}\right).$$

根据 $L_{\bar{0}}$ 的直和表达式, 以及 $\alpha \neq 0$, 对任意的 $\alpha \in \Lambda$, 可得 $H_{\bar{0}}$ 是 BiHom-李代数 $L_{\bar{0}}$ 的极大交换子代数. 因此 $L_{\bar{0}}$ 是关于 $H_{\bar{0}}$ 的分裂的 BiHom-李代数.

定义 4.3.9 根系 Λ 称为**对称的**, 如果满足 $\alpha \in \Lambda$, 那么 $-\alpha \in \Lambda$.

以下, L 表示带有对称根系 Λ 的分裂的正则 BiHom-李超代数, $L = H \oplus (\bigoplus_{\alpha \in \Lambda} L_\alpha)$ 为相应的根分解. 下面通过根连通的性质来研究分裂的正则 BiHom-李超代数.

定义 4.3.10 设 α 和 β 是两个非零根, 如果存在 $\alpha_1, \cdots, \alpha_k \in \Lambda$ 满足

若 $k = 1$, 则

(1) $\alpha_1 \in \{\alpha\phi^{-n}\psi^{-r} : n, r \in \mathbb{N}\} \cap \{\pm\beta\phi^{-m}\psi^{-s} : m, s \in \mathbb{N}\}$.

若 $k \geqslant 2$, 则

(1) $\alpha_1 \in \{\alpha\phi^{-n}\psi^{-r} : n, r \in \mathbb{N}\}$.

(2) $\alpha_1\phi^{-1} + \alpha_2\psi^{-1} \in \Lambda$,

$\alpha_1\phi^{-2} + \alpha_2\phi^{-1}\psi^{-1} + \alpha_3\psi^{-1} \in \Lambda$,

$\cdots\cdots$

$\alpha_1\phi^{-i} + \alpha_2\phi^{-i+1}\psi^{-1} + \alpha_3\phi^{-i+2}\psi^{-1} + \cdots + \alpha_i\phi^{-1}\psi^{-1} + \alpha_{i+1}\psi^{-1} \in \Lambda$,

$\cdots\cdots$

$\alpha_1\phi^{-k+2} + \alpha_2\phi^{-k+3}\psi^{-1} + \alpha_3\phi^{-k+4}\psi^{-1} + \cdots + \alpha_{k-2}\phi^{-1}\psi^{-1} + \alpha_{k-1}\psi^{-1} \in \Lambda$.

(3) $\alpha_1\phi^{-k+1} + \alpha_2\phi^{-k+2}\psi^{-1} + \alpha_3\phi^{-k+3}\psi^{-1} + \cdots + \alpha_i\phi^{-k+i}\psi^{-1} + \cdots + \alpha_{k-1}\phi^{-1}\psi^{-1} + \alpha_k\psi^{-1} \in \{\pm\beta\phi^{-m}\psi^{-s} : m, s \in \mathbb{N}\}$.

称 α 和 β 是**连通的**, 同样称 $\{\alpha_1, \cdots, \alpha_k\}$ 是一个从 α 到 β 的连通.

命题 4.3.11　定义 Λ 中关系 $\sim$, $\alpha \sim \beta \Longleftrightarrow \alpha$ 和 β 是连通的, 则这个关系是等价关系.

证明　相仿于 [89, 推论 2.1] 的证明可得本结论.　　　　　　　　　　　　□

对于任意 $\alpha \in \Lambda$, 定义

$$\Lambda_\alpha := \{\beta \in \Lambda : \beta \sim \alpha\}.$$

显然, 若 $\beta \in \Lambda_\alpha$, 则 $-\beta \in \Lambda_\alpha$, 并且由命题 4.3.11, 可得如果 $\gamma \notin \Lambda_\alpha$, 那么 $\Lambda_\alpha \cap \Lambda_\gamma = \varnothing$.

由 (4.62), 定义

$$\begin{aligned}
H_{\Lambda_\alpha} :&= \mathrm{span}_{\mathbb{F}}\{[L_{\beta\psi^{-1}}, L_{-\beta\phi^{-1}}] : \beta \in \Lambda_\alpha\} \\
&= \left(\sum_{\beta \in \Lambda_\alpha} ([L_{\beta\psi^{-1},\bar{0}}, L_{-\beta\phi^{-1},\bar{0}}] + [L_{\beta\psi^{-1},\bar{1}}, L_{-\beta\phi^{-1},\bar{1}}]) \right) \\
&\quad \oplus \left(\sum_{\beta \in \Lambda_\alpha} ([L_{\beta\psi^{-1},\bar{0}}, L_{-\beta\phi^{-1},\bar{1}}] + [L_{\beta\psi^{-1},\bar{1}}, L_{-\beta\phi^{-1},\bar{0}}]) \right) \\
&\subset H_{\bar{0}} \oplus H_{\bar{1}}
\end{aligned}$$

和

$$V_{\Lambda_\alpha} := \bigoplus_{\beta \in \Lambda_\alpha} L_\beta = \left(\bigoplus_{\beta \in \Lambda_\alpha} L_{\beta,\bar{0}} \right) \oplus \left(\bigoplus_{\beta \in \Lambda_\alpha} L_{\beta,\bar{1}} \right).$$

定义 L_{Λ_α} 是以上两个子空间的直和, 即

$$L_{\Lambda_\alpha} := H_{\Lambda_\alpha} \oplus V_{\Lambda_\alpha}.$$

命题 4.3.12　对任意的 $\alpha \in \Lambda$, 线性子空间 L_{Λ_α} 是 L 的子代数.

证明　首先证明 L_{Λ_α} 满足 $[L_{\Lambda_\alpha}, L_{\Lambda_\alpha}] \subset L_{\Lambda_\alpha}$. 由于 $H = L_0$, 可得

$$[H_{\Lambda_\alpha}, H_{\Lambda_\alpha}] = 0.$$

并且有

$$[L_{\Lambda_\alpha}, L_{\Lambda_\alpha}] = [H_{\Lambda_\alpha} \oplus V_{\Lambda_\alpha}, H_{\Lambda_\alpha} \oplus V_{\Lambda_\alpha}] \subset [H_{\Lambda_\alpha}, V_{\Lambda_\alpha}] + [V_{\Lambda_\alpha}, H_{\Lambda_\alpha}] + \sum_{\beta, \gamma \in \Lambda_\alpha} [L_\beta, L_\gamma]. \tag{4.63}$$

考虑 (4.63) 中的第一项. 任给 $\beta \in \Lambda_\alpha$, 由引理 4.3.8 (1), 可得 $[H_{\Lambda_\alpha}, L_\beta] \subset [L_0, L_\beta] \subset L_{\beta\psi^{-1}}$, 其中 $\beta\psi^{-1} \in \Lambda_\alpha$. 因此,

$$[H_{\Lambda_\alpha}, V_{\Lambda_\alpha}] \subset V_{\Lambda_\alpha}. \tag{4.64}$$

用同样的方法讨论, 可得

$$[V_{\Lambda_\alpha}, H_{\Lambda_\alpha}] \subset V_{\Lambda_\alpha}. \tag{4.65}$$

再考虑 (4.63) 中的第三项 $\sum_{\beta,\gamma\in\Lambda_\alpha}[L_\beta, L_\gamma]$. 对于任意 $\beta, \gamma \in \Lambda_\alpha$, 满足 $[L_\beta, L_\gamma] \neq 0$. 若 $\beta\phi^{-1} + \gamma\psi^{-1} = 0$, 则 $[L_\beta, L_\gamma] \subset H_{\Lambda_\alpha}$. 假设 $\beta\phi^{-1} + \gamma\psi^{-1} \neq 0$, 由于 $[L_\beta, L_\gamma] \neq 0$ 和引理 4.3.7, 可得 $\beta\phi^{-1} + \gamma\psi^{-1} \in \Lambda$. 因此, $\{\beta, \gamma\}$ 是一个从 β 到 $\beta\phi^{-1} + \gamma\psi^{-1}$ 的连通. 由关系 $\sim$ 的传递性, 可得 $\beta\phi^{-1} + \gamma\psi^{-1} \in \Lambda_\alpha$, 进而

$$[L_\beta, L_\gamma] \subset L_{\beta\phi^{-1}+\gamma\psi^{-1}} \subset V_{\Lambda_\alpha}. \tag{4.66}$$

由 (4.63)—(4.66), 可得 $[L_{\Lambda_\alpha}, L_{\Lambda_\alpha}] \subset L_{\Lambda_\alpha}$.

下面证明 $\phi(L_{\Lambda_\alpha}) = L_{\Lambda_\alpha}$ 和 $\psi(L_{\Lambda_\alpha}) = L_{\Lambda_\alpha}$. 由引理4.3.6 立即可得. □

命题 4.3.13 设 $\alpha, \beta \in \Lambda$, 若 $\gamma \notin \Lambda_\alpha$, 则 $[L_{\Lambda_\alpha}, L_{\Lambda_\gamma}] = 0$.

证明 我们有

$$[L_{\Lambda_\alpha}, L_{\Lambda_\gamma}] = [H_{\Lambda_\alpha} \oplus V_{\Lambda_\alpha}, H_{\Lambda_\gamma} \oplus V_{\Lambda_\gamma}] \subset [H_{\Lambda_\alpha}, V_{\Lambda_\gamma}] + [V_{\Lambda_\alpha}, H_{\Lambda_\gamma}] + [V_{\Lambda_\alpha}, V_{\Lambda_\gamma}]. \tag{4.67}$$

下面考虑 (4.67) 中的第一项 $[V_{\Lambda_\alpha}, V_{\Lambda_\gamma}]$. 假设存在 $\beta \in \Lambda_\alpha$ 和 $\eta \in \Lambda_\gamma$, 满足

$$[L_\beta, L_\eta] \neq 0.$$

必然有 $\beta\phi^{-1} \neq -\eta\psi^{-1}$, 所以 $\beta\phi^{-1} + \eta\psi^{-1} \in \Lambda$. 故 $\{\beta, \eta, -\beta\phi^{-2}\psi\}$ 是一个从 β 到 η 的连通. 由关系 $\sim$ 的传递性, 可得 $\gamma \in \Lambda_\alpha$, 与已知条件 $\gamma \notin \Lambda_\alpha$ 矛盾. 因此 $[L_\beta, L_\eta] = 0$, 进而

$$[V_{\Lambda_\alpha}, V_{\Lambda_\gamma}] = 0. \tag{4.68}$$

考虑 (4.67) 中的第一项 $[H_{\Lambda_\alpha}, V_{\Lambda_\gamma}]$, 假设存在 $\beta \in \Lambda_\alpha$ 和 $\eta \in \Lambda_\gamma$, 满足

$$[[L_{\beta\psi^{-1}}, L_{-\beta\phi^{-1}}], \phi^2(L_\eta)] \neq 0.$$

由超 BiHom 斜对称等式, 可得 $[\psi^2(L_\eta), [L_{-\beta\psi^{-1}}, L_{\beta\phi^{-1}}]] \neq 0$. 因此, 存在 $\bar{i}, \bar{j}, \bar{k} \in \mathbb{Z}_2$, 使得 $[\psi^2(L_{\eta,\bar{i}}), [\psi(L_{-\beta,\bar{j}}), \phi(L_{\beta,\bar{k}})]] \neq 0$. 由超 BiHom-Jacobi 等式, 可得

$$[\psi(L_{\beta,\bar{k}}), \phi(L_{\eta,\bar{i}})] \neq 0$$

或者

$$[\psi(L_{\eta,\bar{i}}), \phi(L_{-\beta,\bar{j}})] \neq 0.$$

无论哪一种情况都有 $[V_{\Lambda_\alpha}, V_{\Lambda_\gamma}] \neq 0$, 与 (4.68) 矛盾. 故

$$[H_{\Lambda_\alpha}, V_{\Lambda_\gamma}] = 0.$$

用类似的方法讨论, 可得

$$[V_{\Lambda_\alpha}, H_{\Lambda_\gamma}] = 0.$$

再结合 (4.67), 可得 $[L_{\Lambda_\alpha}, L_{\Lambda_\gamma}] = 0$.   □

定理 4.3.14 以下结论成立:

(1) 对任意的 $\alpha \in \Lambda$, 则与 Λ_α 相关的子代数

$$L_{\Lambda_\alpha} = H_{\Lambda_\alpha} \oplus V_{\Lambda_\alpha}$$

是 L 的理想.

(2) 如果 L 是单的, 那么存在从 α 到 β 的连通, 对任意的 $\alpha, \beta \in \Lambda$, 并且

$$H = \sum_{\alpha \in \Lambda} [L_{\alpha\psi^{-1}}, L_{-\alpha\phi^{-1}}].$$

证明   (1) 我们有 $[L_{\Lambda_\alpha}, H] = [L_{\Lambda_\alpha}, L_0] \subset V_{\Lambda_\alpha}$. 由命题 4.3.12 和命题 4.3.13, 可得

$$[L_{\Lambda_\alpha}, L] = \left[L_{\Lambda_\alpha}, H \oplus \left(\bigoplus_{\beta \in \Lambda_\alpha} L_\beta \right) \oplus \left(\bigoplus_{\gamma \notin \Lambda_\alpha} L_\gamma \right) \right] \subset L_{\Lambda_\alpha}.$$

用类似的方法讨论, 可得

$$[L, L_{\Lambda_\alpha}] \subset L_{\Lambda_\alpha}.$$

由引理 4.3.6, 可得 $\phi(L_{\Lambda_\alpha}) = L_{\Lambda_\alpha}$ 和 $\psi(L_{\Lambda_\alpha}) = L_{\Lambda_\alpha}$. 所以, L_{Λ_α} 是 L 的理想.

(2) 由 L 是单的, 可得 $L_{\Lambda_\alpha} = L$. 故 $\Lambda_\alpha = \Lambda$ 和 $H = \sum_{\alpha \in \Lambda} [L_{\alpha\psi^{-1}}, L_{-\alpha\phi^{-1}}]$.

□

定理 4.3.15   若 U 为向量空间 $\mathrm{span}_{\mathbb{F}}\{[L_{\alpha\psi^{-1}}, L_{-\alpha\phi^{-1}}] : \alpha \in \Lambda\}$ 在 H 中的补空间, 则有

$$L = U + \sum_{[\alpha] \in \Lambda/\sim} I_{[\alpha]},$$

其中 $I_{[\alpha]}$ 是由定理 4.3.14 (1) 给出的 L 的理想, 此外, 若 $[\alpha] \neq [\beta]$, 则 $[I_{[\alpha]}, I_{[\beta]}] = 0$.

证明   由命题 4.3.11, 考虑商集 $\Lambda/\sim := \{[\alpha] : \alpha \in \Lambda\}$. 令 $I_{[\alpha]} := L_{\Lambda_\alpha}$. 由定理 4.3.14 (1), 可得 $I_{[\alpha]}$ 是 L 的理想. 因此,

$$L = U + \sum_{[\alpha] \in \Lambda/\sim} I_{[\alpha]}.$$

由命题 4.3.13, 可得若 $[\alpha] \neq [\beta]$, 则 $[I_{[\alpha]}, I_{[\beta]}] = 0$.   □

定义 4.3.16 L 的中心是 $\mathrm{Z}(L) := \{x \in L : [x, L] + [L, x] = 0\}$.

推论 4.3.17 如果 $Z(L) = 0$, 并且 $H = \sum_{\alpha \in \Lambda}[L_{\alpha\psi^{-1}}, L_{-\alpha\phi^{-1}}]$, 那么 L 是定理 4.3.14 中给出的理想的直和, 即

$$L = \bigoplus_{[\alpha] \in \Lambda/\sim} I_{[\alpha]}.$$

此外, 若 $[\alpha] \neq [\beta]$, 则 $[I_{[\alpha]}, I_{[\beta]}] = 0$.

证明 由于 $H = \sum_{\alpha \in \Lambda}[L_{\alpha\psi^{-1}}, L_{-\alpha\phi^{-1}}]$, 可得 $L = \bigoplus_{[\alpha] \in \Lambda/\sim} I_{[\alpha]}$. 下面证明是直和. 任给 $x \in I_{[\alpha]} \cap \sum_{\substack{[\beta] \in \Lambda/\sim \\ [\beta] \neq [\alpha]}} I_{[\beta]}$, 利用等式 $[I_{[\alpha]}, I_{[\beta]}] = 0$, 其中 $[\alpha] \neq [\beta]$, 可得

$$[x, I_{[\alpha]}] + \left[x, \sum_{\substack{[\beta] \in \Lambda/\sim \\ [\beta] \neq [\alpha]}} I_{[\beta]}\right] = 0$$

和

$$[I_{[\alpha]}, x] + \left[\sum_{\substack{[\beta] \in \Lambda/\sim \\ [\beta] \neq [\alpha]}} I_{[\beta]}, x\right] = 0.$$

故 $[x, L] + [L, x] = 0$, 也就是 $x \in Z(L) = 0$. 进而 $x = 0$. $\qquad\square$

4.3.2 分裂的正则 BiHom-李超代数的单性

这节, 我们要考虑最大长度的分裂的正则 BiHom-李超代数的单性.

引理 4.3.18 设 $L = H \oplus (\bigoplus_{\alpha \in \Lambda} L_\alpha)$ 是一个分裂的正则 BiHom-李超代数. 如果 I 是 L 的理想, 那么 $I = (I \cap H) \oplus (\bigoplus_{\alpha \in \Lambda}(I \cap L_\alpha))$.

证明 可以把 $L = H \oplus (\bigoplus_{\alpha \in \Lambda} L_\alpha)$ 看作是一个关于分裂的正则 BiHom-李代数 $L_{\bar{0}}$ 的权模 ($H_{\bar{0}}$ 是极大交换子代数), 由 I 是 L 的理想, 可得 I 是 L 的子模. 由于权模的子模还是权模, 故 I 是关于 $L_{\bar{0}}$ 的权模, 所以 $I = (I \cap H) \oplus (\bigoplus_{\alpha \in \Lambda}(I \cap L_\alpha))$. $\qquad\square$

由于 I 是分次的, 以及利用 (4.62), 可得

$$I = I_{\bar{0}} \oplus I_{\bar{1}}$$
$$= \left((I_{\bar{0}} \cap H_{\bar{0}}) \oplus \left(\bigoplus_{\alpha \in \Lambda}(I_{\bar{0}} \cap L_{\alpha,\bar{0}})\right)\right) \oplus \left((I_{\bar{1}} \cap H_{\bar{1}}) \oplus \left(\bigoplus_{\alpha \in \Lambda}(I_{\bar{1}} \cap L_{\alpha,\bar{1}})\right)\right).$$
$$(4.69)$$

引理 4.3.19 设 L 是分裂的正则 BiHom-李超代数, 且 $Z(L) = 0$. 若 I 是 L 的理想, 满足 $I \subset H$, 则 $I = \{0\}$.

证明 假设存在 L 的非零理想 I, 满足 $I \subset H$. 显然 $[I, H] \subset [H, H] = 0$. 由已知条件 I 是 L 的理想, 可得 $[I, \bigoplus_{\alpha \in \Lambda} L_\alpha] \subset I \subset H$. 由 $H = L_0$, 可得 $[I, \bigoplus_{\alpha \in \Lambda} L_\alpha] \subset H \cap (\bigoplus_{\alpha \in \Lambda} L_\alpha) = 0$. 所以, $I \subset Z(L) = 0$, 与假设 I 是非零理想矛盾, 故 $I = \{0\}$. □

下面介绍分裂的正则 BiHom-李超代数的根可积和最大长度的定义. 定义 $\Lambda_{\bar{0}} := \{\alpha \in \Lambda : L_{\alpha, \bar{0}} \neq 0\}$ 和 $\Lambda_{\bar{1}} := \{\alpha \in \Lambda : L_{\alpha, \bar{1}} \neq 0\}$ (见 (4.62)). 所以, $\Lambda = \Lambda_{\bar{0}} \cup \Lambda_{\bar{1}}$.

定义 4.3.20 分裂的正则 BiHom-李超代数 L 是**根可积的**, 如果对于任意 $\alpha \in \Lambda_{\bar{i}}$, $\beta \in \Lambda_{\bar{j}}$, 其中 $\bar{i}, \bar{j} \in \mathbb{Z}_2$, 满足 $\alpha\phi^{-1} + \beta\psi^{-1} \in \Lambda_{\bar{i}+\bar{j}}$, 那么 $[L_{\alpha, \bar{i}}, L_{\beta, \bar{j}}] \neq 0$.

定义 4.3.21 分裂的正则 BiHom-李超代数 L 是**最大长度的**, 如果对于任意 $\alpha \in \Lambda$, $\bar{i} \in \mathbb{Z}_2$, 有 $\dim L_{\alpha, \bar{i}} = 1$.

如果 L 是最大长度的, 由 (4.69), 可得

$$I = \left((I_{\bar{0}} \cap H_{\bar{0}}) \oplus \left(\bigoplus_{\alpha \in \Lambda_{\bar{0}}^I} L_{\alpha, \bar{0}}\right)\right) \oplus \left((I_{\bar{1}} \cap H_{\bar{1}}) \oplus \left(\bigoplus_{\alpha \in \Lambda_{\bar{1}}^I} L_{\alpha, \bar{1}}\right)\right), \qquad (4.70)$$

其中 $\Lambda_{\bar{i}}^I = \{\alpha \in \Lambda_{\bar{i}} : I_{\bar{i}} \cap L_{\alpha, \bar{i}} \neq 0\}$, $\bar{i} \in \mathbb{Z}_2$.

定理 4.3.22 设 L 是分裂的正则 BiHom-李超代数, 并且 L 是最大长度的和根可积的, 以及满足 $Z(L) = 0$. 则 L 是单的充分必要条件是 L 的所有根是连通的, 并且 $H = \sum_{\alpha \in \Lambda} [L_{\alpha\psi^{-1}}, L_{-\alpha\phi^{-1}}]$.

证明 ($\Rightarrow$) 由定理 4.3.14 (2) 可得.

($\Leftarrow$) 考虑 L 的非零理想 I. 由引理 4.3.19 和 (4.70), 可得 $I = ((I_{\bar{0}} \cap H_{\bar{0}}) \oplus (\bigoplus_{\alpha \in \Lambda_{\bar{0}}^I} L_{\alpha, \bar{0}})) \oplus ((I_{\bar{1}} \cap H_{\bar{1}}) \oplus (\bigoplus_{\alpha \in \Lambda_{\bar{1}}^I} L_{\alpha, \bar{1}}))$, 其中 $\Lambda_{\bar{i}}^I \subset \Lambda_{\bar{i}}$, $\bar{i} \in \mathbb{Z}_2$, 某个 $\Lambda_{\bar{i}}^I \neq \varnothing$. 因此, 存在某个 $\alpha_0 \in \Lambda_{\bar{i}}^I$, 使得

$$0 \neq L_{\alpha_0, \bar{i}} \subset I. \qquad (4.71)$$

由 $\phi(I) = I$, $\psi(I) = I$ 和引理 4.3.6, 可得

如果 $\alpha \in \Lambda_{\bar{i}}^I$, 那么 $\{\alpha\phi^{z_1}\psi^{z_2} : z_1, z_2 \in \mathbb{Z}\} \subset \Lambda_{\bar{i}}^I$.

也就是

$$\{L_{\alpha_0\phi^{z_1}\psi^{z_2}, \bar{i}} : z_1, z_2 \in \mathbb{Z}\} \subset I.$$

对于任意 $\beta \in \Lambda$, 满足 $\beta \notin \{\pm\alpha_0\phi^{z_1}\psi^{z_2} : z_1, z_2 \in \mathbb{Z}\}$. 由 α_0 和 β 是连通的, 故存在 α_0 到 β 的连通 $\{\alpha_1, \cdots, \alpha_k\}$, $k \geqslant 2$, 满足

$\alpha_1 = \alpha_0\phi^{-n}\psi^{-r}$, 其中 $n, r \in \mathbb{N}$,

$$\alpha_1\phi^{-1} + \alpha_2\psi^{-1} \in \Lambda,$$
$$\alpha_1\phi^{-2} + \alpha_2\phi^{-1}\psi^{-1} + \alpha_3\psi^{-1} \in \Lambda,$$
$$\cdots\cdots$$
$$\alpha_1\phi^{-i} + \alpha_2\phi^{-i+1}\psi^{-1} + \alpha_3\phi^{-i+2}\psi^{-1} + \cdots + \alpha_i\phi^{-1}\psi^{-1} + \alpha_{i+1}\psi^{-1} \in \Lambda,$$
$$\cdots\cdots$$
$$\alpha_1\phi^{-k+2} + \alpha_2\phi^{-k+3}\psi^{-1} + \alpha_3\phi^{-k+4}\psi^{-1} + \cdots + \alpha_{k-2}\phi^{-1}\psi^{-1} + \alpha_{k-1}\psi^{-1} \in \Lambda,$$
$$\alpha_1\phi^{-k+1} + \alpha_2\phi^{-k+2}\psi^{-1} + \alpha_3\phi^{-k+3}\psi^{-1} + \cdots + \alpha_i\phi^{-k+i}\psi^{-1} + \cdots$$
$$+ \alpha_{k-1}\phi^{-1}\psi^{-1} + \alpha_k\psi^{-1} = \epsilon\beta\phi^{-m}\psi^{-s}, \text{ 其中 } m,s \in \mathbb{N} \text{ 和 } \epsilon \in \{\pm1\}.$$

考虑 α_1, α_2 和 $\alpha_1\phi^{-1} + \alpha_2\psi^{-1}$. 由于 $\alpha_2 \in \Lambda$, 满足 $L_{\alpha_2,\bar{j}} \neq 0$, $\bar{j} \in \mathbb{Z}_2$, 所以 $\alpha_2 \in \Lambda_{\bar{j}}$. 故 $\alpha_1 \in \Lambda_{\bar{i}}$ 和 $\alpha_2 \in \Lambda_{\bar{j}}$, 使得 $\alpha_1\phi^{-1} + \alpha_2\psi^{-1} \in \Lambda_{\bar{i}+\bar{j}}$. 由 L 是根可积的和最大长度的, 可得 $0 \neq [L_{\alpha_1,\bar{i}}, L_{\alpha_2,\bar{j}}] = L_{\alpha_1\phi^{-1}+\alpha_2\psi^{-1},\bar{i}+\bar{j}}$. 由 (4.71), 可得 $0 \neq L_{\alpha_1,\bar{i}} \subset I$, 进而

$$0 \neq L_{\alpha_1\phi^{-1}+\alpha_2\psi^{-1},\bar{i}+\bar{j}} \subset I.$$

用同样的方法, 考虑 $\alpha_1\phi^{-1} + \alpha_2\psi^{-1}$, α_3 和 $\alpha_1\phi^{-2} + \alpha_2\phi^{-1}\psi^{-1} + \alpha_3\psi^{-1}$, 可得

$$0 \neq L_{\alpha_1\phi^{-2}+\alpha_2\phi^{-1}\psi^{-1}+\alpha_3\psi^{-1},\bar{k}} \subset I,$$

其中 $\bar{k} \in \mathbb{Z}_2$, 对于 $\{\alpha_1,\cdots,\alpha_k\}$ 依次进行下去, 可得

$$0 \neq L_{\alpha_1\phi^{-k+1}+\alpha_2\phi^{-k+2}\psi^{-1}+\cdots+\alpha_k\psi^{-1},\bar{h}} \subset I.$$

进而 $0 \neq L_{\beta\phi^{-m}\psi^{-s},\bar{h}} \subset I$ 或者 $0 \neq L_{-\beta\phi^{-m}\psi^{-s},\bar{h}} \subset I$, 其中 $\bar{h} \in \mathbb{Z}_2$. 上式可简记为

$$0 \neq L_{\epsilon\beta\phi^{-m}\psi^{-s},\bar{h}} \subset I, \text{ 其中 } \epsilon \in \{\pm1\}, \bar{h} \in \mathbb{Z}_2.$$

对于任意 $\beta \in \Lambda$, 由引理 4.3.6, 可得

$$0 \neq L_{\epsilon\beta,\bar{h}} \subset I, \text{ 其中 } \epsilon \in \{\pm1\}, \bar{h} \in \mathbb{Z}_2. \tag{4.72}$$

如果

$$\Lambda_{\bar{0}} \cap \Lambda_{\bar{1}} = \varnothing,$$

由 (4.72), 可得对于任意 $\beta \in \Lambda$, 我们有

$$L_{\epsilon\beta} \subset I, \tag{4.73}$$

其中 $\epsilon \in \{\pm1\}$. 由于 $H = \sum_{\beta\in\Lambda}[L_{\beta\psi^{-1}}, L_{-\beta\phi^{-1}}]$, 可得

$$H \subset I. \tag{4.74}$$

任给 $-\epsilon\beta \in \Lambda$, 由于 $-\epsilon\beta \neq 0$, $H \subset I$ 和 L 是最大长度的, 可得

$$[H, L_{-\epsilon\beta\psi}] = L_{-\epsilon\beta} \subset I. \tag{4.75}$$

由 (4.73)—(4.75), 可得 $I = L$.

　　因此, 下面只需考虑若存在 $\beta \in \Lambda$, 满足 $\beta \in \Lambda_{\bar{0}} \cap \Lambda_{\bar{1}}$. 首先给出下面一个结论:

$$\text{如果存在 } \alpha \in \Lambda_{\bar{0}} \cap \Lambda_{\bar{1}}, \text{ 满足 } L_{\alpha,\bar{0}} \oplus L_{\alpha,\bar{1}} \subset I, \text{ 那么 } I = L. \tag{4.76}$$

事实上, 由 L 的所有根是连通的, 若连通从 $L_{\alpha,\bar{0}}$ 开始, 对于任意 $\beta \in \Lambda$, 可得 $0 \neq L_{\epsilon\beta,\bar{h}} \subset I$, 其中 $\epsilon \in \{\pm 1\}$, $\bar{h} \in \mathbb{Z}_2$. 如果连通从 $L_{\alpha,\bar{1}}$ 开始, 可得 $0 \neq L_{\epsilon\beta,\bar{h}+\bar{1}} \subset I$, 进而 $L_{\epsilon\beta} \subset I$. 由于 $H = \sum_{\beta \in \Lambda} [L_{\beta\psi^{-1}}, L_{-\beta\phi^{-1}}]$, 可得

$$H \subset I. \tag{4.77}$$

对于任意 $\gamma \in \Lambda$, 由 $\gamma \neq 0$, $H \subset I$ 和 L 是最大长度, 可得

$$[H, L_{\gamma\psi}] = L_{\gamma} \subset I. \tag{4.78}$$

由 (4.77) 和 (4.78), 可得 $I = L$.

　　回到上述 $\beta \in \Lambda$, 满足 $\beta \in \Lambda_{\bar{0}} \cap \Lambda_{\bar{1}}$. 考虑 (4.72), 由于 $\epsilon\beta \neq 0$, 可得

$$[H_{\bar{0}}, \psi^2(L_{\epsilon\beta,\bar{h}})] \neq 0.$$

因为 $H_{\bar{0}} = \sum_{\gamma \in \Lambda} ([L_{\gamma\psi^{-1},\bar{0}}, L_{-\gamma\phi^{-1},\bar{0}}] + [L_{\gamma\psi^{-1},\bar{1}}, L_{-\gamma\phi^{-1},\bar{1}}])$, 所以存在 $\gamma \in \Lambda$, 使得

$$[[L_{\gamma\psi^{-1},\bar{0}}, L_{-\gamma\phi^{-1},\bar{0}}], \psi^2(L_{\epsilon\beta,\bar{h}})] \neq 0$$

或者

$$[[L_{\gamma\psi^{-1},\bar{1}}, L_{-\gamma\phi^{-1},\bar{1}}], \psi^2(L_{\epsilon\beta,\bar{h}})] \neq 0.$$

也就是

$$[[\psi(L_{\gamma,\bar{n}}), \phi(L_{-\gamma,\bar{n}})], \psi^2(L_{\epsilon\beta,\bar{h}})] \neq 0, \tag{4.79}$$

其中 $\bar{n} \in \mathbb{Z}_2$. 由超 BiHom 斜对称等式, 可得

$$[\psi^2(L_{\epsilon\beta,\bar{h}}), [\psi(L_{-\gamma,\bar{n}}), \phi(L_{\gamma,\bar{n}})]] \neq 0.$$

由超 BiHom-Jacobi 等式, 可得

$$[\psi(L_{\gamma,\bar{n}}), \phi(L_{\epsilon\beta,\bar{h}})] \neq 0 \text{ 或者 } [\psi(L_{\epsilon\beta,\bar{h}}), \phi(L_{-\gamma,\bar{n}})] \neq 0.$$

故 $L_{\gamma\psi^{-1}\phi^{-1}+\epsilon\beta\phi^{-1}\psi^{-1},\bar{n}+\bar{h}} \neq 0$ 或者 $L_{-\gamma\psi^{-1}\phi^{-1}+\epsilon\beta\psi^{-1}\phi^{-1},\bar{n}+\bar{h}} \neq 0$. 即由 (4.72), 可得

$$0 \neq L_{(\kappa\gamma+\epsilon\beta)\psi^{-1}\phi^{-1},\bar{n}+\bar{h}} \subset I, \tag{4.80}$$

其中 $\kappa \in \{\pm 1\}$. 由引理 4.3.6, 可得

$$0 \neq L_{(\kappa\gamma+\epsilon\beta)\psi^{-1},\bar{n}+\bar{h}} \subset I, \tag{4.81}$$

其中 $\kappa \in \{\pm 1\}$. 下面考虑两种情况, 如果 $L_{-\kappa\gamma\phi^{-1},\bar{n}+\bar{1}} \neq 0$, 由 L 是根可积的和最大长度的, 可得

$$0 \neq [L_{(\kappa\gamma+\epsilon\beta)\psi^{-1},\bar{n}+\bar{h}}, L_{-\kappa\gamma\phi^{-1},\bar{n}+\bar{1}}] = L_{\epsilon\beta\psi^{-1}\phi^{-1},\bar{h}+\bar{1}} \subset I.$$

也就是, $L_{\epsilon\beta,\bar{h}+\bar{1}} \subset I$. 由 (4.72) 和 (4.76), 可得 $I = L$. 如果 $L_{-\kappa\gamma\phi^{-1},\bar{n}+\bar{1}} = 0$, 因为 $-\epsilon\beta \in \Lambda$, 所以 $L_{-\epsilon\beta\phi^{-1},\bar{m}} \neq 0$, 其中 $\bar{m} \in \mathbb{Z}_2$. 由 (4.81), L 是根可积的和最大长度的, 可得

$$0 \neq [L_{(\kappa\gamma+\epsilon\beta)\psi^{-1},\bar{n}+\bar{h}}, L_{-\epsilon\beta\phi^{-1},\bar{m}}] = L_{\kappa\gamma\psi^{-1}\phi^{-1},\bar{n}+\bar{h}+\bar{m}} \subset I.$$

也就是

$$L_{\kappa\gamma\phi^{-1},\bar{n}+\bar{h}+\bar{m}} \subset I \text{ 和 } L_{\kappa\gamma\psi^{-1},\bar{n}+\bar{h}+\bar{m}} \subset I. \tag{4.82}$$

如果 $\bar{h} + \bar{m} = \bar{0}$, 由 (4.79), 可得

$$\beta\psi^{-2}([L_{\gamma\psi^{-1},\bar{n}}, L_{-\gamma\phi^{-1},\bar{n}}]) \neq 0.$$

由 (4.82) 和 $\beta \in \Lambda_{\bar{0}} \cap \Lambda_{\bar{1}}$, 可得 $0 \neq [[L_{\gamma\psi^{-1},\bar{n}}, L_{-\gamma\phi^{-1},\bar{n}}], \psi^2(L_{\beta,\bar{p}})] = L_{\beta\psi^{-3},\bar{p}} \subset I$, 对任意的 $\bar{p} \in \mathbb{Z}_2$. 也就是 $L_{\beta,\bar{p}} \subset I$, 对任意的 $\bar{p} \in \mathbb{Z}_2$. 再由 (4.76), 可得 $I = L$. 如果 $\bar{h} + \bar{m} = \bar{1}$, 由 (4.82), 并且 L 是根可积的和最大长度的, 可得 $0 \neq [L_{\kappa\gamma\psi^{-1},\bar{n}+\bar{1}}, L_{\epsilon\beta\phi^{-1},\bar{h}}] = L_{(\kappa\gamma+\epsilon\beta)\psi^{-1}\phi^{-1},\bar{n}+\bar{h}+\bar{1}} \subset I$. 再由 (4.76) 和 (4.80), 可得 $I = L$. 故 L 是单的. □

定理 4.3.23 设 L 是分裂的正则 BiHom-李超代数, 并且 L 是最大长度和根可积的, 如果 $Z(L) = 0$ 和 $H = \sum_{\alpha\in\Lambda}[L_{\alpha\psi^{-1}}, L_{-\alpha\phi^{-1}}]$, 那么

$$L = \bigoplus_{[\alpha]\in\Lambda/\sim} I_{[\alpha]},$$

其中 $I_{[\alpha]}$ 是一个所有非零根连通的单分裂的正则 BiHom-李超代数.

证明 由推论 4.3.17, 可得 $L = \bigoplus_{[\alpha]\in\Lambda/\sim} I_{[\alpha]}$, 其中

$$I_{[\alpha]} = H_{\Lambda_\alpha} \oplus V_{\Lambda_\alpha} = \left(\sum_{\beta\in[\alpha]}[L_{\beta\psi^{-1}}, L_{-\beta\phi^{-1}}]\right) \oplus \left(\bigoplus_{\beta\in[\alpha]} L_\beta\right),$$

显然, $I_{[\alpha]}$ 的所有根是连通的. 下面要证明 $I_{[\alpha]}$ 是单的. 首先, 由 L 是根可积的, 可得 $I_{[\alpha]}$ 是根可积的. 其次, 显然有 $I_{[\alpha]}$ 是最大长度的. 然后, 当 $[\alpha] \neq [\beta]$, $[I_{[\alpha]}, I_{[\beta]}] = 0$, 定理 4.3.15 和 $Z(L) = 0$, 可得 $Z_{I_{[\alpha]}}(I_{[\alpha]}) = 0$ (这里 $Z_{I_{[\alpha]}}(I_{[\alpha]})$ 代表 $I_{[\alpha]}$ 在 $I_{[\alpha]}$ 中的中心). 由定理 4.3.22, 可得 $I_{[\alpha]}$ 是单的.　　　　□

第 5 章 Hom-李型代数的乘积结构和复结构理论

本章研究 3-BiHom-李代数和 Hom-李超代数的乘积结构和复结构理论 [90,91].

对于 3-BiHom-李代数, 我们定义了乘积结构, 给出 3-BiHom-李代数具有乘积结构的充要条件, 以及构造 4 类具有较好性质的 3-BiHom-李代数上的乘积结构例子. 我们还定义了复结构, 构造 4 类具有较好性质的 3-BiHom-李代数上的复结构例子. 此外, 讨论了 3-BiHom-李代数上的乘积结构与复结构之间的关系.

对于 Hom-李超代数, 我们定义了乘积结构和复结构, 并分别给出了 Hom-李超代数具有乘积结构和复结构的充要条件. 我们还分别研究了特殊乘积结构和特殊复结构, 并分别给出了 Hom-李超代数和复 Hom-李超代数上的特殊分解. 此外, 定义了复乘积结构并给出了 Hom-李超代数具有复乘积结构的充要条件.

5.1 3-BiHom-李代数的乘积结构和复结构

5.1.1 3-BiHom-李代数的乘积结构

定义 5.1.1[50] 设 $(L, [\cdot, \cdot, \cdot], \alpha, \beta)$ 是 3-BiHom-李代数. 线性映射 $N: L \to L$ 称为一个 Nijienhuis 算子, 如果任取 $x, y, z \in L$ 有下面条件成立:

$$\alpha N = N\alpha, \quad \beta N = N\beta,$$

$$[Nx, Ny, Nz] = N[Nx, Ny, z] + N[Nx, y, Nz] + N[x, Ny, Nz]$$
$$- N^2[Nx, y, z] - N^2[x, Ny, z] - N^2[x, y, Nz] + N^3[x, y, z].$$

定义 5.1.2 设 $(L, [\cdot, \cdot, \cdot], \alpha, \beta)$ 是 3-BiHom-李代数. L 上的几乎乘积结构是一个线性映射 $E: L \to L$ 满足条件 $E^2 = \mathrm{Id}$ $(E \neq \pm \mathrm{Id})$, $\alpha E = E\alpha$ 和 $\beta E = E\beta$.

一个几乎乘积结构被称为乘积结构, 如果对任意的 $x, y, z \in L$, 有

$$E[x, y, x] = [Ex, Ey, Ez] + [Ex, y, z] + [x, Ey, z] + [x, y, Ez]$$
$$- E[Ex, Ey, z] - E[x, Ey, Ez] - E[Ex, y, Ez]. \tag{5.1}$$

注 5.1.3 乘积结构 E 可以看成是 3-BiHom-李代数上的 Nijienhuis 算子满足条件 $E^2 = \mathrm{Id}$.

定理 5.1.4 设 $(L, [\cdot, \cdot, \cdot], \alpha, \beta)$ 是 3-BiHom-李代数. 则 L 上有乘积结构当且仅当 $L = L_+ \oplus L_-$, 其中 L_+ 和 L_- 都是 L 的 BiHom-子代数.

证明　设 E 是 L 上的乘积结构. 由 $E^2 = \mathrm{Id}$, 我们可以把 L 分解成 $L = L_+ \oplus L_-$, 其中 L_+ 和 L_- 是特征值 1 和 -1 的特征子空间, 即 $L_+ = \{x \in L | Ex = x\}$, $L_- = \{x \in L | Ex = -x\}$. 任取 $x_1, x_2, x_3 \in L_+$, 能够计算出

$$
\begin{aligned}
E[x_1, x_2, x_3] &= [Ex_1, Ex_2, Ex_3] + [Ex_1, x_2, x_3] + [x_1, Ex_2, x_3] + [x_1, x_2, Ex_3] \\
&\quad - E[Ex_1, Ex_2, x_3] - E[x_1, Ex_2, Ex_3] - E[Ex_1, x_2, Ex_3] \\
&= 4[x_1, x_2, x_3] - 3E[x_1, x_2, x_3].
\end{aligned}
$$

所以 $E[x_1, x_2, x_3] = [x_1, x_2, x_3]$, 这就可以推出 $[x_1, x_2, x_3] \in L_+$. 又因为 $E\alpha(x_1) = \alpha E(x_1) = \alpha(x_1)$, 显然有 $\alpha(x_1) \in L_+$. 同理 $\beta(x_1) \in L_+$. 可以得出 L_+ 是 BiHom-子代数. 类似地有 L_- 也是 BiHom-子代数.

反之, 定义线性映射 $E : L \to L$ 是

$$
E(x + y) = x - y, \quad \forall x \in L_+, \ y \in L_-. \tag{5.2}
$$

显然, $E^2 = \mathrm{Id}$. 因为 L_+ 和 L_- 是 L 的 BiHom-子代数, 所以对任意的 $x \in L_+, y \in L_-$ 有

$$
E\alpha(x + y) = E(\alpha(x) + \alpha(y)) = \alpha(x) - \alpha(y) = \alpha(x - y) = \alpha E(x + y),
$$

这就可以得到 $E\alpha = \alpha E$. 同理也有 $E\beta = \beta E$. 另外任取 $x_i \in L_+$, $y_j \in L_-$, $i, j = 1, 2, 3$ 能够得到

$$
\begin{aligned}
&[E(x_1 + y_1), E(x_2 + y_2), E(x_3 + y_3)] + [E(x_1 + y_1), x_2 + y_2, x_3 + y_3] \\
&\quad + [x_1 + y_1, E(x_2 + y_2), x_3 + y_3] + [x_1 + y_1, x_2 + y_2, E(x_3 + y_3)] \\
&\quad - E([E(x_1 + y_1), E(x_2 + y_2), x_3 + y_3] + [E(x_1 + y_1), x_2 + y_2, E(x_3 + y_3)] \\
&\quad + [x_1 + y_1, E(x_2 + y_2), E(x_3 + y_3)]) \\
&= [x_1 - y_1, x_2 - y_2, x_3 - y_3] + [x_1 - y_1, x_2 + y_2, x_3 + y_3] \\
&\quad + [x_1 + y_1, x_2 - y_2, x_3 + y_3] \\
&\quad + [x_1 + y_1, x_2 + y_2, x_3 - y_3] - E([x_1 - y_1, x_2 - y_2, x_3 + y_3] \\
&\quad + [x_1 - y_1, x_2 + y_2, x_3 - y_3] + [x_1 + y_1, x_2 - y_2, x_3 - y_3]) \\
&= 4[x_1, x_2, x_3] - 4[y_1, y_2, y_3] - E(3[x_1, x_2, x_3] - [x_1, x_2, y_3] - [x_1, y_2, x_3] \\
&\quad - [x_1, y_2, y_3] - [y_1, x_2, x_3] - [y_1, x_2, y_3] - [y_1, y_2, x_3] + [y_1, y_2, y_3]) \\
&= E([x_1, x_2, x_3] + [x_1, x_2, y_3] + [x_1, y_2, x_3] + [x_1, y_2, y_3] + [y_1, x_2, x_3] + [y_1, x_2, y_3] \\
&\quad + [y_1, y_2, x_3] + [y_1, y_2, y_3])
\end{aligned}
$$

$$= E([x_1 + y_1, x_2 + y_2, x_3 + y_3]).$$

因此 E 是 L 上的乘积结构. □

命题 5.1.5 设 $(L, [\cdot, \cdot, \cdot], \alpha, \beta)$ 是 3-BiHom-李代数, E 是 L 上的几乎乘积结构. 如果 E 满足条件

$$E[x, y, z] = [Ex, y, z], \quad \forall x, y, z \in L, \tag{5.3}$$

则 E 是 L 上的乘积结构并且使得 $[L_+, L_+ L_-] = [L_-, L_-, L_+] = 0$ 成立, 即 L 是 BiHom-理想 L_+ 和 L_- 的直和.

证明 利用 (5.3) 和 $E^2 = \text{Id}$, 有

$$\begin{aligned}
&[Ex, Ey, Ez] + [Ex, y, z] + [x, Ey, z] + [x, y, Ez] \\
&\quad - E[Ex, Ey, z] - E[x, Ey, Ez] - E[Ex, y, Ez] \\
&= [Ex, Ey, Ez] + E[x, y, z] + [x, Ey, z] + [x, y, Ez] \\
&\quad - [E^2x, Ey, z] - [Ex, Ey, Ez] - [E^2x, y, Ez] \\
&= E[x, y, z].
\end{aligned}$$

所以 E 是 L 上的乘积结构. 利用定理 5.1.4, 可以得到 $L = L_+ \oplus L_-$, 其中 L_+ 和 L_- 是 BiHom-子代数. 任取 $x_1, x_2 \in L_+, x_3 \in L_-$, 一方面有

$$E[x_1, x_2, x_3] = [Ex_1, x_2, x_3] = [x_1, x_2, x_3].$$

另一方面, 因为 α, β 是可逆映射, 则存在 $\tilde{x}_1, \tilde{x}_2 \in L_+, \tilde{x}_3 \in L_-$ 使得 $x_1 = \beta(\tilde{x}_1), x_2 = \beta(\tilde{x}_2)$ 和 $x_3 = \alpha(\tilde{x}_3)$. 所以有

$$\begin{aligned}
E[x_1, x_2, x_3] &= E[\beta(\tilde{x}_1), \beta(\tilde{x}_2), \alpha(\tilde{x}_3)] = E[\beta(\tilde{x}_3), \beta(\tilde{x}_1), \alpha(\tilde{x}_2)] \\
&= [E\beta(\tilde{x}_3), \beta(\tilde{x}_1), \alpha(\tilde{x}_2)] = -[\beta(\tilde{x}_3), \beta(\tilde{x}_1), \alpha(\tilde{x}_2)] \\
&= -[\beta(\tilde{x}_1), \beta(\tilde{x}_2), \alpha(\tilde{x}_3)] \\
&= -[x_1, x_2, x_3].
\end{aligned}$$

因此能推出 $[L_+, L_+, L_-] = 0$. 同理 $[L_-, L_-, L_+] = 0$. 证毕. □

定义 5.1.6 如果一个几乎乘积结构 E 满足 (5.3), 则称之为 3-BiHom-李代数 $(L, [\cdot, \cdot, \cdot], \alpha, \beta)$ 上的严格乘积结构.

推论 5.1.7 设 $(L, [\cdot, \cdot, \cdot], \alpha, \beta)$ 是 3-BiHom-李代数. 则 L 上有严格乘积结构的充分必要条件是 $L = L_+ \oplus L_-$, 其中 L_+ 和 L_- 是 L 的 BiHom-子代数, 而且使得 $[L_+, L_+, L_-] = 0, [L_-, L_-, L_+] = 0$ 成立.

证明　设 E 是 L 上的严格乘积结构. 由命题 5.1.5 和定理 5.1.4, 显然有 $L = L_+ \oplus L_-$, 其中 L_+ 和 L_- 是 L 的 BiHom-子代数, 而且有 $[L_+, L_+, L_-] = 0$ 和 $[L_-, L_-, L_+] = 0$.

反之, 由 (5.2) 定义一个线性映射 E. 因为 α, β 是可逆映射而且有 $[L_+, L_+, L_-] = [L_-, L_-, L_+] = 0$. 所以 $[L_+, L_-, L_+] = [L_-, L_+, L_+] = [L_+, L_-, L_-] = [L_-, L_+, L_-] = 0$. 任取 $x_i \in L_+, y_j \in L_-, i, j = 1, 2, 3$, 可以推出

$$
\begin{aligned}
&E[x_1 + y_1, x_2 + y_2, x_3 + y_3] \\
&= E([x_1, x_2, x_3] + [y_1, y_2, y_3]) \\
&= [x_1, x_2, x_3] - [y_1, y_2, y_3] \\
&= [x_1 - y_1, x_2 + y_2, x_3 + y_3] \\
&= [E(x_1 + y_1), x_2 + y_2, x_3 + y_3].
\end{aligned}
$$

因此 E 是 L 上的乘积结构. □

命题 5.1.8　设 $(L, [\cdot, \cdot, \cdot], \alpha, \beta)$ 是 3-BiHom-李代数, E 是 L 上的几乎乘积结构. 若 E 满足条件

$$[x, y, z] = -[x, Ey, Ez] - [Ex, y, Ez] - [Ex, Ey, z], \quad \forall x, y, z \in L, \tag{5.4}$$

则 E 是 L 上的乘积结构.

证明　由 (5.4) 和 $E^2 = \mathrm{Id}$, 能够得到

$$
\begin{aligned}
&[Ex, Ey, Ez] + [Ex, y, z] + [x, Ey, z] + [x, y, Ez] \\
&\quad - E[Ex, Ey, z] - E[x, Ey, Ez] - E[Ex, y, Ez] \\
&= -[Ex, E^2y, E^2z] - [E^2x, Ey, E^2z] - [E^2x, E^2y, Ez] \\
&\quad + [Ex, y, z] + [x, Ey, z] + [x, y, Ez] + E[x, y, z] \\
&= E[x, y, z].
\end{aligned}
$$

所以 E 是 L 上的乘积结构. □

定义 5.1.9　3-BiHom-李代数 $(L, [\cdot, \cdot, \cdot], \alpha, \beta)$ 上的几乎乘积结构 E 被称为交换乘积结构, 如果它满足 (5.4).

推论 5.1.10　设 $(L, [\cdot, \cdot, \cdot], \alpha, \beta)$ 是 3-BiHom-李代数. 则 L 上有交换乘积结构的充分必要条件是 $L = L_+ \oplus L_-$, 其中 L_+ 和 L_- 是 L 的交换 BiHom-子代数.

证明　假设 E 是 L 上的交换乘积结构. 由定理 5.1.4 和命题 5.1.8 知, 我们只需要证明 L_+ 和 L_- 是 L 的交换 BiHom-子代数. 任取 $x_1, x_2, x_3 \in L_+$, 有

$$[x_1, x_2, x_3] = -[Ex_1, Ex_2, x_3] - [x_1, Ex_2, Ex_3] - [Ex_1, x_2, Ex_3]$$

$$= -3[x_1, x_2, x_3],$$

这就说明 $[x_1, x_2, x_3] = 0$. 同理有 $[y_1, y_2, y_3] = 0, \forall y_1, y_2, y_3 \in L_-$. 所以 L_+ 和 L_- 是 L 的交换 BiHom-子代数.

反之, 由 (5.2) 定义一个线性映射 $E : L \to L$. 则对任意的 $x_i \in L_+, y_j \in L_-, i, j = 1, 2, 3$, 有

$$- [x_1 + y_1, E(x_2 + y_2), E(x_3 + y_3)] - [E(x_1 + y_1), E(x_2 + y_2), x_3 + y_3]$$
$$- [E(x_1 + y_1), x_2 + y_2, E(x_3 + y_3)]$$
$$= - [x_1 + y_1, x_2 - y_2, x_3 - y_3] - [x_1 - y_1, x_2 - y_2, x_3 + y_3]$$
$$- [x_1 - y_1, x_2 + y_2, x_3 - y_3]$$
$$= [x_1, x_2, y_3] + [x_1, y_2, x_3] + [x_1, y_2, y_3] + [y_1, x_2, x_3] + [y_1, x_2, y_3] + [y_1, y_2, x_3]$$
$$= [x_1 + y_1, x_2 + y_2, x_3 + y_3],$$

这就得出 E 是 L 上的交换乘积结构.   □

命题 5.1.11 设 E 是 3-BiHom-李代数 $(L, [\cdot, \cdot, \cdot], \alpha, \beta)$ 上的几乎乘积结构. 如果对任意的 $x, y, z \in L$, E 满足条件

$$[x, y, z] = E[Ex, y, z] + E[x, Ey, z] + E[x, y, Ez], \tag{5.5}$$

则 E 是 L 上的交换乘积结构, 而且有 $[L_+, L_+, L_-] \subseteq L_+, [L_-, L_-, L_+] \subseteq L_-$.

证明 由 (5.5) 和 $E^2 = \mathrm{Id}$, 我们可以计算得出

$$[Ex, Ey, Ez] + [Ex, y, z] + [x, Ey, z] + [x, y, Ez]$$
$$- E[Ex, Ey, z] - E[x, Ey, Ez] - E[Ex, y, Ez]$$
$$= E[x, Ey, Ez] + E[Ex, y, Ez] + E[Ex, Ey, z] + E[x, y, z]$$
$$- E[Ex, Ey, z] - E[x, Ey, Ez] - E[Ex, y, Ez]$$
$$= E[x, y, z].$$

所以 E 是 L 上的乘积结构. 任取 $x_1, x_2, x_3 \in L_+$, 利用 (5.5) 有

$$[x_1, x_2, x_3] = E[Ex_1, x_2, x_3] + E[x_1, Ex_2, x_3] + E[x_1, x_2, Ex_3]$$
$$= 3E[x_1, x_2, x_3] = 3[x_1, x_2, x_3].$$

得出结论 $[L_+, L_+, L_+] = 0$. 同理可得 $[L_-, L_-, L_-] = 0$. 由推论 5.1.10 可知, E 是 L 上的交换乘积结构. 进一步, 对任意的 $x_1, x_2 \in L_+, y_1 \in L_-$ 我们有

$$[x_1, x_2, y_1] = E[Ex_1, x_2, y_1] + E[x_1, Ex_2, y_1] + E[x_1, x_2, Ey_1]$$

$$= E[x_1, x_2, y_1].$$

由此能推出 $[L_+, L_+, L_-] \subseteq L_+$. 同理也有 $[L_-, L_-, L_+] \subseteq L_-$. □

注5.1.12　在命题 5.1.11 我们也可以得到 $[L_+, L_-, L_+] \subseteq L_+$, $[L_-, L_+, L_+] \subseteq L_+$, $[L_-, L_+, L_-] \subseteq L_-$, $[L_+, L_-, L_-] \subseteq L_-$.

定义 5.1.13　3-BiHom-李代数 $(L, [\cdot, \cdot, \cdot], \alpha, \beta)$ 上的几乎乘积结构 E 被称为强交换乘积结构, 如果它使得 (5.5) 成立.

推论 5.1.14　设 $(L, [\cdot, \cdot, \cdot], \alpha, \beta)$ 是 3-BiHom-李代数. 则 L 上有强交换乘积结构的充分必要条件是 $L = L_+ \oplus L_-$, 其中 L_+ 和 L_- 是 L 的交换 BiHom-子代数, 并且使得 $[L_+, L_+, L_-] \subseteq L_+$, $[L_+, L_-, L_+] \subseteq L_+$, $[L_-, L_+, L_+] \subseteq L_+$, $[L_-, L_+, L_-] \subseteq L_-$, $[L_+, L_-, L_-] \subseteq L_-$, $[L_-, L_-, L_+] \subseteq L_-$ 成立.

命题 5.1.15　设 E 是 3-BiHom-李代数 $(L, [\cdot, \cdot, \cdot], \alpha, \beta)$ 上的几乎乘积结构. 如果 E 满足条件

$$E[x, y, z] = [Ex, Ey, Ez]. \tag{5.6}$$

则 E 是使得 $[L_+, L_+, L_-] \subseteq L_-$, $[L_-, L_-, L_+] \subseteq L_+$ 成立的 L 上的乘积结构.

证明　因为 (5.6) 和 $E^2 = \mathrm{Id}$, 所以有

$$\begin{aligned}
&[Ex, Ey, Ez] + [Ex, y, z] + [x, Ey, z] + [x, y, Ez] \\
&\quad - E[Ex, Ey, z] - E[x, Ey, Ez] - E[Ex, y, Ez] \\
&= E[x, y, z] + [Ex, y, z] + [x, Ey, z] + [x, y, Ez] \\
&\quad - [E^2 x, E^2 y, Ez] - [Ex, E^2 y, E^2 z] - [E^2 x, Ey, E^2 z] \\
&= E[x, y, z].
\end{aligned}$$

因此 E 是 L 上的乘积结构. 进一步, 对任意的 $x_1, x_2 \in L_+, y_1 \in L_-$, 可以发现

$$E[x_1, x_2, y_1] = [Ex_1, Ex_2, Ey_1] = -[x_1, x_2, y_1].$$

这就说明 $[L_+, L_+, L_-] \subseteq L_-$. 同理有 $[L_-, L_-, L_+] \subseteq L_+$. □

注 5.1.16　在命题 5.1.15 中也可以得出 $[L_+, L_-, L_+] \subseteq L_-$, $[L_-, L_+, L_+] \subseteq L_-$, $[L_-, L_+, L_-] \subseteq L_+$, $[L_+, L_-, L_-] \subseteq L_+$.

定义 5.1.17　3-BiHom-李代数 $(L, [\cdot, \cdot, \cdot], \alpha, \beta)$ 上的几乎乘积结构 E 被称为完美乘积结构, 如果它满足条件 (5.6).

推论 5.1.18　设 $(L, [\cdot, \cdot, \cdot], \alpha, \beta)$ 是 3-BiHom-李代数. 则 L 上有完美乘积结构当且仅当 $L = L_+ \oplus L_-$, 其中 L_+ 和 L_- 是 L 的 BiHom-子代数并且有 $[L_+, L_+, L_-] \subseteq L_-$, $[L_+, L_-, L_+] \subseteq L_-$, $[L_-, L_+, L_+] \subseteq L_-$, $[L_-, L_-, L_+] \subseteq L_+$, $[L_-, L_+, L_-] \subseteq L_+$, $[L_+, L_-, L_-] \subseteq L_+$.

推论 5.1.19 3-BiHom-李代数上的严格乘积结构是完美乘积结构.

例 5.1.20 设 L 是一个 3-维向量空间, 它的基底为 $\{e_1, e_2, e_3\}$. 在上定义括积运算和线性映射 α, β 为

$$[e_1, e_2, e_3] = [e_1, e_3, e_2] = [e_2, e_3, e_1] = e_2,$$
$$[e_2, e_1, e_3] = [e_3, e_1, e_2] = [e_3, e_2, e_1] = -e_2,$$
$$\alpha = \mathrm{Id}, \quad \beta = \begin{pmatrix} -1 & 0 & 0 \\ 0 & 1 & 0 \\ 0 & 0 & -1 \end{pmatrix}.$$

则 $(L, [\cdot, \cdot, \cdot], \alpha, \beta)$ 是 3-BiHom-李代数. 我们可以计算出 $E = \begin{pmatrix} -1 & 0 & 0 \\ 0 & 1 & 0 \\ 0 & 0 & -1 \end{pmatrix}$

是完美乘积结构和交换乘积结构, $E = \begin{pmatrix} -1 & 0 & 0 \\ 0 & 1 & 0 \\ 0 & 0 & 1 \end{pmatrix}$ 是强交换乘积结构和 $E = $

$\begin{pmatrix} 1 & 0 & 0 \\ 0 & 1 & 0 \\ 0 & 0 & -1 \end{pmatrix}$ 是强交换乘积结构和严格乘积结构.

例 5.1.21 设 L 是一个 4-维 3-李代数, 它的基底是 $\{e_1, e_2, e_3, e_4\}$ 而且括积运算为

$$[e_1, e_2, e_3] = e_4, \quad [e_2, e_3, e_4] = e_1, \quad [e_1, e_3, e_4] = e_2, \quad [e_1, e_2, e_4] = e_3.$$

定义线性映射 $\alpha, \beta : L \to L$ 为 $\alpha = \begin{pmatrix} -1 & 0 & 0 & 0 \\ 0 & 1 & 0 & 0 \\ 0 & 0 & 1 & 0 \\ 0 & 0 & 0 & -1 \end{pmatrix}$ 和 $\beta = \begin{pmatrix} -1 & 0 & 0 & 0 \\ 0 & -1 & 0 & 0 \\ 0 & 0 & 1 & 0 \\ 0 & 0 & 0 & 1 \end{pmatrix}.$

则 $(L, [\cdot, \cdot, \cdot]_{\alpha\beta}, \alpha, \beta)$ 是 3-BiHom-李代数. 所以

$$E = \begin{pmatrix} -1 & 0 & 0 & 0 \\ 0 & -1 & 0 & 0 \\ 0 & 0 & 1 & 0 \\ 0 & 0 & 0 & 1 \end{pmatrix}, \quad E = \begin{pmatrix} -1 & 0 & 0 & 0 \\ 0 & 1 & 0 & 0 \\ 0 & 0 & 1 & 0 \\ 0 & 0 & 0 & -1 \end{pmatrix}, \quad E = \begin{pmatrix} -1 & 0 & 0 & 0 \\ 0 & 1 & 0 & 0 \\ 0 & 0 & -1 & 0 \\ 0 & 0 & 0 & 1 \end{pmatrix}$$

是 L 上的完美乘积结构和交换乘积结构.

5.1.2　3-BiHom-李代数的复结构

定义 5.1.22　设 $(L, [\cdot, \cdot, \cdot], \alpha, \beta)$ 是实 3-BiHom-李代数. L 上的几乎复结构是一个线性映射 $J: L \to L$ 使得 $J^2 = -\mathrm{Id}$, $J\alpha = \alpha J$ 和 $J\beta = \beta J$ 成立.

一个几乎复结构被称为复结构, 如果下面条件是成立的:

$$J[x, y, z] = -[Jx, Jy, Jz] + [Jx, y, z] + [x, Jy, z] + [x, y, Jz]$$
$$+ J[Jx, Jy, z] + J[x, Jy, Jz] + J[Jx, y, Jz]. \tag{5.7}$$

注 5.1.23　3-BiHom-李代数 L 上的复结构 J 可以看成是一个 Nijienhuis 算子满足 $J^2 = -\mathrm{Id}$.

注 5.1.24　实际上我们也可以在定义 5.1.22 上考虑 J 是 $\mathbb{C}$-线性的, 就可以给出复 3-BiHom-李代数上复结构的定义. 但是这是不必要的, 因为复 3-BiHom-李代数上的复结构和乘积结构是一一对应的 (参见命题 5.1.44).

现在我们考虑实 3-BiHom-李代数 L 的复化 $L_\mathbb{C} = L \otimes_\mathbb{R} \mathbb{C} = \{x + iy | x, y \in L\}$. 显然 $(L_\mathbb{C}, [\cdot, \cdot, \cdot]_{L_\mathbb{C}}, \alpha_\mathbb{C}, \beta_\mathbb{C})$ 是 3-BiHom-李代数, 其中 $[\cdot, \cdot, \cdot]_{L_\mathbb{C}}$ 是 L 上括积通过复三线性扩张得到的, 而且 $\alpha_\mathbb{C}(x + iy) = \alpha(x) + i\alpha(y)$, $\beta_\mathbb{C}(x + iy) = \beta(x) + i\beta(y), \forall x, y \in L$. 设 σ 是 $L_\mathbb{C}$ 上的共轭映射, 即 $\sigma(x + iy) = x - iy, \forall x, y \in L$. 可以得到 σ 是复向量空间 $L_\mathbb{C}$ 的一个复反线性对合的自同构.

注 5.1.25　设 $(L, [\cdot, \cdot, \cdot], \alpha, \beta)$ 是实 3-BiHom-李代数, J 是 L 上的复结构. 把 J 复线性扩张, 记为 $J_\mathbb{C}$, 即 $J_\mathbb{C}: L_\mathbb{C} \to L_C$ 为

$$J_\mathbb{C}(x + iy) = Jx + iJy, \quad \forall x, y \in L.$$

则 $J_\mathbb{C}$ 是 $L_\mathbb{C}$ 是上的复线性自同态, 满足 $J_\mathbb{C}\alpha_\mathbb{C} = \alpha_\mathbb{C}J_\mathbb{C}$, $J_\mathbb{C}\beta_\mathbb{C} = \beta_\mathbb{C}J_\mathbb{C}$, $J_\mathbb{C}^2 = -\mathrm{Id}_{L_\mathbb{C}}$ 和 (5.7), 即 $J_\mathbb{C}$ 是 $L_\mathbb{C}$ 上的复结构.

定理 5.1.26　设 $(L, [\cdot, \cdot, \cdot], \alpha, \beta)$ 是实 3-BiHom-李代数. 则 L 上有复结构的充分必要条件是 $L_\mathbb{C} = Q \oplus P$, 其中 Q 和 $P = \sigma(Q)$ 是 $L_\mathbb{C}$ 是 BiHom-子代数.

证明　假设 J 是 L 上的复结构. 由注 5.1.25 可知 $J_\mathbb{C}$ 是 $L_\mathbb{C}$ 上的复结构. 记 $L_{\pm i}$ 是特征值 $\pm i$ 的特征子空间, 所以有 $L_\mathbb{C} = L_i \oplus L_{-i}$. 通过计算可以得到

$$L_i = \{x \in L_\mathbb{C} | J_\mathbb{C}(x) = ix\} = \{x - iJx | x \in L\},$$
$$L_{-i} = \{x \in L_\mathbb{C} | J_\mathbb{C}(x) = -ix\} = \{x + iJx | x \in L\}.$$

由此可以发现 $L_{-i} = \sigma(L_i)$, $\alpha_\mathbb{C}(L_i) \subseteq L_i$, $\beta_\mathbb{C}(L_i) \subseteq L_i$, $\alpha_\mathbb{C}(L_{-i}) \subseteq L_{-i}$, $\beta_\mathbb{C}(L_{-i}) \subseteq L_{-i}$. 接下来对任意的 $X, Y, Z \in L_i$, 有

$$J_\mathbb{C}[X, Y, Z]_{L_\mathbb{C}} = -[J_\mathbb{C}X, J_\mathbb{C}Y, J_\mathbb{C}Z]_{L_\mathbb{C}} + [J_\mathbb{C}X, Y, Z]_{L_\mathbb{C}}$$

$$+ [X, J_{\mathbb{C}}Y, Z]_{L_{\mathbb{C}}} + [X, Y, J_{\mathbb{C}}Z]_{L_{\mathbb{C}}}$$
$$+ J_{\mathbb{C}}[J_{\mathbb{C}}X, J_{\mathbb{C}}Y, Z]_{L_{\mathbb{C}}} + J_{\mathbb{C}}[X, J_{\mathbb{C}}Y, J_{\mathbb{C}}Z]_{L_{\mathbb{C}}} + J_{\mathbb{C}}[J_{\mathbb{C}}X, Y, J_{\mathbb{C}}Z]_{L_{\mathbb{C}}}$$
$$= 4i[X, Y, Z]_{L_{\mathbb{C}}} - 3J_{\mathbb{C}}[X, Y, Z]_{L_{\mathbb{C}}}.$$

能推出 $[X, Y, Z]_{L_{\mathbb{C}}} \in L_i$, 这就说明 L_i 是 BiHom-子代数. 同理可得 L_{-i} 也是 BiHom-子代数.

反之, 定义一个复线性映射 $J_{\mathbb{C}} : L_{\mathbb{C}} \to L_{\mathbb{C}}$ 为

$$J_{\mathbb{C}}(X + \sigma(Y)) = iX - i\sigma(Y), \quad \forall X, Y \in Q. \tag{5.8}$$

因为 σ 是复向量空间 $L_{\mathbb{C}}$ 的一个复反线性对合的自同构. 所以

$$J_{\mathbb{C}}^2(X + \sigma(Y)) = J_{\mathbb{C}}(iX - i\sigma(Y)) = J_{\mathbb{C}}(iX + \sigma(iY))$$
$$= i(iX) - i\sigma(iY) = -X - \sigma(Y),$$

即 $J_{\mathbb{C}}^2 = -\mathrm{Id}$. 又有

$$\alpha_{\mathbb{C}} J_{\mathbb{C}}(X + \sigma(Y)) = \alpha_{\mathbb{C}}(iX - i\sigma(Y)) = i\alpha_{\mathbb{C}}(X) - i\alpha_{\mathbb{C}}(\sigma(Y))$$
$$= J_{\mathbb{C}}(\alpha_{\mathbb{C}}(X) + \alpha_{\mathbb{C}}(\sigma(Y))) = J_{\mathbb{C}}\alpha_{\mathbb{C}}(X + \sigma(Y)),$$

即 $J_{\mathbb{C}}\alpha_{\mathbb{C}} = \alpha_{\mathbb{C}}J_{\mathbb{C}}$. 类似地, $J_{\mathbb{C}}\beta_{\mathbb{C}} = \beta_{\mathbb{C}}J_{\mathbb{C}}$. 接下来我们只需要证明 $J_{\mathbb{C}}$ 满足 (5.7). 因为 $L_{\mathbb{C}} = Q \oplus P, \forall X, Y \in Q$, 所以

$$J_{\mathbb{C}}\sigma(X + \sigma(Y)) = J_{\mathbb{C}}(Y + \sigma(X)) = iY - i\sigma(X)$$
$$= \sigma(iX - i\sigma(Y)) = \sigma J_{\mathbb{C}}(X + \sigma(Y)).$$

这就得出 $J_{\mathbb{C}}\sigma = \sigma J_{\mathbb{C}}$. 进一步, 因为 $\sigma(X) = X$ 等价于 $X \in L$, 所以 σ 的不动点集是实向量空间 L. 由 $J_{\mathbb{C}}\sigma = \sigma J_{\mathbb{C}}$, 所以 $J \in \mathrm{End}(L)$ 定义为 $J \triangleq J_{\mathbb{C}}|_L$ 是合理的. 因为 $J_{\mathbb{C}}^2 = -\mathrm{Id}$, $J_{\mathbb{C}}\alpha_{\mathbb{C}} = \alpha_{\mathbb{C}}J_{\mathbb{C}}$, $J_{\mathbb{C}}\beta_{\mathbb{C}} = \beta_{\mathbb{C}}J_{\mathbb{C}}$ 而且 $J_{\mathbb{C}}$ 满足 (5.7), 所以 J 是 L 上的复结构.   □

命题 5.1.27 设 J 是实 3-BiHom-李代数 $(L, [\cdot, \cdot, \cdot], \alpha, \beta)$ 上的几乎复结构. 如果 J 满足

$$J[x, y, z] = [Jx, y, z], \forall x, y, z \in L. \tag{5.9}$$

则 J 是 L 上的复结构.

证明 因为 $J^2 = -\mathrm{Id}$ 和 (5.9), 能够计算出

$$- [Jx, Jy, Jz] + [Jx, y, z] + [x, Jy, z] + [x, y, Jz]$$

$$+ J[Jx, Jy, z] + J[x, Jy, Jz] + J[Jx, y, Jz]$$
$$= - [Jx, Jy, Jz] + J[x, y, z] + [x, Jy, z] + [x, y, Jz]$$
$$+ [J^2x, Jy, z] + [Jx, Jy, Jz] + [J^2x, y, Jz]$$
$$= J[x, y, z].$$

所以 J 是 L 上的一个复结构. □

定义 5.1.28　实 3-BiHom-李代数 $(L, [\cdot, \cdot, \cdot], \alpha, \beta)$ 上的几乎复结构被称为严格复结构, 如果它满足 (5.9).

推论 5.1.29　设 $(L, [\cdot, \cdot, \cdot], \alpha, \beta)$ 是实 3-BiHom-李代数. 则 L 上有严格复结构的充分必要条件是 $L_\mathbb{C} = Q \oplus P$, 其中 $Q, P = \sigma(Q)$ 是 $L_\mathbb{C}$ 的 BiHom-子代数并且有 $[Q, Q, P]_{L_\mathbb{C}} = 0$ 和 $[P, P, Q]_{L_\mathbb{C}} = 0$.

证明　假设 J 是 L 的严格复结构. 那么 $J_\mathbb{C}$ 是复 3-BiHom-李代数 $(L_\mathbb{C}, [\cdot, \cdot, \cdot]_{L_\mathbb{C}}, \alpha_\mathbb{C}, \beta_\mathbb{C})$ 的严格复结构. 由命题 5.1.27 和定理 5.1.26 知我们只需要再证明 $[L_i, L_i, L_{-i}]_{L_\mathbb{C}} = 0$ 和 $[L_{-i}, L_{-i}, L_i]_{L_\mathbb{C}} = 0$ 即可. 对任意的 $X, Y \in L_i, Z \in L_{-i}$, 有

$$J_\mathbb{C}[X, Y, Z]_{L_\mathbb{C}} = [J_\mathbb{C}X, Y, Z]_{L_\mathbb{C}} = i[X, Y, Z]_{L_\mathbb{C}}.$$

另一方面, 因为 α, β 是可逆映射, 可以知道 $\alpha_\mathbb{C}, \beta_\mathbb{C}$ 是可逆映射. 所以存在 $\tilde{X}, \tilde{Y} \in L_i, \tilde{Z} \in L_{-i}$ 使得 $X = \beta_\mathbb{C}(\tilde{X}), Y = \beta_\mathbb{C}(\tilde{Y}), Z = \alpha_\mathbb{C}(\tilde{Z})$. 能够发现

$$J_\mathbb{C}[X, Y, Z]_{L_\mathbb{C}} = J_\mathbb{C}[\beta_{L_\mathbb{C}}(\tilde{X}), \beta_{L_\mathbb{C}}(\tilde{Y}), \alpha_{L_\mathbb{C}}(\tilde{Z})]_{L_\mathbb{C}} = J_\mathbb{C}[\beta_{L_\mathbb{C}}(\tilde{Z}), \beta_{L_\mathbb{C}}(\tilde{X}), \alpha_{L_\mathbb{C}}(\tilde{Y})]_{L_\mathbb{C}}$$
$$= [J_\mathbb{C}\beta_{L_\mathbb{C}}(\tilde{Z}), \beta_{L_\mathbb{C}}(\tilde{X}), \alpha_{L_\mathbb{C}}(\tilde{Y})]_{L_\mathbb{C}} = -i[\beta_{L_\mathbb{C}}(\tilde{Z}), \beta_{L_\mathbb{C}}(\tilde{X}), \alpha_{L_\mathbb{C}}(\tilde{Y})]_{L_\mathbb{C}}$$
$$= -i[\beta_{L_\mathbb{C}}(\tilde{X}), \beta_{L_\mathbb{C}}(\tilde{Y}), \alpha_{L_\mathbb{C}}(\tilde{Z})]_{L_\mathbb{C}} = -i[X, Y, Z]_{L_\mathbb{C}}.$$

因此 $[L_i, L_i, L_{-i}]_{L_\mathbb{C}} = 0$. 同理有 $[L_{-i}, L_{-i}, L_i]_{L_\mathbb{C}} = 0$

反之, 定义一个复线性自同态 $J_\mathbb{C} : L_\mathbb{C} \to L_\mathbb{C}$ 为 (5.8). 在定理 5.2.15 的证明中可以得出 $J_\mathbb{C}$ 是 $L_\mathbb{C}$ 上的几乎复结构. 因为 $\alpha_\mathbb{C}, \beta_\mathbb{C}$ 是可逆映射而且 $[Q, Q, P]_{L_\mathbb{C}} = [P, P, Q]_{L_\mathbb{C}} = 0$, 所以有 $[Q, P, Q]_{L_\mathbb{C}} = [P, Q, Q]_{L_\mathbb{C}} = [P, Q, P]_{L_\mathbb{C}} = [Q, P, P]_{L_\mathbb{C}} = 0$. 因此对任意的 $X_1, X_2, X_3 \in L_i, Y_1, Y_2, Y_3 \in L_{-i}$, 可以得出

$$J_\mathbb{C}[X_1 + Y_1, X_2 + Y_2, X_3 + Y_3]_{L_\mathbb{C}}$$
$$= J_\mathbb{C}([X_1, X_2, X_3]_{L_\mathbb{C}} + [Y_1, Y_2, Y_3]_{L_\mathbb{C}}) = i([X_1, X_2, X_3]_{L_\mathbb{C}} - [Y_1, Y_2, Y_3]_{L_\mathbb{C}})$$
$$= ([X_1 - Y_1, X_2 + Y_2, X_3 + Y_3]_{L_\mathbb{C}}) = [iX_1 - iY_1, X_2 + Y_2, X_3 + Y_3]_{L_\mathbb{C}}$$
$$= [J_\mathbb{C}(X_1 + Y_1), X_2 + Y_2, X_3 + Y_3]_{L_\mathbb{C}}.$$

从定理 5.2.15 的证明中能够发现 $J \triangleq J_\mathbb{C}|_L$ 是实 3-BiHom-李代数 $(L, [\cdot, \cdot, \cdot], \alpha, \beta)$ 上的严格乘积结构. 证毕. □

设 J 是实 3-BiHom-李代数 $(L, [\cdot, \cdot, \cdot], \alpha, \beta)$ 上的几乎复结构. 我们可以在实向量空间 L 上定义复向量空间结构, 通过

$$(a + bi)x \triangleq ax + bJx, \quad \forall a, b \in \mathbb{R}, x \in L. \tag{5.10}$$

定义两个映射 $\phi : L \to L_i, \psi : L \to L_{-i}$ 分别为 $\phi(x) = \frac{1}{2}(x - iJx), \psi(x) = \frac{1}{2}(x + iJx)$. 显然, 在复向量空间 L 上 ϕ 是一个复线性同构并且 $\psi = \sigma\phi$ 是一个复反线性同构.

设 J 是实 3-BiHom-李代数 $(L, [\cdot, \cdot, \cdot], \alpha, \beta)$ 上的严格复结构. 则在如上定义下 $(L, [\cdot, \cdot, \cdot], \alpha, \beta)$ 是一个复 3-BiHom-李代数. 事实上, 利用 (5.9) 和 (5.10) 可以发现

$$[(a + bi)x, y, z] = [ax + bJx, y, z] = a[x, y, z] + b[Jx, y, z]$$
$$= a[x, y, z] + bJ[x, y, z] = (a + bi)[x, y, z].$$

因为 α, β 是可逆映射, 所以 $[\cdot, \cdot, \cdot]$ 是复三线性的.

设 J 是 L 上的复结构. 定义一个新的括积 $[\cdot, \cdot, \cdot]_J : \wedge^3 L \to L$ 是

$$[x, y, z]_J = \frac{1}{4}([x, y, z] - [x, Jy, Jz] - [Jx, y, Jz] - [Jx, Jy, z]), \quad \forall x, y, z \in L. \tag{5.11}$$

命题 5.1.30   设 $(L, [\cdot, \cdot, \cdot], \alpha, \beta)$ 是实 3-BiHom-李代数, 而且 J 是其上的复结构. 则 $(L, [\cdot, \cdot, \cdot]_J, \alpha, \beta)$ 也是实 3-BiHom-李代数. 而且 J 是 $(L, [\cdot, \cdot, \cdot]_J, \alpha, \beta)$ 的严格复结构. 进一步有, 与之对应的复 3-BiHom-李代数 $(L, [\cdot, \cdot, \cdot]_J, \alpha, \beta)$ 与复 3-BiHom-李代数 L_i 是同构的.

证明   首先证明 $(L, [\cdot, \cdot, \cdot]_J, \alpha, \beta)$ 是实 3-BiHom-李代数. 由 (5.7), 可以知道对任意的 $x, y, z \in L$ 有

$$[\phi(x), \phi(y), \phi(z)]_{L_\mathbb{C}}$$
$$= \frac{1}{8}[x - iJx, y - iJy, z - iJz]_{L_\mathbb{C}}$$
$$= \frac{1}{8}([x, y, z] - [x, Jy, Jz] - [Jx, y, Jz] - [Jx, Jy, z]) - \frac{1}{8}i([x, y, Jz] + [x, Jy, z]$$
$$\quad + [Jx, y, z] - [Jx, Jy, Jz])$$
$$= \frac{1}{8}([x, y, z] - [x, Jy, Jz] - [Jx, y, Jz] - [Jx, Jy, z]) - \frac{1}{8}iJ([x, y, z] - [x, Jy, Jz]$$
$$\quad - [Jx, y, Jz] - [Jx, Jy, z])$$
$$= \frac{1}{2}[x, y, z]_J - \frac{1}{2}iJ[x, y, z]_J$$

$$= \phi[x,y,z]_J. \tag{5.12}$$

所以 $[x,y,z]_J = \varphi^{-1}[\varphi(x),\varphi(y),\varphi(z)]_{L_{\mathbb{C}}}$. 另外我们也可以得到 $\varphi\beta = \beta_{\mathbb{C}}\varphi$, $\varphi\alpha = \alpha_{\mathbb{C}}\varphi$. 利用 J 是复结构和定理 5.1.26, 能得到 L_i 是 3-BiHom-李子代数. 因此 $(L, [\cdot,\cdot,\cdot]_J, \alpha, \beta)$ 是实 3-BiHom-李代数.

其次利用 (5.7) 可以得到对任意的 $x,y,z \in L$ 有

$$J[x,y,z]_J = \frac{1}{4}J([x,y,z] - [x,Jy,Jz] - [Jx,y,Jz] - [Jx,Jy,z])$$

$$= \frac{1}{4}(-[Jx,Jy,Jz] + [Jx,y,z] + [x,Jy,z] + [x,y,Jz])$$

$$= [Jx,y,z]_J,$$

这就说明 J 是 $(L, [\cdot,\cdot,\cdot]_J, \alpha, \beta)$ 的严格复结构.

最后从 (5.12), $\varphi\beta = \beta_{\mathbb{C}}\varphi$ 和 $\varphi\alpha = \alpha_{\mathbb{C}}\varphi$, 推出 φ 是复 3-BiHom-李代数之间的同构. 证毕.　　　　　　　　　　　　　　　　　　　　　　　□

命题 5.1.31　设 $(L, [\cdot,\cdot,\cdot], \alpha, \beta)$ 是实 3-BiHom-李代数, J 是 L 上的复结构. 则 J 是 $(L, [\cdot,\cdot,\cdot], \alpha, \beta)$ 上的严格复结构的充分必要条件是 $[\cdot,\cdot,\cdot]_J = [\cdot,\cdot,\cdot]$.

证明　因为 J 是 L 的严格复结构而且 α,β 是可逆映射, 故 $J[x,y,z] = [Jx,y,z] = [x,Jy,z] = [x,y,Jz]$. 所以对任意的 $x,y,x \in L$ 有

$$[x,y,z]_J = \frac{1}{4}([x,y,z] - [x,Jy,Jz] - [Jx,y,Jz] - [Jx,Jy,z])$$

$$= \frac{1}{4}([x,y,z] - J^2[x,y,z] - J^2[x,y,z] - J^2[x,y,z])$$

$$= [x,y,z].$$

反之, 如果 $[\cdot,\cdot,\cdot]_J = [\cdot,\cdot,\cdot]$, 我们有

$$4[x,y,z]_J = [x,y,z] - [x,Jy,Jz] - [Jx,y,Jz] - [Jx,Jy,z] = 4[x,y,z].$$

所以 $[x,Jy,Jz] + [Jx,y,Jz] + [Jx,Jy,z] = -3[x,y,z]$. 因此

$$4J[x,y,z] = 4J[x,y,z]_J$$

$$= J([x,y,z] - [x,Jy,Jz] - [Jx,y,Jz] - [Jx,Jy,z])$$

$$= -[Jx,Jy,Jz] + [Jx,y,z] + [x,Jy,z] + [x,y,Jz]$$

$$= 3[Jx,y,z] + [Jx,y,z]$$

$$= 4[Jx,y,z],$$

即 $J[x,y,z] = [Jx,y,z]$. 证毕.　　　　　　　　　　　　　　　　　　　　　□

命题 5.1.32　设 J 是实 3-BiHom-李代数 $(L, [\cdot, \cdot, \cdot], \alpha, \beta)$ 的几乎复结构. 如果 J 满足条件

$$[x, y, z] = [x, Jy, Jz] + [Jx, y, Jz] + [Jx, Jy, z], \quad \forall x, y, z \in L. \tag{5.13}$$

则 J 是 L 上的复结构.

证明　由 (5.13) 和 $J^2 = -\mathrm{Id}$, 能够得出

$$- [Jx, Jy, Jz] + [Jx, y, z] + [x, Jy, z] + [x, y, Jz] + J[Jx, Jy, z]$$
$$+ J[x, Jy, Jz] + J[Jx, y, Jz]$$
$$= - [Jx, J^2 y, J^2 z] - [J^2 x, Jy, J^2 z] - [J^2 x, J^2 y, Jz] + [Jx, y, z] + [x, Jy, z]$$
$$+ [x, y, Jz] + J[x, y, z]$$
$$= J[x, y, z].$$

因此, J 是复结构.　　　　　　　　　　　　　　　　　　　　　　　　□

定义 5.1.33　实 3-BiHom-李代数 $(L, [\cdot, \cdot, \cdot], \alpha, \beta)$ 上的几乎复结构被称为交换复结构, 如果 (5.13) 成立.

注 5.1.34　设 J 是实 3-BiHom-李代数 $(L, [\cdot, \cdot, \cdot], \alpha, \beta)$ 的交换复结构. 则 $(L, [\cdot, \cdot, \cdot]_J, \alpha, \beta)$ 是一个交换 3-BiHom-李代数.

推论 5.1.35　设 $(L, [\cdot, \cdot, \cdot], \alpha, \beta)$ 是实 3-BiHom-李代数. 则 L 有交换复结构的充分必要条件是 $L_{\mathbb{C}} = Q \oplus P$, 其中 Q 和 $P = \sigma(Q)$ 是 $L_{\mathbb{C}}$ 的交换 BiHom-子代数.

证明　假设 J 是交换复结构. 由 α, β 是可逆映射和命题 5.1.30, 可以得到 $\varphi : (L, [\cdot, \cdot, \cdot]_J, \alpha, \beta) \to (L_i, [\cdot, \cdot, \cdot]_{L_{\mathbb{C}}}, \alpha_{\mathbb{C}}, \beta_{\mathbb{C}})$ 是复 3-BiHom-李代数之间的同构. 利用注 5.1.34 可知 $(L, [\cdot, \cdot, \cdot]_J, \alpha, \beta)$ 是交换 3-BiHom-李代数. 因此 $Q = L_i$ 是 $L_{\mathbb{C}}$ 的交换 BiHom-子代数. 因为 $P = L_{-i} = \sigma(L_i)$, 所以对任意的 $x_1 + iy_1, x_2 + iy_2, x_3 + iy_3 \in L_i$ 有

$$[\sigma(x_1 + iy_1), \sigma(x_2 + iy_2), \sigma(x_3 + iy_3)]_{L_{\mathbb{C}}}$$
$$= [x_1 - iy_1, x_2 - iy_2, x_3 - iy_3]_{L_{\mathbb{C}}}$$
$$= [x_1, x_2, x_3] - [x_1, y_2, y_3] - [y_1, x_2, y_3] - [y_1, y_2, x_3] - i([x_1, x_2, y_3] + [x_1, y_2, x_3]$$
$$\quad + [y_1, x_2, x_3] - [y_1, y_2, y_3])$$
$$= \sigma([x_1, x_2, x_3] - [x_1, y_2, y_3] - [y_1, x_2, y_3] - [y_1, y_2, x_3] + i([x_1, x_2, y_3] + [x_1, y_2, x_3]$$
$$\quad + [y_1, x_2, x_3] - [y_1, y_2, y_3]))$$
$$= \sigma[x_1 + iy_1, x_2 + iy_2, x_3 + iy_3]_{L_{\mathbb{C}}}$$
$$= 0.$$

因此 P 是 $L_{\mathbb{C}}$ 的交换 BiHom-子代数.

反之, 由定理 5.1.26 可知 L 上有复结构 J. 进一步, 由命题 5.1.30 可得 $\varphi : (L, [\cdot,\cdot,\cdot]_J, \alpha, \beta) \to (Q, [\cdot,\cdot,\cdot]_{L_{\mathbb{C}}}, \alpha_{\mathbb{C}}, \beta_{\mathbb{C}})$ 是复 3-BiHom-李代数之间的同构. 所以 $(L, [\cdot,\cdot,\cdot]_J, \alpha, \beta)$ 是交换 3-BiHom-李代数. 利用 $[\cdot,\cdot,\cdot]_J$ 定义能够得到 J 是 L 上的交换复结构. 证毕. □

命题 5.1.36　设 J 是实 3-BiHom-李代数 $(L, [\cdot,\cdot,\cdot], \alpha, \beta)$ 上的几乎复结构. 如果 J 满足条件

$$[x,y,z] = -J[Jx,y,z] - J[x,Jy,z] - J[x,y,Jz], \quad \forall x,y,z \in L. \tag{5.14}$$

则 J 是 L 上的复结构.

证明　利用 (5.14) 和 $J^2 = -\mathrm{Id}$ 可以计算得出

$$-[Jx,Jy,Jz] + [Jx,y,z] + [x,Jy,z] + [x,y,Jz]$$
$$+ J[Jx,Jy,z] + J[x,Jy,Jz] + J[Jx,y,Jz]$$
$$= J[J^2x,Jy,Jz] + J[Jx,J^2y,Jz] + J[Jx,Jy,J^2z] + J[x,y,z]$$
$$+ J[Jx,Jy,z] + J[x,Jy,Jz] + J[Jx,y,Jz]$$
$$= J[x,y,z].$$

因此 J 是 L 上的复结构. □

定义 5.1.37　设 $(L, [\cdot,\cdot,\cdot], \alpha, \beta)$ 是实 3-BiHom-李代数. L 上的几乎复结构 J 被称为强交换复结构, 如果条件 (5.14) 成立.

推论 5.1.38　设 $(L, [\cdot,\cdot,\cdot], \alpha, \beta)$ 是实 3-BiHom-李代数. 则 L 上有强交换复结构的充分必要条件是 $L_{\mathbb{C}} = Q \oplus P$, 其中 Q 和 $P = \sigma(Q)$ 是 $L_{\mathbb{C}}$ 的交换 BiHom-子代数, 并且有 $[Q,Q,P]_{L_{\mathbb{C}}} \subseteq Q, [Q,P,Q]_{L_{\mathbb{C}}} \subseteq Q, [P,Q,Q]_{L_{\mathbb{C}}} \subseteq Q, [P,P,Q]_{L_{\mathbb{C}}} \subseteq P, [P,Q,P]_{L_{\mathbb{C}}} \subseteq P, [Q,P,P]_{L_{\mathbb{C}}} \subseteq P$.

命题 5.1.39　设 J 是实 3-BiHom-李代数 $(L, [\cdot,\cdot,\cdot], \alpha, \beta)$ 上的几乎复结构. 如果 J 满足条件

$$J[x,y,z] = -[Jx,Jy,Jz], \quad \forall x,y,z \in L. \tag{5.15}$$

则 J 是 L 上的复结构.

证明　由 (5.15) 和 $J^2 = -\mathrm{Id}$ 可知

$$-[Jx,Jy,Jz] + [Jx,y,z] + [x,Jy,z] + [x,y,Jz] + J[Jx,Jy,z]$$
$$+ J[x,Jy,Jz] + J[Jx,y,Jz]$$

$$= + J[x, y, z] + [Jx, y, z] + [x, Jy, z] + [x, y, Jz] - [J^2x, J^2y, Jz]$$
$$- [Jx, J^2y, J^2z] - [J^2x, Jy, J^2z]$$
$$= J[x, y, z].$$

这就说明 J 是复结构. $\qquad\square$

定义 5.1.40 设 $(L, [\cdot, \cdot, \cdot], \alpha, \beta)$ 是实 3-BiHom-李代数. L 上的几乎复结构 J 被称为完美复结构, 如果它满足条件 (5.15).

推论 5.1.41 设 $(L, [\cdot, \cdot, \cdot], \alpha, \beta)$ 是 3-BiHom-李代数. 则 L 上有完美复结构的充分必要条件是 $L_{\mathbb{C}} = Q \oplus P$, 其中 Q 和 $P = \sigma(Q)$ 是 $L_{\mathbb{C}}$ 的 BiHom-子代数, 并且 $[Q, Q, P]_{L_{\mathbb{C}}} \subseteq P, [Q, P, Q]_{L_{\mathbb{C}}} \subseteq P, [P, Q, Q]_{L_{\mathbb{C}}} \subseteq P, [P, P, P]_{L_{\mathbb{C}}} \subseteq Q, [P, Q, P]_{L_{\mathbb{C}}} \subseteq Q, [Q, P, P]_{L_{\mathbb{C}}} \subseteq Q.$

推论 5.1.42 设 J 是实 3-BiHom-李代数 $(L, [\cdot, \cdot, \cdot], \alpha, \beta)$ 上的严格复结构, 则 J 是 L 上的完美复结构.

例 5.1.43 设 L 是 4-维向量空间, 它的基底是 $\{e_1, e_2, e_3, e_4\}$. 其上的括积运算和映射 α, β 是

$$[e_1, e_2, e_3] = [e_1, e_3, e_2] = [e_2, e_3, e_1] = e_4,$$
$$[e_2, e_1, e_3] = [e_3, e_1, e_2] = [e_3, e_2, e_1] = -e_4,$$
$$[e_1, e_4, e_2] = [e_2, e_1, e_4] = [e_2, e_4, e_1] = e_3,$$
$$[e_1, e_2, e_4] = [e_4, e_1, e_2] = [e_4, e_2, e_1] = -e_3,$$
$$[e_3, e_1, e_4] = [e_3, e_4, e_1] = [e_4, e_1, e_3] = e_2,$$
$$[e_1, e_3, e_4] = [e_1, e_4, e_3] = [e_4, e_3, e_1] = -e_2,$$
$$[e_3, e_2, e_4] = [e_4, e_2, e_3] = [e_4, e_3, e_2] = e_1,$$
$$[e_2, e_3, e_4] = [e_2, e_4, e_3] = [e_3, e_4, e_2] = -e_1,$$
$$\alpha = \begin{pmatrix} 1 & 0 & 0 & 0 \\ 0 & -1 & 0 & 0 \\ 0 & 0 & 1 & 0 \\ 0 & 0 & 0 & -1 \end{pmatrix}, \quad \beta = \mathrm{Id}.$$

显然 $(L, [\cdot, \cdot, \cdot], \alpha, \beta)$ 是 3-BiHom-李代数. 可以计算出

$$J_1 = \begin{pmatrix} 0 & 0 & -1 & 0 \\ 0 & 0 & 0 & 1 \\ 1 & 0 & 0 & 0 \\ 0 & -1 & 0 & 0 \end{pmatrix}, \quad J_2 = \begin{pmatrix} 0 & 0 & -1 & 0 \\ 0 & 0 & 0 & -1 \\ 1 & 0 & 0 & 0 \\ 0 & 1 & 0 & 0 \end{pmatrix}$$

是强交换复结构.

$$J_3 = \begin{pmatrix} 1 & 0 & 1 & 0 \\ 0 & 1 & 0 & 1 \\ -2 & 0 & -1 & 0 \\ 0 & -2 & 0 & -1 \end{pmatrix}, \quad J_4 = \begin{pmatrix} 1 & 0 & -1 & 0 \\ 0 & -1 & 0 & 2 \\ 2 & 0 & -1 & 0 \\ 0 & -1 & 0 & 1 \end{pmatrix},$$

$$J_5 = \begin{pmatrix} -1 & 0 & -1 & 0 \\ 0 & 1 & 0 & 2 \\ 2 & 0 & 1 & 0 \\ 0 & -1 & 0 & -1 \end{pmatrix}$$

是交换复结构.

接下来我们给出复 3-BiHom-李代数的复结构与乘积结构之间的关系.

命题 5.1.44　设 $(L, [\cdot,\cdot,\cdot], \alpha, \beta)$ 是复 3-BiHom-李代数. 则 E 是 L 上的乘积结构当且仅当 $J = iE$ 是 L 上的复结构.

证明　假设 E 是 L 上的乘积结构. 显然有 $J^2 = i^2 E^2 = -\mathrm{Id}$, $J\alpha = iE\alpha = \alpha iE = \alpha J$ 和 $J\beta = \beta J$, 即 J 几乎复结构. 进一步由 (5.1) 可以得到

$$J[x,y,z]$$
$$= iE[x,y,z]$$
$$= i([Ex,Ey,Ez] + [Ex,y,z] + [x,Ey,z] + [x,y,Ez] - E[Ex,Ey,z]$$
$$\quad - E[x,Ey,Ez] - E[Ex,y,Ez])$$
$$= -[iEx,iEy,iEz] + [iEx,y,z] + [x,iEy,z] + [x,y,iEz] + iE[iEx,iEy,z]$$
$$\quad + iE[x,iEy,iEz] + iE[iEx,y,iEz]$$
$$= -[Jx,Jy,Jz] + [Jx,y,z] + [x,Jy,z] + [x,y,Jz] + J[Jx,Jy,z]$$
$$\quad + J[x,Jy,Jz] + J[Jx,y,Jz].$$

因此 J 是复结构.

反之, 因为 $J = iE$ 可以得出 $E = -iJ$. 用上面一样的方法同样能推出 E 是乘积结构. □

定义 5.1.45　设 $(L, [\cdot,\cdot,\cdot], \alpha, \beta)$ 是实 3-BiHom-李代数. L 上的复乘积结构是一个对 (J, E), 其中 J 是复结构, E 是乘积结构, 并且 $JE = -EJ$.

注 5.1.46　设 (J, E) 是实 3-BiHom-李代数 $(L, [\cdot,\cdot,\cdot], \alpha, \beta)$ 上的复乘积结构. 我们发现对任意的 $x \in L_+$ 有 $E(Jx) = -J(Ex) = -Jx$, 这就说明 $J(L_+) \subset L_-$. 显然也可以得到 $J(L_-) \subset L_+$. 因此 $J(L_-) = L_+$, $J(L_+) = L_-$.

定理 5.1.47 设 $(L, [\cdot, \cdot, \cdot], \alpha, \beta)$ 是实 3-BiHom-李代数. 则 L 有复乘积结构当且仅当 L 有复结构 J 而且 $L = L_+ \oplus L_-$, 其中 L_+ 和 $L_- = J(L_+)$ 是 L 的 BiHom-子代数.

证明 假设 (J, E) 是复乘积结构, $L_{\pm 1}$ 是映射 E 的特征值 ± 1 所对应的特征子空间. 从定理 5.1.4 直接可得 $L = L_+ \oplus L_-$ 而且 L_- 与 L_+ 是 L 的 BiHom-子代数. 由注 5.1.46 显然有 $J(L_+) = L_-$.

反之, 定义线性映射 $E : L \to L$ 为

$$E(x + y) = x - y, \quad \forall x \in L_+, y \in L_-.$$

在定理 5.1.4 的证明中可知 E 是乘积结构. 利用 $J(L_+) = L_-$ 和 $J^2 = -\mathrm{Id}$ 可得 $J(L_-) = L_+$. 所以对任意的 $\forall x \in L_+, y \in L_-$ 可以发现

$$E(J(x + y)) = E(J(x) + J(y)) = -J(x) + J(y) = -J(E(x + y)),$$

即 $EJ = -JE$. 因此 (J, E) 是复乘积结构. □

例 5.1.48 考虑例 5.1.43 中的 4-维 3-BiHom-李代数的乘积结构. 可以得到

$$E_1 = \begin{pmatrix} 1 & 0 & 0 & 0 \\ 0 & 1 & 0 & 0 \\ 0 & 0 & -1 & 0 \\ 0 & 0 & 0 & -1 \end{pmatrix}, \quad E_2 = \begin{pmatrix} 1 & 0 & 0 & 0 \\ 0 & -1 & 0 & 0 \\ 0 & 0 & 1 & 0 \\ 0 & 0 & 0 & -1 \end{pmatrix},$$

$$E_3 = \begin{pmatrix} 1 & 0 & 0 & 0 \\ 0 & -1 & 0 & 0 \\ 0 & 0 & -1 & 0 \\ 0 & 0 & 0 & 1 \end{pmatrix}$$

是完美乘积结构和交换乘积结构. 因此 $(J_1, E_1), (J_2, E_1), (J_1, E_3), (J_2, E_3)$ 是复乘积结构.

5.2 Hom-李超代数的乘积结构和复结构

5.2.1 Hom-李超代数的乘积结构

定义 5.2.1 设 $(L, [\cdot, \cdot], \phi)$ 是一个 Hom-李超代数. L 上的几乎乘积结构是偶的线性映射 $E : L \to L$, 满足 $E^2 = \mathrm{Id}(E \neq \pm(\mathrm{Id}))$ 和 $\phi \circ E = E \circ \phi$. 如果满足以下可积条件, 则几乎乘积结构称为**乘积结构**:

$$[(E \circ \phi)x, (E \circ \phi)y] = (E \circ \phi)[(E \circ \phi)x, y] + (E \circ \phi)[x, (E \circ \phi)y] - [x, y], \ \forall x, y, z \in L.$$
$$(5.16)$$

注 5.2.2　(1) $(\phi \circ E)^2 = (E \circ \phi)^2 = \mathrm{Id}$,

(2) Hom-李超代数上的乘积结构 E, 意味着如果 E 是几乎乘积结构, $E \circ \phi$ 正好是 Hom-Nijienhuis 算子.

例 5.2.3　设 L 是 5 维的 $\mathbb{Z}_2$-阶化向量空间, $\{e_1, e_2, e_3\}$ 是 $L_{\bar{0}}$ 的一组基, $\{e_4, e_5\}$ 是 $L_{\bar{1}}$ 的一组基, 非零括积和 ϕ 被给出

$$[e_1, e_2] = 2e_2, \quad [e_1, e_3] = -2e_3, \quad [e_2, e_3] = e_1, \quad [e_3, e_5] = -e_4,$$

$$[e_2, e_4] = -e_5, \quad [e_1, e_4] = e_4, \quad [e_1, e_5] = -e_5, \quad [e_5, e_4] = e_1,$$

$$[e_5, e_5] = -2e_2, \quad [e_4, e_4] = 2e_3,$$

$$\phi = \begin{pmatrix} 1 & 0 & 0 & 0 & 0 \\ 0 & 1 & 0 & 0 & 0 \\ 0 & 0 & 1 & 0 & 0 \\ 0 & 0 & 0 & -1 & 0 \\ 0 & 0 & 0 & 0 & -1 \end{pmatrix}.$$

则有 $\phi^2 = \mathrm{Id}$ 并且 $(L, [\cdot, \cdot], \phi)$ 是一个对合的 Hom-李超代数. 通过计算, 我们有

$$E = \begin{pmatrix} \varepsilon & 0 & 0 & 0 & 0 \\ 0 & 1 & 0 & 0 & 0 \\ 0 & 0 & -1 & 0 & 0 \\ 0 & 0 & 0 & 1 & 0 \\ 0 & 0 & 0 & 0 & -1 \end{pmatrix}, \quad \varepsilon^2 = 1$$

是 L 的一个乘积结构.

定理 5.2.4　设 $(L, [\cdot, \cdot], \phi)$ 是 Hom-李超代数. 则 L 上存在乘积结构当且仅当 L 关于 $E \circ \phi$ 有一个分解:

$$L = L_+ \oplus L_-,$$

其中 L_+ 和 L_- 是 L 的 Hom-子代数, $L_{\bar{0}} = \{L_+\}_{\bar{0}} \oplus \{L_-\}_{\bar{0}}$, $L_{\bar{1}} = \{L_+\}_{\bar{1}} \oplus \{L_-\}_{\bar{1}}$.

证明　设 E 是 L 上的乘积结构. 由 $(E \circ \phi)^2 = \mathrm{Id}$, 我们有 $L = L_+ \oplus L_-$ 作为 $\mathbb{Z}_2$-阶化向量空间, 其中 L_+ 和 L_- 是分别对应特征值 1 和 -1 的特征空间. 对任意的 $x, y, z \in L_+$, 我们有 $[x, y] = [(E \circ \phi)x, (E \circ \phi)y] = 2(E \circ \phi)[x, y] - [x, y]$, 所以 $(E \circ \phi)[x, y] = [x, y]$. 所以 L_+ 是子代数. 另一方面, 由 $E \circ \phi = \phi \circ E$, 我们有 $(E \circ \phi)(\phi(x)) = \phi \circ E(\phi(x)) = \phi((E \circ \phi)(x)) = \phi(x)$, 即 L_+ 是 Hom-子代数. 类似地, L_- 也是 Hom-子代数. 反之, 定义偶的线性映射 $E : L \to L$ 如下:

$$E \circ \phi(u + v) = u - v, \quad \forall u \in L_+, \ v \in L_-.$$

显然, $E^2 = \mathrm{Id}$. 因为 L_+ 是 L 的 Hom-子代数, 对任意的 $x, y \in L_+$, 我们有

$$(E \circ \phi)(\phi(x)) = \phi(x) = \phi((E \circ \phi)(x)) = \phi \circ E(\phi(x)),$$

这意味着 $E \circ \phi = \phi \circ E$. 除此之外,

$$(E \circ \phi)[(E \circ \phi)x, y] + (E \circ \phi)[x, (E \circ \phi)y] - [x, y]$$
$$= 2(E \circ \phi)[x, y] - [x, y] = [(E \circ \phi)x, (E \circ \phi)y],$$

即 (5.16) 对 L_+ 成立. 类似地, (5.16) 对 L 成立. 因此 E 是 L 上的乘积结构. □

命题 5.2.5 设 E 是 Hom-李超代数 $(L, [\cdot, \cdot], \phi)$ 上的几乎乘积结构. 如果 $E \circ \phi$ 满足下列等式:

$$(E \circ \phi)[x, y] = [(E \circ \phi)x, y], \quad \forall\, x, y \in L, \tag{5.17}$$

则 E 是 L 上的乘积结构, 使得 $[L_+, L_-] = 0$, L 是两个 Hom-子代数的直和.

证明 由 (5.17) 和 $(E \circ \phi)^2 = \mathrm{Id}$, 可知

$$(E \circ \phi)[(E \circ \phi)x, y] + (E \circ \phi)[x, (E \circ \phi)y] - [x, y]$$
$$= [(E \circ \phi)^2 x, y] + [(E \circ \phi)x, (E \circ \phi)y] - [x, y] = [(E \circ \phi)x, (E \circ \phi)y],$$

所以 E 是 L 上的乘积结构. 由定理 5.2.4, 我们有 $L = L_+ \oplus L_-$ 是向量空间的直和, 其中 L_+ 和 L_- 是 Hom-子代数.

对任意的 $u \in L_+$, $v \in L_-$, $(E \circ \phi)[u, v] = [(E \circ \phi)u, v] = [u, v]$, 也就是 $[L_+, L_-] \subseteq L_+$. 另一方面 $(E \circ \phi)[u, v] = -(-1)^{|u||v|}[(E \circ \phi)v, u] = -[u, v]$, 这推出 $[L_+, L_-] \subseteq L_-$, 因此 $[L_+, L_-] = 0$. □

定义 5.2.6 Hom-李超代数 $(L, [\cdot, \cdot], \phi)$ 上的几乎乘积结构被称为**严格的乘积结构**, 如果 (5.17) 成立.

推论 5.2.7 设 $(L, [\cdot, \cdot], \phi)$ 是 Hom-李超代数. 则 L 上有一个严格的乘积结构当且仅当 L 是两个 Hom-子代数的直和:

$$L = L_+ \oplus L_-,$$

其中 L_+ 和 L_- 是 L 的 Hom-子代数.

命题 5.2.8 设 E 是 Hom-李超代数 $(L, [\cdot, \cdot], \phi)$ 上的几乎乘积结构. 如果 E 满足下列等式,

$$[(E \circ \phi)x, (E \circ \phi)y] = -[x, y], \quad \forall\, x, y \in L, \tag{5.18}$$

则 E 是 L 上的乘积结构, 使得 L_+ 和 L_- 是 L 的交换的 Hom-子代数.

证明　由 (5.18) 和 $(E \circ \phi)^2 = \mathrm{Id}$, 我们有

$$(E \circ \phi)[(E \circ \phi)x, y] + (E \circ \phi)[x, (E \circ \phi)y] - [x, y]$$
$$= (E \circ \phi)[(E \circ \phi)^2 x, (E \circ \phi)y] + (E \circ \phi)[x, (E \circ \phi)y]$$
$$\quad + [(E \circ \phi)x, (E \circ \phi)y]$$
$$= [(E \circ \phi)x, (E \circ \phi)y],$$

所以 E 是 L 上的乘积结构.

对任意的 $x, y \in L_+$, 有 $[(E \circ \phi)x, (E \circ \phi)y] = [x, y]$. 由 (5.18), 我们得到 $[x, y] = 0$. 类似地, 对任意的 $u, v \in L_-$, $[u, v] = 0$. 因此 L_+ 和 L_- 是 L 的交换的 Hom-子代数. □

定义 5.2.9　Hom-李超代数 $(L, [\cdot, \cdot], \phi)$ 上的几乎乘积结构被称为**交换的乘积结构**, 如果 (5.18) 成立.

推论 5.2.10　设 $(L, [\cdot, \cdot], \phi)$ 是 Hom-李超代数. 则 L 上有一个交换的乘积结构当且仅当 L 允许一个分解:

$$L = L_+ \oplus L_-,$$

其中 L_+ 和 L_- 是 L 的交换 Hom-子代数.

例 5.2.11　设 L 是 3-维 $\mathbb{Z}_2$-阶化向量空间, $\{e_1, e_2\}$ 是 $L_{\bar{0}}$ 的一组基, $\{e_3\}$ 是 $L_{\bar{1}}$ 的基, 定义括积和 ϕ 如下:

$$[e_1, e_2] = e_1, \quad [e_1, e_3] = [e_2, e_3] = [e_3, e_3] = 0,$$

$$\phi = \begin{pmatrix} 1 & 0 & 0 \\ 0 & 1 & 0 \\ 0 & 0 & -1 \end{pmatrix}.$$

则 $\phi^2 = \mathrm{Id}$ 并且 $(L, [\cdot, \cdot], \phi)$ 是对合的 Hom-李超代数.

通过进一步计算, 我们可以找到下面的乘积结构:

$$E_1 = \begin{pmatrix} 1 & 0 & 0 \\ 0 & -1 & 0 \\ 0 & 0 & 1 \end{pmatrix}, \quad E_2 = \begin{pmatrix} 1 & 0 & 0 \\ 0 & -1 & 0 \\ 0 & 0 & -1 \end{pmatrix},$$

$$E_3 = \begin{pmatrix} -1 & 0 & 0 \\ 0 & 1 & 0 \\ 0 & 0 & 1 \end{pmatrix}, \quad E_4 = \begin{pmatrix} -1 & 0 & 0 \\ 0 & 1 & 0 \\ 0 & 0 & -1 \end{pmatrix}$$

既是 L 上严格的也是交换的乘积结构.

例 5.2.12 设 $(L, [\cdot, \cdot])$ 是李超代数. $L_{\bar{0}}$ 的基是 $\{e_1, e_2\}$ 并且 $L_{\bar{1}}$ 的基是 $\{e_3, e_4\}$ 同时满足非零括积 $[e_1, e_3] = -e_4$, $[e_1, e_4] = e_3$, $[e_3, e_3] = e_2$, $[e_4, e_4] = e_2$. 我们构造一个同态 ϕ 和新的括积运算 $[\cdot, \cdot]_\phi$ 如下:

$$\phi = \begin{pmatrix} 1 & 0 & 0 & 0 \\ 0 & 1 & 0 & 0 \\ 0 & 0 & -1 & 0 \\ 0 & 0 & 0 & -1 \end{pmatrix},$$

满足 $\phi([e_i, e_j]) = [\phi(e_i), \phi(e_j)] = [e_i, e_j]_\phi$ $(i, j = 1, 2, 3, 4)$. 则 $(L, [\cdot, \cdot]_\phi, \phi)$ 是对合的 Hom-李超代数. 进一步我们可以得到四个乘积结构

$$E_1 = \begin{pmatrix} 1 & 0 & 0 & 0 \\ 0 & 1 & 0 & 0 \\ 0 & 0 & -1 & 0 \\ 0 & 0 & 0 & -1 \end{pmatrix}, \quad E_2 = \begin{pmatrix} -1 & 0 & 0 & 0 \\ 0 & 1 & 0 & 0 \\ 0 & 0 & -1 & 0 \\ 0 & 0 & 0 & -1 \end{pmatrix},$$

$$E_3 = \begin{pmatrix} 1 & 0 & 0 & 0 \\ 0 & -1 & 0 & 0 \\ 0 & 0 & 1 & 0 \\ 0 & 0 & 0 & 1 \end{pmatrix}, \quad E_4 = \begin{pmatrix} -1 & 0 & 0 & 0 \\ 0 & -1 & 0 & 0 \\ 0 & 0 & 1 & 0 \\ 0 & 0 & 0 & 1 \end{pmatrix}.$$

特别地, E_1 和 E_4 是严格的乘积结构.

5.2.2 Hom-李超代数的复结构和复乘积结构

定义 5.2.13 设 $(L, [\cdot, \cdot], \phi)$ 是 Hom-李超代数. L 上的几乎复结构是偶的线性映射 $J: L \to L$ 满足 $J^2 = -\mathrm{Id}$ 和 $J \circ \phi = \phi \circ J$. 一个几乎复结构被称为**复结构**如果下面的可积条件成立:

$$[(J \circ \phi)x, (J \circ \phi)y] = (J \circ \phi)[(J \circ \phi)x, y] + (J \circ \phi)[x, (J \circ \alpha)y] + [x, y], \quad (5.19)$$

对任意的 $x, y \in L$.

注 5.2.14 Hom-李超代数 L 上的复结构 J 意味着对于几乎复结构 J 而言 $J \circ \phi$ 正是一个 Hom-Nijienhuis 算子.

现在, 我们考虑实 Hom-李超代数 L 的复化, 记为 $L_{\mathbb{C}} = L \otimes_{\mathbb{R}} \mathbb{C} = \{w = x + iy : x, y \in L, |w| = |x| = |y|\}$, 显然它是 Hom-李超代数. 特别地, 线性映射 $\phi: L \to L$ 可以自然地扩展到 $\phi_{\mathbb{C}}: L_{\mathbb{C}} \to L_{\mathbb{C}}$ 通过 $\phi_{\mathbb{C}}(x + iy) = \phi(x) + i\phi(y)$. 设 σ 是 $L_{\mathbb{C}}$ 上的共轭映射, 即

$$\sigma(x + iy) = x - iy, \quad \forall x, y \in L,$$

这蕴含着 $\sigma \circ \phi_{\mathbb{C}} = \phi_{\mathbb{C}} \circ \sigma$. 线性映射 $J : L \to L$ 也可以自然地扩展到 $J_{\mathbb{C}} : L_{\mathbb{C}} \to L_{\mathbb{C}}$ 通过

$$J_{\mathbb{C}}(x + iy) = Jx + iJy, \quad \forall x, y \in L.$$

则 $J_{\mathbb{C}} \circ \phi_{\mathbb{C}} = \phi_{\mathbb{C}} \circ J_{\mathbb{C}}$ 并且 $J_{\mathbb{C}}^2 = -\phi_{\mathbb{C}}^2 = -\mathrm{Id}_{L_c} = (J_{\mathbb{C}} \circ \phi_{\mathbb{C}})^2$.

定理 5.2.15　设 $(L, [\cdot, \cdot], \phi)$ 是实 Hom-李超代数. 则 L 上有一个复结构当且仅当 $L_{\mathbb{C}}$ 在 $J_{\mathbb{C}} \circ \phi_{\mathbb{C}}$ 下允许一个分解:

$$L_{\mathbb{C}} = L_i \oplus L_{-i},$$

其中 L_i 和 L_{-i} 是 $L_{\mathbb{C}}$ 的 Hom-子代数并且 $L_{-i} = \sigma(L_i)$.

证明　假设 J 是 L 上的复结构. 自然地, $J_{\mathbb{C}} : L_{\mathbb{C}} \to L_{\mathbb{C}}$ 和 $\phi_{\mathbb{C}} : L_{\mathbb{C}} \to L_{\mathbb{C}}$ 如上面所述. 易证 $J_{\mathbb{C}}$ 是 $L_{\mathbb{C}}$ 上的复结构. 设 i 和 $-i$ 是 $J_{\mathbb{C}}$ 的特征值, L_i 和 L_{-i} 是对应的特征空间, 也就是说,

$$L_i = \{x - i(J \circ \phi)x : x \in L\}, \quad L_{-i} = \{x + i(J \circ \phi)x : x \in L\}.$$

则 $L_{\mathbb{C}} = L_i \oplus L_{-i}$ 作为向量空间. 显然, $L_{-i} = \sigma(L_i)$. 对任意的 $X, Y, Z \in L_i$, 我们有 $(J_{\mathbb{C}} \circ \phi_{\mathbb{C}})[(J_{\mathbb{C}} \circ \phi_{\mathbb{C}})X, Y] + (J_{\mathbb{C}} \circ \phi_{\mathbb{C}})[X, (J_{\mathbb{C}} \circ \phi_{\mathbb{C}})Y] + [X, Y] = 2i(J_{\mathbb{C}} \circ \phi_{\mathbb{C}})[X, Y] + [X, Y]$ 和 $[(J_{\mathbb{C}} \circ \phi_{\mathbb{C}})X, (J_{\mathbb{C}} \circ \phi_{\mathbb{C}})Y] = -[X, Y]$, 因此

$$(J_{\mathbb{C}} \circ \phi_{\mathbb{C}})[X, Y] = i[X, Y].$$

而且, 由 $J_{\mathbb{C}} \circ \phi_{\mathbb{C}} = \phi_{\mathbb{C}} \circ J_{\mathbb{C}}$, 这推出 L_i 是 Hom-子代数. 类似地, L_{-i} 也是 Hom-子代数.

反之, 我们定义 $J_{\mathbb{C}} : L_{\mathbb{C}} \to L_{\mathbb{C}}$ 由

$$J_{\mathbb{C}} \circ \phi_{\mathbb{C}}(X + \sigma(Y)) = iX - i\sigma(Y), \quad \forall X, Y \in L_i,$$

则 $J_{\mathbb{C}}^2 = -\phi_{\mathbb{C}}^2 = -\mathrm{Id}_{L_c} = (J_{\mathbb{C}} \circ \phi_{\mathbb{C}})^2$. 直接计算我们知道 $J_{\mathbb{C}}$ 是 $L_{\mathbb{C}}$ 上的复结构. 进一步我们设 $J := J_{\mathbb{C}}|_L$, $\phi := \phi_{\mathbb{C}}|_L$. 则 J 是 L 上的复结构.　　　　□

命题 5.2.16　设 J 是 Hom-李超代数 $(L, [\cdot, \cdot], \phi)$ 上的几乎复结构. 如果 J 满足下面的等式, 对任意的 $x, y \in L$,

$$(J \circ \phi)[x, y] = [(J \circ \phi)x, y], \tag{5.20}$$

则 J 是 L 上的复结构使得 $[L_i, L_{-i}] = 0$. $L_{\mathbb{C}}$ 是两个 Hom-子代数的直和并且 $L_{-i} = \sigma(L_i)$.

证明   由 (5.20) 和 $(J \circ \phi)^2 = -\mathrm{Id}$,

$$(J \circ \phi)[(J \circ \phi)x, y] + (J \circ \phi)[x, (J \circ \phi)y] + [x, y]$$
$$= [(J \circ \phi)^2 x, y] + [(J \circ \phi)x, (J \circ \phi)y] + [x, y]$$
$$= [(J \circ \phi)x, (J \circ \phi)y],$$

所以 J 是 L 上的复结构. 由定理 5.2.15, $L_{\mathbb{C}}$ 有 Hom-子代数的分解 L_i 和 L_{-i} 使得 $L_{-i} = \sigma(L_i)$. 对任意的 $X \in L_i, \sigma(Z) \in L_{-i}$, 我们有 $(J_{\mathbb{C}} \circ \phi_{\mathbb{C}})[X, \sigma(Z)] = [(J_{\mathbb{C}} \circ \phi_{\mathbb{C}})X, \sigma(Z)] = i[X, \sigma(Z)]$, 所以 $[L_i, L_{-i}] \subseteq L_i$. 另一方面, $(J_{\mathbb{C}} \circ \phi_{\mathbb{C}})[X, \sigma(Z)] = -(-1)^{|X||Z|}(J_{\mathbb{C}} \circ \phi_{\mathbb{C}})[\sigma(Z), X] = -i[X, \sigma(Z)]$, 所以 $[L_i, L_{-i}] \subseteq L_{-i}$, 这推出 $[L_i, L_{-i}] = 0$. $\qquad\square$

定义 5.2.17   Hom-李超代数 $(L, [\cdot, \cdot], \phi)$ 上的几乎复结构被称为**严格的复结构** 如果 (5.20) 成立.

推论 5.2.18   设 $(L, [\cdot, \cdot], \phi)$ Hom-李超代数. 则 L 上有严格的复结构当且仅当 $L_{\mathbb{C}}$ 是 Hom-子代数的直和:

$$L_{\mathbb{C}} = L_i \oplus L_{-i},$$

其中 L_i 和 L_{-i} 是 $L_{\mathbb{C}}$ 的 Hom-子代数使得 $L_{-i} = \sigma(L_i)$.

命题 5.2.19   设 J 是 Hom-李超代数 $(L, [\cdot, \cdot], \phi)$ 的几乎复结构. 如果 J 满足下面的等式, 对任意的 $x, y \in L$,

$$[(J \circ \phi)x, (J \circ \phi)y] = [x, y], \tag{5.21}$$

则 J 是 L 上的复结构使得 L_i 和 L_{-i} 是 $L_{\mathbb{C}}$ 的交换 Hom-子代数并且 $L_{-i} = \sigma(L_i)$.

证明   由 (5.21) 和 $(J \circ \phi)^2 = -\mathrm{Id}$, 我们有

$$(J \circ \phi)[(J \circ \phi)x, y] + (J \circ \phi)[x, (J \circ \phi)y] + [x, y]$$
$$= (J \circ \phi)[(J \circ \phi)^2 x, (J \circ \phi)y] + (J \circ \phi)[x, (J \circ \phi)y] + [(J \circ \phi)x, (J \circ \phi)y]$$
$$= [(J \circ \phi)x, (J \circ \phi)y],$$

所以 J 是 L 上的复结构.

对任意的 $X, Y, Z \in L_i, \sigma(Z) \in L_{-i}$, 我们有 $[(J_{\mathbb{C}} \circ \phi_{\mathbb{C}})X, (J_{\mathbb{C}} \circ \phi_{\mathbb{C}})Y] = [iX, iY] = -[X, Y]$. 另一方面, 由 (5.21), 我们有 $[X, Y] = 0$. 所以我们得到

$$[L_i, L_i] = 0.$$

因此, L_i 是交换 Hom-子代数. 相似地, L_{-i} 也是交换 Hom-子代数. $\qquad\square$

定义 5.2.20　Hom-李超代数 $(L, [\cdot, \cdot], \phi)$ 上的几乎复结构被称为**交换的复结构** 如果 (5.21) 成立.

推论 5.2.21　设 $(L, [\cdot, \cdot], \phi)$ 是 Hom-李超代数. 则 L 上有交换的复结构当且仅当 $L_{\mathbb{C}}$ 上有分解:

$$L_{\mathbb{C}} = L_i \oplus L_{-i},$$

其中 L_i 和 $L_{-i} = \sigma(L_i)$ 是 L 的 Hom-子代数.

例 5.2.22　我们考虑例 5.2.12 中提及的 Hom-李超代数. 则如下的 J_i ($i = 1, 2$) 是 L 上的复结构:

$$J_1 = \begin{pmatrix} 0 & 1 & 0 & 0 \\ -1 & 0 & 0 & 0 \\ 0 & 0 & 0 & -1 \\ 0 & 0 & 1 & 0 \end{pmatrix} \text{ 或者 } J_2 = \begin{pmatrix} 0 & -1 & 0 & 0 \\ 1 & 0 & 0 & 0 \\ 0 & 0 & 0 & 1 \\ 0 & 0 & -1 & 0 \end{pmatrix}.$$

命题 5.2.23　设 $(L, [\cdot, \cdot], \phi)$ 是 Hom-李超代数. 则下列陈述等价:

* E 是 L 上的乘积结构;
* $J = iE$ 是 L 上的复结构.

证明　设 E 是 L 上的乘积结构. 我们有 $J^2 = i^2 E^2 = -\mathrm{Id}$ 和 $J \circ \phi = iE \circ \phi = i\phi \circ E = \phi \circ iE = \phi \circ J$. 而且, 我们可以得到

$$\begin{aligned}
& (J \circ \phi)[(J \circ \phi)x, y] + (J \circ \phi)[x, (J \circ \phi)y] + [x, y] \\
&= (iE \circ \phi)[(iE \circ \phi)x, y] + (iE \circ \phi)[x, (iE \circ \phi)y] + [x, y] \\
&= -(E \circ \phi)[(E \circ \phi)x, y] - (E \circ \phi)[x, (E \circ \phi)y] + [x, y] \\
&= -[(E \circ \phi)x, (E \circ \phi)y] \\
&= [(iE \circ \phi)x, (iE \circ \phi)y] \\
&= [(J \circ \phi)x, (J \circ \phi)y].
\end{aligned}$$

所以 J 是 L 上的复结构. 类似地, 我们可以得到反方向的证明.　　　　　　□

定义 5.2.24　设 $(L, [\cdot, \cdot], \phi)$ 是实 Hom-李超代数. L 上的**复乘积结构** 是一组对 (J, E) 包含一个复结构 J 和一个乘积结构 E 使得 $J \circ E = -E \circ J$.

定理 5.2.25　设 J 是实 Hom-李超代数 $(L, [\cdot, \cdot], \phi)$ 上的复结构 E 是其上的乘积结构. 则 (J, E) 是 L 上的复乘积结构当且仅当

$$L_- = (J \circ \phi)L_+,$$

其中 L_+ 和 L_- 是关于 $E \circ \phi$ 的对应特征值为 ± 1 特征空间.

证明 首先, 设 (J, E) 是复乘积结构. 由定理 5.2.4, 在 $E \circ \phi$ 作用下 $L = L_+ \oplus L_-$ 使得 L_+ 和 L_- 是 L 的 Hom-子代数. 并且 $-J \circ E(L_+) = -J \circ E \circ \phi(\phi(L_+)) = -J(\phi(L_+)) = -J \circ \phi(L_+)$, 同时, $E \circ J(L_+) = E \circ J \circ \phi(\phi(L_+)) = E \circ \phi(J \circ \phi(L_+))$, 即 $J \circ \phi(L_+) \subseteq L_-$. 另一方面, $-J \circ E(L_-) = -J \circ E \circ \phi(\phi(L_-)) = J \circ \phi(L_-)$, 同时, $E \circ J(L_-) = E \circ J \circ \phi(\phi(L_-)) = E \circ \phi(J \circ \phi(L_-))$, 即 $J \circ \phi(L_-) \subseteq L_+$, $(J \circ \phi)^2(L_-) \subseteq J \circ \phi(L_+)$, 这推出 $L_- \subseteq J(L_+)$. 因此 $L_- = (J \circ \phi)L_+$.

下证充分性. 对任意的 $u \in L_+, v \in L_-$,

$$
\begin{aligned}
E \circ J(u + v) &= E \circ J \circ \phi^2(u + v) = E \circ \phi \circ J \circ \phi(u + v) \\
&= E \circ \phi((J \circ \phi)v + (J \circ \phi)u) \\
&= (J \circ \phi)v - (J \circ \phi)u \\
&= -(J \circ \phi)(u - v) \\
&= -J \circ \phi \circ E \circ \phi(u + v) \\
&= -J \circ E(u + v),
\end{aligned}
$$

这推出 $E \circ J = -J \circ E$. 因此, (J, E) 是 L 的复乘积结构. $\qquad \square$

第 6 章　Hom-李型代数的构造理论

本章研究几类 Hom-李型超代数的构造理论和由 Hom-李超代数诱导的 3-Hom-李超代数的可解性与幂零性 [90,92,93].

我们定义了 Hom-左对称超代数、伪黎曼 Hom-李超代数、辛 Hom-李超代数、仿 Kähler Hom-李超代数以及 Kähler Hom-李超代数, 还引入了 Hom-李容许超代数的定义, 并分别讨论了它们之间的相互构造关系. 对于 Hom-李超代数, 我们引入了表示的定义, 并利用表示在 Hom-李超代数上定义了三元括积结构, 同时证明带有这一三元括积结构的 Hom-李超代数是 3-Hom-李超代数, 称为由 Hom-李超代数诱导的 3-Hom-李超代数. 此外, 我们还得到了由 Hom-李超代数诱导保积 3-Hom-李超代数的充分条件, 并给出了关于 Hom-李超代数诱导的保积 3-Hom-李超代数的子代数和理想的两个结果.

最后, 我们给出了保积 3-Hom-李超代数导出列、降中心列、中心、可解与幂零的定义, 同时讨论它们的一些性质. 我们还讨论了 Hom-李超代数导出列、降中心列和中心及它诱导的 3-Hom-李超代数导出列、降中心列和中心之间的关系.

我们在构造理论方面的其他工作见 [94].

6.1　几类 Hom-李型代数间的相互构造

定义 6.1.1　设 $(V, \cdot, \phi)$ 是 Hom-超代数, $[\cdot, \cdot]$ 是它的结合超交换子. 定义 V 上的张量曲率 $\mathcal{K}$ 满足

$$\mathcal{K}(u,v) = L_{\phi(u)} \circ L_v - (-1)^{|u||v|} L_{\phi(v)} \circ L_u - L_{[u,v]} \circ \phi, \tag{6.1}$$

任意的 $u, v \in V$.

定义 6.1.2　**Hom-左对称超代数**是 Hom-超代数 $(V, \cdot, \phi)$ 使得

$$ass_\phi(u,v,w) = (-1)^{|u||v|} ass_\phi(v,u,w),$$

对任意的 $u, v, w \in V$, 其中 $ass_\phi(u,v,w) = (u \cdot v) \cdot \phi(w) - \phi(u) \cdot (v \cdot w)$.

定义 6.1.3[7]　设 $V = V_{\bar{0}} \oplus V_{\bar{1}}$ 是域 $\mathbb{F}$ 上的 $\mathbb{Z}_2$-分次线性空间. 若 V 具有偶双线性运算 $\cdot : V \times V \to V$ 及偶线性变换 $\alpha : V \to V$, 定义 V 的超交换子为

$$[u,v] = u \cdot v - (-1)^{|u||v|} v \cdot u,$$

其中 u, v 是 V 中齐次元. 则 $(V, \cdot, \alpha)$ 称为 **Hom-李容许超代数**, 若其超交换子满足超 Hom-Jacobi 等式.

命题 6.1.4 设 $(V, \cdot, \phi)$ 是 Hom-超代数, $\mathcal{K}$ 是 V 上的张量曲率, 则

$$\circlearrowleft_{u,v,w} (-1)^{|u||w|}[\phi(u), [v, w]] = \circlearrowleft_{u,v,w} (-1)^{|u||w|}\mathcal{K}(u, v)w, \tag{6.2}$$

对任意的 $u, v, w \in V$, 其中 $\circlearrowleft_{u,v,w}$ 记为 u, v, w 的循环和.

证明 任取 $u, v, w \in V$, 我们有

$$\circlearrowleft_{u,v,w} (-1)^{|u||w|}[\phi(u), [v, w]]$$
$$= (-1)^{|u||w|}[\phi(u), [v, w]] + (-1)^{|u||v|}[\phi(v), [w, u]] + (-1)^{|v||w|}[\phi(w), [u, v]]$$
$$= (-1)^{|u||w|}L_{\phi(u)}[v, w] - (-1)^{|u||w|+(|v|+|w|)|u|}L_{[v,w]}\phi(u)$$
$$\quad + (-1)^{|u||v|}L_{\phi(v)}[w, u] - (-1)^{|u||v|+(|u|+|w|)|v|}L_{[w,u]}\phi(v)$$
$$\quad + (-1)^{|w||v|}L_{\phi(w)}[u, v] - (-1)^{|w||v|+(|u|+|v|)|w|}L_{[u,v]}\phi(w)$$
$$= (-1)^{|u||w|}L_{\phi(u)}[v, w] - (-1)^{|u||v|}L_{[v,w]}\phi(u) + (-1)^{|u||v|}L_{\phi(v)}[w, u]$$
$$\quad - (-1)^{|w||v|}L_{[w,u]}\phi(v) + (-1)^{|w||v|}L_{\phi(w)}[u, v] - (-1)^{|w||u|}L_{[u,v]}\phi(w)$$
$$= (-1)^{|u||w|}L_{\phi(u)}(L_v w - (-1)^{|v||w|}L_w v) - (-1)^{|u||v|}L_{[v,w]}\phi(u)$$
$$\quad + (-1)^{|u||v|}L_{\phi(v)}(L_w u - (-1)^{|w||u|}L_u w) - (-1)^{|w||v|}L_{[w,u]}\phi(v)$$
$$\quad + (-1)^{|w||v|}L_{\phi(w)}(L_u v - (-1)^{|u||v|}L_v u) - (-1)^{|u||w|}L_{[v,w]}\phi(u)$$
$$= (-1)^{|u||w|}(L_{\phi(u)}L_v w - (-1)^{|u||v|}L_{\phi(v)}L_u w - L_{[u,v]}\phi(w))$$
$$\quad + (-1)^{|u||v|}(L_{\phi(v)}L_w u - (-1)^{|w||v|}L_{\phi(w)}L_v u - L_{[v,w]}\phi(u))$$
$$\quad + (-1)^{|w||v|}(L_{\phi(w)}L_u v - (-1)^{|u||w|}L_{\phi(u)}L_w v - L_{[w,u]}\phi(v))$$
$$= (-1)^{|u||w|}\mathcal{K}(u, v)w + (-1)^{|u||v|}\mathcal{K}(v, w)u + (-1)^{|w||v|}\mathcal{K}(w, u)v.$$

结论成立. $\square$

命题 6.1.5 (1) 如果 $(V, \cdot, \phi)$ 是 Hom-李容许超代数, 则下面的等式成立,

$$\circlearrowleft_{u,v,w} (-1)^{|u||w|}\mathcal{K}(u, v)w = 0,$$

任意的 $u, v, w \in V$.

(2) Hom-左对称超代数是 Hom-李容许超代数.

证明 (1) 由性质 6.1.4 易得.

(2) 设 $(V, \cdot, \phi)$ 是 Hom-左对称超代数. 对任意的 $u, v, w \in V$, $ass(u, v, w) = (-1)^{|u||v|}ass(v, u, w)$, 我们先验证 Hom-Jacobi 恒等式.

$$\circlearrowleft_{u,v,w} (-1)^{|u||w|}[\phi(u), [v, w]]$$

$$= (-1)^{|u||w|}[\phi(u),[v,w]] + (-1)^{|u||v|}[\phi(v),[w,u]] + (-1)^{|v||w|}[\phi(w),[u,v]]$$

$$= (-1)^{|u||w|}[\phi(u),v\cdot w] - (-1)^{|u||w|+|v||w|}[\phi(u),w\cdot v] + (-1)^{|u||v|}[\phi(v),w\cdot u]$$

$$\quad - (-1)^{|u||v|+|u||w|}[\phi(v),u\cdot w] + (-1)^{|w||v|}[\phi(w),u\cdot v] - (-1)^{|w||v|+|u||v|}[\phi(w),v\cdot u]$$

$$= (-1)^{|u||w|}\phi(u)\cdot(v\cdot w) - (-1)^{|u||v|}(v\cdot w)\cdot\phi(u) - (-1)^{|u||w|+|v||w|}\phi(u)\cdot(w\cdot v)$$

$$\quad + (-1)^{|v||w|+|u||v|}(w\cdot v)\cdot\phi(u) + (-1)^{|u||v|}\phi(v)\cdot(w\cdot u) - (-1)^{|w||v|}(w\cdot u)\cdot\phi(v)$$

$$\quad - (-1)^{|u||v|+|u||w|}\phi(v)\cdot(u\cdot w) + (-1)^{|u||w|+|v||w|}(u\cdot w)$$

$$\quad \cdot\phi(v) + (-1)^{|w||v|}\phi(w)\cdot(u\cdot v)$$

$$\quad - (-1)^{|w||u|}(u\cdot v)\cdot\phi(w) - (-1)^{|w||v|+|u||v|}\phi(w)$$

$$\quad \cdot(v\cdot u) + (-1)^{|u||v|+|w||u|}(v\cdot u)\cdot\phi(w)$$

$$= (-1)^{|u||w|}((-1)^{|u||v|}ass(v,u,w) - ass(u,v,w))$$

$$\quad + (-1)^{|u||v|}((-1)^{|w||v|}ass(w,v,u) - ass(v,w,u))$$

$$\quad + (-1)^{|w||v|}((-1)^{|u||v|}ass(v,u,w) - ass(u,v,w))$$

$$= 0.$$

另外, 易证 $[u,v] = -(-1)^{|u||v|}[v,u]$. 因此, $(V,\cdot,\phi)$ 是 Hom-李容许超代数. □

这个性质说明 Hom-左对称超代数可以通过结合超交换子诱导出 Hom-李容许超代数.

定义 6.1.6 设 $(L,[\cdot,\cdot],\phi)$ 是 Hom-李超代数, L 上有一个超对称、非退化、相容的双线性型 $\langle\cdot,\cdot\rangle$, 对任意的 $u,v\in L$, 使得

$$\langle\phi_{\mathfrak{g}}(u),\phi_{\mathfrak{g}}(v)\rangle = \langle u,v\rangle \tag{6.3}$$

成立. 则称 L 上允许一个伪黎曼度量 $\langle\cdot,\cdot\rangle$, $(L,[\cdot,\cdot],\phi,\langle\cdot,\cdot\rangle)$ 是**伪黎曼 Hom-李超代数**.

注 6.1.7 设 $(L,[\cdot,\cdot],\phi,\langle,\rangle)$ 是伪黎曼对合的 Hom-李超代数. 对任意的 $u,v\in L$, 我们有

$$\langle\phi(u),v\rangle = \langle u,\phi(v)\rangle. \tag{6.4}$$

定理 6.1.8 设 $(L,[\cdot,\cdot],\phi,\langle,\rangle)$ 是伪黎曼 Hom-李超代数使得 ϕ 是同构. 则 L 上存在唯一的乘积 $\cdot$ 满足

$$[u,v] = u\cdot v - (-1)^{|u||v|}v\cdot u, \tag{6.5}$$

$$\langle u\cdot v,\phi(w)\rangle = -(-1)^{|u||v|}\langle\phi(v),u\cdot w\rangle, \tag{6.6}$$

任意的 $u,v,w\in L$. 这个乘积被称为 **Levi-Civita**.

证明 首先, 我们假设这个乘积存在证明唯一性. 对任意的 $u, v, w \in L$, 用等式 (6.6), 我们得到

$$\langle u \cdot v, \phi(w) \rangle + (-1)^{|u||v|} \langle \phi(v), u \cdot w \rangle = 0, \tag{6.7}$$

$$\langle v \cdot w, \phi(u) \rangle + (-1)^{|v||w|} \langle \phi(w), v \cdot u \rangle = 0, \tag{6.8}$$

$$-\langle w \cdot u, \phi(v) \rangle - (-1)^{|w||u|} \langle \phi(u), w \cdot v \rangle = 0, \tag{6.9}$$

利用伪黎曼度量的超对称, 等式 (6.7)—(6.9) 变形得到

$$\langle u \cdot v, \phi(w) \rangle + (-1)^{|v||w|} \langle u \cdot w, \phi(v) \rangle = 0, \tag{6.10}$$

$$\langle v \cdot w, \phi(u) \rangle + (-1)^{|u||w|} \langle v \cdot u, \phi(w) \rangle = 0, \tag{6.11}$$

$$-\langle w \cdot u, \phi(v) \rangle - (-1)^{|u||v|} \langle w \cdot v, \phi(u) \rangle = 0, \tag{6.12}$$

所以 $(6.10) + (-1)^{|u||w|+|u||v|}(6.11) + (-1)^{|u||w|+|v||w|}(6.12) = 0$, 我们得到

$$\langle u \cdot v, \phi(w) \rangle + (-1)^{|u||v|} \langle v \cdot u, \phi(w) \rangle$$
$$= (-1)^{|u||w|+|v||w|+|u||v|} \langle w \cdot v, \phi(u) \rangle - (-1)^{|u||w|+|u||v|} \langle v \cdot w, \phi(u) \rangle$$
$$+ (-1)^{|u||w|+|v||w|} \langle w \cdot u, \phi(v) \rangle - (-1)^{|v||w|} \langle u \cdot w, \phi(v) \rangle. \tag{6.13}$$

把 (6.5) 应用到 (6.13), 我们有

$$2 \langle u \cdot v, \phi(w) \rangle = \langle [u, v], \phi(w) \rangle + (-1)^{|u||w|+|v||w|+|u||v|} \langle [w, v], \phi(u) \rangle$$
$$+ (-1)^{|u||w|+|v||w|} \langle [w, u], \phi(v) \rangle. \tag{6.14}$$

我们把上面的公式称为 Koszul 公式. 所以 $\cdot$ 的唯一性得到了证明. 接下来证明存在性. 考虑 L 的一组基是 $\{e_i\}_{i=1,\cdots,n}$. 我们记

$$e_i \cdot e_j = \Gamma_{ij}^k e_k = -(-1)^{|e_i||e_j|} e_j \cdot e_i,$$
$$[e_i, e_j] = c_{ij}^k e_k = -(-1)^{|e_i||e_j|} [e_j, e_i], \quad \phi(e_i) = \phi_i^k e_k.$$

其中 $\Gamma_{ij}^k, c_{ij}^k \in \mathbb{F}$. 特别地, 因为 $\langle, \rangle$ 和 ϕ 是可逆的, 我们分别记 $\langle, \rangle^{-1}$ 和 ϕ^{-1} 的分量为 $\langle e^i, e^j \rangle$ 和 $\widetilde{\phi}_j^i$. 我们把基元素之间的运算代入到 (6.14), 则

$$2\langle e_i \cdot e_j, \phi(e_k) \rangle = \langle [e_i, e_j], \phi(e_k) \rangle + (-1)^{|e_i||e_j|+|e_i||e_k|+|e_j||e_k|} \langle [e_k, e_j], \phi(e_i) \rangle$$
$$+ (-1)^{|e_i||e_k|+|e_j||e_k|} \langle [e_k, e_i], \phi(e_j) \rangle.$$

我们使用爱因斯坦求和表示法 (这种表示法意味着, 如果指标同时出现在上面和下面, 它是一个求和) 来得到

$$2\Gamma_{ij}^h \phi_k^r \langle e_h, e_r \rangle = c_{ij}^r \phi_k^s \langle e_r, e_s \rangle + (-1)^{|e_i||e_j|+|e_i||e_k|+|e_j||e_k|} c_{kj}^r \phi_i^s \langle e_r, e_s \rangle$$
$$+ (-1)^{|e_i||e_k|+|e_j||e_k|} c_{ij}^r \phi_k^s \langle e_r, e_s \rangle. \tag{6.15}$$

(6.15) 的两边同时乘 $\widetilde{\phi}_m^k$ 得到

$$2\Gamma_{ij}^h \langle e_h, e_m \rangle = \widetilde{\phi}_m^k \{ c_{ij}^r \phi_k^s \langle e_r, e_s \rangle + (-1)^{|e_i||e_j|+|e_i||e_k|+|e_j||e_k|} c_{kj}^r \phi_i^s \langle e_r, e_s \rangle$$
$$+ (-1)^{|e_i||e_k|+|e_j||e_k|} c_{ij}^r \phi_k^s \langle e_r, e_s \rangle \}. \tag{6.16}$$

(6.16) 的两边同时乘 $\langle e^l, e^m \rangle$ 又可以得到

$$\Gamma_{ij}^l = \frac{1}{2} \langle e^l, e^m \rangle \widetilde{\phi}_m^k \{ c_{ij}^r \phi_k^s \langle e_r, f_s \rangle + (-1)^{|e_i||e_j|+|e_i||e_k|+|e_j||e_k|} c_{kj}^r \phi_i^s \langle e_r, e_s \rangle$$
$$+ (-1)^{|e_i||e_k|+|e_j||e_k|} c_{ij}^r \phi_k^s \langle e_r, e_s \rangle \}.$$

这个等式证明了 · 的存在性. □

回顾文献 [93] 中给出的 Hom-李超代数的表示. 设 $(L, [\cdot, \cdot], \phi)$ 是 Hom-李超代数. L 的表示是一个三元组 (V, A, ρ) 其中 V 是 $\mathbb{Z}_2$-阶化向量空间, $A \in \mathrm{gl}(V)$ 和 $\rho : L \to \mathrm{gl}(V)$ 是偶的线性映射满足

$$\begin{cases} \rho(\phi(u)) \circ A = A \circ \rho(u), \\ \rho([u,v]) \circ A = \rho(\phi(u)) \circ \rho(v) - (-1)^{|u||v|} \rho(\phi(v)) \circ \rho(u), \end{cases}$$

任意的 $u, v \in L$.

文献 [66] 中, 作者给出 Hom-李 color 代数的表示, 我们考虑 Hom-李超代数的情况. 接下来, V^* 记为 V 的对偶空间, 然后定义偶的线性映射 $\tilde{\rho} : L \to \mathrm{gl}(V^*)$ 通过

$$\prec \tilde{\rho}(u)(\alpha), v \succ = - \prec ((\rho(u))^t(\alpha), v) \succ = -(-1)^{|u||\alpha|} \prec \alpha, \rho(u)(v) \succ, \tag{6.17}$$

任意的 $u \in L, v \in V, \alpha \in V^*$, 其中 $(\rho(u))^t$ 是 $\rho(u) \in \mathrm{End}(V)$ 的对偶满同态并且 $\prec \tilde{\rho}(u)(\alpha), v \succ$ 的作用是 $\tilde{\rho}(u)(\alpha)(v)$. 如果 $(V^*, A^*, \tilde{\rho})$ 也是 L 的表示, 则称表示 (V, A, ρ) 是可容许的. 同时, 可容许表示的等价条件是

$$\begin{cases} A \circ \rho(\phi(u)) = \rho(u) \circ A, \\ A \circ \rho([u,v]) = \rho(u) \circ \rho(\phi(v)) - (-1)^{|u||v|} \rho(v) \circ \rho(\phi(u)). \end{cases} \tag{6.18}$$

设 $(L, [\cdot, \cdot], \phi)$ 是 Hom-李超代数, $\mathrm{ad} : L \to \mathrm{gl}(L)$ 是定义成 $\mathrm{ad}(u)(v) = [u, v]$ 的算子, 任意的 $u, v \in L$. 显然,

$$\mathrm{ad}(\phi(u))(\phi(v)) = [\phi(u), \phi(v)] = \phi([u, v]) = \phi(\mathrm{ad}(u)(v)).$$

由 Hom-Jacobi 恒等式, 易证

$$\mathrm{ad}[u, v] \circ \phi = \mathrm{ad}(\phi(u)) \circ \mathrm{ad}(v) - (-1)^{|u||v|}\mathrm{ad}(\phi(v)) \circ \mathrm{ad}(u).$$

则表示 (L, ϕ, ad) 称为 L 的伴随表示.

引理 6.1.9 设 $(L, [\cdot, \cdot], \phi)$ 是对合的 Hom-李超代数. 则伴随表示 (L, ϕ, ad) 是可容许的.

证明 由 (6.18), 任意的 $u, v \in L$, 我们只需验证下列式子成立:

$$\begin{cases} \phi \circ \mathrm{ad}(\phi(u)) = \mathrm{ad}(u) \circ \phi, \\ \phi \circ \mathrm{ad}([u, v]) = \mathrm{ad}(u) \circ \mathrm{ad}(\phi(v)) - (-1)^{|u||v|}\mathrm{ad}(v) \circ \mathrm{ad}(\phi(u)). \end{cases} \tag{6.19}$$

$\square$

则对任意的 $w \in L$, 因为 $\phi^2 = \mathrm{Id}$,

$$\phi \circ \mathrm{ad}(\phi(u))(\phi(w)) = [u, w] = \mathrm{ad}(u)(w) = \mathrm{ad}(u) \circ \phi(\phi(w)),$$

进一步, 我们利用 Hom-Jacobi 恒等式易得

$$\phi \circ \mathrm{ad}([u, v]) = \mathrm{ad}(u) \circ \mathrm{ad}(\phi(v)) - (-1)^{|u||v|}\mathrm{ad}(v) \circ \mathrm{ad}(\phi(u)).$$

所以 (L, ϕ, ad) 是可容许表示.

命题 6.1.10 设 $(L, [\cdot, \cdot], \phi)$ 是 Hom-李超代数, L^* 是它的对偶空间并且 (L, A, ρ) 是 L 的对偶表示. 则在直和 $L \oplus L^*$ 上有一个 Hom-李超代数的结构, 运算给出如下:

$$[u + \alpha, v + \beta]' := [u, v] + \tilde{\rho}(u)(\beta) - (-1)^{|\alpha||v|}\tilde{\rho}(v)(\alpha),$$

$$\Phi(u + \alpha) := \phi(u) + A^*(\alpha),$$

任意的 $u, v \in L, \alpha, \beta \in L^*$.

证明 任取齐次元 $u, v \in L$ 和 $\alpha, \beta \in L^*$. 显然

$$[u + \alpha, v + \beta]' = (-1)^{|u||v|}[v + \beta, u + \alpha]'.$$

然后我们有

$$\circlearrowleft_{(u,\alpha),(v,\beta),(w,\gamma)} (-1)^{|u||w|}[\Phi(u + \alpha), [v + \beta, w + \gamma]']'$$

$$= \circlearrowleft_{(u,\alpha),(v,\beta),(w,\gamma)} (-1)^{|u||w|}[\phi(u) + A^*(\alpha), [v,w] + \tilde{\rho}(v)(\gamma) - (-1)^{|w||\beta|}\tilde{\rho}(w)(\beta)]'$$

$$= \circlearrowleft_{(u,\alpha),(v,\beta),(w,\gamma)} (-1)^{|u||w|}[\phi(u), [v,w]]$$

$$+ (-1)^{|u||w|}\tilde{\rho}(\phi(u))(\tilde{\rho}(v)(\gamma) - (-1)^{|w||\beta|}\tilde{\rho}(w)(\beta))$$

$$+ (-1)^{|u||v|}\tilde{\rho}(\phi(v))(\tilde{\rho}(w)(\alpha) - (-1)^{|u||\gamma|}\tilde{\rho}(u)(\gamma))$$

$$+ (-1)^{|w||v|}\tilde{\rho}(\phi(w))(\tilde{\rho}(u)(\beta) - (-1)^{|v||\alpha|}\tilde{\rho}(v)(\alpha))$$

$$- (-1)^{|u||w|+(|v|+|w|)|\alpha|}\tilde{\rho}([v,w])(A^*(\alpha)) - (-1)^{|u||v|+(|w|+|u|)|\beta|}\tilde{\rho}([w,u])(A^*(\beta))$$

$$- (-1)^{|w||v|+(|u|+|v|)|\gamma|}\tilde{\rho}([u,v])(A^*(\gamma)).$$

因为 $(L^*, A^*, \tilde{\rho})$ 是 L 的表示, 很明显

$$\tilde{\rho}([v,w]) \circ A^* = \tilde{\rho}(\phi(v)) \circ \tilde{\rho}(w) - (-1)^{|w||v|}\tilde{\rho}(\phi(w)) \circ \tilde{\rho}(v).$$

然后我们有

$$\circlearrowleft_{(u,\alpha),(v,\beta),(w,\gamma)} (-1)^{|u||w|}[\Phi(u+\alpha), [v+\beta, w+\gamma]']'$$

$$= \circlearrowleft_{(u,\alpha),(v,\beta),(w,\gamma)} (-1)^{|u||w|}[\phi(u), [v,w]]$$

$$+ (-1)^{|u||w|}\tilde{\rho}(\phi(u))(\tilde{\rho}(v)(\gamma) - (-1)^{|w||\beta|}\tilde{\rho}(w)(\beta))$$

$$+ (-1)^{|u||v|}\tilde{\rho}(\phi(v))(\tilde{\rho}(w)(\alpha) - (-1)^{|u||\gamma|}\tilde{\rho}(u)(\gamma))$$

$$+ (-1)^{|w||v|}\tilde{\rho}(\phi(w))(\tilde{\rho}(u)(\beta) - (-1)^{|v||\alpha|}\tilde{\rho}(v)(\alpha))$$

$$- (-1)^{|u||w|+(|v|+|w|)|\alpha|}(\tilde{\rho}(\phi(v)) \circ \tilde{\rho}(w) - (-1)^{|w||v|}\tilde{\rho}(\phi(w))\tilde{\rho}(v))(\alpha)$$

$$- (-1)^{|u||v|+(|w|+|u|)|\beta|}(\tilde{\rho}(\phi(w)) \circ \tilde{\rho}(u) - (-1)^{|u||w|}\tilde{\rho}(\phi(u))\tilde{\rho}(w))(\beta)$$

$$- (-1)^{|w||v|+(|u|+|v|)|\gamma|}(\tilde{\rho}(\phi(u)) \circ \tilde{\rho}(v) - (-1)^{|u||v|}\tilde{\rho}(\phi(v))\tilde{\rho}(u))(\gamma)$$

$$= 0.$$

因此, $(L \oplus L^*, [\cdot, \cdot]', \Phi)$ 是 Hom-李超代数.　　　　　　　　　　　　　　□

定义 6.1.11　**辛 Hom-李超代数**是一个正则的 Hom-李超代数 $(L, [\cdot, \cdot], \phi)$ 并且带有一个斜超对称、非退化、相容的双线性型 ω 并满足

$$(-1)^{|u||w|}\omega([u,v], \phi(w)) + (-1)^{|w||v|}\omega([w,u], \phi(v)) + (-1)^{|u||v|}\omega([v,w], \phi(u)) = 0,$$

$$\omega(\phi(u), \phi(v)) = \omega(u, v).$$

称 ω 是 L 上的辛结构, 辛 Hom-李超代数记为 $(L, [\cdot, \cdot], \phi, \omega)$.

例 6.1.12　我们构造一个辛 Hom-李超代数的例子. 首先设 $(L, [\cdot, \cdot])$ 是李超代数, $L_{\bar{0}}$ 的一组基为 $\{e_1, e_2\}$ 并且 $L_{\bar{1}}$ 的一组基为 $\{e_3, e_4\}$, 它的非零括积是

$[e_1, e_4] = e_3$, $[e_4, e_4] = e_2$. 我们定义 L 上的括积 $[\cdot, \cdot]_\phi$ 和偶的线性映射 ϕ 如下:

$$\phi = \begin{pmatrix} 1 & 0 & 0 & 0 \\ 0 & 1 & 0 & 0 \\ 0 & 0 & -1 & 0 \\ 0 & 0 & 0 & -1 \end{pmatrix},$$

满足 $\phi[e_i, e_j] = [\phi(e_i), \phi(e_j)] = [e_i, e_j]_\phi$ $(i, j = 1, 2, 3, 4)$. 则 $(L, [\cdot, \cdot]_\phi, \phi)$ 是对合的 Hom-李超代数. 接下来考虑如下的斜超对称、非退化、相容的双线性型 Ω:

$$\Omega = \begin{pmatrix} 0 & m & 0 & 0 \\ -m & 0 & 0 & 0 \\ 0 & 0 & 0 & \dfrac{m}{2} \\ 0 & 0 & \dfrac{m}{2} & n \end{pmatrix},$$

$m, n \in \mathbb{F}, m \neq 0$.

易证 $\Omega(\phi(e_i), \phi(e_j)) = \Omega(e_i, e_j)$ 和 $\circlearrowleft_{e_i, e_j, e_k} (-1)^{|e_i||e_k|}\Omega([e_i, e_j], \phi(e_k)) = 0$. 所以 $(L, [\cdot, \cdot]_\phi, \phi, \Omega)$ 是辛 Hom-李超代数.

定理 6.1.13 设 $(L, [\cdot, \cdot], \phi, \omega)$ 是辛 Hom-李超代数. 则 L 上存在 Hom-左对称超代数结构 **a** 满足

$$\omega(\mathbf{a}(u, v), \phi(w)) = -(-1)^{|u||v|}\omega(\phi(v), [u, w]), \tag{6.20}$$

$$\mathbf{a}(u, v) - (-1)^{|u||v|}\mathbf{a}(v, u) = [u, v], \tag{6.21}$$

任意的 $u, v \in L$.

证明 设 $\omega \in \wedge^2 L^*$. 考虑一个同构 $f: L \to L^*$ 给出 $f(u) = \omega(u, \cdot)$ 对任意的 $u \in L$, $f(u)(v) = \omega(u, v)$, 即 $\prec f(u), v \succ = \omega(u, v)$, 对任意的 $v \in L$. 因为 f 是同构而且 L 的伴随表示是可容许的, 定义 $\mathbf{a}(u, v) = f^{-1}\mathrm{ad}^*_{(\phi(u))}f(v)$, 则

$$\begin{aligned}
\omega(\mathbf{a}(u, v), \phi(w)) &= \prec \mathrm{ad}^*_{(\phi(u))}f(v), \phi(w) \succ \\
&= -(-1)^{|u||v|} \prec f(v), [\phi(u), \phi(w)] \succ \\
&= -(-1)^{|u||v|} \prec f(v), \phi[u, w] \succ \\
&= -(-1)^{|u||v|}\omega(v, \phi[u, w]) \\
&= -(-1)^{|u||v|}\omega(\phi(v), [u, w]).
\end{aligned}$$

剩下的证明类似于 [29, 命题 5.10]. $\square$

定义 6.1.14　仿 Kähler Hom-李超代数 是一个具有几乎乘积结构 E 的伪黎曼 Hom-李超代数 $(L, [\cdot, \cdot], \phi)$, 使得 $\phi \circ E$ 对 $\langle, \rangle$ 是斜超对称的并且 $\phi \circ E$ 对 Levi-Civita 乘积是不变的, 即 $L_u \circ \phi \circ E = \phi \circ E \circ L_u$, 任意的 $u \in L$.

我们有下面的等价式子:

(1) $(u \cdot (\phi \circ E))(v) = (\phi \circ E)(u \cdot v)$;

(2) $(\phi \circ E)(u) \cdot (\phi \circ E)(v) = (\phi \circ E)((\phi \circ E)(u) \cdot v)$;

(3) $u \cdot v = (\phi \circ E)(u \cdot (\phi \circ E)(v))$.

例 6.1.15　我们考虑例 6.1.12 中介绍的 Hom-李超代数 $(L, [\cdot, \cdot]_\phi, \phi)$, 定义 L 上的度量 $\langle, \rangle$ 如下:

$$\langle, \rangle = \begin{pmatrix} c_1 & a & 0 & 0 \\ -a & c_2 & 0 & 0 \\ 0 & 0 & 0 & b \\ 0 & 0 & -b & 0 \end{pmatrix},$$

$a, b, c_1, c_2 \in \mathbb{F}$, $a, b \neq 0$. 很明显, $(L, [\cdot, \cdot]_\phi, \phi, \langle, \rangle)$ 是伪黎曼 Hom-李超代数, 我们可以获得下列乘积结构:

$$E_1 = \begin{pmatrix} 1 & 0 & 0 & 0 \\ 0 & -1 & 0 & 0 \\ 0 & 0 & 1 & 0 \\ 0 & 0 & 0 & 1 \end{pmatrix}, \quad E_2 = \begin{pmatrix} 1 & 0 & 0 & 0 \\ 0 & -1 & 0 & 0 \\ 0 & 0 & -1 & 0 \\ 0 & 0 & 0 & 1 \end{pmatrix},$$

$$E_3 = \begin{pmatrix} -1 & 0 & 0 & 0 \\ 0 & -1 & 0 & 0 \\ 0 & 0 & 1 & 0 \\ 0 & 0 & 0 & 1 \end{pmatrix}, \quad E_4 = \begin{pmatrix} 1 & 0 & 0 & 0 \\ 0 & 1 & 0 & 0 \\ 0 & 0 & -1 & 0 \\ 0 & 0 & 0 & -1 \end{pmatrix},$$

$$E_5 = \begin{pmatrix} -1 & 0 & 0 & 0 \\ 0 & 1 & 0 & 0 \\ 0 & 0 & 1 & 0 \\ 0 & 0 & 0 & -1 \end{pmatrix}, \quad E_6 = \begin{pmatrix} -1 & 0 & 0 & 0 \\ 0 & 1 & 0 & 0 \\ 0 & 0 & -1 & 0 \\ 0 & 0 & 0 & -1 \end{pmatrix},$$

特别地, 我们考虑 E_2 和 E_5, 这两种情况下, $\dim L_+ = \dim L_-$. 下面, 我们需要确定出 L 上的 Levi-Civita 乘积. 这个乘积我们用 $\cdot$ 来表示, 然后我们设 $e_i \cdot e_j = \sum_{k=1}^4 p_{ij}^k e_k$ 对所有 $i, j = 1, 2, 3, 4$. 通过计算 (6.14) 我们能够得到非零系数 $p_{14}^3 = \dfrac{a - 2b}{2b}, p_{41}^3 = \dfrac{a}{2b}$ 和 $p_{44}^2 = \dfrac{1}{2}$.

因此 $(L, [\cdot, \cdot]_\phi, \phi, \langle, \rangle, E_i)(i = 2, 5)$, 是仿-Kähler Hom-李超代数.

定理 6.1.16 设 $(L, [\cdot, \cdot], \phi, \langle, \rangle, E)$ 是仿-Kähler Hom-李超代数. 则下列说法成立:

(1) $(L, [\cdot, \cdot], \phi, \Omega)$ 是辛 Hom-李超代数, 其中

$$\Omega(u, v) = \langle (\phi \circ E) u, v \rangle. \tag{6.22}$$

(2) 对任意的 $u \in L, u \cdot L_+ \subset L_+$ 和 $u \cdot L_- \subset L_-$ ($\cdot$ 是 Levi-Civita 乘积).

证明 (1) 对任意的 $u, v, w \in L$, 我们有

$$(-1)^{|u||w|} \Omega([u, v], \phi(w)) + (-1)^{|u||v|} \Omega([v, w], \phi(u)) + (-1)^{|w||v|} \Omega([w, u], \phi(v))$$

$$= -(-1)^{|u||w|} \langle [u, v], (\phi \circ E)(\phi(w)) \rangle - (-1)^{|v||u|} \langle [v, w], (\phi \circ E)(\phi(u)) \rangle$$

$$\quad - (-1)^{|w||v|} \langle [w, u], (\phi \circ E)(\phi(v)) \rangle$$

$$= -(-1)^{|u||w|} \langle u \cdot v - (-1)^{|v||u|} v \cdot u, (\phi \circ E)(\phi(w)) \rangle$$

$$\quad - (-1)^{|v||u|} \langle v \cdot w - (-1)^{|v||w|} w \cdot v, (\phi \circ E)(\phi(u)) \rangle$$

$$\quad - (-1)^{|w||v|} \langle w \cdot u - (-1)^{|u||w|} u \cdot w, (\phi \circ E)(\phi(v)) \rangle$$

$$= -(-1)^{|u||w|} \langle u \cdot v, (\phi \circ E)(\phi(w)) \rangle + (-1)^{|u||w|+|v||u|} \langle v \cdot u, (\phi \circ E)(\phi(w)) \rangle$$

$$\quad - (-1)^{|v||u|} \langle v \cdot w, (\phi \circ E)(\phi(u)) \rangle + (-1)^{|v||u|+|v||w|} \langle w \cdot v, (\phi \circ E)(\phi(u)) \rangle$$

$$\quad - (-1)^{|w||v|} \langle w \cdot u, (\phi \circ E)(\phi(v)) \rangle + (-1)^{|w||v|+|u||w|} \langle u \cdot w, (\phi \circ E)(\phi(v)) \rangle, \tag{6.23}$$

利用等式 (6.5), 定义 (6.1.14) 中的 (3) 和 $\phi \circ E$ 对 $\langle, \rangle$ 的斜超对称性质, 可得到

$$\langle u \cdot v, (\phi \circ E)(\phi(w)) \rangle = \langle (\phi \circ E)(u \cdot (\phi \circ E)(v)), (\phi \circ E)(\phi(w)) \rangle$$

$$= -\langle u \cdot (\phi \circ E) v, (\phi w) \rangle = (-1)^{|v||w|} \langle u \cdot w, \phi(\phi \circ E)(v) \rangle.$$

将上述等式代入 (6.23), 我们有

$$(-1)^{|u||w|} \Omega([u, v], \phi(w)) + (-1)^{|u||v|} \Omega([v, w], \phi(u)) + (-1)^{|w||v|} \Omega([w, u], \phi(v))$$

$$= (-1)^{|u||w|} \langle u \cdot (\phi \circ E) v, \phi(w) \rangle - (-1)^{|u||w|+|v||u|} \langle v \cdot (\phi \circ E) u, \phi(w) \rangle$$

$$\quad - (-1)^{|v||u|} \langle v \cdot w, (\phi \circ E)(\phi(u)) \rangle - (-1)^{|v||u|+|w||v|} \langle w \cdot (\phi \circ E) v, \phi(u) \rangle$$

$$\quad - (-1)^{|w||v|} \langle w \cdot u, (\phi \circ E)(\phi(v)) \rangle + (-1)^{|w||v|+|w||u|} \langle u \cdot w, (\phi \circ E) \phi(v) \rangle$$

$$= -(-1)^{|u||w|+|w||v|} \langle u \cdot w, (\phi^2 \circ E) v \rangle + (-1)^{|v||u|} \langle v \cdot w, (\phi^2 \circ E) u \rangle$$

$$\quad - (-1)^{|v||u|} \langle v \cdot w, E u \rangle + (-1)^{|w||v|} \langle w \cdot u, (\phi^2 \circ E) v \rangle$$

$$\quad - (-1)^{|w||v|} \langle w \cdot u, E v \rangle + (-1)^{|w||v|+|w||u|} \langle u \cdot w, E v \rangle$$

$$= 0.$$

除此之外，

$$\Omega(\phi(u),\phi(v)) = \langle(\phi\circ E)\phi(u),\phi(v)\rangle = \langle E(u),\phi(v)\rangle = \langle(\phi\circ E)u,v\rangle = \Omega(u,v).$$

所以 (1) 成立.

(2) 考虑 $u\in L$ 和 $v\in L_+$，因为 $(\phi\circ E)v=v$ 和定义 6.1.14 中的 (3) 成立, 则

$$(\phi\circ E)(u\cdot v) = u.(\phi\circ E)v = u\cdot v.$$

上述等式推出 $u\cdot v\in L_+$. 类似地, 也有 $u\cdot\overline{u}\in L_-$, 对任意的 $\overline{u}\in L_-$. □

命题 6.1.17 设 $(L,[\cdot,\cdot],\phi,\langle,\rangle,E)$ 是仿-Kähler Hom-李超代数.

(1) $(L_+,\mathbf{a},\phi_{L_+})$ 和 $(L_-,\mathbf{a},\phi_{L_-})$ 是 Hom-左对称超代数.

(2) 设 $(L_+,\mathbf{a},\phi_{L_+})$ 和 $(L_-,\mathbf{a},\phi_{L_-})$ 是 Hom-左对称超代数. 则 $(L_+,[\cdot,\cdot],\phi_{L_+})$ 和 $(L_-,[\cdot,\cdot],\phi_{L_-})$ 是 Hom-李超代数, 其中 $[\cdot,\cdot]$ 如 (6.21) 形式给出.

证明 (1) 我们要证明 L_+ 和 L_- 上的 Levi-Civita 乘积诱导出一个 Hom-左对称乘积 $\mathbf{a}$. 因为由 (6.22) 可知, L 是辛 Hom-李超代数, 则利用等式 (6.3) 和 (6.20), 可得到

$$0 = \Omega(\mathbf{a}(u,v),\phi(w)) + (-1)^{|u||v|}\Omega(\phi(v),[u,w])$$
$$= \Omega(\mathbf{a}(u,v),\phi(w)) + \Omega(\phi(v),u\cdot w - (-1)^{|u||w|}w\cdot u), \tag{6.24}$$

对任意的 $w\in L, u,v\in L_+$. 另一方面, 等式 (6.3)、(6.22) 和定理 6.1.16 中的 (2) 推出

$$\Omega(\phi(v),u\cdot w) = \langle(\phi\circ E)(\phi(v)),u\cdot w\rangle$$
$$= \langle\phi(v),u\cdot w\rangle = (-1)^{|u||v|+|v||w|}\langle u\cdot w,\phi(v)\rangle$$
$$= -(-1)^{|u||v|+|v||w|+|u||w|}\langle\phi(w),u\cdot v\rangle = -(-1)^{|u||v|}\langle u\cdot v,\phi(w)\rangle$$
$$= -(-1)^{|u||v|}\Omega(u\cdot v,\phi(w)). \tag{6.25}$$

由定义 6.1.14 中的 (3) 和 (6.22), 我们有

$$\Omega(\phi(v),w\cdot u) = -\Omega(\phi(v),w\cdot u) = 0. \tag{6.26}$$

所以再利用 Ω 和 ϕ 的非退化性得到 $u\cdot v=\mathbf{a}(u,v)$. 相同的方法, L_- 也能得到相同的结论. 因此 $(L_+,\mathbf{a},\phi_{L_+})$ 和 $(L_-,\mathbf{a},\phi_{L_-})$ 是 Hom-左对称超代数.

(2) 由命题 6.1.5 易得. □

定义 6.1.18 Kähler Hom-李超代数 是具有几乎复结构 J 的伪黎曼 Hom-李超代数 $(L,[\cdot,\cdot],\phi)$, 使得 $\phi\circ J$ 对 $\langle,\rangle$ 是斜超对称的, $\phi\circ J$ 对 Levi-Civita 乘积是不变的, 即 $L_u\circ\phi\circ J=\phi\circ J\circ L_u$, 任意的 $u\in L$.

我们有以下等价的等式:

(1) $(u \cdot (\phi \circ J))(v) = (\phi \circ J)(u \cdot v)$,

(2) $(\phi \circ J)(u) \cdot (\phi \circ J)(v) = (\phi \circ J)((\phi \circ J)(u) \cdot v)$,

(3) $u \cdot v = -(\phi \circ J)(u \cdot (\phi \circ J)(v))$.

命题 6.1.19 设 $(V, \cdot, \phi_V)$ 是 Hom-左对称超代数, 对任意的 $u \in V$, L_u 是左乘算子, $u \in V$ (即 $L_u v = u \cdot v$, 任意 $v \in V$). 则 (V, ϕ_V, L_u) 是 Hom-李超代数 V 上的表示, 其中 V 上有诱导出来的括积.

证明 只需证明

$$\begin{cases} L_{\phi_V(u)} \circ \phi_V = \phi_V \circ L_u, \\ L_{[u,v]} \circ \phi_V = L_{\phi_V(u)} \circ L_v - (-1)^{|u||v|} L_{\phi_V(v)} \circ L_u. \end{cases} \tag{6.27}$$

对于 Hom-左对称超代数 V, 取任意的 $u, v, w \in V$, 我们有

$$(u \cdot v) \cdot \phi_V(w) - \phi_V(u) \cdot (v \cdot w) = (-1)^{|u||v|}(v \cdot u) \cdot \phi_V(w) - (-1)^{|u||v|} \phi_V(v) \cdot (u \cdot w),$$

因为 $[u, v] = u \cdot v - (-1)^{|u||v|} v \cdot u$ 和 $L_u(v) = u \cdot v$, 上述等式可写成如下形式:

$$L_{[u,v]} \circ \phi_V = L_{\phi_V(u)} \circ L_v - (-1)^{|u||v|} L_{\phi(v)} \circ L_u.$$

而且, $\phi_V(u \cdot v) = \phi_V(u) \cdot \phi_V(v)$, 即 $L_{\phi_V(u)} \phi_V(v) = \phi_V L_u v$. 因此, 结论成立. □

引理 6.1.20 设 $(V, \cdot, \phi_V)$ 是对合的 Hom-左对称超代数. 则对任意一个表示 (V, ϕ_V, L_u), 有

$$\phi_{V^*}^*(u^*) = (\phi_V(u))^*.$$

证明 设 $\langle \cdot, \cdot \rangle$ 是 V 上的伪黎曼度量. 任意的 $v \in V$, 有

$$\phi_{V^*}^*(u^*)(v) = u^*(\phi_V(v)) = \langle u, \phi_V(v) \rangle$$

和

$$(\phi_V(u))^*(v) = \langle \phi_V(u), v \rangle.$$

因为 ϕ_V 是对合的, 我们可以得出结论, 上述两个等式也是相等的. □

命题 6.1.21 设 $(V, \cdot, \phi_V)$ 是对合的 Hom-左对称超代数, (V, ϕ_V, L_u) 是诱导出的 Hom-李超代数 V 上的表示. 则 $(V \oplus V^*, \cdot, \Phi)$ 是对合的 Hom-左对称超代数, 其中 $\cdot$ 和 Φ 由

$$\begin{cases} (u, a^*) \cdot (v, b^*) = (u \cdot v, \widetilde{L}_{\phi_V(u)} b^*), \\ \Phi(u, a^*) = (\phi_V(u), \phi_{V^*}^*(a^*)) \end{cases} \tag{6.28}$$

给出, 任意齐次元 $u, v \in V, a^*, b^* \in V^*$ 并且 $|(u, a^*)| = |u| = |a^*|$.

证明　由已知条件,

$$\Phi((u,a^*) \cdot (v,b^*)) = \Phi(u \cdot v, \widetilde{L}_{\phi_V(u)} b^*) = (\phi_V(u \cdot v), \phi_{V^*}^*(\widetilde{L}_{\phi_V(u)} b^*))$$
$$= (\phi_V(u) \cdot \phi_V(v), \phi_{V^*}^*(\widetilde{L}_{\phi_V(u)} b^*)),$$

并且

$$\Phi(u,a^*) \cdot \Phi(v,b^*) = (\phi_V(u), \phi_{V^*}^*(a^*)) \cdot (\phi_V(v), \phi_{V^*}^*(b^*))$$
$$= (\phi_V(u) \cdot \phi_V(v), \widetilde{L}_{\phi_V^2(u)} \phi_{V^*}^*(b^*))$$
$$= (\phi_V(u) \cdot \phi_V(v), \widetilde{L}_u \phi_{V^*}^*(b^*)).$$

另外, $\widetilde{L}_u \phi_{V^*}^*(b^*) = \phi_{V^*}^*(\widetilde{L}_{\phi_V(u)} b^*)$ (L 是可容许表示), 因此 Φ 是保积的. 下一步, 我们证明由 (6.28) 给出的乘积是 Hom-左对称的. 直接计算,

$$((u,a^*) \cdot (v,b^*)) \cdot \Phi(w,c^*) - \Phi(u,a^*) \cdot ((v,b^*) \cdot (w,c^*))$$
$$- (-1)^{|u||v|}((v,b^*) \cdot (u,a^*)) \cdot \Phi(w,c^*)$$
$$+ (-1)^{|u||v|}\Phi(v,b^*) \cdot ((u,a^*) \cdot (w,c^*)) \tag{6.29}$$
$$= (L_{[u,v]}\phi_V(w) - L_{\phi_V(u)}L_v w + (-1)^{|u||v|}L_{\phi_V(v)}L_u w, \widetilde{L}_{\phi_V([u,v])}\phi_{V^*}^*(c^*) - \widetilde{L}_u \widetilde{L}_{\phi_V(v)} c^*$$
$$+ (-1)^{|u||v|}\widetilde{L}_v \widetilde{L}_{\phi_V(u)} c^*).$$

我们知道

$$L_{[u,v]}\phi_V(w) = L_{\phi_V(u)}L_v w - (-1)^{|u||v|}L_{\phi_V(v)}L_u w, \tag{6.30}$$

$$\widetilde{L}_{[u,v]}\phi_{V^*}^*(c^*) = \widetilde{L}_{\phi_V(u)}\widetilde{L}_v c^* - (-1)^{|u||v|}\widetilde{L}_{\phi_V(v)}\widetilde{L}_u c^*. \tag{6.31}$$

在 (6.30) 和 (6.31) 中, 我们令 $u = \phi_V(u), v = \phi_V(v)$, 则

$$\widetilde{L}_{\phi_V([u,v])}\phi_{V^*}^*(c^*) = \widetilde{L}_u \widetilde{L}_{\phi_V(v)} c^* - (-1)^{|u||v|}\widetilde{L}_v \widetilde{L}_{\phi_V(u)} c^*.$$

将上述式子代入 (6.29), 则新定义的运算满足 Hom-左对称的条件.　　　□

命题 6.1.22　对合的 Hom-$(V \oplus V^*, \cdot, \Phi)$ 通过结合超交换子是对合的 Hom-李超代数, 其中 $\cdot$ 和 Φ 由 (6.28) 给出.

证明　任意的 $u, v \in V$, $\alpha, \beta \in V^*$, 我们考虑 $\mathbb{Z}_2$-阶化向量空间 $V \oplus V^*$ 上的括积如下:

$$[(u, \alpha), (v, \beta)] = ([u, v], \widetilde{L}_{\phi_V(u)}\beta - (-1)^{|u||v|}\widetilde{L}_{\phi_V(v)}\alpha).$$

很显然, 直接计算可得

$$[(u, \alpha), (v, \beta)] = -(-1)^{|u||v|}[(v, \beta), (u, \alpha)].$$

除此之外,

$$\circlearrowleft_{(u,\alpha),(v,\beta),(w,\gamma)} (-1)^{|u||w|}[\Phi(u,\alpha),[(v,\beta),(w,\gamma)]]$$
$$= \circlearrowleft_{(u,\alpha),(v,\beta),(w,\gamma)} (-1)^{|u||w|}[(\phi_V(u),\phi_{V^*}^*(\alpha)),([v,w],\widetilde{L}_{\phi_V(v)}\gamma-(-1)^{|w||v|}\widetilde{L}_{\phi_V(w)}\beta)]$$
$$= \circlearrowleft_{(u,\alpha),(v,\beta),(w,\gamma)} (-1)^{|u||w|}([\phi_V(u),[v,w]],\widetilde{L}_u(\widetilde{L}_{\phi_V(v)}\gamma-(-1)^{|w||v|}\widetilde{L}_{\phi_V(w)}\beta)$$
$$-(-1)^{(|v|+|w|)|u|}\widetilde{L}_{\phi_V[v,w]}\phi_{V^*}^*(\alpha)).$$

另一方面, V 是 Hom-左对称超代数并且 $(V^*,\phi_{V^*}^*,\widetilde{L})$ 是诱导出的 Hom-李超代数 V 的表示. 因此,

$$(u\cdot v)\cdot \phi_V(w)-\phi_V(u)\cdot(v\cdot w)=(-1)^{|u||v|}(v\cdot u)\phi_V(w)-(-1)^{|u||v|}\phi_V(v)\cdot(u\cdot w)$$

和

$$\widetilde{L}_{\phi_V[v,w]}\circ\phi_{V^*}^*=\widetilde{L}_v\circ\widetilde{L}_{\phi_V(w)}-(-1)^{|w||v|}\widetilde{L}_w\circ\widetilde{L}_{\phi_V(v)}$$

成立, 所以有

$$\circlearrowleft_{(u,\alpha),(v,\beta),(w,\gamma)} (-1)^{|u||w|}[\Phi(u,\alpha),[(v,\beta),(w,\gamma)]]$$
$$= (\circlearrowleft_{(u,\alpha),(v,\beta),(w,\gamma)} [\phi_V(u),[v,w]],+(-1)^{|u||w|}\widetilde{L}_u(\widetilde{L}_{\phi_V(v)}\gamma-(-1)^{|w||v|}\widetilde{L}_{\phi_V(w)}\beta)$$
$$+(-1)^{|u||v|}\widetilde{L}_v(\widetilde{L}_{\phi_V(w)}\alpha-(-1)^{|u||w|}\widetilde{L}_{\phi_V(u)}\gamma)$$
$$+(-1)^{|v||w|}\widetilde{L}_w(\widetilde{L}_{\phi_V(u)}\beta-(-1)^{|u||v|}\widetilde{L}_{\phi_V(v)}\alpha)$$
$$-(-1)^{|u||v|}(\widetilde{L}_v\cdot\widetilde{L}_{\phi_V(w)}-(-1)^{|v||w|}\widetilde{L}_w\cdot\widetilde{L}_{\phi_V(v)})(\alpha)$$
$$-(-1)^{|v||w|}(\widetilde{L}_w\cdot\widetilde{L}_{\phi_V(u)}-(-1)^{|u||w|}\widetilde{L}_u\cdot\widetilde{L}_{\phi_V(w)})(\beta)$$
$$-(-1)^{|u||w|}(\widetilde{L}_u\cdot\widetilde{L}_{\phi_V(v)}-(-1)^{|u||v|}\widetilde{L}_v\cdot\widetilde{L}_{\phi_V(u)})(\gamma))$$
$$= 0.$$

Hom-Jacobi 恒等式成立.

$$\Phi[(u,\alpha),(v,\beta)] = \Phi([u,v],\widetilde{L}_{\phi_V(u)}\beta-(-1)^{|u||v|}\widetilde{L}_{\phi_V(v)}\alpha)$$
$$= (\phi_V[u,v],\phi_{V^*}^*(\widetilde{L}_{\phi_V(u)}\beta-(-1)^{|u||v|}\widetilde{L}_{\phi_V(v)}\alpha))$$
$$= ([\phi_V(u),\phi_V(v)],\widetilde{L}_u\phi_{V^*}^*(\beta)-(-1)^{|u||v|}\widetilde{L}_v\phi_{V^*}^*(\alpha))$$
$$= [(\phi_V(u),\phi_{V^*}^*(\alpha)),(\phi_V(v),\phi_{V^*}^*(\beta))].$$

因此, $(V\oplus V^*,[\cdot,\cdot],\Phi)$ 是 Hom-李超代数. 而且, $\Phi^2(u,\alpha)=(\phi_V^2(u),(\phi_{V^*}^*)^2(\alpha))-(u,\alpha)$, 它是对合的 Hom-李超代数. $\qquad\square$

定理 6.1.23　设 L 是对合的 Hom-左对称超代数. 设 $(L \oplus L^*, [\cdot, \cdot], \Phi)$ 是在结合超交换子下诱导出来的 Hom-李超代数, 其中 · 和 Φ 由 (6.28) 给出. 则偶线性映射 $J : L \oplus L^* \to L \oplus L^*$ 定义成

$$J(u, a^*) = (-\phi(a), \phi^*(u^*)),　\quad\quad\quad (6.32)$$

是 Hom-李超代数 $L \oplus L^*$ 的复结构.

证明　由引理 6.1.20, 容易发现

$$
\begin{aligned}
J^2(u, a^*) &= J(-\phi_V(a), \phi_{V^*}^*(u^*)) = J(-\phi_V(a), (-\phi_V(u))^*) \\
&= (-\phi_V(\phi_V(u)), -\phi_{V^*}^*(\phi_V(a))^*) = -(u, a^*).
\end{aligned}
$$

即 $J^2 = -\mathrm{Id}$. 然后我们证明 $\Phi \circ J = J \circ \Phi$,

$$
\begin{aligned}
\Phi \circ J(u, a^*) &= \Phi(-\phi_V(a), \phi_{V^*}^*(u^*)) = (-\phi_V^2(a), (\phi_{v^*}^*)^2(u^*)) \\
&= (-a, u^*),
\end{aligned}
$$

并且

$$
\begin{aligned}
J \circ \Phi(u, a^*) &= J(\phi_V(u), \phi_{V^*}^*(a^*)) = (-\phi_V(\phi_V(a)), \phi_{V^*}^*(\phi_V(u))^*) \\
&= (-a, u^*),
\end{aligned}
$$

这意味着 J 是 $V \oplus V^*$ 上的几乎复结构. 接下来验证 J 的可积条件, 即

$$
\begin{aligned}
&[(J \circ \Phi)(u, a^*), (J \circ \Phi)(v, b^*)] \\
&= (J \circ \Phi)[(J \circ \Phi)(u, a^*), (v, b^*)] \\
&\quad + (J \circ \Phi)[(u, a^*), (J \circ \Phi)(v, b^*)] + [(u, a^*), (v, b^*)]. \quad (6.33)
\end{aligned}
$$

计算等式 (6.33) 的左右两端,

$$
\begin{aligned}
&[(J \circ \Phi)(u, a^*), (J \circ \Phi)(v, b^*)] \\
&= [(-a, u^*), (-b, v^*)] = ([a, b], -\widetilde{L}_{\phi_V(a)} v^* + (-1)^{|u||v|} \widetilde{L}_{\phi_V(b)} u^*),
\end{aligned}
$$

$$
\begin{aligned}
&(J \circ \Phi)[(J \circ \Phi)(u, a^*), (v, b^*)] + (J \circ \Phi)[(u, a^*), (J \circ \Phi)(v, b^*)] + [(u, a^*), (v, b^*)] \\
&= (J \circ \Phi)[(-a, u^*), (v, b^*)] + (J \circ \Phi)[(u, a^*), (-b, v^*)] + [(u, a^*), (v, b^*)] \\
&= J \circ \Phi([-a, v], -\widetilde{L}_{\phi_V(a)} b^* - (-1)^{|u||v|} \widetilde{L}_{\phi_V v} u^*) \\
&\quad + J \circ \Phi([u, -b], \widetilde{L}_{\phi_V(u)} v^* + (-1)^{|u||v|} \widetilde{L}_{\phi_V(b)} a^*)
\end{aligned}
$$

$$+ ([u,v], \widetilde{L}_{\phi_V(u)} b^* - (-1)^{|u||v|} \widetilde{L}_{\phi_V(v)} a^*), \tag{6.34}$$

取 $u \in V$. 则利用 (6.17) 我们有

$$\phi_{V^*}^* \left(L_{\phi_V(a)}^* v^* \right)(u) = L_{\phi_V(a)}^* v^* (\phi_V(u)) = -(-1)^{|a||v|} v^* \left(L_{\phi_V(a)} \phi_V(u) \right)$$
$$= -(-1)^{|a||v|} \langle v, \phi_V(a) \cdot \phi_V(u) \rangle,$$

在上式中应用 (6.6), 我们得出结论

$$\phi_{V^*}^* \left(L_{\phi_V(a)}^* v^* \right)(u) = \langle \phi_V(a) \cdot \phi_V(v), u \rangle$$
$$= \langle L_{\phi_V(a)} \phi_V(v), u \rangle = \left(L_{\phi_V(a)} \phi_V(v) \right)^* (u),$$

因此, $\phi_{V^*}^* \left(L_{\phi_V(a)}^* v^* \right) = \left(L_{\phi_V(a)} \phi_V(v) \right)^*$.

$$(6.34) = J(\phi_V[-a,v], \phi_{V^*}^*(-\widetilde{L}_{\phi_V(a)} b^* - (-1)^{|u||v|} \widetilde{L}_{\phi_V v} u^*))$$
$$+ J(\phi_V[u,-b], \phi_{V^*}^*(\widetilde{L}_{\phi_V(u)} v^* + (-1)^{|u||v|} \widetilde{L}_{\phi_V(b)} a^*))$$
$$+ ([u,v], \widetilde{L}_{\phi_V(u)} b^* - (-1)^{|u||v|} \widetilde{L}_{\phi_V(v)} a^*)$$
$$= J(\phi_V[-a,v], (-L_{\phi_V(a)} \phi_V(b) - (-1)^{|u||v|} L_{\phi_V(v)} \phi_V(u))^*)$$
$$+ J(\phi_V[u,-b], (L_{\phi_V(u)} \phi_V(v) + (-1)^{|u||v|} L_{\phi_V(b)} \phi_V(a))^*)$$
$$+ ([u,v], \widetilde{L}_{\phi_V(u)} b^* - (-1)^{|u||v|} \widetilde{L}_{\phi_V(v)} a^*), \tag{6.35}$$

由 $\phi_{V^*}^* \left(L_{\phi_V(a)}^* v^* \right) = \left(L_{\phi_V(a)} \phi_V(v) \right)^*$, 我们得出

$$(\phi_V[-a,v])^* = (-L_{\phi_V(a)} \phi_V(v) + (-1)^{|u||v|} L_{\phi_V(v)} \phi_V(a))^*$$
$$= -\phi_{V^*}^*(\widetilde{L}_{\phi_V(a)} v^*) + (-1)^{|u||v|} \phi_{V^*}^*(\widetilde{L}_{\phi_V(v)} a^*).$$

进一步可得到

$$(6.35) = ([a,b], -\widetilde{L}_{\phi_V(a)} v^* + (-1)^{|u||v|} \widetilde{L}_{\phi_V(v)} a^*$$
$$- \widetilde{L}_{\phi_V(u)} b^* + (-1)^{|u||v|} \widetilde{L}_{\phi_V(b)} u^*$$
$$+ \widetilde{L}_{\phi_V(u)} b^* - (-1)^{|u||v|} \widetilde{L}_{\phi_V(v)} a^*),$$

即 $(6.35) = [(J \circ \Phi)(u, a^*), (J \circ \Phi)(v, b^*)]$, 这意味着可积条件成立, 即 J 是复结构. $\qquad\square$

命题 6.1.24 设 $(L, [\cdot, \cdot], \phi, \langle \cdot, \cdot \rangle, J)$ 是 Kähler Hom-李超代数. 则 $(L, [\cdot, \cdot], \phi, \Omega)$ 是辛 Hom-李超代数, 其中

$$\Omega(u,v) = \langle (\phi \circ J) u, v \rangle. \tag{6.36}$$

证明　由 (6.36), 我们有

$$\circlearrowleft_{u,v,w} (-1)^{|u||w|}\Omega([u,v],\phi(w)) = \circlearrowleft_{u,v,w} -(-1)^{|u||w|}\langle [u,v],(\phi\circ J)(\phi_L(w))\rangle$$

$$= -(-1)^{|u||w|}\langle u\cdot v,(\phi\circ J)(\phi(w))\rangle$$

$$+ (-1)^{|u||w|+|u||v|}\langle v\cdot u,(\phi\circ J)(\phi(w))\rangle$$

$$- (-1)^{|u||v|}\langle v\cdot w,(\phi\circ J)(\phi(u))\rangle$$

$$+ (-1)^{|u||v|+|v||w|}\langle w\cdot v,(\phi\circ J)(\phi(u))\rangle$$

$$- (-1)^{|v||w|}\langle w\cdot u,(\phi\circ J)(\phi(v))\rangle$$

$$+ (-1)^{|v||w|+|u||w|}\langle u\cdot w,(\phi\circ J)(\phi(v))\rangle, \quad (6.37)$$

对任意的 $u,v,w \in L$. 利用定义 6.1.18 中的 (3) 和 (6.6), 我们得到

$$\langle u\cdot v,(\phi\circ J)(\phi(w))\rangle = -\langle (\phi\circ J)(u\cdot(\phi\circ J)(v)),(\phi\circ J)(\phi(w))\rangle$$

$$= -\langle u\cdot(\phi\circ J)(v),\phi(w)\rangle$$

$$= -(-1)^{|u||v|}\langle \phi((\phi\circ J)(v)),u\cdot w\rangle$$

$$= (-1)^{|v||w|}\langle u\cdot w,\phi((\phi\circ J)(v))\rangle,$$

在 (6.37) 中应用上式可得

$$\circlearrowleft_{u,v,w} (-1)^{|u||w|}\Omega([u,v],\phi_L(w))$$

$$= -(-1)^{|u||w|+|v||w|}\langle u\cdot w,Jv\rangle$$

$$+ (-1)^{|u||v|}\langle v\cdot w,Ju\rangle$$

$$- (-1)^{|u||v|}\langle v\cdot w,Ju\rangle$$

$$+ (-1)^{|v||w|}\langle w\cdot u,Jv\rangle$$

$$- (-1)^{|v||w|}\langle w\cdot u,Jv\rangle$$

$$+ (-1)^{|v||w|+|w||u|}\langle u\cdot w,Jv\rangle = 0.$$

而且 $\Omega(\phi(u),\phi(v)) = \langle (\phi\circ J)\phi(u),\phi(v)\rangle = \langle J(u),\phi(v)\rangle = \langle (\phi\circ J)u,v\rangle = \Omega(u,v)$. □

推论 6.1.25　设 $(L,[\cdot,\cdot],\phi,\langle\cdot,\cdot\rangle,J,\Omega)$ 是 Kähler Hom-李超代数. 则 $L\oplus L^*$ 上有一个由 (6.32) 给出的复结构.

证明　通过本节介绍的知识, 读者可自证. □

6.2 利用 Hom-李超代数构造 3-Hom-李超代数

设 $V = V_{\bar{0}} \oplus V_{\bar{1}}$ 是有限维的 $\mathbb{Z}_2$-分次向量空间. 如果 $v \in V$ 是齐次元, 则用 $|v|$ 表示它的次数, 这里 $|v| \in \mathbb{Z}_2$ 和 $\mathbb{Z}_2 = \{\bar{0}, \bar{1}\}$. 设 $\mathrm{End}(V)$ 是由 $\mathbb{Z}_2$-分次向量空间 $V = V_{\bar{0}} \oplus V_{\bar{1}}$ 上的自同态构成的 $\mathbb{Z}_2$-分次向量空间. 在 $\mathrm{End}(V)$ 中两个自同态 a, b 的复合 $a \circ b$ 确定了超代数的结构, 且二元运算 $[a, b] = a \circ b - (-1)^{|a||b|} b \circ a$ 诱导了 $\mathrm{End}(V)$ 中的一个李超代数结构. 一个自同态 $a : V \to V$ 的超迹按如下定义:

$$\mathrm{str}(a) = \begin{cases} Tr(a|_{V_{\bar{0}}}) - Tr(a|_{V_{\bar{1}}}), & \text{如果 } a \text{ 是偶的}, \\ 0, & \text{如果 } a \text{ 是奇的}. \end{cases}$$

易知对于自同态 σ, τ, 则有 $\mathrm{str}([\sigma, \tau]) = 0$.

定义 6.2.1[67] 设 $(\mathfrak{g}, [-, -], \alpha)$ 是 Hom-李超代数, $V = V_{\bar{0}} \oplus V_{\bar{1}}$ 是 $\mathbb{Z}_2$-分次向量空间, $\beta \in \mathfrak{gl}(V)_{\bar{0}}$, $\rho : \mathfrak{g} \to \mathfrak{gl}(V)$ 是偶的线性映射, 如果对于任何 $x, y \in \mathrm{hg}(\mathfrak{g})$ 都有下列等式成立:

$$\rho(\alpha(x)) \circ \beta = \beta \circ \rho(x); \tag{6.38}$$

$$\rho([x, y]) \circ \beta = \rho(\alpha(x)) \circ \rho(y) - (-1)^{|x||y|} \rho(\alpha(y)) \circ \rho(x), \tag{6.39}$$

则 $\rho : \mathfrak{g} \to \mathfrak{gl}(V)$ 称为 $(\mathfrak{g}, [-, -], \alpha)$ 的一个**表示**.

设 $(\mathfrak{g}, [-, -], \alpha)$ 是 Hom-李超代数和 $\rho : \mathfrak{g} \to \mathrm{gl}(V)$ 是 $(\mathfrak{g}, [-, -], \alpha)$ 的表示. 对于任何齐次元 $x_1, x_2, x_3 \in \mathfrak{g}$, 我们定义 3-元括号如下:

$$[x_1, x_2, x_3]_\rho = \mathrm{str}\rho(x_1)[x_2, x_3] - (-1)^{|x_1||x_2|} \mathrm{str}\rho(x_2)[x_1, x_3]$$
$$+ (-1)^{|x_3|(|x_1| + |x_2|)} \mathrm{str}\rho(x_3)[x_1, x_2].$$

定理 6.2.2 设 $(\mathfrak{g}, [-, -], \alpha)$ 是 Hom-李超代数. $\rho : \mathfrak{g} \to \mathrm{gl}(V)$ 是 $(\mathfrak{g}, [-, -], \alpha)$ 的表示, $\beta : V \to V$ 是偶的线性映射. 如果还满足下列条件:

$$\mathrm{str}\rho(x)\mathrm{str}\rho(\alpha(y)) = \mathrm{str}\rho(\alpha(x))\mathrm{str}\rho(y); \tag{6.40}$$

$$\mathrm{str}\rho(x)\mathrm{str}\rho(\beta(y)) = \mathrm{str}\rho(\beta(x))\mathrm{str}\rho(y); \tag{6.41}$$

$$\mathrm{str}\rho(\alpha(x))\beta(y) = \mathrm{str}\rho(\beta(x))\alpha(y), \tag{6.42}$$

对于任何 $x, y \in \mathfrak{g}$, 则 $(\mathfrak{g}, [-, -, -]_\rho, \alpha, \beta)$ 是 3-Hom-李超代数, 且称它为 Hom-李超代数 $(\mathfrak{g}, [-, -], \alpha)$ 诱导的 3-Hom-李超代数, 并用 $\mathfrak{g}_\rho$ 表示.

证明 对于 $x_2, x_1, x_3 \in \mathfrak{g}$, 我们有

$$[x_2, x_1, x_3]_\rho = \mathrm{str}\rho(x_2)[x_1, x_3] - (-1)^{|x_1||x_2|} \mathrm{str}\rho(x_1)[x_2, x_3]$$

$$+ (-1)^{|x_3|(|x_1|+|x_2|)}\mathrm{str}\rho(x_3)[x_2,x_1]$$
$$= -(-1)^{|x_1||x_2|}\{\mathrm{str}\rho(x_1)[x_2,x_3] - (-1)^{|x_1||x_2|}\mathrm{str}\rho(x_2)[x_1,x_3]$$
$$+ (-1)^{|x_3|(|x_1|+|x_2|)}\mathrm{str}\rho(x_3)[x_1,x_2]\}$$
$$= -(-1)^{|x_1||x_2|}[x_1,x_2,x_3]_\rho.$$

类似地, $[x_1,x_3,x_2]_\rho = -(-1)^{|x_2||x_3|}[x_1,x_2,x_3]_\rho$. 因此 $[-,-,-]_\rho$ 是斜超对称映射. 由构造显然它是三线性的, 我们仅需证明它满足 Hom-Nambu 等式. 展开 Hom-Nambu 等式, 也就是

$$[\alpha(x),\beta(y),[z,u,v]_\rho]_\rho$$
$$= [[x,y,z]_\rho,\alpha(u),\beta(v)]_\rho + (-1)^{|z|(|x|+|y|)}[\alpha(z),[x,y,u]_\rho,\beta(v)]_\rho$$
$$+ (-1)^{(|z|+|u|)(|x|+|y|)}[\alpha(z),\beta(u),[x,y,v]_\rho]_\rho.$$

上式展开得到了 24 个不同项, 其中的六项能组成如下的三对:

$$(-1)^{(|u|+|z|)(|x|+|y|)}[[x,y],\beta(v)](\mathrm{str}\rho(u)\mathrm{str}\rho(\alpha(z)) - \mathrm{str}\rho(z)\mathrm{str}\rho(\alpha(u))),$$
$$(-1)^{(|u|+|v|+|z|)(|x|+|y|)}[\mathrm{str}\rho(z)(\mathrm{str}\rho(\alpha(v)))\beta(u) - (-1)^{|v||u|}\mathrm{str}\rho(\beta(v))\alpha(u)),[x,y]],$$
$$(-1)^{(|u|+|v|+|z|)(|x|+|y|)+|v||z|}[(\mathrm{str}\rho(u)\mathrm{str}\rho(\beta(v)))$$
$$- (-1)^{(|v|+|u|)|z|}\mathrm{str}\rho(v)\mathrm{str}\rho(\beta(u)))\alpha(z),[x,y]],$$

由 (6.40)—(6.42) 式, 可知所有项全为零. 余下的 18 项组成六组, 其中一组如下:

$$- (-1)^{|u||z|}\mathrm{str}\rho(u)\mathrm{str}\rho(\alpha(x))[\beta(y),[z,v]]$$
$$+ (-1)^{|u|(|y|+|z|)}\mathrm{str}\rho(x)\mathrm{str}\rho(\alpha(u))[[y,u],\beta(v)]$$
$$+ (-1)^{(|z|+|v|)(|x|+|y|)+|z||u|}\mathrm{str}\rho(x)\mathrm{str}\rho(\beta(u))[\alpha(z),[y,v]].$$

由 (6.42) 式, 我们可以重写这组如下:

$$- (-1)^{|u||z|}\mathrm{str}\rho(u)\mathrm{str}\rho(\beta(x))[\alpha(y),[z,v]]$$
$$+ (-1)^{|u|(|y|+|z|)}\mathrm{str}\rho(x)\mathrm{str}\rho(\alpha(u))[[y,z],\beta(v)]$$
$$+ (-1)^{(|z|+|u|)(|x|+|y|)+|z||u|}\mathrm{str}\rho(x)\mathrm{str}\rho(\beta(u))[\alpha(z),[y,v]],$$

使用式 (6.41) 和 Hom-Jacobi 等式, 我们看出这项也为零. 剩下的五组可以类似地证明也为零. 因此它满足 Hom-Nambu 等式.　　　　　　　　　□

命题 6.2.3　设 $(A,[-,-]',\alpha_1)$ 和 $(B,[-,-]'',\beta_1)$ 是 Hom-李超代数, $\rho_1:$ $A \to \mathrm{End}(V_1)$ 和 $\rho_2:B \to \mathrm{End}(V_2)$ 分别是 $(A,[-,-]',\alpha_1)$ 和 $(B,[-,-]'',\beta_1)$ 的

表示, $\alpha_2 : A \to A$ 和 $\beta_2 : B \to B$ 分别是 $(A, [-,-]', \alpha_1)$ 和 $(B, [-,-]'', \beta_1)$ 上的偶的线性变换. 令 $(A, [-,-,-]'_{\rho_1}, \alpha' = (\alpha_1, \alpha_2))$ 和 $(B, [-,-,-]''_{\rho_2}, \beta' = (\beta_1, \beta_2))$ 分别是 $(A, [-,-]', \alpha_1)$ 和 $(B, [-,-]'', \beta_1)$ 诱导的 3-Hom-李超代数. 若 $f : A \to B$ 是李超代数的同态, 且有 $\mathrm{str}\rho_2 \circ f = \mathrm{str}\rho_1$ 和 $f \circ \alpha_i = \beta_i \circ f (i = 1, 2)$, 则 f 也是上述诱导的 3-Hom-李超代数的代数同态.

证明 对于任何 $x_1, x_2, x_3 \in A$, 我们有

$$
\begin{aligned}
&f([x_1, x_2, x_3]'_{\rho_1}) \\
&= f\{\mathrm{str}\rho_1(x_1)[x_2, x_3]' - (-1)^{|x_1||x_2|}\mathrm{str}\rho_1(x_2)[x_1, x_3]' \\
&\quad + (-1)^{|x_3|(|x_1|+|x_2|)}\mathrm{str}\rho_1(x_3)[x_1, x_2]'\} \\
&= \mathrm{str}\rho_1(x_1)[f(x_2), f(x_3)]'' - (-1)^{|x_1||x_2|}\mathrm{str}\rho_1(x_2)[f(x_1), f(x_3)]'' \\
&\quad + (-1)^{|x_3|(|x_1|+|x_2|)}\mathrm{str}\rho_1(x_3)[f(x_1), f(x_2)]'' \\
&= \mathrm{str}\rho_2(f(x_1))[f(x_2), f(x_3)]'' - (-1)^{|x_1||x_2|}\mathrm{str}\rho_2(f(x_2))[f(x_1), f(x_3)]'' \\
&\quad + (-1)^{|x_3|(|x_1|+|x_2|)}\mathrm{str}\rho_2(f(x_3))[f(x_1), f(x_2)]'' \\
&= [f(x_1), f(x_2), f(x_3)]''_{\rho_2}.
\end{aligned}
$$

我们有 $f \circ \alpha_1 = \beta_1 \circ f$, 又由于 f 是 Hom-李超代数的同态, 且也有 $f \circ \alpha_2 = \beta_2 \circ f$, 这就意味着 f 是 $(A, [-,-,-]'_{\rho_1}, \alpha' = (\alpha_1, \alpha_2))$ 到 $(B, [-,-,-]''_{\rho_2}, \beta' = (\beta_1, \beta_2))$ 的 3-Hom-李超代数的同态. $\square$

由 Hom-李超代数来构造保积 3-Hom-李超代数可得到如下定理:

定理 6.2.4 设 $(\mathfrak{g}, [-,-], \alpha)$ 是保积的 Hom-李超代数和 $\rho : \mathfrak{g} \to \mathfrak{gl}(V)$ 是 $(\mathfrak{g}, [-,-], \alpha)$ 的表示, 如果 $\mathrm{str}\rho \circ \alpha = \mathrm{str}\rho$, 则 $(\mathfrak{g}, [-,-,-]_\rho, \alpha)$ 是保积 3-Hom-李超代数.

证明 易知 $[-,-,-]_\rho$ 是三线性斜超对称映射. 下面证明它满足 Hom-Nambu 等式, 也就是,

$$
\begin{aligned}
&[\alpha(x), \alpha(y), [z, u, v]_\rho]_\rho \\
&= [[x, y, z]_\rho, \alpha(u), \alpha(v)]_\rho + (-1)^{|z|(|x|+|y|)}[\alpha(z), [x, y, u]_\rho, \alpha(v)]_\rho \\
&\quad + (-1)^{(|z|+|u|)(|x|+|y|)}[\alpha(z), \alpha(u), [x, y, v]_\rho]_\rho.
\end{aligned}
$$

设 L 表示上式的左边, R 表示上式的右边, 则

$$
\begin{aligned}
L &= [\alpha(x), \alpha(y), [z, u, v]_\rho]_\rho \\
&= [\alpha(x), \alpha(y), \mathrm{str}\rho(z)[u, v] - (-1)^{|u||z|}\mathrm{str}\rho(u)[z, v] + (-1)^{|v|(|z|+|u|)}\mathrm{str}\rho(v)[z, u]]_\rho \\
&= \mathrm{str}\rho(z)[\alpha(x), \alpha(y), [u, v]]_\rho - (-1)^{|u||z|}\mathrm{str}\rho(u)[\alpha(x), \alpha(y), [z, v]]_\rho
\end{aligned}
$$

$$+ (-1)^{|v|(|z|+|u|)}\mathrm{str}\rho(v)[\alpha(x), \alpha(y), [z, u]]_\rho$$

$$= \mathrm{str}\rho(z)\{\mathrm{str}\rho(\alpha(x))[\alpha(y), [u, v]] - (-1)^{|y||x|}\mathrm{str}\rho(\alpha(y))[\alpha(x), [u, v]]\}$$

$$- (-1)^{|u||z|}\mathrm{str}\rho(u)\{\mathrm{str}\rho(\alpha(x))[\alpha(y), [z, v]] - (-1)^{|y||x|}\mathrm{str}\rho(\alpha(y))[\alpha(x), [z, v]]\}$$

$$+ (-1)^{|v|(|z|+|u|)}\mathrm{str}\rho(v)\{\mathrm{str}\rho(\alpha(x))[\alpha(y), [z, u]]$$

$$- (-1)^{|y||x|}\mathrm{str}\rho(\alpha(y))[\alpha(x), [z, u]]\}$$

$$= \mathrm{str}\rho(z)\mathrm{str}\rho(\alpha(x))[\alpha(y), [u, v]] - (-1)^{|y||x|}\mathrm{str}\rho(z)\mathrm{str}\rho(\alpha(y))[\alpha(x), [u, v]]$$

$$- (-1)^{|u||z|}\mathrm{str}\rho(u)\mathrm{str}\rho(\alpha(x))[\alpha(y), [z, v]]$$

$$+ (-1)^{|u||z|+|y||x|}\mathrm{str}\rho(u)\mathrm{str}\rho(\alpha(y))[\alpha(x), [z, v]]$$

$$+ (-1)^{|v|(|z|+|u|)}\mathrm{str}\rho(v)\mathrm{str}\rho(\alpha(x))[\alpha(y), [z, u]]$$

$$- (-1)^{|v|(|z|+|u|)+|y||x|}\mathrm{str}\rho(v)\mathrm{str}\rho(\alpha(y))[\alpha(x), [z, u]]$$

$$= - (-1)^{|y|(|u|+|v|)}\mathrm{str}\rho(z)\mathrm{str}\rho(\alpha(x))[\alpha(u), [v, y]]$$

$$- (-1)^{|v|(|y|+|u|)}\mathrm{str}\rho(z)\mathrm{str}\rho(\alpha(x))[\alpha(v), [y, u]]$$

$$+ (-1)^{|x|(|y|+|u|+|v|)}\mathrm{str}\rho(z)\mathrm{str}\rho(\alpha(y))[\alpha(u), [v, x]]$$

$$+ (-1)^{|x||y|+|v|(|u|+|x|)}\mathrm{str}\rho(z)\mathrm{str}\rho(\alpha(y))[\alpha(v), [x, u]]$$

$$+ (-1)^{|u||z|+|y|(|z|+|v|)}\mathrm{str}\rho(u)\mathrm{str}\rho(\alpha(x))[\alpha(z), [v, y]]$$

$$+ (-1)^{|u||z|+|v|(|z|+|y|)}\mathrm{str}\rho(u)\mathrm{str}\rho(\alpha(x))[\alpha(v), [y, z]]$$

$$- (-1)^{|u||z|+|x||y|+|x|(|z|+|v|)}\mathrm{str}\rho(u)\mathrm{str}\rho(\alpha(y))[\alpha(z), [v, x]]$$

$$- (-1)^{|u||z|+|x||y|+|v|(|z|+|x|)}\mathrm{str}\rho(u)\mathrm{str}\rho(\alpha(y))[\alpha(v), [x, z]]$$

$$- (-1)^{(|v|+|y|)(|z|+|u|)}\mathrm{str}\rho(v)\mathrm{str}\rho(\alpha(x))[\alpha(z), [u, y]]$$

$$- (-1)^{|v|(|z|+|u|)+|u|(|y|+|z|)}\mathrm{str}\rho(v)\mathrm{str}\rho(\alpha(x))[\alpha(u), [y, z]]$$

$$+ (-1)^{(|v|+|x|)(|z|+|u|)+|x||y|}\mathrm{str}\rho(v)\mathrm{str}\rho(\alpha(y))[\alpha(z), [u, x]]$$

$$+ (-1)^{|v|(|z|+|u|)+|x||y|+|u|(|x|+|z|)}\mathrm{str}\rho(v)\mathrm{str}\rho(\alpha(y))[\alpha(u), [x, z]]$$

$$= (-1)^{(|u|+|z|)(|x|+|y|)}\mathrm{str}\rho(x)\mathrm{str}\rho(\alpha(z))[\alpha(u), [y, v]]$$

$$+ (-1)^{|z|(|x|+|y|)}\mathrm{str}\rho(x)\mathrm{str}\rho(\alpha(z))[[y, u], \alpha(v)]$$

$$- (-1)^{(|u|+|z|)(|x|+|y|)+|x||y|}\mathrm{str}\rho(y)\mathrm{str}\rho(\alpha(z))[\alpha(u), [x, v]]$$

$$- (-1)^{|z|(|x|+|y|)+|x||y|}\mathrm{str}\rho(y)\mathrm{str}\rho(\alpha(z))[[x, u], \alpha(v)]$$

$$- (-1)^{|u||z|+(|x|+|y|)(|z|+|u|)}\mathrm{str}\rho(x)\mathrm{str}\rho(\alpha(u))[\alpha(z), [y, v]]$$

$$- (-1)^{|u|(|z|+|y|)}\mathrm{str}\rho(x)\mathrm{str}\rho(\alpha(u))[[y, z], \alpha(v)]$$

$$+ (-1)^{|u||z|+|x||y|+(|x|+|y|)(|z|+|u|)}\mathrm{str}\rho(y)\mathrm{str}\rho(\alpha(u))[\alpha(z), [x, v]]$$

$$+ (-1)^{|x||y|+|u|(|z|+|x|)}\mathrm{str}\rho(y)\mathrm{str}\rho(\alpha(u))[[x,z],\alpha(v)]$$

$$+ (-1)^{|z|(|x|+|y|)+|v|(|z|+|y|+|u|)}\mathrm{str}\rho(x)\mathrm{str}\rho(\alpha(v))[\alpha(z),[y,u]]$$

$$+ (-1)^{|v|(|z|+|y|+|u|)}\mathrm{str}\rho(x)\mathrm{str}\rho(\alpha(v))[[y,z],\alpha(u)]$$

$$- (-1)^{|z|(|x|+|y|)+|v|(|z|+|x|+|u|)+|x||y|}\mathrm{str}\rho(y)\mathrm{str}\rho(\alpha(v))[\alpha(z),[x,u]]$$

$$- (-1)^{|v|(|z|+|u|+|x|)+|x||y|}\mathrm{str}\rho(y)\mathrm{str}\rho(\alpha(v))[[x,z],\alpha(u)].$$

类似地, 我们有

$$\begin{aligned}
R = {} & [[x,y,z]_\rho, \alpha(u), \alpha(v)]_\rho + (-1)^{|z|(|x|+|y|)}[\alpha(z),[x,y,u]_\rho,\alpha(v)]_\rho \\
& + (-1)^{(|z|+|u|)(|x|+|y|)}[\alpha(z),\alpha(u),[x,y,v]_\rho]_\rho \\
= {} & -(-1)^{|u|(|y|+|z|)}\mathrm{str}\rho(x)\mathrm{str}\rho(\alpha(u))[[y,z],\alpha(v)] \\
& + (-1)^{|v|(|y|+|z|+|u|)}\mathrm{str}\rho(x)\mathrm{str}\rho(\alpha(v))[[y,z],\alpha(u)] \\
& + (-1)^{|x||y|+|u|(|x|+|z|)}\mathrm{str}\rho(y)\mathrm{str}\rho(\alpha(u))[[x,z],\alpha(v)] \\
& - (-1)^{|x||y|+|v|(|u|+|z|+|x|)}\mathrm{str}\rho(y)\mathrm{str}\rho(\alpha(v))[[x,z],\alpha(u)] \\
& - (-1)^{(|x|+|y|)(|z|+|u|)}\mathrm{str}\rho(z)\mathrm{str}\rho(\alpha(u))[[x,y],\alpha(v)] \\
& + (-1)^{(|z|+|v|)(|x|+|y|)+|v||u|}\mathrm{str}\rho(z)\mathrm{str}\rho(\alpha(v))[[x,y],\alpha(u)] \\
& + (-1)^{|z|(|x|+|y|)}\mathrm{str}\rho(x)\mathrm{str}\rho(\alpha(z))[[y,u],\alpha(v)] \\
& + (-1)^{|z|(|x|+|y|)+|v|(|z|+|y|+|u|)}\mathrm{str}\rho(x)\mathrm{str}\rho(\alpha(v))[\alpha(z),[y,u]] \\
& - (-1)^{|z|(|x|+|y|)+|x||y|}\mathrm{str}\rho(y)\mathrm{str}\rho(\alpha(z))[[x,u],\alpha(v)] \\
& - (-1)^{|z|(|x|+|y|)+|x||y|+|v|(|x|+|u|+|z|)}\mathrm{str}\rho(y)\mathrm{str}\rho(\alpha(v))[\alpha(z),[x,u]] \\
& + (-1)^{(|y|+|x|)(|z|+|u|)}\mathrm{str}\rho(u)\mathrm{str}\rho(\alpha(z))[[x,y],\alpha(v)] \\
& + (-1)^{(|z|+|u|)(|y|+|x|)+|v|(|x|+|z|+|y|)}\mathrm{str}\rho(u)\mathrm{str}\rho(\alpha(v))[\alpha(z),[x,y]] \\
& + (-1)^{(|u|+|z|)(|x|+|y|)}\mathrm{str}\rho(x)\mathrm{str}\rho(\alpha(z))[\alpha(u),[y,v]] \\
& - (-1)^{(|u|+|z|)(|x|+|y|)+|u||z|}\mathrm{str}\rho(x)\mathrm{str}\rho(\alpha(u))[\alpha(z),[y,v]] \\
& - (-1)^{(|u|+|z|)(|x|+|y|)+|x||y|}\mathrm{str}\rho(y)\mathrm{str}\rho(\alpha(z))[\alpha(u),[x,v]] \\
& + (-1)^{(|u|+|z|)(|x|+|y|)+|x||y|+|u||z|}\mathrm{str}\rho(y)\mathrm{str}\rho(\alpha(u))[\alpha(z),[x,v]] \\
& + (-1)^{(|x|+|y|)(|z|+|u|+|v|)}\mathrm{str}\rho(v)\mathrm{str}\rho(\alpha(z))[\alpha(u),[x,y]] \\
& - (-1)^{(|x|+|y|)(|z|+|u|+|v|)+|u||z|}\mathrm{str}\rho(v)\mathrm{str}\rho(\alpha(u))[\alpha(z),[x,y]] \\
= {} & -(-1)^{|u|(|z|+|y|)}\mathrm{str}\rho(x)\mathrm{str}\rho(\alpha(u))[[y,z],\alpha(v)] \\
& + (-1)^{|v|(|z|+|y|+|u|)}\mathrm{str}\rho(x)\mathrm{str}\rho(\alpha(v))[[y,z],\alpha(u)] \\
& + (-1)^{|u|(|x|+|z|)+|x||y|}\mathrm{str}\rho(y)\mathrm{str}\rho(\alpha(u))[[x,z],\alpha(v)]
\end{aligned}$$

$$- (-1)^{|v|(|z|+|x|+|u|)+|x||y|}\mathrm{str}\rho(y)\mathrm{str}\rho(\alpha(v))[[x,z],\alpha(u)]$$
$$+ (-1)^{|z|(|x|+|y|)}\mathrm{str}\rho(x)\mathrm{str}\rho(\alpha(z))[[y,u],\alpha(v)]$$
$$+ (-1)^{|z|(|x|+|y|)+|v|(|z|+|y|+|u|)}\mathrm{str}\rho(x)\mathrm{str}\rho(\alpha(v))[\alpha(z),[y,u]]$$
$$- (-1)^{|x||y|+|z|(|x|+|y|)}\mathrm{str}\rho(y)\mathrm{str}\rho(\alpha(z))[[x,u],\alpha(v)]$$
$$- (-1)^{|x||y|+|z|(|x|+|y|)+|v|(|z|+|x|+|u|)}\mathrm{str}\rho(y)\mathrm{str}\rho(\alpha(v))[\alpha(z),[x,u]]$$
$$+ (-1)^{(|x|+|y|)(|z|+|u|)}\mathrm{str}\rho(x)\mathrm{str}\rho(\alpha(z))[\alpha(u),[y,v]]$$
$$- (-1)^{(|x|+|y|)(|z|+|u|)+|z||u|}\mathrm{str}\rho(x)\mathrm{str}\rho(\alpha(u))[\alpha(z),[y,v]]$$
$$- (-1)^{(|x|+|y|)(|z|+|u|)+|y||x|}\mathrm{str}\rho(y)\mathrm{str}\rho(\alpha(z))[\alpha(u),[x,v]]$$
$$+ (-1)^{(|z|+|u|)(|x|+|y|)+|z||u|+|x||y|}\mathrm{str}\rho(y)\mathrm{str}\rho(\alpha(u))[\alpha(z),[x,v]].$$

通过比较, 可知 $L = R$. 由命题 6.2.3 知, 若 α 是 $(\mathfrak{g}, [-,-], \alpha)$ 的同态, 则 α 是 $(\mathfrak{g}, [-,-,-]_\rho, \alpha)$ 的同态. 即 $(\mathfrak{g}, [-,-,-]_\rho, \alpha)$ 是保积的. □

命题 6.2.5 设 $(\mathfrak{g}, [-,-], \alpha)$ 是李超代数, $\alpha: V \to V$ 是代数同态, 则

(1) $(\mathfrak{g}, [-,-]_\alpha, \alpha)$ 是 Hom-李超代数, 其中 $[-,-]_\alpha = \alpha \circ [-,-]$.

(2) 设 $\rho: \mathfrak{g} \to \mathrm{gl}(V)$ 是 $(\mathfrak{g}, [-,-]_\alpha, \alpha)$ 的表示, 如果 $\mathrm{str}\rho \circ \alpha = \mathrm{str}\rho$, 则 $[-,-,-]_{\alpha,\rho} = [-,-,-]_{\rho,\alpha}$.

证明 (1) 显然成立.

(2) 设 $x_1, x_2, x_3 \in \mathfrak{g}$, 我们有

$$\begin{aligned}
[x_1,x_2,x_3]_{\alpha,\rho} &= \mathrm{str}\rho(x_1)[x_2,x_3]_\alpha - (-1)^{|x_1||x_2|}\mathrm{str}\rho(x_2)[x_1,x_3]_\alpha \\
&\quad + (-1)^{|x_3|(|x_1|+|x_2|)}\mathrm{str}\rho(x_3)[x_1,x_2]_\alpha \\
&= \mathrm{str}\rho(x_1)\alpha[x_2,x_3] - (-1)^{|x_1||x_2|}\mathrm{str}\rho(x_2)\alpha[x_1,x_3] \\
&\quad + (-1)^{|x_3|(|x_1|+|x_2|)}\mathrm{str}\rho(x_3)\alpha[x_1,x_2] \\
&= \alpha\Big(\mathrm{str}\rho(x_1)[x_2,x_3] - (-1)^{|x_1||x_2|}\mathrm{str}\rho(x_2)[x_1,x_3] \\
&\quad + (-1)^{|x_3|(|x_1|+|x_2|)}\mathrm{str}\rho(x_3)[x_1,x_2]\Big) \\
&= \alpha([x_1,x_2,x_3]_\rho) = [x_1,x_2,x_3]_{\rho,\alpha}. \qquad \square
\end{aligned}$$

下面我们给出关于 Hom-李超代数诱导的保积 3-Hom-李超代数的子代数和理想的两个结果.

命题 6.2.6 设 $(\mathfrak{g}, [-,-], \alpha_1)$ 是 Hom-李超代数, $\alpha_2: \mathfrak{g} \to \mathfrak{g}$ 是偶的线性映射, $\rho: \mathfrak{g} \to \mathrm{gl}(V)$ 是 $(\mathfrak{g}, [-,-], \alpha_1)$ 的表示, 且 $(\mathfrak{g}, [-,-,-]_\rho, \alpha_1, \alpha_2)$ 是诱导的保积 3-Hom-李超代数. 设 B 是 $(\mathfrak{g}, [-,-], \alpha_1)$ 的子代数. 如果 $\alpha_2(B) \subseteq B$, 则 B 是 $\mathfrak{g}_\rho(= (\mathfrak{g}, [-,-,-]_\rho, \alpha_1, \alpha_2))$ 的子代数.

证明　由于 B 是 $(\mathfrak{g}, [-, -], \alpha_1)$ 的子代数, 则有 $\alpha_1(B) \subseteq B$. 而且 $\alpha_2(B) \subseteq B$, 则 $\alpha_i(B) \subseteq B(i = 1, 2)$. 现设 $x_1, x_2, x_3 \in B$, 我们有

$$[x_1, x_2, x_3]_\rho = \mathrm{str}\rho(x_1)[x_2, x_3] - (-1)^{|x_1||x_2|}\mathrm{str}\rho(x_2)[x_1, x_3]$$
$$+ (-1)^{|x_3|(|x_1|+|x_2|)}\mathrm{str}\rho(x_3)[x_1, x_2],$$

它是 B 中元素的线性组合, 因此它属于 B.　　　　□

命题 6.2.7　设 $(\mathfrak{g}, [-, -], \alpha_1)$ 是 Hom-李超代数, $\rho : \mathfrak{g} \to \mathrm{gl}(V)$ 是 $(\mathfrak{g}, [-, -], \alpha_1)$ 的表示, $(\mathfrak{g}, [-, -, -], \alpha_1, \alpha_2)$ 是诱导的保积 3-Hom-李超代数. 设 J 是 $(\mathfrak{g}, [-, -], \alpha_1)$ 的理想, 如果 $\alpha_2(J) \subseteq J$, 则 J 是 $\mathfrak{g}_\rho$ 的 Hom-理想当且仅当 $[\mathfrak{g}, \mathfrak{g}] \subseteq J$ 或者 $J \subseteq \mathrm{Ker}(\mathrm{str}\rho)$.

证明　设 J 是 $(\mathfrak{g}, [-, -, -], \alpha)$ 的理想, 且 $\alpha_2(J) \subseteq J$, 则 $\alpha_i(J) \subseteq J(i = 1, 2)$. 设 $y \in J$ 和 $x_1, x_2, x_3 \in \mathfrak{g}$, 我们得到

$$[x_1, x_2, y]_\rho = \mathrm{str}\rho(x_1)[x_2, y] - (-1)^{|x_1||x_2|}\mathrm{str}\rho(x_2)[x_1, y]$$
$$+ (-1)^{|y|(|x_1|+|x_2|)}\mathrm{str}\rho(y)[x_1, x_2].$$

由于 $[x_2, y]$ 和 $[x_1, y]$ 属于 J, 则得到 $[x_1, x_2, y]_\rho \in J$ 的充分必要条件是 $\mathrm{str}\rho(y)[x_1, x_2] \in J$, 这等价于 $\mathrm{str}\rho(y) = 0$ 或者 $[x_1, x_2] \in J$.　　　　□

6.3　Hom-李超代数诱导的 3-Hom-李超代数的可解性和幂零性

下面定义 3-Hom-李超代数的导出列、降中心列和中心的概念, 我们仅把这些概念推广到保积超代数的情形.

定义 6.3.1　设 $(\mathfrak{g}, [-, -, -], \alpha)$ 是保积 3-Hom-李超代数, I 是 $(\mathfrak{g}, [-, -, -], \alpha)$ 的理想. 我们定义 I 的**导出列** $D^r(I)(r \in \mathbb{N})$ 如下:

$$D^0(I) = I \text{ 和 } D^{r+1}(I) = [D^r(I), D^r(I), D^r(I)].$$

命题 6.3.2　子空间 $D^r(I)$ $(r \in \mathbb{N})$ 是 $(\mathfrak{g}, [-, -, -], \alpha)$ 的子代数.

证明　我们对 r $(r \in \mathbb{N})$ 进行数学归纳法, 当 $r = 0$ 时显然成立. 现设 $D^r(I)$ 是 $(\mathfrak{g}, [-, -, -], \alpha)$ 的子代数, 下面来证明 $D^{r+1}(I)$ 是 $(\mathfrak{g}, [-, -, -], \alpha)$ 的子代数. 设 $y \in D^{r+1}(I)$, 则我们有

$$\alpha(y) = \alpha([y_1, y_2, y_3]) = [\alpha(y_1), \alpha(y_1), \alpha(y_1)], \quad y_1, y_2, y_3 \in D^r(I),$$

由于 $\alpha(y_1), \alpha(y_1), \alpha(y_1) \in D^r(I)$, 故 $\alpha(y) \in D^{r+1}(I)$, 即 $\alpha(D^{r+1}(I)) \subseteq D^{r+1}(I)$. 设 $x_1, x_2, x_3 \in D^{r+1}(I)$, 则

$$[x_1, x_2, x_3] = [[x_{11}, x_{12}, x_{13}], [x_{21}, x_{22}, x_{23}], [x_{31}, x_{32}, x_{33}]],$$
$$x_{ij} \in D^r(I), \quad i, j = 1, 2, 3.$$

故 $[x_1, x_2, x_3] \in D^{r+1}(I)$.　　　　　　　　　　　　　　　　　　　　□

命题6.3.3　设 $(\mathfrak{g}, [-,-,-], \alpha)$ 是保积 3-Hom-李超代数, I 是 $(\mathfrak{g}, [-,-,-], \alpha)$ 的理想. 如果 α 是满射, 则 $D^r(I)(r \in \mathbb{N})$ 是 $\mathfrak{g}$ 的理想.

证明　我们已经证明 $D^r(I)$ $(r \in \mathbb{N})$ 是子代数, 下面仅需证明对于 $x_1, x_2 \in \mathfrak{g}$, $y \in D^r(I)$, 有 $[x_1, x_2, y] \in D^r(I)$.

我们对 r $(r \in \mathbb{N})$ 进行数学归纳法, 当 $r = 0$ 时显然成立. 现设 $D^r(I)$ 是 $(\mathfrak{g}, [-,-,-], \alpha)$ 的理想, 下面来证明 $D^{r+1}(I)$ 是 $(\mathfrak{g}, [-,-,-], \alpha)$ 的理想. 设 $x_1, x_2 \in \mathfrak{g}$ 和 $y \in D^{r+1}(I)$, 我们可以得到

$$[x_1, x_2, y] = [x_1, x_2, [y_1, y_2, y_3]] \quad y_1, y_2, y_3 \in D^r(I)$$
$$= [\alpha(v_1), \alpha(v_2), [y_1, y_2, y_3]] \quad \text{对某些 } v_1, v_2 \in \mathfrak{g}$$
$$= [[v_1, v_2, y_1], \alpha(y_2), \alpha(y_3)] + (-1)^{|y_1|(|v_1|+|v_2|)}[\alpha(y_1), [v_1, v_2, y_2], \alpha(y_3)]$$
$$+ (-1)^{(|y_1|+|y_1|)(|v_1|+|v_2|)}[\alpha(y_1), \alpha(y_2), [v_1, v_2, y_3]].$$

由于 $\alpha(y_i) \in D^r(I)$ 和 $[v_1, v_2, y_i] \in D^r(I)(D^r(I)$ 是理想), 因此 $[x_1, x_2, y] \in D^{r+1}(I)$, 故 $[[v_1, v_2, y_1], \alpha(y_2), \alpha(y_3)], [\alpha(y_1), [v_1, v_2, y_2], \alpha(y_3)]$ 和 $[\alpha(y_1), \alpha(y_2), [v_1, v_2, y_3]]$ 都属于 $D^{r+1}(I)$.　　　　　　　　　　　　□

定义6.3.4　设 $(\mathfrak{g}, [-,-,-], \alpha)$ 是保积 3-Hom-李超代数, I 是 $(\mathfrak{g}, [-,-,-], \alpha)$ 的理想. 我们定义 I 的**降中心列** $C^r(I)(r \in \mathbb{N})$, 按如下的方式 $C^0(I) = I$ 和 $C^{r+1}(I) = [C^r(I), I, I]$.

命题6.3.5　设 $(\mathfrak{g}, [-,-,-], \alpha)$ 是保积 3-Hom-李超代数, I 是 $(\mathfrak{g}, [-,-,-], \alpha)$ 的理想. 若 α 是满射, 则 $C^r(I)$ $(r \in \mathbb{N})$ 是 $(\mathfrak{g}, [-,-,-], \alpha)$ 的理想.

证明　我们对 r $(r \in \mathbb{N})$ 进行数学归纳法, 当 $r = 0$ 时显然成立. 现设 $C^r(I)$ 是 $(\mathfrak{g}, [-,-,-], \alpha)$ 的理想, 下面来证明 $C^{r+1}(I)$ 是 $(\mathfrak{g}, [-,-,-], \alpha)$ 的理想. 设 $y \in C^{r+1}(I)$, 则可以得到

$$\alpha(y) = \alpha([y_1, y_2, \omega]) = [\alpha(y_1), \alpha(y_2), \alpha(\omega)], \quad y_1, y_2 \in I, \omega \in C^r(I),$$

由于 $\alpha(y_2), \alpha(\omega) \in I$ 和 $\alpha(\omega) \in C^r(I)$, 所以 $\alpha(y) \in C^{r+1}(I)$, 即 $\alpha(C^{r+1}(I)) \subseteq C^{r+1}(I)$. 设 $x_1, x_2 \in \mathfrak{g}$ 和 $y \in C^{r+1}(I)$, 则有

$$[x_1, x_2, y] = [x_1, x_2, [y_1, y_2, \omega]], y_1, y_2 \in I, \omega \in C^r(I)$$

$$= [\alpha(v_1), \alpha(v_2), [y_1, y_2, \omega]] \quad \text{对某一 } v_1, v_2 \in \mathfrak{g}$$

$$= [[v_1, v_2, y_1], \alpha(y_2), \alpha(\omega)] + (-1)^{|y_1|(|v_1|+|v_2|)}[\alpha(y_1), [v_1, v_2, y_2], \alpha(\omega)]$$

$$+ (-1)^{(|y_1|+|y_1|)(|v_1|+|v_2|)}[\alpha(y_1), \alpha(y_2), [v_1, v_2, \omega]].$$

由于 $\alpha(y_i) \in I, \alpha(\omega) \in C^r(I), [v_1, v_2, y_i] \in I(I$ 是理想) 和 $[v_1, v_2, \omega] \in C^r(I)(C^r(I)$ 是理想), 故 $[[v_1, v_2, y_1], \alpha(y_2), \alpha(\omega)], [\alpha(y_1), [v_1, v_2, y_2], \alpha(\omega)]$ 和 $[\alpha(y_1), \alpha(y_2), [v_1, v_2, \omega]]$ 都属于 $C^{r+1}(I)$, 于是 $[x_1, x_2, y] \in C^{r+1}(I)$. □

定义 6.3.6 设 $(\mathfrak{g}, [-, -, -], \alpha)$ 是保积 3-Hom-李超代数, I 是 $(\mathfrak{g}, [-, -, -], \alpha)$ 的理想. 如果存在 $r \in \mathbb{N}$, 使得 $D^r(I) = \{0\}$, I 称为**可解的**; 如果存在 $r \in \mathbb{N}$, 使得 $C^r(I) = \{0\}$, I 称为**幂零的**.

定义 6.3.7 设 $(\mathfrak{g}, [-, -, -], \alpha)$ 是保积 3-Hom-李超代数. 令 $Z(\mathfrak{g}) = \{z \in \mathfrak{g} \mid [x_1, x_2, z] = 0, \ \forall x_1, x_2 \in \mathfrak{g}\}$, 则 $Z(\mathfrak{g})$ 称为 $\mathfrak{g}$ 的**中心**.

命题 6.3.8 设 $(\mathfrak{g}, [-, -, -], \alpha)$ 是保积 3-Hom-李超代数. 若 α 是满射, 则 $Z(\mathfrak{g})$ 是 $(\mathfrak{g}, [-, -, -], \alpha)$ 的理想.

证明 设 $z \in Z(\mathfrak{g})$ 和 $x_1, x_2 \in \mathfrak{g}$, 我们令 $x_i = \alpha(u_i)(i = 1, 2)$, 则我们有

$$[x_1, x_2, \alpha(z)] = [\alpha(u_1), \alpha(u_2), \alpha(z)] = \alpha([u_1, u_2, z]) = 0,$$

即 $\alpha(Z(\mathfrak{g})) \subseteq Z(\mathfrak{g})$. 设 $z \in Z(\mathfrak{g})$ 和 $x_1, x_2, y_1, y_2 \in \mathfrak{g}$, 我们有

$$[x_1, x_2, [y_1, y_2, z]] = [x_1, x_2, 0] = 0,$$

这就意味着 $Z(\mathfrak{g})$ 是 $(\mathfrak{g}, [-, -, -], \alpha)$ 的理想. □

下面我们来讨论 3-Hom-李超代数导出列、降中心列和中心及它诱导的 3-Hom-李超代数的导出列、降中心列和中心之间的关系.

定理 6.3.9 设 $(\mathfrak{g}, [-, -], \alpha)$ 是 Hom-李超代数, $\rho: \mathfrak{g} \to \mathrm{gl}(V)$ 是 $(\mathfrak{g}, [-, -], \alpha)$ 的表示, $\beta: \mathfrak{g} \to \mathfrak{g}$ 是线性映射, 且满足定理 6.2.2 的条件, $(\mathfrak{g}, [-, -, -]_\rho, \alpha, \beta)$ 是诱导的 3-Hom-李超代数, 则诱导代数是可解的, 更准确地, $D^2(\mathfrak{g}_\rho) = 0$, 即 $(D^1(\mathfrak{g}_\rho) = [\mathfrak{g}, \mathfrak{g}, \mathfrak{g}]_\rho, [-, -, -]_\rho)$ 是交换的.

证明 设 $x_1, x_2, x_3 \in [\mathfrak{g}, \mathfrak{g}, \mathfrak{g}]_\rho, x_i = [x_i^1, x_i^2, x_i^3]_\rho$, 对任意的 $1 \leqslant i \leqslant 3$, 则

$$[x_1, x_2, x_3]_\rho = [[x_1^1, x_1^2, x_1^3]_\rho, [x_2^1, x_2^2, x_2^3]_\rho, [x_3^1, x_3^2, x_3^3]_\rho]_\rho$$

$$= \mathrm{str}\rho([x_1^1, x_1^2, x_1^3]_\rho)[[x_2^1, x_2^2, x_2^3]_\rho, [x_3^1, x_3^2, x_3^3]_\rho]$$

$$- (-1)^{|x_1||x_2|}\mathrm{str}\rho([x_2^1, x_2^2, x_2^3]_\rho)[[x_1^1, x_1^2, x_1^3]_\rho, [x_3^1, x_3^2, x_3^3]_\rho]$$

$$+ (-1)^{|x_3|(|x_1|+|x_2|)}\mathrm{str}\rho([x_3^1, x_3^2, x_3^3]_\rho)[[x_1^1, x_1^2, x_1^3]_\rho, [x_2^1, x_2^2, x_2^3]_\rho],$$

因为 $\mathrm{str}\rho([-, -, -]_\rho) = 0$, 所以 $[x_1, x_2, x_3]_\rho = 0$. □

命题 6.3.10 设 $(\mathfrak{g}, [-,-], \alpha)$ 是保积 Hom-李超代数, 且 $\mathrm{str}\rho \circ \alpha = \mathrm{str}\rho$, $(\mathfrak{g}, [-,-,-]_\rho, \alpha)$ 是诱导的 3-Hom-李超代数. 设 $c \in Z(\mathfrak{g})$, 如果 $\mathrm{str}\rho(c) = 0$, 则 $c \in Z(\mathfrak{g}_\rho)$. 而且如果 $\mathfrak{g}$ 是不交换的, 则 $\mathrm{str}\rho(c) = 0$ 当且仅当 $c \in Z(\mathfrak{g}_\rho)$.

证明 设 $c \in Z(\mathfrak{g})$ 和 $x_1, x_2 \in \mathfrak{g}$, 则

$$[x_1, x_2, c]_\rho$$
$$= \mathrm{str}\rho(x_1)[x_2, c] - (-1)^{|x_1||x_2|}\mathrm{str}\rho(x_2)[x_1, c] + (-1)^{|c|(|x_1|+|x_2|)}\mathrm{str}\rho(c)[x_1, x_2]$$
$$= (-1)^{|c|(|x_1|+|x_2|)}\mathrm{str}\rho(c)[x_1, x_2].$$

如果 $\mathrm{str}\rho(c) = 0$, 则 $c \in Z(\mathfrak{g}_\rho)$. 反之, 如果 $c \in Z(\mathfrak{g}_\rho)$, 且 $\mathfrak{g}$ 不是交换的, 则 $\mathrm{str}\rho(c) = 0$. $\qquad\square$

命题 6.3.11 设 $(\mathfrak{g}, [-,-], \alpha)$ 是非交换的保积 Hom-李超代数, 且 $\mathrm{str}\rho \circ \alpha = \mathrm{str}\rho$, $(\mathfrak{g}, [-,-,-]_\rho, \alpha)$ 是诱导的 3-Hom-李超代数. 如果 $\mathrm{str}\rho(Z(\mathfrak{g})) \neq \{0\}$, 则 $\mathfrak{g}_\rho$ 是不交换的.

证明 设 $x_1, x_2 \in \mathfrak{g}$, $c \in Z(\mathfrak{g})$, 且 $[x_1, x_2] \neq 0$, $\mathrm{str}\rho(c) \neq 0$, 则我们有

$$[x_1, x_2, c]_\rho$$
$$= \mathrm{str}\rho(x_1)[x_2, c] - (-1)^{|x_1||x_2|}\mathrm{str}\rho(x_2)[x_1, c] + (-1)^{|c|(|x_1|+|x_2|)}\mathrm{str}\rho(c)[x_1, x_2]$$
$$= (-1)^{|c|(|x_1|+|x_2|)}\mathrm{str}\rho(c)[x_1, x_2],$$

这意味着 $\mathfrak{g}_\rho$ 是不交换的. $\qquad\square$

命题 6.3.12 设 $(\mathfrak{g}, [-,-], \alpha)$ 是保积 Hom-李超代数, 且 $\mathrm{str}\rho \circ \alpha = \mathrm{str}\rho$, $(\mathfrak{g}, [-,-,-]_\rho, \alpha)$ 是诱导的 3-Hom-李超代数. 设 $(C^p(\mathfrak{g}))_p$ 是 $\mathfrak{g}$ 的降中心列和 $(C^p(\mathfrak{g}_\rho))_p$ 是 $\mathfrak{g}_\rho$ 的降中心列, 则有 $C^p(\mathfrak{g}_\rho) \subset C^p(\mathfrak{g})$, 对任意的 $p \in \mathbb{N}$. 如果存在 $u \in \mathfrak{g}$, 使得 $[u, x_1, x_2]_\rho = [x_1, x_2]$, 对任意的 $x_1, x_2 \in \mathfrak{g}$, 则 $C^p(\mathfrak{g}_\rho) = C^p(\mathfrak{g})$, 对任意的 $p \in \mathbb{N}$.

证明 由定理 6.2.4 知 $\mathfrak{g}_\rho$ 是保积的. 我们对 p $(p \in \mathbb{N})$ 进行数学归纳法, 当 $p = 0$ 时显然成立. 当 $p = 1$ 时, 有对任意的 $x = [x_1, x_2, x_3]_\rho \in C^1(\mathfrak{g}_\rho)$, 我们有

$$x = \mathrm{str}\rho(x_1)[x_2, x_3] - (-1)^{|x_1||x_2|}\mathrm{str}\rho(x_2)[x_1, x_3]$$
$$+ (-1)^{|x_3|(|x_1|+|x_2|)}\mathrm{str}\rho(x_3)[x_1, x_2],$$

这是 $C^1(\mathfrak{g})$ 中元素的线性组合, 故它是 $C^1(\mathfrak{g})$ 中的元. 现在假设存在 $u \in \mathfrak{g}$, 使得

$$[u, x_1, x_2]_\rho = [x_1, x_2], \quad \forall\, x_1, x_2 \in \mathfrak{g},$$

则对于 $x = [x_1, x_2] \in C^1(\mathfrak{g})$, $x = [u, x_1, x_2]_\rho$, 因此它是 $C^1(\mathfrak{g})_\rho$ 中的元.

现在假设对于 p $(p \in \mathbb{N})$ 这个命题是正确的. 设 $x \in C^{p+1}(\mathfrak{g}_\rho)$, 则 $x = [a, x_1, x_2]_\rho$, 其中 $x_1, x_2 \in \mathfrak{g}, a \in C^p(\mathfrak{g}_\rho)$, 则有

$$x = [a, x_1, x_2]_\rho = -(-1)^{|x_1||a|}\mathrm{str}\rho(x_1)[a, x_3] + (-1)^{|x_2|(|a|+|x_1|)}\mathrm{str}\rho(x_2)[a, x_1],$$

由于 $a \in C^p(\mathfrak{g}_\rho) \subset C^p(\mathfrak{g})$, 故它是 $C^{p+1}(\mathfrak{g})$ 中的元. 设存在 $u \in \mathfrak{g}$, 使得 $[u, x_1, x_2]_\rho = [x_1, x_2]$, 对任意的 $x_1, x_2 \in \mathfrak{g}$. 则若 $x \in C^{p+1}(\mathfrak{g})$, 我们有 $x = [a, x_1]$, 且 $a \in C^p(\mathfrak{g})$ 和 $x_1 \in \mathfrak{g}$. 因此 $x = [a, x_1] = [u, a, x_1]_\rho = (-1)^{|u|(|a|+|x_1|)}[a, x_1, u]_\rho \in C^{p+1}(\mathfrak{g}_\rho)$. $\qquad\square$

注 6.3.13 从前面的命题也可得到

$$D^1(\mathfrak{g}_\rho) = [\mathfrak{g}, \mathfrak{g}, \mathfrak{g}]_\rho \subset D^1(\mathfrak{g}) = [\mathfrak{g}, \mathfrak{g}],$$

如果存在 $u \in \mathfrak{g}$, 使得 $[u, x_1, x_2]_\rho = [x_1, x_2]$, 对任意的 $x_1, x_2 \in \mathfrak{g}$, 则 $D^1(\mathfrak{g}_\rho) = D^1(\mathfrak{g})$. 由定理 6.3.9, 知导出列的其他项的第一个包含显然成立, 这也表明诱导代数是可解的.

定理 6.3.14 设 $(\mathfrak{g}, [-, -], \alpha)$ 是保积 Hom-李超代数, $\mathrm{str}\rho \circ \alpha = \mathrm{str}\rho$, $(\mathfrak{g}, [-, -, -]_\rho, \alpha)$ 是诱导的 3-Hom-李超代数, 则如果 $\mathfrak{g}$ 的幂零指数是 p, 则 $\mathfrak{g}_\rho$ 的幂零指数至多也是 p. 而且如果存在 $u \in \mathfrak{g}$, 使得 $[u, x_1, x_2]_\rho = [x_1, x_2]$, 对任意的 $x_1, x_2 \in \mathfrak{g}$, 则 $\mathfrak{g}$ 的幂零指数是 p 当且仅当 $\mathfrak{g}_\rho$ 的幂零指数是 p.

证明 由定理 6.2.4, 可知 $\mathfrak{g}_\rho$ 是保积的.

(1) 设 $(\mathfrak{g}, [-, -], \alpha)$ 的幂零指数是 $p(p \in \mathbb{N})$, 则 $C^P(\mathfrak{g}) = \{0\}$. 由命题 6.3.12 知, $C^P(\mathfrak{g}_\rho) \subseteq C^P(\mathfrak{g}) = \{0\}$, 因此 $(\mathfrak{g}, [-, -, -]_\rho, \alpha)$ 的幂零指数至多也是 p.

(2) 我们设 $(\mathfrak{g}, [-, -, -]_\rho, \alpha)$ 的幂零指数是 p $(p \in \mathbb{N})$, 且存在 $u \in \mathfrak{g}$, 使得 $[u, x_1, x_2]_\rho = [x_1, x_2]$, 对任意的 $x_1, x_2 \in \mathfrak{g}$, 则 $C^p(\mathfrak{g}_\rho) = 0$. 由命题 6.3.12 知, $C^p(\mathfrak{g}) = C^p(\mathfrak{g}_\rho) = \{0\}$, 故 $(\mathfrak{g}, [-, -], \alpha)$ 是幂零的. 又由于 $C^{p-1}(\mathfrak{g}) = C^{p-1}(\mathfrak{g}_\rho) \neq \{0\}$, 故 $(\mathfrak{g}, [-, -, -]_\rho, \alpha)$ 和 $(\mathfrak{g}, [-, -], \alpha)$ 有相同的幂零指数. $\qquad\square$

参 考 文 献

[1] Aizawa N, Sato H. q-deformation of the Virasoro algebra with central extension. Phys Lett B, 1991, 256(2): 185-190.

[2] Chaichian M, Kulish P, Lukierski J. q-deformed Jacobi identity, q-oscillators and q-deformed infinite-dimensional algebras. Phys Lett B, 1990, 237(3-4): 401-406.

[3] Curtright T, Zachos C. Deforming maps for quantum algebras. Phys Lett B, 1990, 243(3): 237-244.

[4] Hu N H. q-Witt algebras, q-Lie algebras, q-holomorph structure and representations. Algebra Colloq, 1999, 6(1): 51-70.

[5] Kassel C. Cyclic homology of differential operators, the Virasoro algebra and a q-analogue. Comm Math Phys, 1992, 146(2): 343-356.

[6] Hartwig J, Larsson D, Silvestrov S D. Deformations of Lie algebras using σ-derivations. J Algebra, 2006, 295(2): 314-361.

[7] Ammar F, Makhlouf A. Hom-Lie superalgebras and Hom-Lie admissible superalgebras. J Algebra, 2010, 324(7): 1513-1528.

[8] Bäck P, Richter J. On the hom-associative Weyl algebras. J Pure Appl Algebra, 2020, 224(9): 106368, 12 pp.

[9] Cai L Q, Liu J F, Sheng Y H. Hom-Lie algebroids, Hom-Lie bialgebroids and Hom-Courant algebroids. J Geom Phys, 2017, 121: 15-32.

[10] Casas J M, García-Martínez X. Abelian extensions and crossed modules of Hom-Lie algebras. J Pure Appl Algebra, 2020, 224(3): 987-1008.

[11] Chen Y Y, Wang Z W, Zhang L Y. Integrals for monoidal Hom-Hopf algebras and their applications. J Math Phys, 2013, 54(7): 073515, 22 pp.

[12] Das A. Hom-associative algebras up to homotopy. J Algebra, 2020, 556: 836-878.

[13] Elchinger O, Lundengård K, Makhlouf A, Silvestrov S D. Brackets with (τ, σ)-derivations and (p, q)-deformations of Witt and Virasoro algebras. Forum Math, 2016, 28(4): 657-673.

[14] Gohr A. On Hom-algebras with surjective twisting. J Algebra, 2010, 324(7): 1483-1491.

[15] Halıcı S, Karataş A, Sütlü S. Hom-Lie-Hopf algebras. J Algebra, 2020, 553: 26-88.

[16] Jin Q Q, Li X C. Hom-Lie algebra structures on semi-simple Lie algebras. J Algebra, 2008, 319(4): 1398-1408.

[17] Larsson D, Silvestrov S D. Quasi-hom-Lie algebras, central extensions and 2-cocycle-like identities. J Algebra, 2005, 288(2): 321-344.

[18] Laurent-Gengoux C, Makhlouf A, Teles J. Universal algebra of a Hom-Lie algebra and group-like elements. J Pure Appl Algebra, 2018, 222(5): 1139-1163.

[19] Liu L, Makhlouf A, Menini C, Panaite F. BiHom-Novikov algebras and infinitesimal BiHom-bialgebras. J Algebra, 2020, 560: 1146-1172.

[20] Liu S S, Song L N, Tang R. Representations and cohomologies of regular Hom-pre-Lie algebras. J Algebra Appl, 2020, 19(8): 2050149, 22 pp.

[21] Ma T S, Zheng H H. Some results on Rota-Baxter monoidal Hom-algebras. Results Math, 2017, 72(1-2): 145-170.

[22] Makhlouf A, Panaite F. Hom-L-R-smash products, Hom-diagonal crossed products and the Drinfeld double of a Hom-Hopf algebra. J Algebra, 2015, 441: 314-343.

[23] Makhlouf A, Silvestrov S. Notes on 1-parameter formal deformations of Hom-associative and Hom-Lie algebras. Forum Math, 2010, 22(4): 715-739.

[24] Makhlouf A, Zusmanovich P. Hom-Lie structures on Kac-Moody algebras. J Algebra, 2018, 515: 278-297.

[25] Mandal A, Mishra, S K. Hom-Lie-Rinehart algebras. Comm Algebra, 2018, 46(9): 3722-3744.

[26] Richard L, Silvestrov S D. Quasi-Lie structure of σ-derivations of $\mathbb{C}[t^{\pm 1}]$. J Algebra, 2008, 319(3): 1285-1304.

[27] Sheng Y H. Representations of Hom-Lie algebras. Algebr Represent Theory, 2012, 15(6): 1081-1098.

[28] Sheng Y H, Bai C M. A new approach to Hom-Lie bialgebras. J Algebra, 2014, 399: 232-250.

[29] Sheng Y H, Chen D H. Hom-Lie 2-algebras, J Algebra, 2013, 376: 174-195.

[30] Wang Z W, Chen Y Y, Zhang L Y. Separable extensions for crossed products over monoidal Hom-Hopf algebras. J Algebra Appl, 2018, 17(9): 1850161, 20 pp.

[31] You M M, Wang S H. Constructing new braided T-categories over monoidal Hom-Hopf algebras. J Math Phys, 2014, 55(11): 111701, 16 pp.

[32] Yuan J X, Liu W D. Hom-structures on finite-dimensional simple Lie superalgebras. J Math Phys, 2015, 56(6): 061702, 15 pp.

[33] Yuan J X, Sun L P, Liu W D. Hom-Lie superalgebra structures on infinite-dimensional simple Lie superalgebras of vector fields. J Geom Phys, 2014, 84: 1-7.

[34] Huang N. Hom-Jordan superalgebra and their α^k-(a, b, c)-derivations. Master's Thesis, Northeast Normal University, 2018.

[35] Sun B, Ma Y, Chen L Y. Biderivations and commuting linear maps on Hom-Lie algebras. arXiv:2005.11117.

[36] Zhao J, Yuan L M, Chen L Y. Deformations and generalized derivations of Hom-Lie conformal algebras. Sci China Math, 2018, 61(5): 797-812.

[37] Zhou J, Chen L Y, Ma Y. Generalized derivations of Hom-Lie triple systems. Bull Malays Math Sci Soc, 2018, 41(2): 637-656.

[38] Chang Y, Chen L Y, Cao Y. Super-biderivations of the generalized Witt Lie superalgebra $W(m, n; t)$. Linear Multilinear A, 2021, 69(2): 233-244.

[39] Chen L Y, Ma Y, Ni L. Generalized derivations of Lie color algebras. Results Math, 2013, 63(3-4): 923-936.

[40] Guan B L, Chen L Y. Derivations of the even part of contact Lie superalgebra. J Pure Appl Algebra, 2012, 216(6): 1454-1466.

[41] Huang N, Chen L Y, Wang Y. Hom-Jordan algebras and their α^k-(a, b, c)-derivations. Comm Algebra, 2018, 46(6): 2600-2614.

[42] Sun B, Chen L Y, Zhou X. Double derivations of n-Lie superalgebras. Algebra Colloq, 2018, 25(1): 161-180.

[43] Yuan J X, Chen L Y, Cao Y. Super-biderivations of Cartan type Lie superalgebras. Comm Algebra, 2021, 49(10): 4416-4426.

[44] Zhao J, Chen L Y, Yuan L M. Deformations and generalized derivations of Lie conformal superalgebras. J Math Phys, 2017, 58(11): 111702, 17 pp.

[45] Zhu J X, Chen L Y. Cohomology and deformations of 3-dimensional Heisenberg Hom-Lie superalgebras. Czechoslovak Math J, 2021, 71(2): 335-350.

[46] Ma Y, Chen L Y, Lin J. Central extensions and deformations of Hom-Lie triple systems. Comm Algebra, 2018, 46(3): 1212-1230.

[47] Abdaoui K, Ammar F, Makhlouf A. Constructions and cohomology of Hom-Lie color algebras. Comm Algebra, 2015, 43(11): 4581-4612.

[48] Ammar F, Ejbehi Z, Makhlouf A. Cohomology and deformations of Hom-algebras. J Lie Theory, 2011, 21(4): 813-836.

[49] Lin J, Wang Y. Centroids of nilpotent Lie triple system. Acta Scientiarum Naturalium Universitatis Nankaiensis, 2010, 43: 98-104.

[50] Ben Hassine A, Mabrouk S, Ncib O. 3-BiHom-Lie superalgebras induced by BiHom-Lie superlagebras. Linear Multilinear A, 2022, 70(1), 101-121: 10.1080/03081087. 2020.1713040.

[51] Yuan L M. Hom Gel'fand-Dorfman bialgebras and Hom-Lie conformal algebras. J Math Phys, 2014, 55(4): 043507, 17 pp.

[52] D'Andrea A, Kac V. Structure theory of finite conformal algebra. Selecta Math(N S), 1998, 4(3): 377-418.

[53] Abdaoui K, Ammar F, Makhlouf A. Hom-alternative, Hom-Malcev and Hom-Jordan superalgebras. Bull Malays Math Sci Soc, 2017, 40(1): 439-472.

[54] Makhlouf A, Silvestrov S. Hom-algebra structures. J Gen Lie Theory Appl, 2008, 2(2): 51-64.

[55] Zheng K L, Zhang Y Z. On (α, β, γ)-derivations of Lie superalgebras. Int J Geom Methods Mod Phys, 2013, 10(10): 1350050, 18 pp.

[56] Alvarez M, Cartes F. Cohomology and deformations for the Heisenberg Hom-Lie algebras. Linear Multilinear A, 2019, 67(11): 2209-2229.

[57] Chen Y, Zhang R X. A commutative algebra approach to multiplicative Hom-Lie algebras. arXiv:1907.02415.

[58] Ben Hassine A, Chen L Y, Li J. Representations and T^*-extensions of δ-Bihom-Jordan-Lie algebras. Hacet J Math Stat, 2020, 49(2): 648-675.

[59] Li J, Chen L Y, Cheng Y S. Representations of Bihom-Lie superalgebras. Linear Multilinear A, 2019, 67(2): 299-326.

[60] Li J, Chen L Y, Sun B. Bihom-Nijienhuis operators and T^*-extensions of Bihom-Lie superalgebras. Hacet J Math Stat, 2019, 48(3): 785-799.

[61] Liu Y, Chen L Y, Ma Y. Hom-Nijienhuis operators and T^*-extensions of Hom-Lie superalgebras. Linear Algebra Appl, 2013, 439(7): 2131-2144.

[62] Liu Y, Chen L Y, Ma Y. Representations and module-extensions of 3-Hom-Lie algebras. J Geom Phys, 2015, 98: 376-383.

[63] Sun B, Chen L Y, Ma Y. T^*-extension and 1-parameter formal deformation of Novikov superalgebras. J Geom Phys, 2017, 116: 281-294.

[64] Yuan J X, Chen L Y, Cao Y. Restricted cohomology of restricted Lie superalgebras. Acta Math Sin (Engl Ser) (Accepted).

[65] Zhao J, Chen L Y, Ma L L. Representations and T^*-extensions of Hom-Jordan-Lie algebras. Comm Algebra, 2016, 44(7): 2786-2812.

[66] Ammar F, Ayadi I, Mabrouk S, Makhlouf A. Quadratic color Hom-Lie algebras. MA-MAA 2018: Associative and Non-Associative Algebras and Applications, pp 287-312.

[67] Ammar F, Makhlouf A, Saadoui N. Cohomology of Hom-Lie superalgebras and q-deforemed Witt superalgebra. Czechoslovak Math J, 2013, 63: 721-761.

[68] Yamaguti K. On the cohomology space of Lie triple system. Kumamoto J Sci Ser A, 1960, 5: 44-52.

[69] Chtioui A, MaKhlouf A, Silvestrov S. BiHom-alternative, BiHom-Malcev and BiHom-Jordan algebras. Rocky Mountain J Math, 2020, 50(1): 69-90.

[70] Yau D. Enveloping algebras of Hom-Lie algebras. J Gen Lie Theory Appl, 2008, 2(2): 95-108.

[71] Evans T J, Fuchs D. A complex for the cohomology of restricted Lie algebras. J Fixed Point Theory Appl, 2008, 3: 159-179.

[72] Ma Y, Chen L Y, Lin J. One-parameter formal deformations of Hom-Lie-Yamaguti algebras. J Math Phys, 2015, 56(1): 011701, 12 pp.

[73] Ben Hassine A, Chen L Y, Sun C. Representations and one-parameter formal deformations of Bihom-Novikov superalgebras. Rocky Mountain J Math, 2021, 51(2): 423-438.

[74] Lin J, Chen L Y, Ma Y. On the deformation of Lie-Yamaguti algebras. Acta Math Sin (Engl Ser), 2015, 31(6): 938-946.

[75] Bakalov B, Kac V, Voronov A. Cohomology of conformal algebras. Comm Math Phys, 1999, 200(3): 561-598.

[76] Cao Y, Chen L Y. On split regular Hom-Lie color algebras. Colloq Math, 2017, 146(1): 143-155.

[77] Cao Y, Chen L Y, Sun B. On split regular Hom-Lcibniz algebras. J Algebra Appl, 2018, 17(10): 1850185, 18 pp.

[78] Zhang J, Chen L Y, Zhang C P. On split regular BiHom-Lie superalgebras. J Geom Phys, 2018, 128: 38-47.

[79] Cao Y, Chen L Y. On the structure of split Leibniz triple systems. Acta Math Sin (Engl Ser), 2015, 31(10): 1629-1644.

[80] Cao Y, Chen L Y. On the structure of graded Leibniz triple systems. Linear Algebra Appl, 2016, 496: 496-509.

[81] Cao Y, Chen L Y. On split Leibniz triple systems. J Korean Math Soc, 2017, 54(4): 1265-1279.

[82] Cao Y, Chen L Y. On split δ-Jordan Lie triple systems. J Math Res Appl, 2020, 40(2): 127-139.

[83] Calderón A, Sánchez J. On split Leibniz algebras. Linear Algebra Appl, 2012, 436(6): 1648-1660.

[84] Aragón M, Calderón A. Split regular Hom-Lie algebras. J Lie Theory, 2015, 25(3): 875-888.

[85] Scheunert M. Generalized Lie algebras. J Math Phys, 1979, 20(4): 712-720.

[86] Yuan L M. Hom-Lie color algebra structures. Comm Algebra, 2010, 40(2): 575-592.

[87] Graziani G, Makhulouf A, Menini C, Panaite F. BiHom-associative algebras, BiHom-Lie algebras and BiHom-bialgebras. SIGMA Symmetry Integrability Geom Methods Appl, 2015, 11: 34 pp.

[88] Wang S X, Guo S J. BiHom-Lie superalgebra structures and BiHom-Yang-Baxter equations. Adv Appl Clifford Algebr, 2020, 30(3): 18 pp.

[89] Calderón A, Sánchez J. The structure of split regular BiHom-Lie algebras. J Geom Phys, 2016, 110: 296-305.

[90] Hou Y, Tang L M, Chen L Y. Product and complex structures on Hom-Lie superalgebras. Comm Algebra, 2021, 49(9): 3685-3707.

[91] Li J, Hou Y, Chen L Y. Product and complex structures on 3-Bihom-Lie algebras. arXiv:2101.01113.

[92] Guan B L, Chen L Y, Sun B. 3-ary Hom-Lie superalgebras induced by Hom-Lie superalgebras. Adv Appl Clifford Algebr, 2017, 27(4): 3063-3082.

[93] Guan B L, Chen L Y, Sun B. On Hom-Lie Superalgebra. Adv Appl Clifford Al, 2019, 29(1): 16 pp.

[94] Li J, Chen L Y. The construction of 3-Bihom-Lie algebras. Comm Algebra, 2020, 48(12): 5374-5390.

[95] Benkart G, Neher E. The centroid of extended affine and root graded Lie algebras. J Pure Appl Algebra, 2006, 205(1): 117-145.

[96] Guan B L, Chen L Y. Restricted hom-Lie algebras. Hacet J Math Stat, 2015, 44(4): 823-837.

[97] Zhou J, Chen L Y, Ma Y. Triple derivations and triple homomorphisms of perfect Lie superalgebras. Indag Math (N S), 2017, 28(2): 436-445.

索　引